Energieeffizienz in Deutschland – eine Metastudie

Alexander Sauer • Thomas Bauernhansl
Herausgeber

Energieeffizienz in Deutschland – eine Metastudie

Analyse und Empfehlungen

2., aktualisierte Aufl. 2016

Springer Vieweg

Herausgeber
Alexander Sauer
Institut für Energieeffizienz in der Produktion (EEP)
Universität Stuttgart
Stuttgart, Deutschland

Thomas Bauernhansl
IFF und IPA
Universität Stuttgart
Stuttgart, Deutschland

ISBN 978-3-662-48882-9 ISBN 978-3-662-48883-6 (eBook)
DOI 10.1007/978-3-662-48883-6

Die Deutsche Nationalbibliothek verzeichnet diese Publikation in der Deutschen Nationalbibliografie; detaillierte bibliografische Daten sind im Internet über http://dnb.d-nb.de abrufbar.

Springer Vieweg

Gedruckt auf säurefreiem und chlorfrei gebleichtem Papier

Springer Vieweg ist Teil von Springer Nature
Die eingetragene Gesellschaft ist Springer-Verlag GmbH Deutschland
Die Anschrift der Gesellschaft ist: Heidelberger Platz 3, 14197 Berlin, Germany

Geleitwort 2. Auflage

Fünf Jahre nachdem die Energiewende in die Wege geleitet wurde, findet der Begriff auch außerhalb der Grenzen des deutschen Sprachraumes zunehmend Verwendung. Für ihr Gelingen ist eine deutliche Steigerung der Energieeffizienz Voraussetzung. Nur in erneuerbare Energien zu investieren, ist der falsche Weg, solange das Problem Speicherung nicht gelöst ist.

Neben den Energie- und Klimakonzepten und Richtlinien auf europäischer und Bundesebene sind es vor allem die überfälligen Beschlüsse des Pariser Klimaabkommens, die eine deutliche Senkung des Energieverbrauchs erforderlich machen. Anders als bisher, muss das Prinzip „efficiency first" zur Leitlinie werden, um den Klimawandel zu stoppen und die Energieproduktivität zu steigern. Das 27 % Energieeinsparungsziel der EU bis 2030 ist hier nicht ausreichend, denn nur durch eine effizientere Nutzung von Energie kann eine sukzessive Dekarbonisierung der Energieerzeugung bei geringeren Erzeugungskapazitäten Erfolg haben.

Dabei muss aber das Gesamtsystem in Betracht gezogen werden: Der Faktor Strom hat in den ersten Jahren der Energiewende eine zentrale Rolle eingenommen. Das ebenso wichtige, aber weit komplexere Thema Wärme/Kälte hat dagegen bislang ein Schattendasein geführt, was sich durch neue Programme nun zu ändern scheint. Den Strom- und Wärme-/Kältebereich zu koppeln und dabei Umwandlungsverluste möglichst zu verringern, sowie auf eine Flexibilisierung des Energiesystems hinzuarbeiten, ist eine der zentralen Herausforderungen für die Zukunft.

Dies ist auch deshalb von zentraler Bedeutung, weil die in Paris abgegebenen Selbstverpflichtungen von nahezu 200 Ländern noch immer zu einer Klimaerwärmung von 2,7 °C und damit zum Versinken weiter Landstriche, unter anderem Bremen und Teile Hamburgs, führen. Um „deutlich unter 2 °C"[1] erreichen zu können, muss signifikant mehr getan werden. Laut IEA sind 48 % der erforderlichen zusätzlichen Maßnahmen der Energieeffizienz zuzuordnen und bedürfen einer Verachtfachung der jährlichen Investitionen.

[1]Adoption of the Paris Agreement, UN FCCC/CP/2015/L.9/Rev.1, 12.12.2015.

Diese Potenziale müssen jetzt intelligent angegangen werden! Um Politik, Wirtschaft, Wissenschaft und Gesellschaft eine fundierte Arbeitsgrundlage dafür zu geben, hat das Institut für Energieeffizienz in der Produktion (EEP) der Universität Stuttgart die hier vorliegende, vollständig überarbeitete und ergänzte Auflage der Metastudie „Energieeffizienz in Deutschland“ verfasst.

Vorsitzender des Beirats Heinz Dürr
Institut für Energieeffizienz in der Produktion (EEP)
Stuttgart, Deutschland

Geleitwort 1. Auflage

Die in Deutschland beschlossene Energiewende heißt vereinfacht: Abschalten der Kernkraftwerke und Ersatz der Kapazitäten durch erneuerbare Energien, also atomfreier, fossilfreier Strom. Die Energiewende ist damit derzeit vor allen Dingen ein Stromthema und Strom wurde seit die Energiewende beschlossen ist erheblich verteuert. Jedes Jahr werden über zwanzig Milliarden Euro für erneuerbare Energien ausgegeben, und dies ist festgeschrieben bis 2024. Dabei ist die Kostenbelastung äußerst ungleich auf die unterschiedlichen Verbraucher verteilt. Der Begriff der Energiearmut geht um.

Aber in der Diskussion über die Energiewende wird viel zu viel über Strompreise, Stromumlagen und Stromnetze gesprochen und viel zu wenig über Energieeffizienz. Die Energiewende fußt immerhin auf zwei Säulen: neben dem Ausbau der erneuerbaren Energien ist das die Energieeffizienz.

Das BMU beschrieb die Energiewende wie folgt: „Die Philosophie der Energiewende besteht schlicht und einfach in dem weitgehenden Verzicht auf tradierte Energieträger und Energieversorgungsstrukturen und stattdessen in der Dominanz von Energieeffizienz und erneuerbaren Energien."

Die Bundesregierung hat im Jahr 2010 Ziele vorgegeben, wie viel Energie in den nächsten Jahren eingespart werden soll. Aus heutiger Sicht werden diese Ziele nicht erreicht. Erstaunlicherweise sind im aktuellen Koalitionsvertrag der Bundesregierung jedoch keine Zahlen mehr zu finden.

Die vorliegende Metastudie zeigt, dass zahlreiche Effizienztechnologien für Unternehmen in der Industrie hochrentabel sind, den Investitionen stehen erheblich größere Energieeinsparungen gegenüber.

Warum wird Energieeffizienz nicht intensiver diskutiert und bearbeitet? Weil sie nicht kampagnenfähig ist? Weil für Politiker die Einweihung einer großen Windparkanlage viel attraktiver ist als die Inbetriebnahme einer stromsparenden Fabrik?

Im Unterschied zum Ausbau der regenerativen Energien und dem Netzausbau, geht es bei der Energieeffizienz meist um sehr viele und relativ kleine Projekte und Handlungsfelder. In der Summe zeigen sie allerdings eine große Wirkung. Eine technologische und branchenübergreifende Optimierung zur Ausschöpfung des Gesamtpotenzials ist daher unerlässlich.

Radikale Innovationen in den Bereichen des Produktdesigns und der Produktion sind in Zukunft unabdingbar und es bedarf einer progressiven Förderpolitik für innovative Technologien. So gesehen ist gezielte Förderpolitik ein essenzielles Instrument zur langfristigen Klimazielerreichung.

Die Einführung von Klimaschutztechniken hilft Unternehmen, die sich frühzeitig auf die Bereitstellung und Nutzung von innovativen Technologien spezialisieren und damit ihre Wettbewerbsposition stärken und ausbauen.

Untersuchungen zeigen auch, dass die vielfältig existierenden Einsparpotenziale oftmals hochrentabel und somit abseits von reinen Nachhaltigkeitsbetrachtungen für Unternehmen interessant sind. Die Metastudie zeigt beeindruckende Beispiele, etwa dass mit Investitionen in Höhe von fünf Milliarden Euro bis 2020 ein kumulierter monetärer Einspareffekt von rund zwanzig Milliarden Euro möglich ist.

Dennoch fehlt es dem Thema Energieeffizienz an Wahrnehmung und Förderung. Hier ist die Politik gefragt, die entsprechenden Rahmenbedingungen zu schaffen. Dabei kann es um steuerliche Maßnahmen, Sonderabschreibungen oder auch Finanzierungsmodelle gehen, vor allem aber um die Förderung von Forschung und Entwicklung.

Wir brauchen Technologiesprünge für die Energieeffizienz. Es gibt viele Start-Ups und Institute, die zwar tolle Ideen haben, aber häufig an der Finanzierung scheitern. Hier steht die Bundesregierung in der Pflicht zu unterstützen und so eine optimale Umsetzung der Energiewende zu befördern. Am Ende müssen die erneuerbaren Energien den entscheidenden Beitrag leisten. Aber bis das Problem der Speicherung gelöst und die Volatilität der erneuerbaren Energien geregelt ist, brauchen wir die Reduzierung des Energieverbrauchs. Höhere Energiepreise werden die Energieeffizienz nicht automatisch erhöhen. Die Nachfrage nach Strom ist kaum preiselastisch, da in Energiemärkten kurz- und mittelfristig praktisch keine Substitutionsmöglichkeiten bestehen.

Perspektivisch muss Energiesparen zum integrativen gesellschaftlichen Ansatz werden – positiv assoziiert mit der Energiewende, diesem größten und wichtigsten volkswirtschaftlichen Projekt Deutschlands.

Die sauberste Energie, der sauberste Strom ist der, der nicht verbraucht wird. In Deutschland ist die Produktion einer Kilowattstunde im Schnitt dreimal so teuer wie die Vermeidung ihres Verbrauchs.

Die vorgelegte Metastudie gibt umfassende Anregungen, wie wir in Deutschland auf diesem Gebiet erfolgreich sein können.

Vorsitzender des Beirats Heinz Dürr
Institut für Energieeffizienz in der Produktion (EEP)
Stuttgart, Deutschland

Vorwort 2. Auflage

Energieeffizienz auf der Agenda von Politik, Wirtschaft und Gesellschaft nach oben zu bringen und dort zu halten, ist ein vorrangiges Ziel des Stiftungsinstituts für Energieeffizienz in der Produktion (EEP) der Universität Stuttgart. In den vier Jahren seit Institutsgründung hat sich viel getan. Als wesentlicher Baustein der Energiewende wurde von der Bundesregierung im Dezember 2014 der Nationale Aktionsplan Energieeffizienz NAPE verabschiedet, in dessen Rahmen das Institut seit März 2015 zusammen mit der Deutschen Energie-Agentur die Geschäftsstelle der Nationalen Plattform Energieeffizienz führt. Seit 2013 zeichnet der Energieeffizienz-Index der deutschen Industrie, der vom EEP halbjährlich erhoben wird, die Entwicklung des teilweise wechselnden Stimmungsbilds bezüglich der Energieeffizienz nach und gibt regelmäßig empirisches Feedback zu aktuellen politischen Entwicklungen und Überlegungen. Erst im März 2016 hat der Wirtschafts- und Energieminister Sigmar Gabriel im Rahmen des 2. Berliner Energiewendedialoges mit ‚Efficiency First' die wichtige Rolle der Energieeffizienz hervorgehoben. Die positiven Auswirkungen dieser durchaus neuen Haltung werden sich hoffentlich auch in naher Zukunft in empirischen Beobachtungen widerspiegeln.

Ebenso wichtige Bausteine der Energiewende sind das Weltklimaabkommen von Paris und die eingeleitete Dekarbonisierung der Energieerzeugung. An Energieeffizienzpotenzialen mangelt es nicht, auch nicht an (theoretisch) vorhandenem Kapital, diese umzusetzen. Warum dies aber nicht in ausreichendem Maße und in der erforderlichen Geschwindigkeit geschieht, haben wir in der 2. vollständig überarbeiteten und ergänzten Auflage der Metastudie herausgearbeitet.

Die zunehmend globale Betrachtung des Themas Energieeffizienz auf politischer Ebene durch die Vereinten Nationen sowie insbesondere durch die Gruppe der 20 (G20) und die Europäische Union wurde ebenso in die Neuauflage der Metastudie integriert wie auch das Thema Wirtschaftlichkeit von Energieeffizienzpotenzialen: Das Kapitel „Zentrale Szenarien & Wirtschaftlichkeitsbetrachtung" analysiert, insbesondere motiviert durch den niedrigen Ölpreis, die Sensitivität hinsichtlich der Energiepreisdifferenzen zur Veränderung der Amortisationszeit. Dabei werden die Preisannahmen aus den Studien mit den aktuellen Preisentwicklungsprognosen verglichen. Aus den sich ergebenden Amortisationszeiten kann die Wirtschaftlichkeit neu bewertet werden.

Zusätzlich haben wir in den Kapiteln zu den drei Sektoren (Industrie, Gebäude, Verkehr) weitere neu identifizierte oder aktualisierte Veröffentlichungen aufgenommen. Insgesamt sind in der 2. Aufl. 403 Publikationen untersucht worden. Da für jeden Sektor Energieeffizienzpotenziale aufgezeigt werden, stellen wir zudem jeweils Ansätze vor, wie die zuvor identifizierten Energieeffizienzpotenziale implementiert werden können. Dabei unterscheiden wir zwischen organisatorischen und technologischen Ansätzen und deren Finanzierung.

Die vorliegende Metastudie konzentriert sich auf Studien und Energieszenarien, die im Auftrag von wissenschaftlichen und staatlichen Organisationen oder Verbänden erstellt wurden. Die Recherchetiefe reicht von der Aktualisierung der bestehenden Quellen bis hin zu vollständig neu recherchierten und verfassten Bereichen. Dabei wurden teilweise auch Erkenntnisse und Veröffentlichungen Dritter ergänzt.

Besonderer Dank gilt den Autoren der 1. Aufl., die 2014 die Grundlage für diese Metastudie gelegt haben. Zudem danke ich allen Mitarbeiterinnen und Mitarbeitern des EEP, die zu dieser Neuauflage beigetragen haben. Diese sehr aufwendig überarbeitete 2. Aufl. wäre nicht ohne die Mitarbeit zahlreicher studentischer Mitarbeiterinnen und Mitarbeiter möglich gewesen. Ihnen allen sei an dieser Stelle herzlich gedankt.

Den Blick in die Zukunft gerichtet, gilt es künftig, das Augenmerk verstärkt auf das Thema Wärme/Kälte zu richten und das Thema besser mit dem Stromsektor zu koppeln. Auch der angestrebte Anteil erneuerbarer Energien wird nicht ohne Flexibilisierung des Energiesystems, auf Erzeuger- wie auf Verbraucherseite, realisierbar sein.

Leiter
Institut für Energieeffizienz in der Produktion (EEP)
Stuttgart, Deutschland

Alexander Sauer

Vorwort 1. Auflage

Die nachhaltige Energiewende in Deutschland wird nur erfolgreich umsetzbar sein, wenn es gelingt, Wohlstand und ökonomisches Wachstum vom Primärenergieverbrauch zu entkoppeln. Dazu muss die Energieeffizienz in der Produktion von Maschinen, Anlagen und Gütern massiv verbessert werden, denn die produzierende Industrie in Deutschland verbraucht ein Drittel der Gesamtenergie. Viel Forschung ist hier noch zu leisten.

Die Heinz und Heide Dürr Stiftung und die Karl Schlecht Stiftung haben der Universität Stuttgart im Oktober 2012 finanzielle Starthilfe für ein „Institut für Energieeffizienz in der Produktion (EEP)“ gegeben.

Das EEP will einen entscheidenden Beitrag zum Gelingen der Energiewende in Deutschland leisten. Für eine erfolgreiche Energiewende muss aus unserer Sicht neben dem Ausbau regenerativer Energiequellen und der Dezentralisierung der Energieerzeugung insbesondere die massive Verbesserung der Energieeffizienz im Zentrum stehen. Doch die Energieeffizienz in der Produktion wird bisher noch stiefmütterlich behandelt, denn bislang wird in der Energiepolitik die Angebotsseite weit mehr diskutiert und gefördert als die Nachfrageseite.

Das Institut hat neben einschlägiger Grundlagenforschung die Aufgabe, die Politik auf Bundes- und Europaebene zu beraten. Es gibt daher halbjährlich den Energieeffizienz-Index der deutschen Industrie heraus (www.eep.uni-stuttgart.de), nach dem Vorbild des ifo Geschäftsklimaindex. Es entwickelt aber auch – gemeinsam mit anderen universitären und außeruniversitären (Fraunhofer-) Forschungsinstituten – langfristige Technologie-Roadmaps für die unterschiedlichen Industrien bzw. Branchen in Deutschland.

Sie werden den Geldgebern von Forschungsinitiativen, beispielsweise der EU, dem BMBF, der Arbeitsgemeinschaft industrieller Forschungsvereinigungen AiF und der Großindustrie Anhaltspunkte für sinnvolle Initiativen geben. Andererseits bilden die Roadmaps die Basis für eigene Forschungsvorhaben, die gemeinsam mit anderen Forschungsinstituten sowie Industriepartnern umgesetzt werden.

Warum diese Metastudie?

Es gibt eine große Anzahl von Studien zur Energieeffizienz, erstellt von den unterschiedlichsten Organisationen und Interessengruppen. Es wäre also nicht effizient, ja müßig gewesen, noch eine weitere zu schreiben. Sinnvoll dagegen war es, die Ergebnisse der vorhandenen Publikationen übersichtlich zusammenzufassen. Mit der vorliegenden Metastudie schaffen wir Transparenz, eine gute Basis für weitere Forschungsarbeiten.

Unsere Publikation gibt aber auch Anregungen und nennt Beispiele für die Wirtschaft und die Bürger. Sie soll darüber hinaus Denkanstoß für die Politik sein, das Thema Energieeffizienz ganz oben auf die Tagesordnung zu setzen.

In der Metastudie wurde die Essenz aus über 250 Studien und anderen Veröffentlichungen übersichtlich aufgearbeitet. Wir werden sie nun kontinuierlich aktualisieren, mit dem Ziel, Licht in den Dschungel der Erkenntnisse zur Energieeffizienz zu bringen. So erarbeiten wir eine Basis für rasche Fortschritte.

Unser Anliegen ist es, an den richtigen Themen zu arbeiten und den Leserinnen und Lesern Orientierung zu geben, damit sie effektiv weiterarbeiten können. Die Studie hilft jedem an seinem Platz – in der Fabrikhalle, im Plenarsaal, am Schreibtisch oder im Wohnzimmer –, die richtigen Maßnahmen zu ergreifen und so die Energiewende effektiv voranzutreiben.

Leiter
Institut für Energieeffizienz in der Produktion (EEP)
Stuttgart, Deutschland

Thomas Bauernhansl

Abkürzungsverzeichnis

Acatech	Deutsche Akademie der Technikwissenschaften
AGEB	AG Energiebilanzen e.V.
APEE	Anreizprogramm Energieeffizienz
BAFA	Bundesamt für Wirtschaft und Ausfuhrkontrolle
BAU	Business as usual
BCS	Bundesverband CarSharing e.V.
BDEW	Bundesverband der Energie- und Wasserwirtschaft e.V.
BDL	Bundesverband der deutschen Luftverkehrswirtschaft e.V.
BHKW	Blockheizkraftwerk
BImSchV	Bundes-Immissionsschutzgesetz
BIP	Bruttoinlandsprodukt
BMBF	Bundesministerium der Finanzen
BMJV	Bundesministerium der Justiz und für Verbraucherschutz
BMUB	Bundesministerium für Umwelt, Naturschutz und Reaktorsicherheit
BMVBS	Bundesministerium für Verkehr, Bau und Stadtentwicklung
BMWi	Bundesministerium für Wirtschaft und Energie
BVT	Beste verfügbare Technologie
BWS	Bruttowertschöpfung
CAGR	Compound Annual Growth Rate
CEPI	Confederation of European Paper Industries
CO_2	Kohlendioxid
CO_{2e}	CO_2-Aquivalente
COP	Coefficient of performance
COP21	21st Conference of the Parties
CPS	Current Policies Scenario
DEHSt	Deutsche Emissionshandelsstelle
Dena	Deutsche Energie-Agentur GmbH
DLR	Deutsches Zentrum für Luft- und Raumfahrt e.V.
EDL-G	Gesetz über Energiedienstleistungen und andere Effizienzmaßnahmen
EEEF	Europäischer Energieeffizienzfonds

EEG	Erneuerbare-Energien-Gesetz
EEP	Institut für Energieeffizienz in der Produktion, Universität Stuttgart
EEV	Endenergieverbrauch
EEWärmeG	Erneuerbare Energien Wärmegesetz
EHPA	European Heat Pump Association
EI	Energieintensität
EIB	Europäische Investitionsbank
EMAS	Eco-Management and Audit Scheme
EnEG	Energieeinsparungsgesetz
EnergieStG	Energiesteuergesetz
EnEV	Energieeinsparverordnung
EnVHV	Energieverbrauchshöchstwerteverordnung
EnVKV	Energieverbrauchskennzeichnungsverordnung
EnWG	Energiewirtschaftsgesetz
EnMS	Energiemanagementsystem
EP	Energieproduktivität
EU	Europäische Union
EUP	Europäisches Parlament
EVG	Elektronisches Vorschaltgerät
EVPG	Energieverbrauchsrelevante-Produkte-Gesetz
EWI	Energiewirtschaftliches Institut an der Universität zu Köln
EZFH	Ein-/Zweifamilienhäuser
FfE	Forschungsstelle für Energiewirtschaft e.V.
FhG-IPA	Fraunhofer-Institut für Produktionstechnik und Automatisierung
FhG-ISI	Fraunhofer-Institut für System- und Innovationsforschung
FU	Frequenzumrichter
G7	Gruppe der sieben bedeutendsten Industrienationen der westlichen Welt
G20	Gruppe der 20 führenden Industrienationen
GEEAP	Global Energy Efficiency Accelerator Platform
GHD	Gewerbe, Handel und Dienstleistungen
HeizAnlV	Heizanlagenverordnung
HeizkostenV	Verordnung über Heizkostenabrechnung
IEA	International Energy Agency
IEC	International Electrotechnical Commission
Ifeu	Institut für Energie- und Umweltforschung Heidelberg GmbH
IHK	Industrie- und Handelskammer
IKT	Informations- und Kommunikationstechnologie
INDC	Intended Nationally Determined Contribution
IPEEC	International Partnership for Energy Efficiency Corporation
IREES	Institut für Ressourceneffizienz und Energiestrategien
ITZB	Bayerische Gesellschaft für Innovation und Wissenstransfer mbH
IW Köln	Institut der deutschen Wirtschaft Köln e.V.

KBA	Kraftfahrtbundesamt
KfW	Kreditanstalt für Wiederaufbau
KMU	Kleine und mittelständische Unternehmen
KWK	Kraft-Wärme-Kopplung
KWKG	Kraft-Wärme-Kopplungsgesetz
KVP	Kontinuierlicher Verbesserungsprozess
LED	Licht emittierende Diode
LfA	Förderbank Bayern
MessZV	Messzugangsverordnung
MEPS	Minimum Energy Performance Standard
MFH	Mehrfamilienhäuser
MIV	motorisierter Individualverkehr
MSRO	Mess-, Steuerungs-, und Regelungstechnik, Optik
MSR	Mess-, Steuerungs- und Regelungstechnik
NAPE	Nationaler Aktionsplan Energieeffizienz
NAZCA	Non-State Actor for Climate Action
NDC	Nationally Determined Contributions
NEEAP	Nationaler Energieeffizienz-Aktionsplan
NE-Metalle	Nicht-Eisen-Metalle
NPS	New Policies Scenario
NWG	Nicht-Wohngebäude
OECD	Organization for Economic Co-operation and Development
ODEX	Energieeffizienz-Index der Industrie in Europa
OGD	Obergeschossdecke
ÖPNV	Öffentlicher Personennahverkehr
PEP	Primärenergieproduktivität
PEV	Primärenergieverbrauch
Pkw	Personenkraftwagen
PwC	PricewaterhouseCoopers
RLT	Raumlufttechnik
SE4ALL	Sustainable Energy for All
StBA	Statistisches Bundesamt
StMWi	Bayerisches Staatsministerium für Wirtschaft und Medien, Energie und Technologie
StromStG	Stromsteuergesetz
TEHG	Treibhausgasemissionen Gesetz
THG	Treibhausgas
UBA	Umweltbundesamt
UM BW	Ministerium für Umwelt, Klima und Energiewirtschaft Baden-Württemberg
UN	Vereinte Nationen
UNFCCC	United Nations Framework Convention on Climate Change

USA	Vereinte Staaten von Amerika
VBW	Vereinigung der bayerischen Wirtschaft e.V.
VDE	Verband der Elektrotechnik, Informationstechnik e.V.
VDI	Verein Deutscher Ingenieure e.V.
WE	Wohneinheit
WEC	World Energy Council
WG	Wohngebäude
WRG	Wärmerückgewinnung
WSVO	Wärmeschutzverordnung
ZVEI	Zentralverband Elektrotechnik- und Elektroindustrie e. V.
ZuG	Zuleitungsgesetz
450	450 Scenario

Inhaltsverzeichnis

1 Einleitung ... 1
Fabian Zimmermann und Alexander Sauer
1.1 Begriffsdefinitionen ... 2
1.2 Abgrenzung des Begriffs Energieeffizienz ... 4
1.3 Hemmnisse der Energieeffizienz ... 5
1.4 Treiber der Energieeffizienz ... 7
1.5 Indikatoren der Energieeffizienz ... 11
Literatur ... 13

2 Methodik ... 19
Fabian Zimmermann, Markus Reichart, Martin Reisinger, Ekrem Köse, Diana Wang und Alexander Sauer

3 Makroökonomische Betrachtung ... 23
Diana Wang, Stefan M. Büttner und Alexander Sauer
3.1 Energieeffizienzpolitik ... 23
3.1.1 Multilaterale Initiativen ... 23
3.1.2 Energieeffizienzpolitik in Europa ... 27
3.1.3 Energieeffizienzpolitik in Deutschland ... 29
3.2 Volkswirtschaftliche Einflussfaktoren ... 35
3.2.1 Einflussfaktoren auf den Energieverbrauch bzw. die Energieintensität ... 35
3.2.2 Status Quo und Prognosen ... 38
3.3 Fazit ... 50
Literatur ... 51

4 Zentrale Szenarien und Wirtschaftlichkeitsbetrachtung ... 55
Diana Wang und Alexander Sauer
4.1 Zentrale Szenarien und Studien ... 56
4.1.1 Sektorübergreifende Studien ... 56
4.1.2 Sektorspezifische Studien ... 61

4.2 Bewertungsarten und deren Einfluss auf die Umsetzung von Energieeffizienzmaßnahmen ... 66
4.3 Prognosen für Energiepreisentwicklungen und ihre Auswirkungen auf die Amortisationszeit ... 70
4.4 Fazit ... 74
Literatur ... 75

5 Industrie ... 77
Fabian Zimmermann, Ekrem Köse, Markus Reichart, Sebastian Weckmann und Alexander Sauer
5.1 Sektorspezifische Einflussgrößen und Entwicklungen ... 82
5.2 Energieanalyse des Industriesektors ... 85
5.3 Energieeffizienzpotenziale ... 92
5.3.1 Branchenspezifische Effizienzpotenziale ... 94
5.3.2 Querschnittstechnologien ... 127
5.3.3 Energieeffizienz nach Fertigungstechnologien ... 142
5.3.4 Materialeffizienz ... 146
5.4 Management der Umsetzung von Energieeffizienzpotenzialen ... 148
5.4.1 Organisatorische Ansätze ... 148
5.4.2 Technologische Ansätze ... 153
5.5 Trends und Prognosen ... 157
5.6 Fazit ... 161
Literatur ... 162

6 Gebäude ... 173
Markus Reichart und Alexander Sauer
6.1 Sektorspezifische Entwicklungen und Einflussgrößen ... 173
6.1.1 Haushalte/Wohngebäude ... 174
6.1.2 Gewerbe, Handel und Dienstleistungen (GHD) ... 179
6.2 Energieanalyse des Gebäudesektors ... 180
6.2.1 Wärme/Kälte ... 181
6.2.2 Beleuchtung ... 203
6.2.3 Haushaltsgeräte ... 205
6.3 Energieeffizienzpotenziale ... 207
6.3.1 Nichtwohngebäude ... 208
6.3.2 Wohngebäude ... 208
6.3.3 Smart Meter ... 209
6.4 Management der Umsetzung von Energieeffizienzpotenzialen ... 211
6.5 Trends und Prognosen ... 212
6.5.1 Prognosen bis 2020 ... 214
6.5.2 Prognosen bis 2030 ... 222
6.6 Fazit ... 225
Literatur ... 225

7 Verkehr 235
Martin Reisinger, Ekrem Köse und Alexander Sauer
7.1 Sektorspezifische Entwicklungen und Einflussgrößen 235
7.2 Energieanalyse 239
7.2.1 Personenverkehr 244
7.2.2 Güterverkehr 245
7.2.3 CO_2-Emissionen 247
7.3 Effizienzpotenziale 249
7.3.1 Verkehrsträgerspezifische Effizienzpotenziale 254
7.3.2 Effizienzpotenziale ganzheitlicher Verkehrssysteme 267
7.4 Management der Umsetzung von Energieeffizienzpotenzialen 277
7.5 Trends und Prognosen 283
7.6 Fazit 288
Literatur 289

8 Zusammenfassung 301
Fabian Zimmermann, Markus Reichart, Martin Reisinger, Diana Wang, Ekrem Köse und Alexander Sauer

9 Anhang 305
Fabian Zimmermann
9.1 Einheiten-Umrechnungstabelle 305
9.2 Wirtschaftlichkeitsbetrachtung 306
9.3 Förderung 309
9.4 Verkehr 316

Stichwortverzeichnis 319

Einleitung 1

Fabian Zimmermann und Alexander Sauer

Klimawandel, Ressourcenverknappung und steigende Energiepreise haben seit den 1970er-Jahren zu einem Umdenken in der Gesellschaft geführt. Nachhaltigkeit spielt heute eine wesentliche Rolle bei Entscheidungsfindungen in Wirtschaft, Politik, Wissenschaft sowie zunehmend auch in privatem Konsumverhalten. Dabei sollen die Bedürfnisse der Gegenwart befriedigt werden, ohne zukünftigen Generationen diese Möglichkeit zu nehmen. Seit der industriellen Revolution geht der weltweite Wohlstand mit einer dauerhaften Bereitstellung von Energie einher. Die Bereitstellung von Energie auf Basis fossiler Brennstoffe ist jedoch, gemessen am CO_2 Ausstoß, der Haupttreiber des Klimawandels In diesem Kapitel werden zunächst die Fachbegriffe, die thematisch von Bedeutung sind, definiert und näher erläutert. Zudem werden die Hemmnisse und Treiber vom Ausbau der Energieeffizienz beschrieben.

Die globale Erwärmung gilt daher als eine der zentralen Herausforderungen des 21. Jahrhunderts (Notz 2010). Die Folgen des Klimawandels sind schwerwiegend: Innerhalb der vergangenen 100 Jahre stieg der Meeresspiegel im Mittel um 20 Zentimeter (Mittelmaier et al. 2011) bei einem durchschnittlichen Temperaturanstieg um 0,74 Grad Celsius (Haupt 2007). Die Liste der Auswirkungen des verschwenderischen Umgangs mit Energie ist lang. Neben den Risiken der Kernkraft werden hier in erster Linie die großflächige Landschaftszerstörung durch Kohleförderung oder massive Eingriffe bei der Realisierung von Wasserkraftprojekten genannt. Außerdem gelten Boden- und Gewässerbelastung, Verschmutzung der Meere und Küsten durch Öl- und Gasförderung sowie deren Transport als extrem schädlich für die Umwelt. Die Folge ist, dass die Energieversorgung weltweit vor einem großen Wandel steht.

F. Zimmermann (✉) • A. Sauer
Universität Stuttgart, Institut für Energieeffizienz in der Produktion, Nobelstr. 12, 70569 Stuttgart, Deutschland
E-Mail: Fabian.zimmermann@eep.uni-stuttgart.de; Alexander.sauer@eep.uni-stuttgart.de

A. Sauer, T. Bauernhansl (Hrsg.), *Energieeffizienz in Deutschland – eine Metastudie*,
DOI 10.1007/978-3-662-48883-6_1

Die Steigerung der Energieeffizienz in den Sektoren Industrie, Gebäude und Verkehr ist neben dem verstärkten Einsatz erneuerbarer Energien ein zentraler Hebel zur Reduktion von Treibhausgasemissionen. Darüber hinaus soll der volkswirtschaftliche Wohlstand durch einen schonenderen Umgang mit Ressourcen weiterhin sichergestellt werden. Positive Nebeneffekte dieser Entwicklung sind die Reduzierung der Importabhängigkeit sowie die Schaffung von Arbeitsplätzen in Zukunftsbranchen. Ein rationeller Umgang mit Energie ist in vielen Fällen gleichzusetzen mit enormen Kosteneinsparungen für Unternehmen und Haushalte. Besonders Unternehmen sind von ständig wachsender Konkurrenz und sich verschärfenden Marktbedingungen betroffen. Eine kosten- und ressourceneffiziente Erzeugung von Gütern und Dienstleistungen ist daher von essenzieller Bedeutung, um sich wettbewerbsfähig am Markt zu positionieren und zukunftsorientiert zu wirtschaften. Vor diesem Hintergrund ergeben sich folgende Fragen:

1. Welche Potenziale zur Steigerung der Energieeffizienz existieren in den Anwendungsbereichen Industrie, Gebäude und Verkehr?
2. Welche Möglichkeiten stehen zur Verfügung, um die Potenziale auszuschöpfen?
3. Welchen Beitrag können die einzelnen Sektoren zum Erreichen der Energieziele leisten?

1.1 Begriffsdefinitionen

Bevor der Begriff Energieeffizienz beschrieben und abgegrenzt wird, sollen im Folgenden einige relevante Begrifflichkeiten erläutert werden.

▶ **Primärenergie** Primärenergie umfasst den Energieinhalt aller natürlich vorkommenden Energieträger, welche technisch noch nicht umgewandelt wurden (AGEB 2015b).

▶ **Sekundärenergie** Sekundärenergie bezeichnet den Energieinhalt von Energieträgern, die durch einen oder mehrere (chemische/physikalische) Umwandlungsschritte aus Primärenergie gewonnen wurden. Zu dieser Gruppe gehören alle Stein- und Braunkohlenprodukte sowie Mineralölprodukte, Gichtgas, Konvertergas, Kokereigas, Strom und Fernwärme (AGEB 2015b).

▶ **Endenergie** Endenergie ist der Energieinhalt der Primär- bzw. Sekundärenergieträger, der dem Endverbraucher nach Abzug von Übertragungs- und Umwandlungsverlusten zur Erzeugung von Nutzenergie zur Verfügung steht (BMWi 2014a).

▶ **Nutzenergie** Nutzenergie ist die Form der Energie, die nach der letzten Umwandlung in den Geräten des Endverbrauchers zur Bereitstellung von Energiedienstleistungen, wie beispielsweise temperierte Räume oder transportierte Güter (Springer Gabler Verlag 2015), bereitgestellt wird (s. Abb. 1.1). Verschiedene Arten der Nutzenergie sind z. B. Wärme, Licht oder mechanische Arbeit (BMWi 2014a).

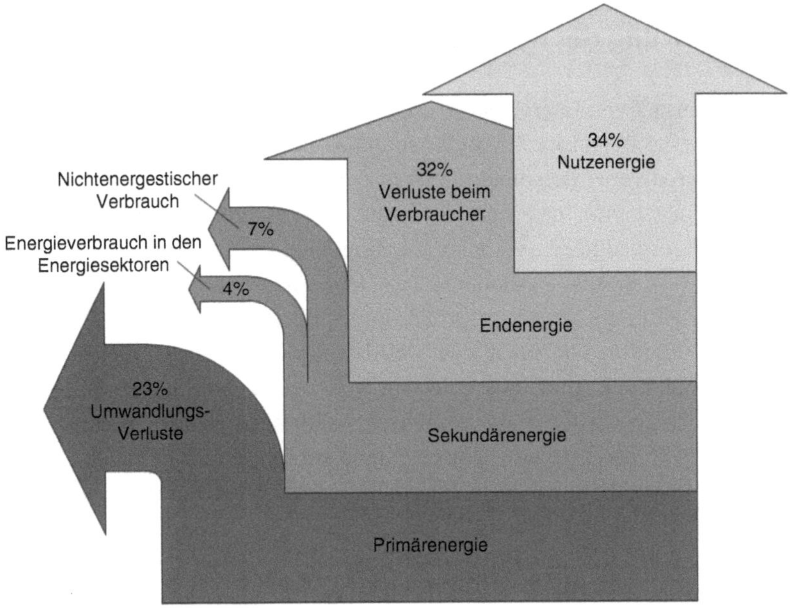

Abb. 1.1 Energieflussdiagramm 2012 (AGEB 2013; FIZ Karlsruhe 2000)

▶ **Nutzungs- und Wirkungsgrad** Der Nutzungsgrad einer Energie umsetzenden Anlage bezeichnet das Verhältnis der in einem gewissen Zeitraum abgegebenen und genutzten Energie zur eingesetzten Endenergie oder Primärenergie (Paschotta 2015). Der Wirkungsgrad (einer Maschine) wird definiert durch den Quotienten aus der abgegebenen Nutzenergie und dem hierfür nötigen Aufwand an Energie (Baehr und Kabelac 2012):

$$\eta = \frac{\text{Nutzenergie}}{\text{aufgewendete Energie}}$$

▶ **Exergie** „Exergie ist derjenige Teil einer Energieform, der sich bei einem bestimmten Prozess und in einer bestimmten Umgebung vollständig in jede beliebige andere Energieform umwandeln lässt.“ (Stierstadt 2010)

▶ **Anergie** „Anergie ist derjenige Teil einer Energieform, der sich nicht in jede beliebige andere Energieform umwandeln lässt, das heißt die technisch nicht nutzbare Energie.“ (Stierstadt 2010)

Jede Energie besteht aus Exergie und Anergie; es gilt daher für jede Energieform die Gleichung:

$$Energie = Anergie + Exergie$$

1.2 Abgrenzung des Begriffs Energieeffizienz

Der rationelle Einsatz von Energie steht im Zentrum jedweder Nachhaltigkeitsstrategie. Dabei existiert keine trennscharfe Abgrenzung des Begriffs Energieeffizienz. In der Literatur finden sich diverse Beispiele für Definitionen. Erdmann versteht unter Energieeffizienz die Produktivität des Energieeinsatzes (Erdmann und Zweifel 2008). Pro aufgewendeter Energieeinheit soll also ein möglichst großer Output erzeugt werden. Patterson verweist in diesem Zusammenhang auf die ausschließliche Eignung des nutzbaren Anteils des Outputs als Bezugsgröße (Patterson 1996). Während diese Definition einen effizienten Einsatz von Energie mit einer möglichst hohen Ausbringungsmenge gleichsetzt, hat sich die Betrachtung einer vorgegebenen Ausbringungsmenge durch einen möglichst geringen Energieeinsatz ebenso durchgesetzt. Die Entwicklung der Energieeffizienz einer Volkswirtschaft oder einzelner Sektoren wird in erster Linie anhand von zwei Indikatoren bewertet, der Energieintensität bzw. der Energieproduktivität (UBA 2015). Die Energieproduktivität (EP) beschreibt die wirtschaftliche Leistung pro Einheit Primärenergieverbrauch (PEV) oder Endenergieverbrauch (EEV). Ihr Kehrwert, die Energieintensität (EI), drückt aus, wie viele Einheiten Primärenergie bzw. Endenergie benötigt werden, um eine Geldeinheit des Bruttoinlandprodukts (BIP) herzustellen. Sie ist damit das zentrale Maß für Energieeffizienz auf makroökonomischer Ebene. Formal lassen sich beide Größe wie folgt darstellen:

$$EP = \frac{1}{EI} = \frac{BIP}{PEV\, oder\, EEV}$$

$$EI = \frac{1}{EP} = \frac{PEV\, oder\, EEV}{BIP}$$

Generell wird eine Steigung der Energieproduktivität bzw. Reduktion der Energieintensität einer Volkswirtschaft u. a. durch Nutzung von Energieeinsparpotenzialen in allen Wirtschaftssektoren und Haushalten sowie der Optimierung von Kraftwerken angestrebt.

Allgemein beschreibt Energieeffizienz also den Versuch, eine größtmögliche Ausbringungsmenge pro Energieeinsatz zu erzeugen. Die International Energy Agency (IEA) führt einen effizienteren Energieeinsatz auf drei wesentliche Faktoren zurück: Technologischer Fortschritt, menschlicher Verhaltenswandel und Substitution von Brennstoffen (IEA 2012a).

Insgesamt können nach Pehnt drei Ebenen der Energieeffizienz unterschieden werden, die in Folgenden beschrieben werden (Pehnt 2010).

Energieintensität Auf der gesamtwirtschaftlichen Ebene ist es möglich, die Energieeffizienz als Energieintensität oder mit dem Kehrwert der Energieproduktivität zu messen. Mögliche Einheiten der Energieintensität sind der Primärenergieverbrauch je Einheit Bruttoinlandsprodukt oder Primärenergieverbrauch je Einwohner. Ziel der Energieintensität ist es, eine Aussage zu treffen, wie viel Energie eingesetzt wurde, um ein gewisses Ergebnis zu produzieren.

Energieumwandlung Die zweite Ebene der Energieeffizienz ist die Energieumwandlung, die das Verhältnis von erzeugter End- oder Nutzenergie zu eingesetzten Energierohstoffen beschreibt. Das heißt, die Energieumwandlung kann auch durch einen Wirkungs- oder Nutzungsgrad ausgedrückt werden.

Energienachfrageseite Wie viel Energie für die Befriedigung energierelevanter Bedürfnisse benötigt wird, ist die Interpretation der Energienachfrageseite und somit die dritte Ebene der Energieeffizienz.

Die Verwendung von Energie hat seit der ersten industriellen Revolution zu einer signifikanten Diskrepanz zwischen realem und optimalem Energieverbrauch geführt (Jaffe und Stavins 1994). Diese sogenannte Energieeffizienz-Kluft ist neben dem Ausstoß von Treibhausgasen hauptverantwortlich für den Klimawandel. Eine möglichst optimale Verwendung von Energie muss daher zukünftig das Ziel von Bundesregierung, Gesellschaft und Unternehmen werden.

1.3 Hemmnisse der Energieeffizienz

Eine Vielzahl von Gründen kann die Umsetzung von Energieeffizienzmaßnahmen behindern. Im Folgenden werden deshalb verschiedene Hemmnisse (IEA 2012b; Seefeldt et al. 2007; Golove und Eto 1996; Sutherland 1991; Howarth und Andersson 1993; DeCanio 1998; Zimmermann 2014) in sechs Kategorien beschrieben.

Informatorische Hemmnisse bzw. fehlende Sichtbarkeit Informatorische Hemmnisse bedeuten, dass die Energieeffizienz nicht über einen Faktor oder eine Kennzahl gemessen werden kann und für den Entscheidungsträger nicht sichtbar ist. Zusätzlich ist die staatliche Unterstützung für Energieeffizienzmaßnahmen bis heute limitiert.

Das führt dazu, dass in Unternehmen Chancen für Energieeinsparung bis heute ungenutzt bleiben und so Potenziale nicht voll ausgeschöpft werden können. Durch den eingeengten Handlungsspielraum aufgrund von mangelnder Schulung oder fehlender Übung, wird die Umsetzung von Energieeffizienzmaßnahmen behindert.

Trotz der Bemühungen der Regierung, die Erhöhung der Energieeffizienz insbesondere in der Industrie zu unterstützen, wird von immerhin 32 % Prozent der Unternehmen fehlende Förderung als Grund für nicht ausgeschöpfte Effizienzpotenziale angegeben (EEP 2014). Dies kann in mangelnder Informationsarbeit oder auch in tatsächlichen Lücken in der Bandbreite der existierenden Förderprogramme begründet liegen. Eine Übersicht über aktuelle Förderungsansätze und -programme ist dem Anhang (s. Kap. 9.3) zu entnehmen.

Priorisierung bzw. Bewertung Investitionen in Energieeffizienzmaßnahmen werden oft mit anderen Investitionen gebündelt, daher ist das Bewusstsein der Menschen für das Thema Energieeffizienz häufig gering. Grund dafür sind unter anderem auch fehlende ganzheitliche Bewertungsinstrumente für Energieeffizienz.

Der Stellenwert der Energieeffizienz wird dadurch verkannt, was dazu führt, dass die Gesamtinvestitionen in Energieeffizienz sehr niedrig sind im Vergleich zu anderen Investitionen.

Finanztechnische Hemmnisse Größtes finanztechnisches Hemmnis der Energieeffizienz ist das zeitliche Auseinanderklaffen von Kosten und Nutzen. Die Investitionen sind oft hoch, der Nutzen aber eher gering oder die Amortisationszeit ist zu lang. Ein weiterer Grund ist die geringe Verfügbarkeit finanzieller Ressourcen aufgrund begrenzter Kreditrahmen oder eines erschwerten Zugangs durch den gestiegenen Informationsbedarf (Dokumentation von Vorhaben bzw. Offenlegung von Geschäftszahlen und -strategien sowie höhere geforderte Sicherheiten). Oft steht die Energieeffizienz in Konkurrenz zu anderen Bedürfnissen bzw. Investitionen. Zudem wird die Wirtschaftlichkeit von Energieeffizienzmaßnahmen häufig unterbewertet, da nicht alle Kosten und Nutzenaspekte vollständig berücksichtigt werden. Daher sind die Investitionen in Energieeffizienz eher gering. Die Life-Cycle-Kosten werden künstlich angehoben und dabei werden Energiepreisrisiken unterschätzt.

Organisatorisch-formale Hemmnisse Die Aufteilung des Energieverbrauchs auf die unterschiedlichsten Verbrauchergruppen ist ein Aspekt, der die Umsetzung von Energieeffizienzmaßnahmen erschwert. Des Weiteren fokussieren sich die Geschäftsmodelle entweder auf die Energiebereitstellung oder auf die Energieeffizienz. Dazu kommt, dass unter dem Gesichtspunkt der Globalisierung die Supply Chains sehr fragmentiert sind. Dadurch werden Produkte in mehreren Stufen an unterschiedlichen Standorten in verschiedenen Ländern produziert. Zusätzlich spielen auch hierarchische Verhältnisse von Vorgesetzten zu Mitarbeitern einer Rolle.

Das zeigt, dass die kollektive Implementierung von Energieeffizienz sehr schwierig ist, da auch die Geschäftsmodelle sich hauptsächlich auf die Energiebereitstellung beziehen. Daraus folgt, dass die Bewertung von Energieeffizienzmaßnahmen aufgrund verschiedener Interessenlagen (Bsp. technisch vs. wirtschaftlich) unterschiedlich ausfällt.

Rechtliche Hemmnisse Die rechtlichen Rahmenbedingungen verhindern vielfach die Erschließung von Effizienzpotenzialen. Das schränkt den Handlungsspielraum für die Umsetzung von Energieeffizienzmaßnahmen ein und führt dazu, dass Unternehmen zögern, die oft hohen Investitionen in Energieeffizienzmaßnahmen zu tätigen.

Konsumentenverhalten Oft reinvestieren Unternehmen ihre finanziellen Einsparungen in andere Bereiche, da die Nachhaltigkeit noch eine untergeordnete Rolle spielt. Eine Folge ist unter anderem der Rebound-Effekt, der in Kap. 3.2.2 genauer beschrieben wird. Das führt dazu, dass der Energieeffizienz kein entsprechender Stellenwert zugeordnet wird, was gleichzeitig zum Effizienz-Paradoxon führt. Das Paradoxon ist dabei, dass Energieeffizienzmaßnahmen nicht wahrgenommen bzw. umgesetzt werden, obwohl sie profitabel sind.

Die IEA formuliert in diesem Zusammenhang sechs allgemeine Handlungsgrundsätze für politische Entscheidungsträger zur Überwindung der Hemmnisse und Realisierung signifikanter Einsparungen (IEA 2012b):

1. Verbesserung der Messung und Aufzeigen von wirtschaftlichem Nutzen um Energieeffizienz „sichtbar zu machen“,
2. Bedeutung von Energieeffizienz erhöhen: Energieeffizienz muss integraler Bestandteil in Entscheidungsprozessen auf Regierungsebene, in der Wirtschaft und in der Gesellschaft werden,
3. Sicherstellen von Erträgen für Investoren durch Schaffen von Anreizen und Finanzierungsinstrumenten sowie Förderung geeigneter Geschäftsmodelle,
4. Energieeffiziente Technologien etablieren durch gesetzliche Verbannung der am wenigsten effizienten Konzepte sowie Schaffung von Anreizen für effizienteste Lösungen,
5. Kontrolle, Überprüfung und Durchsetzung von Energieeinsparungen,
6. Sicherstellung von Regierungs- und Verwaltungskapazitäten durch höhere Investitionen.

1.4 Treiber der Energieeffizienz

Natürlich gibt es nicht nur Hemmnisse sondern, auch Treiber der Energieeffizienz, die die Umsetzung von Energieeffizienzmaßnahmen unterstützen. Sie werden im Folgenden beschrieben.

Eigenenergieerzeugung Sowohl bei privaten Haushalten als auch in der Industrie steigt der Anteil derer, die ihre Energie selber über regenerative Quellen erzeugen. Grund hierfür war bisher vor allem der steigende Energiepreis. Selbsterzeugter Strom war, auch bei Berücksichtigung mitunter hoher Investitionskosten zu Beginn, insgesamt günstiger als fremdbezogener. Denn nach aktueller Rechtslage fallen dabei zusätzliche Kosten durch Stromsteuer, Netzentgelte, Konzessionsabgaben etc. weg. Bei Privathaushalten zählte dazu auch die EEG-Umlage. Wie eine beispielhafte Berechnung des BDEW zeigt, kann bei einem Mehrfamilienhaus durch Verwendung einer optimierten Kombination von Erzeugern eine Gesamtkostenersparnis von etwa 26 % erzielt werden (Bardt et al. 2014).

Bei Unternehmen im produzierenden Gewerbe liegt die Kostenersparnis bei Verwendung einer Kraft-Wärme-Kopplungs-Anlage zur eigenen Erzeugung von Strom nach einer

Vergleichsrechnung von PwC bei etwa 32 % (PwC 2014). Durch die Änderung des KWKG vom 21.12.2015 könnte die Förderung von KWK-Anlagen bis 2022 verlängert und die zu Verfügung stehenden Mittel verdoppelt werden. Außerdem könnte die Förderdauer von Kleinanlagen und Brennstoffzellen erhöht werden (LFU 2015). Allerdings kann das in Deutschland verabschiedete Gesetz noch nicht in Kraft treten, da es noch durch das Notifizierungsverfahren der EU-Kommission durchläuft. Unternehmen können auch teilweise von der EEG-Umlage befreit werden, wenn sie zum Beispiel erneuerbare Energien zur Eigenstromerzeugung nutzen und den Strom dabei nicht durch das öffentliche Verteilnetz leiten. Das ist ein weiterer entscheidender Punkt, da die EEG-Umlage mit 6,17 ct/kWh im Jahr 2015 etwa 40 % des Strompreises für die Industrie (inkl. Stromsteuer) ausmacht (BMWi 2015). Eine vollständige Befreiung von der EEG-Umlage ist seit August 2014 für neue Anlagen nicht mehr möglich, wird aber bei bereits bestehenden Anlagen weiter gewährt (PwC 2014).

Soziale Rahmenbedingungen Die Motivation der Mitarbeiter eines Unternehmens lässt sich steigern, wenn die Mitarbeiter in die Umsetzung von Energieeffizienzmaßnahmen eingebunden werden und sich so jeder mit dem Unternehmen und den Produkten identifizieren kann. Dabei spielen nicht nur die eingesparten Energiekosten eine Rolle für das Unternehmen, sondern auch das zunehmende Nachhaltigkeitsbewusstsein der Kunden, die eine klimaneutrale Produktion bzw. klimaneutrale Produkte fordern (Gruber 2013).

Technische Rahmenbedingungen Seit 2014 sind die Wirkungsgradklassen für Drehstrom-Niederspannungsmotoren im Leistungsbereich 0,75 bis 1.000 kW durch die Norm IEC Netzmotoren 60034-30-1 neu definiert (Nau 2014; KSB 2015). Es gibt folgende vier Wirkungsgradklassen:

- IE1 = Standard Wirkungsgrad
- IE2 = Hoher Wirkungsgrad
- IE3 = Premium Wirkungsgrad
- IE4 = Super Premium Wirkungsgrad

Gemäß der Norm müssen ab Januar 2015 Motoren mit einer Leistung ab 7,5 kW der IE3-Klassifizierung entsprechen. Die nächste Stufe, IE4, ist erst ab 2017 Pflicht und soll die Verluste gegenüber IE3-Motoren zwischen 10 und 24 % verringern (Nau 2014).

Gesetzliche Rahmenbedingungen Die EU-Energieeffizienzrichtlinie, die im Jahr 2012 vom EU-Parlament verabschiedet wurde, legt nationale Energieeffizienzziele für 2020 fest. Zudem enthält die Richtlinie verpflichtende Energieeinsparungen der Mitgliedsstaaten von jährlich durchschnittlich 1,5 % im Zeitraum 2014 bis 2020 (BMWi 2014b). Ein weiterer Kernpunkt der Richtlinie ist, eine Sanierungsrate für Gebäude der Zentralregierung von 3 % pro Jahr. Für Unternehmen gibt es eine verpflichtende Durchführung regelmäßiger

Energieaudits sowie eine verpflichtende Kosten-Nutzen-Analyse bei Neubau oder Modernisierung von Kraftwerken und Industrieanlagen.

Mit Einführung der Norm DIN EN ISO 50001 „Energiemanagementsysteme – Anforderungen mit Anleitung zur Anwendung“ im Jahr 2011 existiert eine global gültige, sektorübergreifende Managementsystemnorm, die Unternehmen bei dem Aufbau eines systematischen Energiemanagements leitet und unterstützt. Ziel des Energiemanagements ist es, spezifische Energieziele zu definieren, Energieverbräuche transparent zu machen und kontinuierlich zu senken. Daraus resultierend soll die Energieproduktivität nachhaltig gesteigert werden. Ein Energiemanagementsystem identifiziert und quantifiziert alle relevanten Energieströme und ermöglicht somit eine möglichst hohe Verbrauchs- und Kostentransparenz. (DIN EN ISO 50001)

Entwicklung der Energiepreise Die Entwicklung der Energiepreise ist einer der zentralen Treiber der Energieeffizienz. Grund hierfür ist, dass die Energiepreise die Wirtschaftlichkeit von Investitionen in Energieeffizienz bestimmen. Bei momentan eher niedrigen bzw. sinkenden Energiepreisen kann das auch zu einem Rückgang der Energieeffizienzinvestitionen führen (s. Abb. 1.2). Mittel- bis langfristig werden die Energiepreise für Öl und Gas gemäß Schlesinger allerdings steigen (Schlesinger et al. 2014).

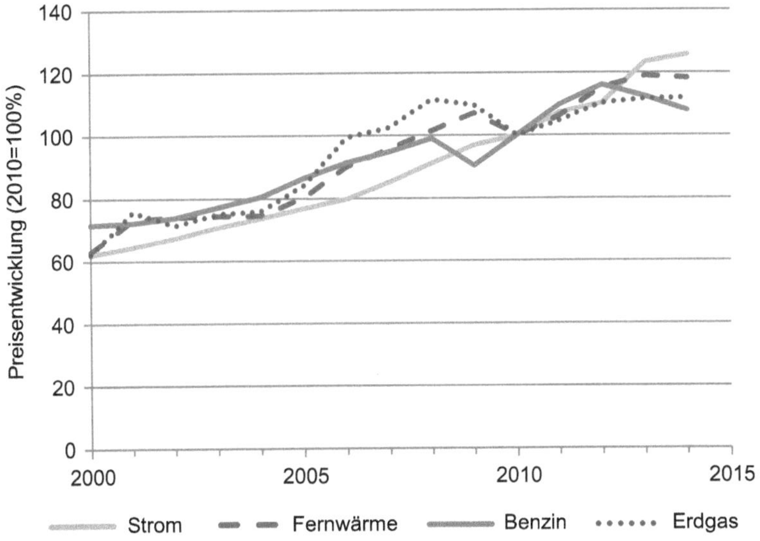

Abb. 1.2 Entwicklung des Verbraucherpreisindex für Endkunden in Deutschland (StBA 2016)

Energiewende in Deutschland Die Umsetzung einer nachhaltigen Energieversorgung in den Bereichen Strom, Wärme und Mobilität wird in Deutschland unter dem Begriff „Energiewende“ geführt. Dieser, erstmals Ende der 1980er-Jahre vom Öko-Institut verwendete Begriff beschreibt die Schaffung einer vollständigen Versorgung durch erneuerbare Energien (Krause et al. 1981). Als Grundlage zur Umsetzung der Energiewende dient das Energiekonzept der Bundesregierung (BMWi 2010b). Darin wird als Ziel eine nahezu klimaneutrale, auf erneuerbaren Energien basierende, Energieversorgung bis zum Jahr 2050 vorgegeben. Das im September 2010 beschlossene Konzept baut, unter Berücksichtigung verschiedener Szenarien der künftigen Energieversorgung (Schlesinger et al. 2010), auf eine möglichst marktorientierte Förderung von Technologien sowie Energieeinsparungen bei den Endverbrauchern (BMWi 2010b). Zentrale Elemente dieser langfristigen Gesamtstrategie sind u. a.:

- Die Senkung des Primärenergieverbrauchs bis 2020 um 20 % gegenüber 2008 und bis 2050 um 50 %.
- Die Verdopplung der Energieproduktivität bis 2020 gegenüber 1990 und weitere Steigerung um durchschnittlich 2,1 % pro Jahr bis 2050, bezogen auf den Primärenergieverbrauch.
- Die Senkung des Stromverbrauchs um 10 % bis 2020 und 25 % bis 2050.
- Die Minderung des Wärmebedarfs des Gebäudebestands um 20 % bis 2020 und die Schaffung eines nahezu klimaneutralen Gebäudebestands durch Senkung des Primärenergiebedarfs um 80 % bis 2050.
- Die Verdopplung der Sanierungsrate für Gebäude von jährlich weniger als 1 % auf 2 % des gesamten Gebäudebestands zur Reduzierung des Wärmebedarfs.
- Die Minderung des Endenergieverbrauchs im Verkehrssektor um 10 % bis 2020 und um 40 % bis 2050 gegenüber 2005.

Unter dem Eindruck der Katastrophe in den Reaktorblöcken eins bis vier des Kernkraftwerks Fukushima Daiichi, Japan, zu Anfang des Jahres 2011, verabschiedete der Bund ein Gesetzespaket zur Beschleunigung der Energiewende. Darin werden u. a. folgende Punkte geregelt (Bundestag 2011):

- der Komplettausstieg aus der friedlichen Nutzung der Kernenergie bis zum Jahr 2022 (BMWi und BMU 2012),
- die Schaffung eines Energie- und Klimafonds,
- Neuregelungen zum Ausbau der Erneuerbaren Energien und zur Beschleunigung des Netzausbaus sowie
- Eckpunkte der Energieeffizienz.

Damit übernimmt die Bundesrepublik Deutschland weltweit eine führende Rolle im Bereich der nachhaltigen Entwicklung im Energiesektor (BMWi 2010a). Neben der Technologie-, Markt- und Innovationsführerschaft u. a. bei Wind- und Solarenergie sowie einer Reihe von Energieeffizienztechnologien gelten politische Instrumente wie die Einspeisevergütung des EEG als Vorlage für Nachhaltigkeitsmaßnahmen weltweit (Couture et al. 2010). Weitere politische Maßnahmen finden sich auf der Ebene des Bundes, der Länder sowie Kommunen. Hier sind u. a. ordnungspolitische (z. B. Energieeinsparverordnung) und fiskalpolitische (z. B. ökologische Steuerreform) Regelungen zu nennen (BMWi 2013). Darüber hinaus bietet die staatliche KfW Bankengruppe eine Reihe von Förderprogrammen für den Gebäudebereich sowie umfassende Energieberatungen an (KfW 2014).

1.5 Indikatoren der Energieeffizienz

Energieeffizienz ist ein generischer Begriff, für den kein einheitliches Maß existiert (Patterson 1996). Vielmehr wird durch Abstraktion relevanter Attribute auf eine Gemeinsamkeit geschlossen. Der effiziente Einsatz von Energie kann also nur als Kennzahl verstanden werden, indem der Faktor Energie auf eine weitere Größe bezogen wird. Die Bezugsgrößen und Bilanzrahmen können sich, je nach Betrachtung, allerdings erheblich unterscheiden. Beispielsweise kann aus makroökonomischer Perspektive der gesamte Primärenergieverbrauch Deutschlands auf das Bruttoinlandsprodukt bezogen werden (Pehnt 2010).

Für die mikroökonomische Analyse eines Gebäudes macht dagegen die Betrachtung des Endenergieeinsatzes pro m^2 Gebäudefläche Sinn. Die makroökonomische Analyse wird daher als Top-Down, die mikroökonomische als Bottom-Up-Ansatz bezeichnet. Im Detail bezeichnet der Bottom-Up-Ansatz das „Auszählen" von Effekten und Effizienzentwicklung auf Ebene von Einzelmaßnahmen oder Einzelobjekten, wie der Betrachtung einer einzelnen Produktionsanlage in einem Fertigungsbetrieb (VDMA Forum Energie 2009).

Durch Auswertung der Einzeleffekte werden daraufhin Rückschlüsse innerhalb eines festgelegten Bilanzrahmes gezogen. Die Betrachtung unterschiedlicher Ebenen ist aus diversen Gründen sinnvoll. Die makroökonomische Bewertung erfolgt auf der Ebene ganzer Volkswirtschaften oder einzelner Wirtschaftssektoren (Pehnt 2010). Auf diese Weise können Entwicklungen betrachtet und in einen globalen Zusammenhang gestellt werden. Werden gezielt Haushalte oder einzelne Produktionslinien auf Energieeffizienz untersucht, spricht man von einer mikroökonomischen Analyse. Politische Vorgaben und Gesetze sind gewissermaßen durch eine ‚Top-Down-Up'-Strategie gekennzeichnet. Zunächst werden auf makroökonomischer Ebene der Istzustand erfasst und Zielvorgaben festgelegt, welche dann über Gesetze und Verordnungen an Haushalte und Unternehmen kommuniziert werden. Der Erfolg eines politischen Instrumentes wird wiederum auf makroökonomischer Ebene erfasst und bewertet. Gegebenenfalls sind Anpassungen erforderlich. (Pehnt 2010)

Abb. 1.3 zeigt die zeitliche Entwicklung der makroökonomischen Indikatoren der Energieeffizienz in Deutschland von 1990 bis 2014. In den vergangenen Jahren ist die Energieproduktivität in Deutschland kontinuierlich gestiegen – im Zeitraum von 1990 bis 2014 um durchschnittlich 1,89 % pro Jahr. In den 90er-Jahren stieg die Energieproduktivität durchschnittlich um 2,16 % pro Jahr, wohingegen sie Anfang der 2000er bis zur Finanzkrise 2008 nur um 1,41 % pro Jahr gestiegen ist. Seit der Finanzkrise (ab 2009) bis 2013 hat die Energieproduktivität ungefähr wieder das jährliche Durchschnittswachstum der 90er von 2,21 %. Allerdings ist das Ziel der Bundesregierung, die Energieproduktivität bis 2020 gegenüber 1990 zu verdoppeln, noch nicht erreicht. Die Energieintensität sank im gleichen Zeitraum durchschnittlich um 1,81 %. Die Energieintensität pro Kopf ist dagegen nur um durchschnittlich 0,52 % pro Jahr gesunken. Im Vergleich dazu ist die Stromintensität – kWh Stromverbrauch je Tsd. € BIP – über den gesamten Zeitraum um durchschnittlich 1,05 % gesunken und damit geringer als die Energieintensität. Daraus lässt sich schließen, dass die Brennstoffintensität stärker gefallen sein muss, als die Stromintensität.

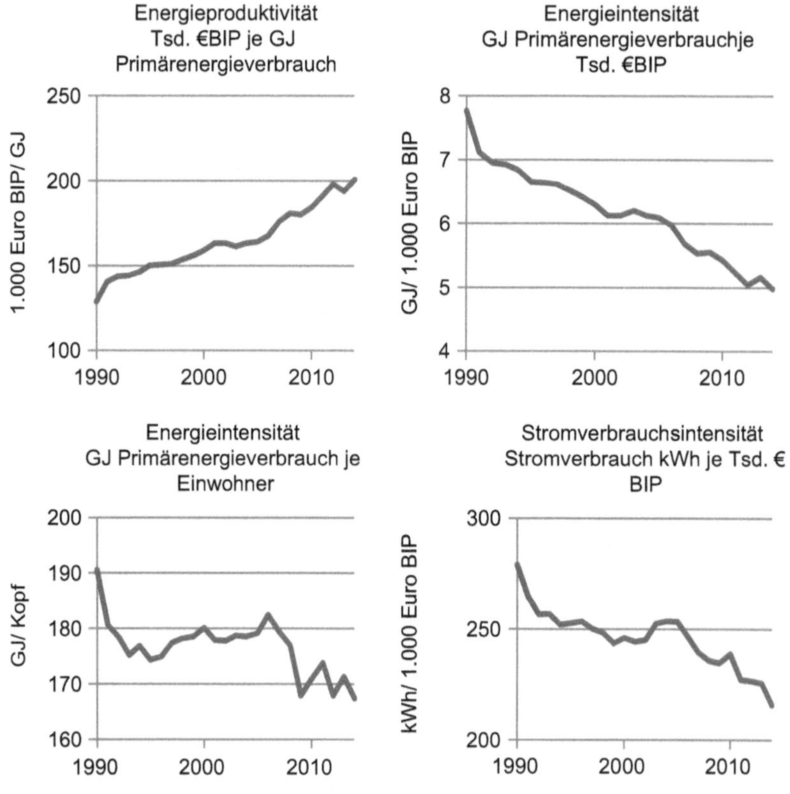

Abb. 1.3 Makroökonomische Indikatoren der Energieeffizienz in Deutschland von 1990 bis 2014 (AGEB 2015a; Pehnt 2010)

In den weiteren Kapiteln der Metastudie wird die methodische Vorgehensweise erläutert und der Aufbau der Kapitel Industrie, Gebäude und Verkehr. Im Kapitel Globale Betrachtung wird die Energieeffizienzpolitik in Deutschland, Europa und weltweit beschrieben sowie die volkswirtschaftlichen Einflussfaktoren. In den drei anschließenden Kapiteln Industrie, Gebäude und Verkehr wird die aktuelle Entwicklung des jeweiligen Sektors analysiert, die identifizierten Energieeffizienzpotenziale aufgezeigt und Umsetzungsmöglichkeiten beschrieben.

Literatur

AGEB (2013) AG Energiebilanzen e.V. (Hg.): Energieflussbild 2012 für die Bundesrepublik Deutschland in Petajoule. 2013. Online verfügbar unter http://www.ag-energiebilanzen.de/index.php?article_id=29&fileName=energieflussbild-2012-pj_kurz_20130910.pdf, zuletzt geprüft am 08.04.2016.

AGEB (2015a) AG Energiebilanzen e.V. (Hg.): Auswertungstabellen zur Energiebilanz Deutschland 1990 bis 2014. Stand: August 2015. Berlin, Köln, 2015. Online verfügbar unter www.ag-energiebilanzen.de/index.php?article_id=29&fileName=ausw_25082015_ov.xls, zuletzt geprüft am 08.04.2016.

AGEB (2015b) AG Energiebilanzen e.V. (Hg.): Definitionen/Methodik. 2015. Online verfügbar unter http://www.ag-energiebilanzen.de/31-0-DefinitionenMethodik.html, zuletzt geprüft am 08.04.2016.

Amprion (2015) Amprion GmbH (Hg.): KWK-Aufschlag 2016. KWKG-Aufschläge vor dem Hintergrund der KWKG-Novelle 2016. Dortmund, 2015. Online verfügbar unter http://www.amprion.net/kwk-aufschlaege, zuletzt geprüft am 08.04.2016.

Baehr und Kabelac (2012) Baehr, H. D.; Kabelac, S.: Thermodynamik. Grundlagen und technische Anwendungen. 15. überarb. Aufl. Springer-Verlag Berlin Heidelberg, Berlin, 2012. ISBN: 978-3-642-24160-4.

Bardt et al. (2014) Bardt, H.; Chrischilles, E.; Growitsch, C. et al.: Eigenerzeugung und Selbstverbrauch von Strom. Stand, Potentiale und Trends. Bundesverband der Energie- und Wasserwirtschaft e.V. (Hg.). Köln, 2014. Online verfügbar unter https://www.bdew.de/internet.nsf/id/3D07D0E3866043D0C1257CB30034DC29/$file/EWI_IW_Gutachten_Eigenerzeugung_Selbstverbrauch_04042014.pdf, zuletzt geprüft am 08.04.2016.

BMWi (2010a) Bundesministerium für Wirtschaft und Technologie (Hg.): Energieeffizienz – Made in Germany. Energieeffizienz im Bereich Industrie, Gebäudeanwendungen und Verkehr. Berlin, 2010. Online verfügbar unter https://www.bmwi.de/BMWi/Redaktion/PDF/E/broschuere-energieeffizienz-made-in-germany,property=pdf,bereich=bmwi,sprache=de,rwb=true.pdf, zuletzt geprüft am 08.04.2016.

BMWi (2010b) Bundesministerium für Wirtschaft und Technologie (Hg.): Energiekonzept für eine umweltschonende, zuverlässige und bezahlbare Energieversorgung. Berlin, 2010. Online verfügbar unter https://www.bmwi.de/BMWi/Redaktion/PDF/E/energiekonzept-2010,property=pdf,bereich=bmwi2012,sprache=de,rwb=true.pdf, zuletzt geprüft am 08.04.2016.

BMWi (2013) Bundesministerium für Wirtschaft und Technologie (Hg.): Energie in Deutschland. Trends und Hintergründe zur Energieversorgung. Berlin, 2013. Online verfügbar unter http://www.bmwi.de/BMWi/Redaktion/Bilder/Service/Publikation/energie-in-deutschland,property=pdf,bereich=bmwi2012,sprache=de,rwb=true.pdf, zuletzt geprüft am 08.04.2016.

BMWi (2014a) Bundesministerium für Wirtschaft und Technologie (Hg.): Die Energie der Zukunft. Erster Fortschrittsbericht zur Energiewende. Berlin, 2014. Online verfügbar unter http://www.bmwi.de/BMWi/Redaktion/PDF/Publikationen/fortschrittsbericht,property=pdf,bereich=bmwi2012,sprache=de,rwb=true.pdf, zuletzt geprüft am 08.04.2016.

BMWi (2014b) Bundesministerium für Wirtschaft und Technologie (Hg.): EU-Energieeffizienz-Richtlinie. Berlin, 2014. Online verfügbar unter http://www.bmwi.de/DE/Themen/Energie/Energieeffizienz/eu-energieeffizienz-richtlinie.html, zuletzt geprüft am 08.04.2016.

BMWi (2015) Bundesministerium für Wirtschaft und Energie (Hg.): EEG-Umlage 2016: Fakten & Hintergründe. Berlin, 2015. Online verfügbar unter https://www.bmwi.de/BMWi/Redaktion/PDF/E/eeg-umlage-2016-fakten-hintergruende,property=pdf,bereich=bmwi2012,sprache=de,rwb=true.pdf, zuletzt geprüft am 08.04.2016.

BMWi und BMU (2012) Bundesministerium für Wirtschaft und Technologie; Bundesministerium für Umwelt, Naturschutz und Reaktorsicherheit (Hg.): Energiewende auf gutem Weg. Ein Jahr nach den Energiewendebeschlüssen vom 6. Juni 2011. Berlin, 2012. Online verfügbar unter https://www.bmwi.de/BMWi/Redaktion/PDF/E/energiewende-auf-gutem-weg-ein-jahr,property=pdf,bereich=bmwi2012,sprache=de,rwb=true.pdf, zuletzt geprüft am 08.04.2016.

Bundesregierung (2002) Bundesregierung (Hg.): Nachhaltigkeitsstrategie. Die nationale Nachhaltigkeitsstrategie. Berlin, 2002. Online verfügbar unter https://www.bundesregierung.de/Webs/Breg/DE/Themen/Nachhaltigkeitsstrategie/1-die-nationale-nachhaltigkeitsstrategie/nachhaltigkeitsstrategie/_node.html;jsessionid=AC3D56261F4097BE624EA9618FF04F10.s7t1, zuletzt geprüft am 08.04.2016.

Bundestag (2011) Bundestag: Dreizehntes Gesetz zur Änderung des Atomgesetzes., vom Vom 31.07.2011. Bundestag. In: Bundesgesetzblatt 2011 (43). Online verfügbar unter http://fzu.rewi.hu-berlin.de/doc/rechtsentwicklung/bgbl111s1704.pdf, zuletzt geprüft am 08.04.2016.

Ciroth et al. (2011) Ciroth, A.; Finkbeiner, M.; Hildenbrand, J. et al.: Towards a Life Cycle Sustainability Assessment. Making informed choices on products. United Nations Environment Programme; Society of Environmental Toxicology and Chemistry (SETAC) Life Cycle Initiative (Hg.). Paris, 2011. Online verfügbar unter http://www.unep.org/pdf/UNEP_LifecycleInit_Dec_FINAL.pdf, zuletzt geprüft am 19.02.2016.

Couture et al. (2010) Couture, T. D.; Cory, K.; Kreycik, C. et al.: A Policymaker's Guide to Feed-in Tariff Policy Design. National Renewable Energy Laboratory (Hg.). Colorado, 2010. Online verfügbar unter http://www.nrel.gov/docs/fy10osti/44849.pdf, zuletzt geprüft am 08.04.2016.

DeCanio (1998) DeCanio, S. J.: The efficiency paradox: Bureaucratic and organizational barriers to profitable energy-saving investments. In: Energy Policy, Jahrgang 26, Nr. 5, S. 441–454. Online verfügbar unter http://ac.els-cdn.com/S0301421597001523/1-s2.0-S0301421597001523-main.pdf?_tid=63132a38-dc6d-11e5-9b98-00000aab0f6c&acdnat=1456479987_239d5c6fab911568b4d3d4c22c6328a7, zuletzt geprüft am 08.04.2016.

DIN EN ISO 50001 DIN EN ISO50001: Energiemanagementsysteme – Anforderungen mit Anleitung zur Anwendung. Dezember 2011. Deutsches Institut für Normung e. V. Beuth Verlag GmbH, Berlin. Online verfügbar unter http://fhgonline.fhg.de/bibliotheken/ipa/DIN-EN-ISO-50001.pdf, zuletzt geprüft am 22.04.2016.

EEP (2014) Institut für Energieeffizienz in der Produktion, Universität Stuttgart (Hg.): Energieeffizienz-Index. Erhebung 2. Halbjahr. 2014.

Erdmann und Zweifel (2008) Erdmann, G.; Zweifel, P.: Energieökonomik. Theorie und Anwendungen. Springer, Berlin, 2008. ISBN: 978–3540716983.

EU Kommission (2008) Kommission der Europäischen Gemeinschaften (Hg.): Mitteilung der Kommission an das europäische Parlament, den Rat, den europäischen Wirtschafts- und Sozialausschuss und den Ausschuss der Regionen über den Aktionsplan für Nachhaltgikeit in Produktion und Verbrauch und für eine nachhaltige Industriepolitik. Brüssel, 2008. Online verfügbar unter http://eur-lex.europa.eu/legal-content/DE/TXT/PDF/?uri=CELEX:52008DC0397&from =EN, zuletzt geprüft am 08.04.2016.

FIZ Karlsruhe (2000) Fachinformationszentrum Karlsruhe GmbH (Hg.): Energie im Wandel. Eggenstein-Leopoldshafen, 2000. Online verfügbar unter http://www.bine.info/fileadmin/content/Publikationen/Basis_Energie/Basis_Energie_Nr._07/basis07internet_x.pdf, zuletzt geprüft am 08.04.2016.

Golove und Eto (1996) Golove, W. H.; Eto, J. H.: Market Barriers to Energy Efficiency: A Critical Reappraisal of the Rationale for Public Policies to Promote Energy Efficiency. University of California (Hg.). Berkeley, 1996. Online verfügbar unter http://emp.lbl.gov/sites/all/files/lbnl-38059.pdf, zuletzt geprüft am 08.04.2016.

Gruber (2013) Gruber, A.: Erfolgsfaktoren und notwendige Treiber für die Entwicklung des Energieeffizienzmarkts im Industriesektor. Berliner EnergietageForschungsgesellschaft für Energiewirtschaft GmbH: Energie- und Umweltmanagementberatung Pöschk. Berlin, 2013. Online verfügbar unter https://www.ffegmbh.de/download/veroeffentlichungen/357_energieeffizienz_energietage_berlin_2013/anna_gruber_energieeffizienzmarkt_industrie.pdf, zuletzt geprüft am 08.04.2016.

Haupt (2007) Haupt, S.: Die Kosten des Klimawandels. Ökonomische, ökologische und soziale Kosten der jetzigen und zukünftigen Klimaerwärmung. Grin Verlag, 2007. ISBN: 978–3638903615.

Howarth und Andersson (1993) Howarth, R. B.; Andersson, B.: Market barriers to energy efficiency. In: Energy Economics, Jahrgang 15, Nr. 4, S. 262–272. Online verfügbar unter http://ac.els-cdn.com/014098839390016K/1-s2.0-014098839390016K-main.pdf?_tid=f79de85a-d6fa-11e5-88d0-00000aacb35e&acdnat=1455881089_8ca04d91a3484e895df3d062b555a204, zuletzt geprüft am 08.04.2016.

IEA (2012a) International Energy Agency (Hg.): World Energy Outlook 2012. Paris, 2012. Online verfügbar unter http://www.iea.org/publications/freepublications/publication/WEO2012_free.pdf, zuletzt geprüft am 08.04.2016.

IEA (2012b) International Energy Agency (Hg.): World Energy Outlook 2012. Zusammenfassung. Paris, 2012. Online verfügbar unter http://www.iea.org/publications/freepublications/publication/german.pdf, zuletzt geprüft am 08.04.2016.

Jaffe und Stavins (1994) Jaffe, A. B.; Stavins, R. N.: The energy-efficiency gap. What does it mean? In: Energy Policy, Jahrgang 22, Nr. 10, S. 804–810. Online verfügbar unter http://scholar.harvard.edu/files/stavins/files/the_energy_efficiency_gap.pdf?m=1440012135, zuletzt geprüft am 08.04.2016.

KfW (2014) KfW Bankengruppe (Hg.): Geschäftsbericht 2014. Frankfurt am Main, 2014. Online verfügbar unter https://www.kfw.de/PDF/Download-Center/Finanzpublikationen/PDF-Dokumente-Berichte-etc./1_Gesch%C3%A4ftsberichte/Gesch%C3%A4ftsbericht_2014_D.pdf, zuletzt geprüft am 08.04.2016.

Krause et al. (1981) Krause, F.; Bossel, H.; Müller-Reißmann, K. F.: Energie-Wende. Wachstum und Wohlstand ohne Erdöl und Uran. Ein Alternativ-Bericht des Öko-Instituts/Freiburg. 3. Aufl. S. Fischer Verlag, Frankfurt/M., 1981. ISBN: 978–3100077059.

KSB (2015) KSB Aktiengesellschaft (Hg.): Wirkungsgradklasse. Frankenthal, 2015. Online verfügbar unter https://www.ksb.com/Kreiselpumpenlexikon_de/wirkungsgradklasse/187964, zuletzt geprüft am 08.04.2016.

LFU (2015) Bayerisches Landesamt für Umwelt (Hg.): KWKG - Kraftwärmekopplungsgesetz. Augsburg, 2015. Online verfügbar unter http://www.izu.bayern.de/recht/detail_rahmen.php?pid=110601010013, zuletzt geprüft am 08.04.2016.

Mittelmaier et al. (2011) Mittelmaier, M. F.; Bröer, J.; Kokkeel, R.: Sustainable supply chain management. Vergleich emissionsarmer Antriebstechniken für die urbane Versorgung. 1. Auflage. Grin Verlag, München, 2011. ISBN: 978-3-640-80747-5.

Nau (2014) Nau, S. L.: Klassenziel IE4 bei Drehstrom-Asynchronmotoren erreicht. Hüthig GmbH (Hg.). Heidelberg, 2014. Online verfügbar unter http://www.all-electronics.de/texte/anzeigen/57055/Klassenziel-IE4-bei-Drehstrom-Asynchronmotoren-erreicht, zuletzt geprüft am 08.04.2016.

Notz (2010) Notz, R. J.: CO2-Abtrennung aus Kraftwerksabgasen mittels Reaktivabsorption. Logos Verlag, Berlin, 2010. ISBN: 978-3-8325-2386-2.

Paschotta (2015) Paschotta, R.: Nutzungsgrad. RP Photonics Consulting GmbH (Hg.). Bad Dürrheim, 2015. Online verfügbar unter https://www.energie-lexikon.info/nutzungsgrad.html, zuletzt geprüft am 08.04.2016.

Patterson (1996) Patterson, M. G.: What is energy efficiency? - Concepts, indicators and methodological issues. In: Energy Policy, Jahrgang 24, Nr. 5, S. 377–390. Online verfügbar unter http://www.sciencedirect.com/science/article/pii/0301421596000171, zuletzt geprüft am 08.04.2016.

Pehnt (2010) Pehnt, M.: Energieeffizienz. Ein Lehr- und Handbuch. 1. korrigierter Nachdr. Springer, Berlin, 2010. ISBN: 978-642-14250-5.

PwC (2014) PricewaterhouseCoopers AG Wirtschaftsprüfungsgesellschaft (Hg.): Eigenstromerzeugung bleibt auch nach der EEG-Novelle attraktiv. Frankfurt am Main, 2014. Online verfügbar unter http://www.pwc.de/de/energiewende/eigenstromerzeugung-bleibt-auch-nach-der-eeg-novelle-attraktiv.jhtml, zuletzt geprüft am 08.04.2016.

Schlesinger et al. (2010) Schlesinger, M.; Hofer, P.; Kemmler, A. et al.: Energieszenarien für ein Energiekonzept der Bundesregierung. Bundesministerium für Wirtschaft und Technologie (Hg.). Berlin, 2010. Online verfügbar unter http://www.bmwi.de/BMWi/Redaktion/PDF/Publikationen/Studien/studie-energieszenarien-fuer-ein-energiekonzept,property=pdf,bereich=bmwi2012,sprache=de,rwb=true.pdf, zuletzt geprüft am 08.04.2016.

Schlesinger et al. (2014) Schlesinger, M.; Hofer, P.; Kemmler, A. et al.: Entwicklung der Energiemärkte – Energiereferenzprognose. Bundesministerium für Wirtschaft und Technologie (Hg.). Berlin, 2014. Online verfügbar unter http://www.bmwi.de/BMWi/Redaktion/PDF/Publikationen/entwicklung-der-energiemaerkte-energiereferenzprognose-endbericht,property=pdf,bereich=bmwi2012,sprache=de,rwb=true.pdf, zuletzt geprüft am 08.04.2016.

Seefeldt et al. (2007) Seefeldt, F.; Wünsch, M.; Michelsen, C. et al.: Potenziale für Energieeinsparung und Energieeffizienz im Lichte aktueller Preisentwicklungen. Endbericht 18/06. Bundesministerium für Wirtschaft und Technologie (Hg.). Berlin, 2007. Online verfügbar unter http://www.prognos.com/uploads/tx_atwpubdb/070831_Prognos_BMWI_Potenziale_fuer_Energieeinsparung.pdf, zuletzt geprüft am 19.02.2016.

Springer Gabler Verlag (2015) Springer Gabler Verlag (Hg.): Gabler Wirtschaftslexikon, Stichwort: Energiedienstleistung. 2015. Online verfügbar unter http://wirtschaftslexikon.gabler.de/Archiv/128956/energiedienstleistung-v5.html, zuletzt geprüft am 08.04.2016.

StBA (2014) Statistisches Bundesamt (Hg.): Umweltnutzung und Wirtschaft. Bericht zu den Umweltökonomischen Gesamtrechnungen. Wiesbaden, 2014. Online verfügbar unter https://www.destatis.de/DE/Publikationen/Thematisch/UmweltoekonomischeGesamtrechnungen/Querschnitt/UmweltnutzungundWirtschaftBericht5850001147004.pdf?__blob=publicationFile, zuletzt geprüft am 08.04.2016.

StBA (2016) Statistisches Bundesamt (Hg.): Preise. Daten zur Energiepreisentwicklung. Wiesbaden, 2016. Online verfügbar unter https://www.destatis.de/DE/Publikationen/Thematisch/Preise/Energiepreise/EnergiepreisentwicklungPDF_5619001.pdf?__blob=publicationFile, zuletzt geprüft am 08.04.2016.

Stierstadt (2010) Stierstadt, K.: Thermodynamik. Von der Mikrophysik zur Makrophysik. Springer-Verlag Berlin Heidelberg, Berlin, Heidelberg, 2010. ISBN: 978-3-642-05098-5.

Sutherland (1991) Sutherland, R. J.: Market Barriers to Energy-Efficiency Investments. In: The Energy Journal, Jahrgang 12, Nr. 3.

UBA (2015) Umweltbundesamt (Hg.): Energieproduktivität. 2015. Online verfügbar unter https://www.umweltbundesamt.de/daten/energie-als-ressource/energieproduktivitaet, zuletzt geprüft am 12.04.2016.

UN (1987) United Nations (Hg.): Development and International Co-operation: Environment. Report of the World Commission on Environment and Development. 1987 (A/42/427). Online verfügbar unter http://www.un-documents.net/a42-427.htm, zuletzt geprüft am 08.04.2016.

VDMA Forum Energie (2009) VDMA Forum Energie (Hg.): Energieeffizienz in der Industrie. Endbericht. Eine makroskopische Analyse der Effizienzentwicklung unter besonderer Berücksichtigung der Rolle des Maschinen- und Anlagenbaus. Frankfurt am Main, 2009. Online verfügbar unter http://www.prognos.com/fileadmin/pdf/publikationsdatenbank/Prognos_Energieeffizienz_in_der_Industrie.pdf, zuletzt geprüft am 19.02.2016.

Zimmermann (2014) Zimmermann, V.: Unternehmensbefragung 2014. Finanzstark, energiebewusst, standortsensibel. KfW Bankengruppe (Hg.). Frankfurt am Main, 2014. Online verfügbar unter https://www.kfw.de/PDF/Download-Center/Konzernthemen/Research/PDF-Dokumente-Unternehmensbefragung/Unternehmensbefragung-2014-LF.pdf, zuletzt geprüft am 19.02.2016.

Methodik 2

Fabian Zimmermann, Markus Reichart, Martin Reisinger, Ekrem Köse, Diana Wang und Alexander Sauer

In der hier neu vorliegenden Metastudie wurden 403 Veröffentlichungen von Ministerien, Forschungseinrichtungen, Fach- und Industrieverbänden sowie weiteren Akteuren mit dem Themenschwerpunkt Energieeffizienz einer kritischen Bewertung unterzogen. Um die Ergebnisse und die Schlussfolgerungen besser interpretieren zu können, wird hier die methodische Vorgehensweise vorgestellt und näher erläutert (s. Abb. 2.1).

F. Zimmermann (✉) • M. Reichart • M. Reisinger • E. Köse • D. Wang • A. Sauer
Universität Stuttgart, Institut für Energieeffizienz in der Produktion, Nobelstr. 12, 70569 Stuttgart, Deutschland
E-Mail: Fabian.zimmermann@eep.uni-stuttgart.de; Markus.reichart@eep.uni-stuttgart.de; Martin.reisinger@eep.uni-stuttgart.de; Ekrem.koese@eep.uni-stuttgart.de; Diana.wang@eep.uni-stuttgart.de; Alexander.sauer@eep.uni-stuttgart.de

A. Sauer, T. Bauernhansl (Hrsg.), *Energieeffizienz in Deutschland – eine Metastudie*,
DOI 10.1007/978-3-662-48883-6_2

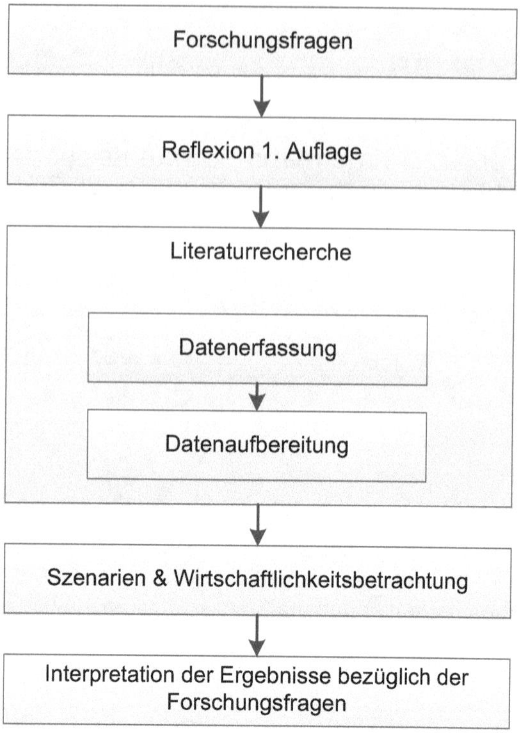

Abb. 2.1 Methodische Vorgehensweise

Zunächst wurde eine ausführliche Literaturrecherche durchgeführt. Im ersten Teil dieser Recherche wurden die Quellen aus der ersten Auflage überprüft. Im zweiten Schritt wurde anhand der Hauptkapitelstruktur aus Abb. 2.2 nach neuen relevanten Quellen recherchiert. Die Untersuchungsaspekte beschreiben zusätzlich den Aufbau der drei Hauptkapitel Industrie, Gebäude und Verkehr. Aus der Struktur wird abgeleitet, wie das Thema Energieeffizienz eingegrenzt und nach welchen konkreten Schlagworten recherchiert wurde. Die Recherche selber ist durch zwei Vorgehensweisen charakterisiert. Zum einen wurde das vorhandene Wissen der Bearbeiter erschlossen und sämtliche bekannte Literatur zusammengestellt. Parallel dazu erfolgte eine Recherche über das Internet und in speziellen Literaturdatenbanken.

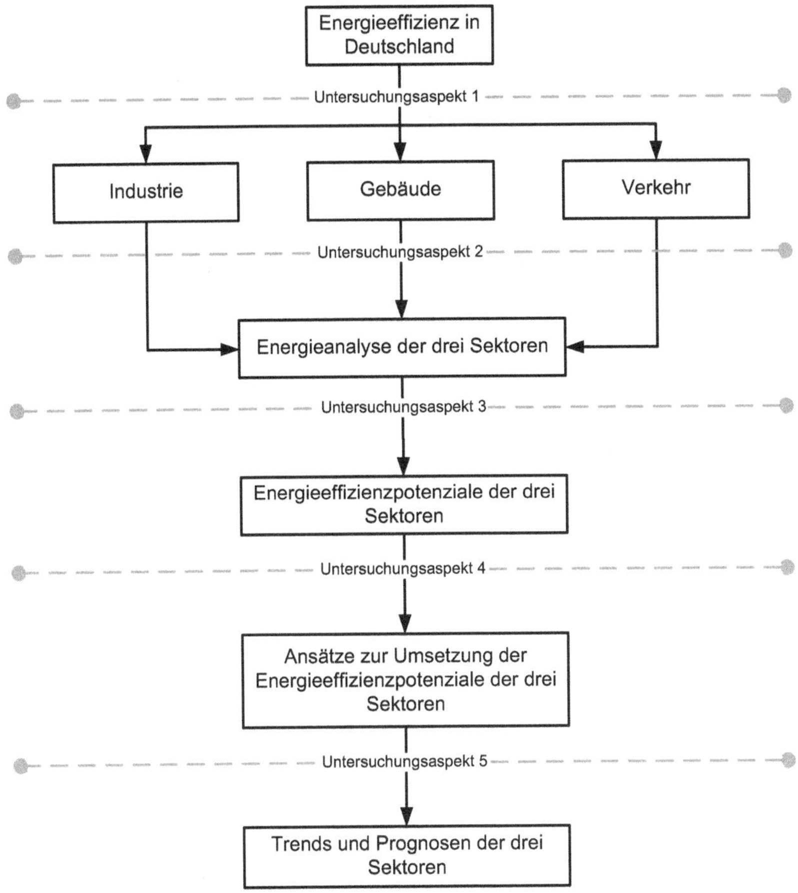

Abb. 2.2 Struktur der Literaturrecherche anhand der einzelnen Untersuchungsaspekte

Nach der Datenaufbereitung der aktualisierten bzw. neuen Quellen wurden im dritten Schritt die Daten aus der ersten Auflage aktualisiert und um neue relevante Inhalte ergänzt. Im vierten Schritt wurden die identifizierten Einsparpotenziale und Prognosen auf ihre Wirtschaftlichkeit hin analysiert. Im letzten Schritt wurden die Ergebnisse in Bezug auf die drei Forschungsfragen interpretiert.

Ziel dieser Metastudie ist es, die sektorspezifische Entwicklung der Energieeffizienz aufzuzeigen, Effizienzpotenziale darzustellen und die aktuellen Energieszenarien übersichtlich zusammenzufassen. Ergänzend dazu entwickeln die Autoren eigene Anregungen zur Mobilisierung der Effizienzpotenziale.

Makroökonomische Betrachtung

3

Diana Wang, Stefan M. Büttner und Alexander Sauer

Bevor wir in die sektorale Betrachtung einsteigen, ist es erforderlich, einen Überblick über den aktuellen Gesamtkontext der Energieeffizienz zu erlangen. Neben einer Rundschau im Feld der Energieeffizienzpolitik gilt es auch, ein Auge auf die wesentlichen volkswirtschaftlichen Einflussfaktoren für Energieeffizienz zu werfen - die Zielsetzung dieses Kapitels.

3.1 Energieeffizienzpolitik

Energiepolitik kann nicht ausschließlich im nationalen Kontext betrachtet werden. Zu sehr sind Energiesysteme, ökonomische Aspekte und klimatische Auswirkungen miteinander verwoben, nicht nur innerhalb Europas, sondern global betrachtet. Das folgende Unterkapitel gibt einen Überblick über globale, europäische und deutsche Initiativen, welche die Energieeffizienz vorantreiben.

3.1.1 Multilaterale Initiativen

Die Wahrnehmung von Energieeffizienz und deren Priorisierung ist über die letzten Jahre deutlich gestiegen, und hat, auch gegenüber den erneuerbaren Energien und als Lösung für den Klimawandel, an Bedeutung gewonnen: Zu Beginn noch zweite Säule der Energiewende, proklamieren inzwischen sowohl die Bundesregierung, als auch die Europäische Kommission das ‚Energy Efficiency First‘ Prinzip (Gabriel 2016; Šefčovič 2015).

D. Wang (✉) • S.M. Büttner • A. Sauer
Universität Stuttgart, Institut für Energieeffizienz in der Produktion, Nobelstr. 12, 70569 Stuttgart, Deutschland
E-Mail: Diana.wang@eep.uni-stuttgart.de; Stefan.buettner@eep.uni-stuttgart.de; Alexander.sauer@eep.uni-stuttgart.de

A. Sauer, T. Bauernhansl (Hrsg.), *Energieeffizienz in Deutschland – eine Metastudie*,
DOI 10.1007/978-3-662-48883-6_3

Zahlreiche länder-, regionen- und auch kontinenteübergreifende Initiativen setzen sich heute immer sichtbarer für eine Intensivierung der Energieeffizienzaktivitäten ein. Teilnehmer dieser Initiativen sind einerseits Regierungen, aber zunehmend auch Unternehmen, Nicht-Regierungs-Organisationen, Kommunen und Regionen, internationale Fachorganisationen und der Finanzsektor (SE4ALL 2016). Im Folgenden sollen einige zentrale Initiativen vorgestellt werden.

G20 Energy Efficiency Action Plan Die Gruppe der 20 führenden Industrienationen (G20), die bis dahin vornehmlich mit Wirtschafts- und Finanzthemen Aufmerksamkeit erlangt hat, verabschiedete im November 2014 in Brisbane den G20 Energy Efficiency Action Plan im Bewusstsein, auf dieser Ebene enger zusammen arbeiten zu müssen. Der Plan dient der Zusammenarbeit bei der Ausweitung von Energieeffizienzmaßnahmen in den 20 wichtigsten Volkswirtschaften der Welt. Diese machen gemeinsam mehr als 80 % des weltweiten Energiebedarfs aus. Der Aktionsplan fokussiert sich derzeit auf sechs Themenfelder: Stromerzeugung, Transport, Vernetzte Produkte, Gebäude, industrielles Energiemanagement und Finanzierung. Die Zwischenregierungsorganisation International Partnership for Energy Efficiency Corporation (IPEEC), der gegenwärtig bereits 16 der G20 Länder angehören, wurde mit der Koordinierung und Implementierung des Aktionsplans beauftragt. (G20 2014) Innerhalb der Arbeitsgruppen erarbeiten die Experten der teilnehmenden Länder gemeinsame thematische Politikansätze und Strategien. Im ersten Bericht an die G20 Energieminister wurde insbesondere die Rolle der Rahmenbedingungen für die Finanzierung von Energieeffizienz herausgestellt und im Rahmen dessen die Voluntary Energy Efficiency Investment Principles for G20 Participating Countries verabschiedet (G20 2015). Dem Weltklimaabkommen von Paris folgend sieht die chinesische G20 Präsidentschaft 2016 Energieeffizienz als wesentliches Werkzeug mit welchem die G20 Länder eine führende Rolle im Kampf gegen den Klimawandel einnehmen sollen (G20 2016).

Energieeffizienz in der G7 Während sich innerhalb der G20 das Thema Energieeffizienz etabliert hat, hängt dies in der Group of 7 (G7) von den Prioritäten der jeweiligen Präsidentschaft ab. Während der deutschen Präsidentschaft 2015 wurden drei Themenbereiche näher betrachtet: Die wesentlichen Energieeffizienz-Ansätze und deren Umsetzung in den G7 Nationen, energiebezogene Datenbanken zur Steigerung der Transparenz bei der Energieeffizienz von Produkten sowie die Förderung von Energieeffizienznetzwerken von Unternehmen und deren Austausch untereinander. (G7 2015)

UN Sustainable Energy for All Initiative (SE4ALL) Der Erkenntnis folgend, dass die Entwicklungsziele der Vereinten Nationen zur Bekämpfung von Hunger, Krankheit, und Armut ohne Berücksichtigung des Faktors Energie nicht erreichbar sind, gründete UN-Generalsekretär Ban Ki-Moon im September 2011 Sustainable Energy for All (SE4ALL) als globale Initiative, um Regierungen, Unternehmen, Nicht-Regierungsorganisationen und die Zivilgesellschaft zur Erreichung von drei Zielen bis 2030 zu mobilisieren (UN 2016a): den Zugang zu nachhaltigen Energiequellen zu gewährleisten, die Wachstumsrate der Energieeffizienzverbesserungen zu verdoppeln sowie den Anteil erneuerbarer Energien im Energiemix zu verdoppeln. Zur Erreichung des Energieeffizienzziels wurde die Global Energy Efficiency Accelerator Platform (GEEAP) initiiert, welche sich ähnlich dem G20

Energieeffizienzaktionsplans in verschiedene thematische Arbeitsgruppen gliedert, aber in der Zusammensetzung breiter ist. Als Beispiel sei die Arbeitsgruppe „Industrielles Energiemanagement“ aufgeführt, die Maßnahmen für die Verbreitung von Kenntnissen und Erfahrungen zu industriellem Energiemanagement treffen soll. (SE4ALL 2016)

Zum Erreichen des Effizienzziels ist gemäß des SE4All Global Tracking Frameworks eine Vervierfachung der jährlichen Energieeffizienz-Investitionen, bzw. eine Steigerung um 430 Mrd. US-Dollar pro Jahr notwendig. (SE4ALL GTF 2015)

Paris Agreement Das Paris Agreement ist ein Klimaabkommen, das auf der UN-Klimakonferenz im Dezember 2015 in Paris (COP21 oder 21st Conference of Parties) in Nachfolge des Kyoto-Protokolls von 196 Ländern verabschiedet wurde. Das Abkommen sieht durch eine sehr konsequente Klimapolitik die Begrenzung der globalen Erderwärmung auf deutlich unter 2 °C vor. Bis 2060 sollen dafür die Treibhausgasemissionen auf null zurückgefahren werden. (UN 2015)

Intended Nationally Determined Contribution (INDC) Im Hinblick auf die Weltklimakonferenz in Paris haben im Laufe des Jahres 2015 bis Anfang 2016 175 Staaten, darunter die EU stellvertretend für ihre Mitgliedsländer, eine Erklärung beim UNFCCC (United Nations Framework Convention on Climate Change) eingereicht, in der sie Ziele zur Treibhausgasreduktion angeben. Diese Länder stehen für 95 % der weltweiten Emissionen. Durch die Unterzeichnung und Ratifizierung des Paris Agreement werden aus INDCs NDCs, d. h. verpflichtende Ziele zur Reduzierung von Treibhausgasemissionen. Bereits am ersten Zeichnungstag haben 177 Staaten den Vertrag unterzeichnet und 15 davon haben die Ratifizierungsdokumente hinterlegt (UN 2015, 2016b). Ungefähr ein Drittel der avisierten Maßnahmen können der Energieeffizienz zugerechnet werden. Abb. 3.1 gibt einen Überblick der angestrebten Reduktionsziele.

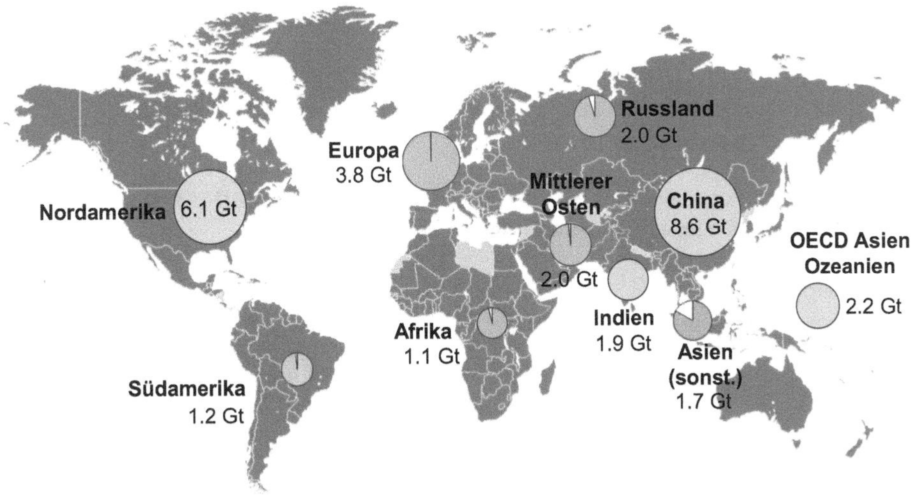

Abb. 3.1 Avisierte Selbstverpflichtungen (INDCs) zur CO_2-Einsparung in Gigatonnen in Anlehnung an IEA (2015a)

Allerdings reichen diese Anstrengungen nicht aus. Bei Erfüllung der abgegebenen INDCs beträge die Klimaerwärmung noch immer 2,7 °C. Wie man das 2 °C Ziel erreichen kann, hat die Internationale Energieagentur mit dem sogenannten Brückenszenario berechnet: auf die Welt bezogen sind 48 % der erforderlichen und über die INDCs hinausgehenden Maßnahmen der Energieeffizienz zuzurechnen. In den G20 Nationen ist der Anteil mit 57 % deutlich höher und in der Europäischen Union liegt er sogar bei 76 % wie in Abb. 3.2 und 3.3 zu sehen ist. (IEA 2015c)

Die bis 2040 erforderlichen Investitionen werden auf jährlich ca. 900 Mrd. US Dollar geschätzt, achtmal so viel wie in 2013 investiert wurde – etwa doppelt so viel wie für erneuerbare Energien. (IEA 2014c)

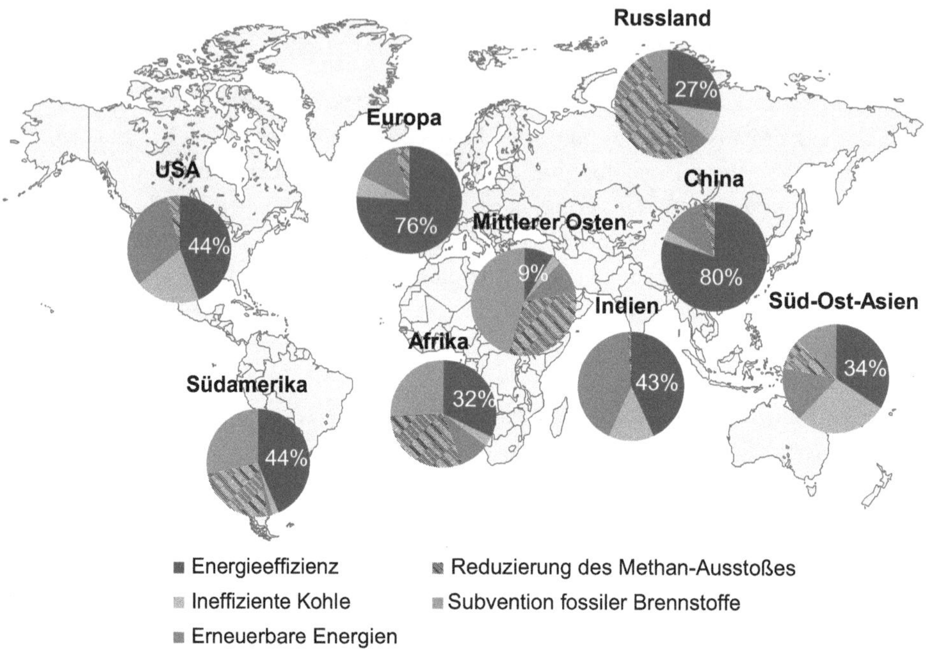

Abb. 3.2 Treibhausgasemmissionsverringerungen nach Maßnahme im IEA Brückenszenario im Vergleich zum INDC Szenario 2030 in Anlehnung an IEA (2015c)

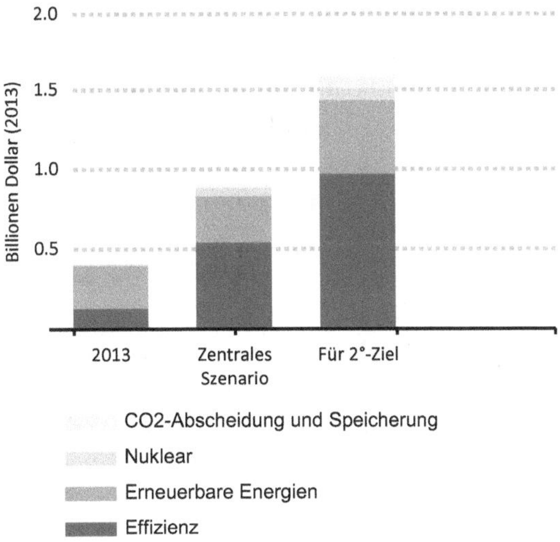

Abb. 3.3 Durchschnittliches jährliches Low-Carbon Investment, 2014–2040 in Anlehnung an IEA (2014c)

Non-State Actor for Climate Action (NAZCA) Neben Staaten haben sich in der Non-State Actor for Climate Action (NAZCA), auch Städte, Regionen, Investoren und Unternehmen im Zuge der Lima Paris Action Agenda zu Anstrengungen gegen den Klimawandel entschlossen. Darunter sind ein Drittel der 2000 größten Firmen weltweit, unter anderem BASF und die Allianz SE. Diese Erklärungen zur CO_2-Reduktion sind allerdings unverbindlich, weswegen bisher keine Angaben zum Umfang eingesparter Treibhausgasemissionen gemacht werden konnten. (UNFCCC 2016)

3.1.2 Energieeffizienzpolitik in Europa

Rechtspolitisch sind an dieser Stelle zunächst EU-Richtlinien von EU-Verordnungen abzugrenzen. Richtlinien bzw. Direktiven überlassen als Teil des sekundären Unionsrechts Mitgliedstaaten einen gewissen Spielraum bei der Umsetzung in nationales Recht. Verordnungen werden hingegen unmittelbarer in den Mitgliedsstaaten wirksam.

Um sicherzustellen, dass das Energieeffizienzziel der EU, eine 20 %ige Energieeinsparung gegenüber den Projektionen aus 2007[1] bis zum Jahr 2020 erreicht wird, wurde am 25. Oktober 2012 die Energieeffizienz-Richtlinie (2012/27/EG) erlassen (EUP 2012). Ziel der Richtlinie ist die Überwindung von Hemmnissen und die Beseitigung von Marktversagen, sowie die Festlegung von verbindlichen, nationalen Einsparzielen bis 2020. Durch Inkrafttreten der Richtlinie am 4. Dezember 2012 verpflichten sich die Mitgliedstaaten, von 2014 bis 2020 jährlich Neueinsparungen „von 1,5 % des jährlichen Energieabsatzes aller Energieverteiler oder Energieeinzelhandelsunternehmen an Endkunden nach ihrem über den letzten Dreijahreszeitraum vor dem 1. Januar 2013 gemittelten Absatzvolumen" zu erzielen (EUP 2012).

[1] Entspricht einer Senkung des Primärenergieverbrauchs um 368 Mio. t RÖE.

Zur Zielerreichung trägt nicht nur die Energieeffizienz-Richtlinie bei, sondern auch ein unterstützendes Maßnahmenbündel: Richtlinie über die Gesamtenergieeffizienz von Gebäuden (2010/31/EU), Ökodesign-Richtlinie (2009/125/EG), Richtlinie über die Energiekennzeichnung und die Durchführungsbestimmungen (2010/30/EU), CO2-Emissionsnormen für Pkw und leichte Nutzfahrzeuge (Verordnung (EU) Nr. 333/2014 und Verordnung (EG) Nr. 443/2009), verstärkte Unterstützung der Finanzierung über Europäische Fonds, Richtlinie über gemeinsame Vorschriften für den Elektrizitätsbinnenmarkt (2009/72/EG) sowie das europäische Emissionshandelssystem (EUCO 2014). Außerdem werden die EU-Staaten dazu angehalten, Monitoring-Berichte, sogenannte nationale Energieeffizienzaktionspläne (NEEAP), anzufertigen. Im Rahmen der NEEAP werden Maßnahmen zur Steigerung der Energieeffizienz und deren erwartete bzw. erzielte Einsparungen dokumentiert. Erstmals zu veröffentlichen waren die NEEAP bis April 2014 und daraufhin alle drei Jahre. 2014 einigten sich die EU-Länder auf einem EU-Gipfel auf ein neues Energieeffizienz-Ziel von mind. 27 % bis 2030 (EUCO 2014). Eine Überarbeitung der Energieeffizienz-Richtlinie ist 2016 geplant.

Weitere aktuell gültige Richtlinien der EU im Bereich Energieeffizienz werden nachfolgend, in Anlehnung an RWE Effizienz GmbH (2013) und Agricola et al. (2012) dargestellt:

- Die Gebäude-Richtlinie (2010/31/EU) vom 19. Mai 2010 über die Gesamtenergieeffizienz von Gebäuden. Diese Richtlinie regelt u. a. Methoden zur Berechnung der Gesamtenergieeffizienz von Gebäuden sowie der Festlegung von Mindestanforderungen für neue Gebäude und für Modernisierungsmaßnahmen im Gebäudebestand. Ziel dabei ist es, bis Ende 2020 alle Neubauten als Passivhäuser zu gestalten. Die Restenergieversorgung hat darüber hinaus zu 100 % aus erneuerbaren Energie zu erfolgen. Außerdem werden die Bedeutung von Energieausweisen und die Vorreiterrolle der öffentlichen Hand betont. (EUP 2010b); (EUP 2010a)
- Die Elektrizitäts-Binnenmarkt-Richtlinie (2009/72/EG) regelt die Schaffung eines einheitlichen, europaweiten Binnenmarktes für Elektrizität. Für den Bereich der Energieeffizienz ist hierbei vor allem das Ziel einer Ausstattung von 80 % aller Verbraucher mit Smart-Metern bis 2020 von Bedeutung. (EUP 2009a)
- Mit dem Ziel, die Umwelteinwirkungen über den gesamten Lebenszyklus eines Produktes zu minimieren, gelten die Ökodesign-Richtlinie (2009/125/EG) (EUP 2009b) sowie die Labeling-Richtlinie (2010/30/EU) (EUP 2010a). Dabei werden je nach Produktgruppe Standards festgelegt. Ausgenommen vom Verkehr sind nahezu alle stromverbrauchenden Produkte betroffen.
- Die Energiesteuer-Richtlinie (2003/96/EG) zielt, mit Hilfe von Mindeststeuersätzen u. a. für Strom und Mineralöl, auf eine flächendeckend harmonisierte Energiebesteuerung innerhalb der Union ab. Die Mindestsätze werden dabei nach Energieart differenziert. (EUP 2003)
- Die Schadstoff-Verordnung 715/2007/EG bezweckt eine konstante Reduktion der fahrzeugspezifischen Emissionen und regelt Schadstoffklassen von Fahrzeugen. (EUP 2007)

3.1.3 Energieeffizienzpolitik in Deutschland

Historie Am 1. Februar 2002 trat die erste Fassung der Energieeinsparverordnung (EnEV) in Kraft. Als Umsetzung der EG-Richtlinie 2002/91/EG über die Gesamtenergieeffizienz von Gebäuden in deutsches Recht wurde so der Begriff ‚Energieeffizienz' erstmals der breiten Bevölkerung geläufig. Der Gedanke, Energie einzusparen, ist aus diversen Gründen jedoch schon sehr viel älter. Abb. 3.4 verdeutlicht die zeitliche Entwicklung der Energieeffizienzpolitik in Deutschland.

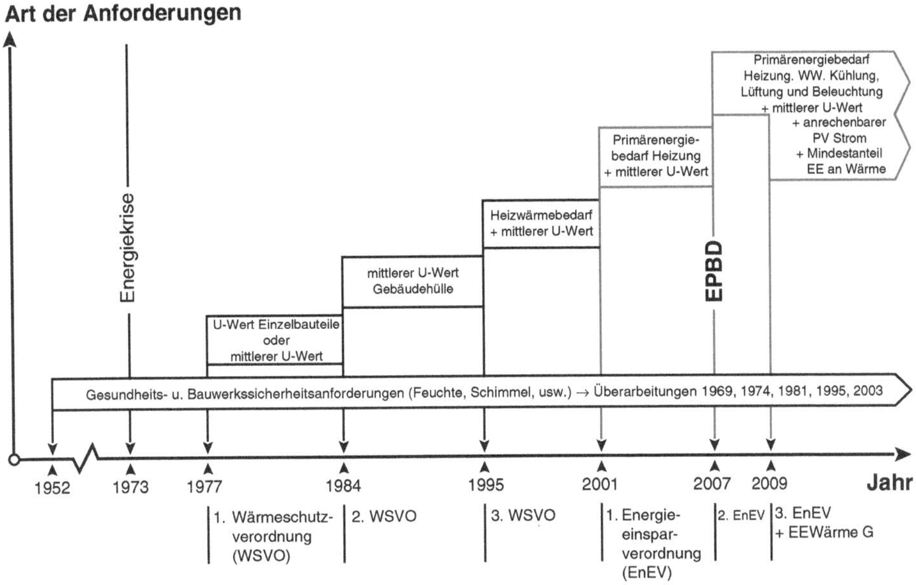

Abb. 3.4 Übersicht über die Entwicklung der Anforderungen an das energiesparende Bauen in den letzten 60 Jahren (Lyslow und Erhorn 2010)

Die Gesundheits- und Bauwerkssicherheitsanforderungen legten im Jahr 1952 bereits den Grundstein für eine ausführliche Betrachtung energetischer Fragestellungen im Gebäudesektor. Beeinflusst durch die Energiekrisen der 1970er Jahre, wurde im Jahr 1976 das Energieeinsparungsgesetz (EnEG) verabschiedet. Hauseigentümer wurden damit erstmals verpflichtet, energieeinsparende Maßnahmen bereits beim Bau des Gebäudes vorzunehmen. Im Folgejahr trat die erste Wärmeschutzverordnung (WSVO) in Kraft, die ebenfalls eine Reduzierung des Energieverbrauchs von Gebäuden zum Ziel hat. Seit der ersten Wärmeschutzverordnung (WSVO 77) im Jahr 1977 ist der jährlich zulässige Betriebsenergiebedarf pro m^2 für Bauprojekte gesetzlich vorgeschrieben. Als Zusammenführung der Heizungsanlagenverordnung und Wärmeschutzverordnung trat am 1. Februar 2002 die erste Fassung der Energieeinsparverordnung (EnEV) in Kraft. Heute hat die Novellierung der EnEV vom Mai 2014 Gültigkeit. Zum Januar 2016 trat die nächste Stufe der EnEV in Kraft: „Anhebungen der energetischen Anforderungen an Neubauten ab dem 1. Januar 2016 um durchschnittlich 25 Prozent des zulässigen Jahres-Primärenergiebedarfs und um durchschnittlich 20 Prozent bei der Wärmedämmung der Gebäudehülle" (BMUB 2016).

Das Ziel der Bundesregierung ist es, bis zum Jahr 2050 einen nahezu energieneutralen Gebäudebestand zu erreichen. In Abb. 3.5 ist die sukzessive Senkung des Primärenergiebedarfs (kWh/m²*a) in Richtung Null-Heizenergiehäuser deutlich zu erkennen. Kernelement der EnEV ist die Erweiterung des Bilanzierungsrahmens des Energieverbrauchs gegenüber der Heizungsanlagenverordnung (HeizAnlV) und Wärmeschutzverordnung. Zum einen wird nicht länger die Nutzenergie, sondern die gesamte, an der Gebäudegrenze übergebene Endenergie betrachtet. Zum anderen hat eine primärenergetische Bewertung mittels Primärenergiefaktoren zu erfolgen.

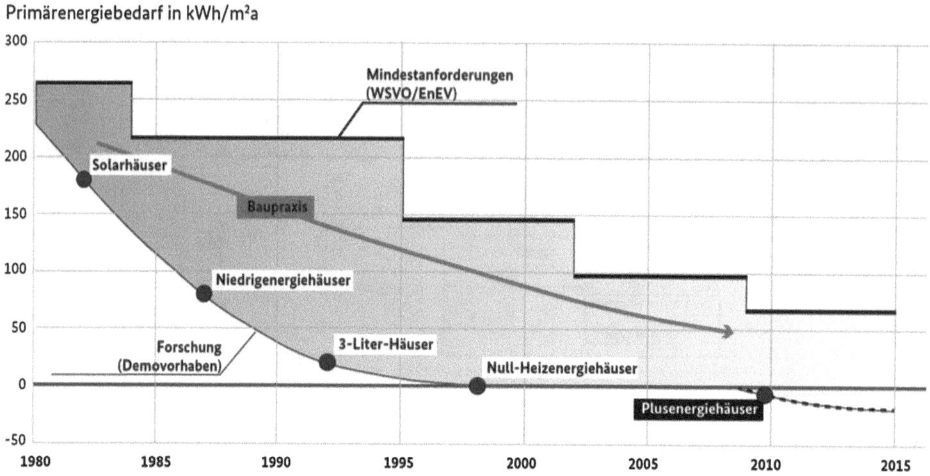

Abb. 3.5 Lernkurve energieeffizientes Bauen (BMWi 2014)

Energiekonzept Aufbauend auf dem Energiekonzept, ist die aktuelle Energieeffizienzpolitik der Bundesregierung geprägt durch die drei Grundsätze: *Fordern – Fördern – Informieren*. So bietet das Bundesministerium für Umwelt, Naturschutz, Bau und Reaktorsicherheit (BMUB) auf seiner Internetpräsenz beispielsweise einen Informationsdienst zu den Bereichen Energieerzeugung, Gebäude, Haushalte, GHD, Industrie, Fördermittel und Beratung sowie zu aktuellen parlamentarischen Vorgängen im Bereich der Energieeffizienz an.

Die Zielarchitektur des Energiekonzepts (s. Abb. 3.6) sowie die Überwachung der Ziele sind im Monitoringbericht dargelegt (BMWi 2014). Das Kernziel bzgl. Energieeffizienz ist die Reduktion des PEV um 20 % (bis 2020) bzw. um 50 % (bis 2050) gegenüber 2008. Konkret drückt sich dies durch die Steuerungsziele folgendermaßen aus:

- Steigerung der Endenergieproduktivität um 2,1 % p. a. (2008–2050)
- Reduktion des Bruttostromverbrauchs um 10 % (bis 2020) bzw. um 25 % (bis 2050) gegenüber 2008

- Reduktion des Primärenergiebedarfs von Gebäuden um 80 % (bis 2050) gegenüber 2008
- Reduktion des Wärmebedarfs von Gebäuden um 20 % (bis 2020) gegenüber 2008
- Reduktion des Endenergieverbrauchs im Verkehr um 10 % (bis 2020) bzw. um 40 % (bis 2050) gegenüber 2008

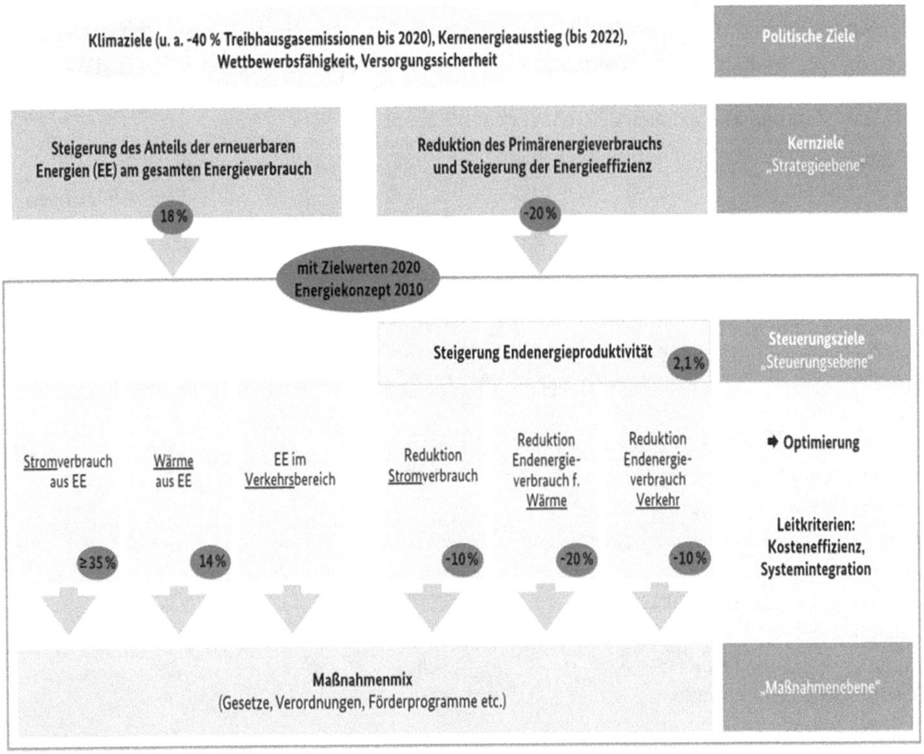

Abb. 3.6 Strukturierung der Ziele des Energiekonzepts (BMWi 2014)

Das Monitoring zur Zielerreichung erfolgt durch folgende (öffentlich zugängliche) Indikatoren für die Energieeffizienz:

- PEV nach Energieträgern
- Primär- und Endenergieproduktivität der Gesamtwirtschaft
- Brutto- und Nettostromverbrauch
- Bruttostromerzeugung nach Energieträgern

Nationaler Aktionsplan Energieeffizienz (NAPE) Im NAPE findet sich die deutsche Energieeffizienz-Strategie zur Erreichung der nationalen Effizienz- und Klimaziele durch Schaffung von Rahmenbedingungen und Anreizen zur möglichst kostengünstigen Steigerung der Energieeffizienz wieder. Die wichtigsten Handlungsfelder der Energieeffizienz-Politik sind dabei Gebäude, Eigenverantwortlichkeit für Energieeffizienz und Energieeffizienz als Rendite- und Geschäftsmodell. Als Schlüssel der Energieeffizienz-Steigerung wird das Wissen und Handeln zur Verbrauchssenkung betrachtet. So existieren für jedes Handlungsfeld Sofortmaßnahmen (s. Tab. 3.1) und Arbeitsprozesse, die sektorübergreifend sind und aus einem Mix von Information, finanziellen Anreizen und Ordnungsrecht bestehen (s. Abb. 3.7). (BMWi 2014)

Tab. 3.1 Zentrale Maßnahmen des NAPE (BMWi 2015)

Maßnahme	Prognostizierte Einsparung bis 2020	
	Primärenergieverbrauch in PJ	THG-Emissionen in Mio. Tonnen CO_2 -Äquivalenten
Sofortmaßnahmen des NAPE		
Qualitätssicherung und Optimierung der bestehenden Energieberatung	4	0,2
Anreizprogramm Energieeffizienz (urspr. steuerl. Förderung von energetischen Gebäudesanierungen)	Einsparung bisher nicht quantifiziert	
Weiterentwicklung des CO_2 -Gebäudesanierungsprogramms	12,5	0,7
Einführung eines wettbewerblichen Ausschreibungsmodells	26–51,5	1,5–3,1
Förderung Contracting (einschl. Ausfallbürgschaft Contracting)	5,5–10	0,3–0,5
Weiterentwicklung des KfW-Energieeffizienzprogramms (Produktionsanlagen und -prozesse)	29,5	2,0
Initiative Energieeffizienznetzwerke	74,5	5,0
Top-Runner-Strategie – national und auf EU-Ebene	85	5,1
Energieauditpflicht für Nicht-KMU	50,5	3,4
Nationales Effizienzlabel für Heizungsaltanlagen	10	0,7
Weitere Sofortmaßnahmen des NAPE	rund 10	rund 0,5
Summe Sofortmaßnahmen	350–380*	21,5–23,3*
Weitere Maßnahmen		
Maßnahmen ab Oktober 2012	43	2,5
Vorläufiger Schätzwert für Effekte der weiterführenden Arbeitsprozesse	bis zu 40	bis zu 4
Summe	390–460	ca. 25–3
Verkehrsmaßnahmen (vgl. Aktionsprogramm Klimaschutz 2020)	110–162	7–10

*vorbehaltlich der noch zu quantifizierenden Einsparwirkung des Anreizprogramms Energieeffizienz

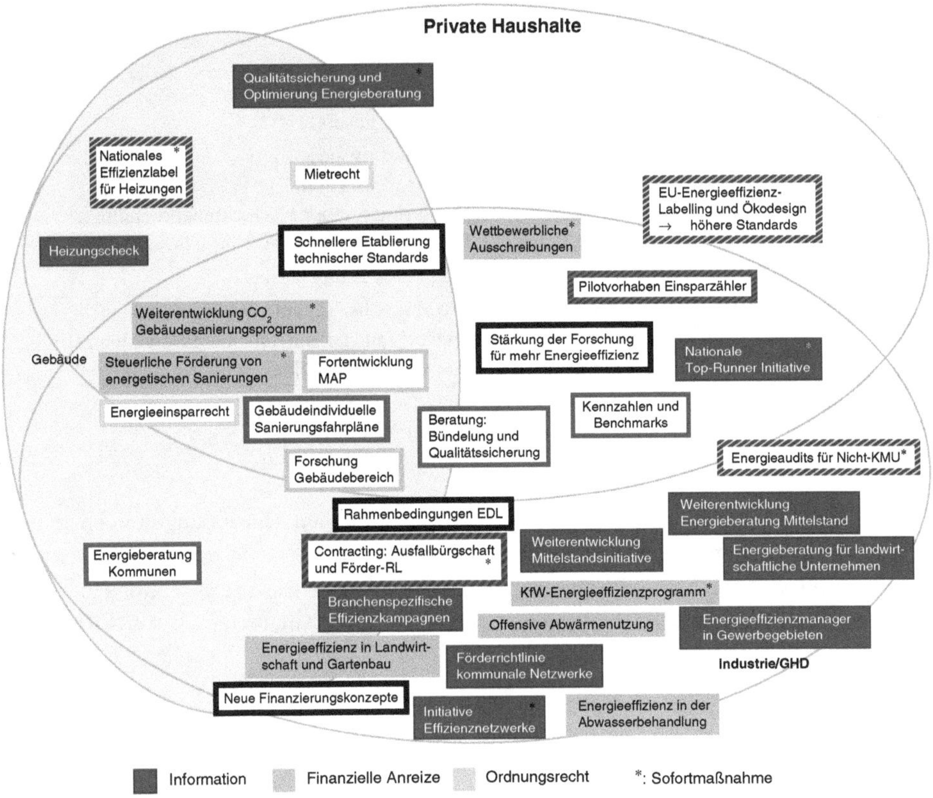

Abb. 3.7 Sofortmaßnahmen und weiterführende Prozesse des NAPE für die 18. Legislaturperiode in Anlehnung an (BMWi 2014)

Aktuelle Gesetzgebung Zur Förderung der Energieeffizienz orientiert sich die bundesdeutsche Energiegesetzgebung im Wesentlichen an den EU-Richtlinien. In einigen Punkten, wie beispielsweise den Energieeinsparzielen, werden hingegen ambitioniertere Ziele verfolgt. Tab. 3.2 stellt die EU-Richtlinien und ihre nationale Umsetzung nach RWE gegenüber.

Die Gesetze können unterteilt werden in übergreifende und sektorspezifische Gesetze. Zu den übergreifenden Gesetzen zählen nach RWE Effizienz GmbH (2013):

- Das Energieeinspargesetz (EnEG) als Rahmengesetz und Basis für die Energieeinsparverordnungen (EnEV),
- Das Energiewirtschaftsgesetz (EnWG) ebenfalls als Rahmengesetz, u. a. für die Messzugangsverordnung (MessZV),
- Die ökologische Steuerreform mit dem Ziel der Realisierung preisinduzierter Einsparungen mit Hilfe steuerlicher Vergünstigungen.

Tab. 3.2 EU-Richtlinien und nationale Umsetzung in Deutschland (RWE Effizienz GmbH 2013)

EU-Richtlinien	Umsetzung in Deutschland
Energiesteuer-Richtlinie	EnergieStG (Energiesteuergesetz) StromStG (Stromsteuergesetz)
Gebäude-Richtlinie	EnEG (Energieeinsparungsgesetz) EnEV (Energieeinsparverordnung) HeizkostenV (Verordnung über Heizkostenabrechnung) EEWärmeG (Erneuerbare Energien Wärmegesetz)
Energieeffizienz-Richtlinie	EDL-G (Energiedienstleistungsgesetz)
Ökodesign-/Labeling-Richtlinie	EVPG (Energieverbrauchsrelevante-Produkte-Gesetz) EnVKV (Energieverbrauchskennzeichnungsverordnung) EnVHV (Energieverbrauchshöchstwerteverordnung)
Elektrizitätsbinnenmarkt-Richtlinie	EnWG (Energiewirtschaftsgesetz) MessZV (Messzugangsverordnung)

Weiterhin wird versucht über sektorspezifische Verordnungen, Einsparungen in einzelnen Bereichen zu erzielen. Dabei kann unterschieden werden zwischen privaten Haushalten, Industrie und Verkehr. Tab. 3.3 gibt einen Überblick über verschiedene, sektorspezifische Gesetze, Verordnungen und Richtlinien in Deutschland in Anlehnung an RWE Effizienz GmbH (2013) und Agricola et al. (2012).

Tab. 3.3 Überblick über verschiedene, sektorspezifische Gesetze, Verordnungen und Richtlinien in Deutschland (RWE Effizienz GmbH 2013; Agricola et al. 2012)

Sektor	Gesetz/Verordnung/Richtlinie	Schwerpunkt
Private Haushalte	Energieeinspar-Verordnung (EnEV)	Energetische Mindeststandards für Wohn- und Bürogebäude (Neubau und Gebäudebestand)
	Erneuerbare-Energien-Wärmegesetz (EEWärmeG)	Verpflichtung zu Nutzung regenerativer Energien bei Neubauten
	Verordnung über Heizkostenabrechnung (HeizkostenV)	Verpflichtung zur verbrauchsorientierten Abrechnung von Heiz- und Warmwasserkosten
	Energieverbrauchsrelevante-Produkte-Gesetz (EVPG)	Regelt Energieverbrauch und Entsorgung von Massenprodukten und dient als Basis des Glühlampenverbots
	Energieverbrauchs-höchstwerteverordnung (EnVHV)	Legt Höchstwerte für ausgewählte Produktgruppen (Kühl-, Gefrier- und Vorschaltgeräte) fest
	Energieverbrauchs-kennzeichnungsverordnung (EnVKV)	Regelt die Angabe des Energieverbrauchs und anderen Ressourcen durch Haushaltsgeräte mittels einheitlicher Etiketten und Produktinformationen
	Energiewirtschaftsgesetz (EnWG)	Definiert den Einbau von Smart Metern, das Angebot an zeit- und lastvariablen Tarifen sowie die Steuerung unterbrechbarer Verbrauchseinrichtungen

(Fortsetzung)

Tab. 3.3 (Fortsetzung)

Sektor	Gesetz/Verordnung/Richtlinie	Schwerpunkt
Industrie	Energiewirtschaftsgesetz (EnWG)	Ermöglicht Effizienzvorteile durch Marktliberalisierung
	Energieverbrauchsrelevante Produkte Gesetz (EVPG)	Regelt u. a. das Inverkehrbringen energieverbrauchsrelevanter Produkte sowie die CE-Kennzeichnung
	Verordnung über kleine und mittlere Feuerungsanlagen (1. BImSchV)	Verpflichtung zur Anlagenwartung fördert erzeugerseitige Effizienz
	Zuteilungsgesetz (ZuG)	Regelt die nationale Umsetzung des europäischen Emissionshandels im Rahmen der Zuteilung der Emissionszertifikate und definiert die nationalen Ziele.
	Treibhausgasemissionen Gesetz (TEHG)	Regelt die makroökonomische Umsetzung, Überwachung, Verhandlung, Handel und Zuteilung des europäischen Zertifikatehandels. Die Höhe der Zuteilung der Zertifikate erfolgt gesondert im ZuG.
Verkehr	Schadstoffnormen	Reguliert den Ausstoß von Schadstoffen (CO, NOx, HC, etc.) und unterteilt die Fahrzeuge in Schadstoffklassen als Basis für die Kfz-Steuer und Umweltzonen – aktuell Euro 6: Verordnung 715/2007/EG Nr. 459/2012. Zudem wird das Ziel einer konstanten Reduktion der fahrzeugspezifischen Emissionen auf 95 g CO_2/km verfolgt.

3.2 Volkswirtschaftliche Einflussfaktoren

Während die Schaffung adäquater politischer Rahmenbedingungen für die Erfüllung globaler Energie- und Klimaziele eine zentrale Rolle spielt, ist das Verständnis der auf den Energieverbrauch einwirkenden Einflussfaktoren und das Vorhandensein relevanter Daten, Prognosen und Szenarien als Entscheidungsgrundlage unerlässlich.

3.2.1 Einflussfaktoren auf den Energieverbrauch bzw. die Energieintensität

Der Energieverbrauch einer Volkswirtschaft hängt von einer Vielzahl von Faktoren ab. Absolute Aussagen über die Entwicklung des Energieverbrauchs und den Stand der Energieeffizienz einer Volkswirtschaft sind daher komplex. Im Folgenden werden die wichtigsten Effekte in Anlehnung an Seefeldt et al. (2009) dargestellt.

Mengeneffekt Der Mengeneffekt bezeichnet die Korrelation von Wirtschaftswachstum und Energieverbrauch. Unter der Annahme stagnierender technologischer Innovation, nimmt die Nachfrage nach Energie mit jeder Einheit der Ausbringungsmenge eines Sektors zu. Um diesen Effekt zu bereinigen, wird die Energieintensität bzw. -produktivität herangezogen.

Preiseffekt Kurzfristig führen steigende oder fallende Energiepreise zu Verhaltensreaktionen und wirken sich somit, abhängig von der Preiselastizität, auch auf den Energieverbrauch aus. Langfristig andauernde, hohe Energiepreise können Investitionen in Energieeinsparungen auslösen.

Struktureffekt Ein weiterer Effekt, den es zu berücksichtigen gilt, ist der strukturelle Wandel einer Volkswirtschaft. Die Transformation von einer industrie- zu einer dienstleistungsorientierten Volkswirtschaft führt automatisch zu einer erhöhten Ausbringungsmenge pro Energieeinheit. Neben dem strukturellen Wandel verursacht auch die Produktionsauslagerung einen Struktureffekt. Da die Auslagerung von Produktionsaktivitäten oftmals in Länder mit deutlich höherer Energieintensität wie China oder Indien erfolgt, kann die Energieintensität (global betrachtet) sogar zunehmen. Eine reale Bilanzierung von Energiemengen bezogen auf das Bruttoinlandsprodukt (BIP) oder die Bruttowertschöpfung (BWS) geht im Zuge der zunehmenden Verflechtung der Weltwirtschaft mit einer steigenden Komplexität einher. Die Fortführung und Intensivierung von Energieeinsparmaßnahmen sowie unterstützende Forschungen sind daher unabdingbar.

Witterungseffekt Die Witterung ist eine entscheidende Einflussgröße auf die Energienachfrage. Dies betrifft besonders die raumwärmeintensiven Sektoren Haushalte[2] und GHD[3] (Gewerbe, Handel, Dienstleistungen). Für die Industrie[4] und den Verkehr ist die Witterung von vergleichsweise untergeordneter Bedeutung. Bei der Industrie entfallen fast zwei Drittel der Wärme auf die Bereitstellung der sonstigen Prozesswärme und nur unter 12 % auf die Raumwärme. Witterungseffekte werden in der Regel mit Hilfe von Gradtagzahlen nach VDI 2067 oder Heizgradtagen nach VDI 3807 bereinigt (VDI 2067; VDI 3807).

[2] Der Anteil Raumheizung an Wärme von Haushalten (im Zeitraum zwischen 2008 und 2014) schwankt zwischen 75 % und 81 % bzw. zwischen 1478 und 1978 PJ (BMWi 2016).

[3] Der Anteil Raumheizung an Wärme von GHD (im Zeitraum zwischen 2008 und 2014) schwankt zwischen 77 % und 80 % bzw. zwischen 587 und 725 PJ (BMWi 2016).

[4] Der Anteil Raumheizung an Wärme von Industrie (im Zeitraum zwischen 2008 und 2014) schwankt zwischen 10 % und 13 % bzw. zwischen 199 und 224 PJ (BMWi 2016).

Technologieeffekt Die residuale Veränderung des Energieverbrauchs, nach Herausrechnen der Witterung sowie der Mengen,- Struktur- und Preiseffekte, beruht auf dem fortschrittlichen Einsatz von Technologien bzw. Innovationen. Die Veränderung wird daher auch als Technologieeffekt bezeichnet.

Bezüglich der Einsparmöglichkeiten unterscheidet die IEA zwischen drei Stellhebeln (IEA 2012):

1. Die Effizienzsteigerung (engl. efficiency effects) beschreibt die Bereitstellung einer beliebigen Energiedienstleistung bei reduziertem Energieaufwand, ohne dabei den Brennstoff zu wechseln. Maßnahmen dieser Art sind beispielsweise das Austauschen einer Glühbirne durch eine LED-Lampe. Effizienzsteigerungen können sowohl auf Umwandlungs- als auch auf Anwenderseite realisiert werden.
2. Brennstoff- und Technologiewechsel (engl. fuel and technology switching effects) ermöglichen die Bereitstellung der gleichen Energiedienstleistung bei geringerem Energieverbrauch.
3. Die Kategorie Energiepreise und strukturelle Aspekte (engl. activity effects) beschreibt u. a. die Möglichkeiten zur Energieverbrauchsreduktion durch Verbraucherpreisregulierungen.

Die ersten beiden genannten Stellhebel der IEA sind technischer Art. Der dritte Stellhebel stellt Verhaltensänderungen dar, welche extern z. B. durch geänderte ordnungspolitische Rahmenbedingungen oder intrinsischen Antrieb verursacht werden kann.

Es gibt also verschiedenste Faktoren, die den Energieverbrauch und damit auch die Energieintensität beeinflussen. Folglich ist es nicht ausreichend, ausschließlich den Indikator Energieintensität zur Beurteilung der Energieeffizienz zu betrachten. Von der IEA werden neben der Energieintensität nicht energiebezogene Einflussfaktoren auf die Energieeffizienz benannt: Wirtschaftsstruktur, Branchenstruktur, Wechselkurse, Bezahlbarkeit von Energiedienstleistungen, Größe des Landes, Klima und Verhalten. So ist zum Beispiel grundsätzlich eine geringere Energieintensität in dienstleistungsorientierten Ländern festzustellen, während in kälteren Ländern sowie Ländern mit energieintensiven Wirtschaftszweigen die Energieintensität grundsätzlich höher ist (IEA 2014a; IEA 2014b).

Um also Veränderungen in Aktivitäten, Wirtschaftsstrukturen und anderen exogenen Größen von der tatsächlichen Änderung der Energieintensität zu trennen, verwendet die IEA eine Dekompositionsanalyse in Form einer Pyramide (s. Abb. 3.8):

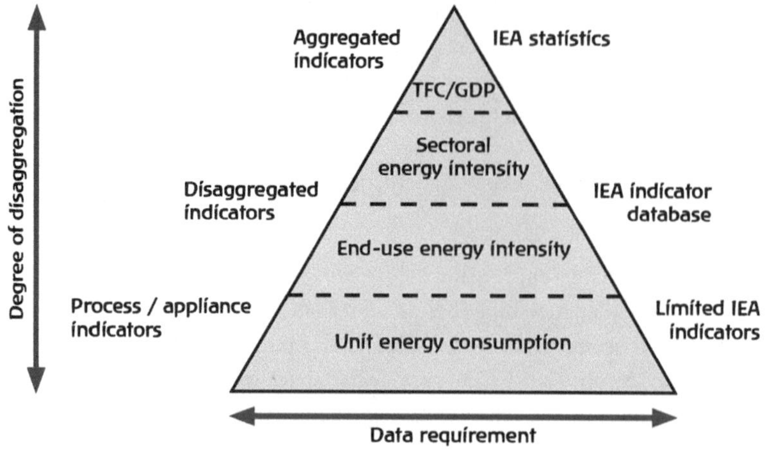

Notes: unless otherwise indicated, all tables and figures in this publication are derived from IEA data and analysis. TFC = total final consumption.

Abb. 3.8 IEA Indikatoren-Pyramide (IEA 2014a)

- erste Ebene: Energieintensität in seiner am höchsten aggregierten Form entspricht dem Verhältnis Energieverbrauch zu Bruttoinlandsprodukt
- zweite Ebene: die Energieintensität der Wirtschaftszweige (vgl. WZ 2008, Abschnitte A-U (StBA 2007))
- dritte Ebene: repräsentiert die Energieintensität der darunter liegenden Gliederungsebenen der Wirtschaftszweige (vergleichbar mit den Abteilungen, Gruppen, Klassen und Unterklassen unterhalb der Abschnitte aus WZ 2008)
- vierte Ebene: Auftrennung der Endverbräuche, aus denen die sektorale Energieintensität der oberen Ebenen aggregiert werden kann, zum Beispiel nach Energiequelle (bei Haushalten), Fahrzeugtyp (im Verkehrssektor), Prozess/Technologie (in den Industriesektoren)

Über aggregierte Indikatoren können Aussagen zu Energieverbrauchtrends (einzelner Sektoren) abgeleitet werden. Um die Haupttreiber von Energieverbrauch zu verstehen und der Politik relevante Analysen geben zu können, wie diese Trends beinflussbar sind, sind aber detailliertere Daten von Nöten. (IEA 2014a)

Sektorspezifische Auswirkungen einzelner Effekte werden in den entsprechenden Kapiteln erörtert.

3.2.2 Status Quo und Prognosen

Die Entwicklung des Energieverbrauchs nach Sektoren – internationale Trends

Menschen in den 29 Ländern, die Mitglieder der International Energy Agency (IEA) sind, verbrauchten im Jahr 2014 22 Exajoule (EJ) weniger Endenergie als 1990, was einer Kosteneinsparung von 550 Mrd. USD entspricht. Das Schaubild gibt einen Überblick, welche Anteile die einzelnen Energieträger an den Einsparungen haben (s. Abb. 3.9).

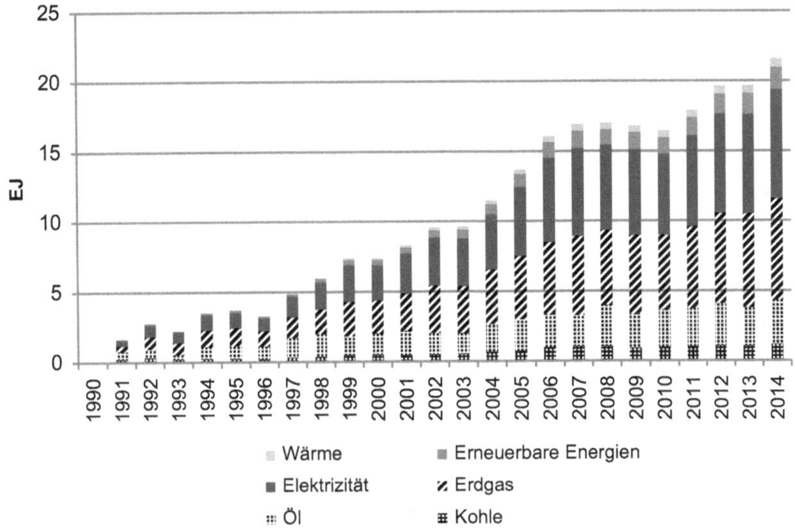

Abb. 3.9 Kumulierte Einsparungen in IEA-Ländern seit 1990 (IEA 2015b)

Im Jahr 2014 wurden durch diese Investitionen in IEA Ländern Importkosten für Primärenergieträger in Höhe von 80 Mrd. USD eingespart, was den Außenhandelsüberschuss Deutschlands um 12 % steigerte. Weiterhin besteht der Vorteil von Energieeffizienz darin, dass die lokale Wertschöpfung gesteigert, sowie die Abhängigkeit von Drittstaaten reduziert werden kann. Ohne den verminderten Verbrauch durch Energieeffizienzmaßnahmen hätten die IEA Länder von 1990 bis 2014 10,2 Gigatonnen CO_2 zusätzlich emittiert. In den Jahren von 2004 bis 2014 war die Steigerung der Energieeffizienz der Hauptfaktor für den Rückgang des Energieverbrauchs in IEA-Ländern. In der etwas größeren Gruppe der OECD-Länder war der Energieverbrauch im Jahr 2015 so gering wie im Jahr 2000, trotz eines Wachstums des BIPs um 26 %. Auch in Zukunft werden Investitionen in die Energieeffizienz in vielen Regionen durch strengere Verordnungen bezüglich Gebäuden, Produkten und Fahrzeugen ansteigen. Trotz sinkender Gas- und Ölpreise werden Richtlinien wie die EU Energieeffizienz-Richtlinie und der US Clean Power Plan weitere Investitionen fördern. (IEA 2015b)

Im BP Energy Outlook 2016 wird die folgende Entwicklung bis 2035 erwartet: die weltweite Bevölkerung wächst um ca. 1,5 Mrd. auf ca. 8,8 Mrd. in 2035. Gleichzeitig rechnet BP auch mit einem Anstieg des BIPs, das sich mehr als verdoppeln soll, wovon ca. ein Fünftel dem Bevölkerungswachstum und sonst der gestiegenen Produktivität zugerechnet wird. Die damit einhergehende Steigerung des Energieverbrauchs wird auf ca. 34 % (2014–2035) geschätzt. Die Energieeffizienz-Steigerung drückt sich dadurch aus, dass das jährliche Energieverbrauchswachstum von 2,3 % (2000–2014) auf 1,4 % (2014–2035) sinken wird. (BP 2016)

Vor dem Hintergrund der wachsenden Bedeutung Chinas hat dessen Entwicklung der Energieintensität eine große Auswirkung auf den globalen Trend. Vor allem China hat seinen Energienachfragezuwachs aufgrund des strukturellen Wandels reduziert. Während in der Dekade 2004–2014 Chinas Beitrag zum Energienachfragewachstum noch 60 % betrug, beträgt er in den jetzigen Dekaden 2014–2034 nur noch 30 %. Eine gegenteilige Entwicklung ist in Indien festzustellen. Indien ist verantwortlich für mehr als ein Viertel des Energienachfragewachstums in der Dekade 2014–2024 und hat im Vergleich zur vorherigen Dekade seinen Anteil verdoppelt. (BP 2016)

Im Rahmen des regelmäßig veröffentlichten ‚World Energy Outlook' (IEA 2015c) untersucht die IEA die Auswirkung verschiedener Szenarien auf den globalen Energieverbrauch. Es wird dabei zwischen drei Szenarien unterschieden:

1. Current Policies Scenario (CPS): Grundszenario, in dem derzeitige politische Vorgaben (unter Berücksichtigung der bis Mitte 2015 bereits erlassenen und verabschiedeten Maßnahmen) und technologische Verbesserungen berücksichtigt werden.
2. New Policies Scenario (NPS): Zentrales Szenario, in dem, aufbauend auf den derzeitigen politischen Maßnahmen (CPS), weitere über 2015 hinausgehende, bereits geplante oder neue relevante Maßnahmen/-vorschläge einbezogen werden. Dabei wird angenommen, dass die Vorhaben mit Vorsicht/Bedacht umgesetzt werden. Ziel ist es, einen Maßstab zu setzen, was aufgrund der aktuellen politischen Entwicklungen potenziell erreicht werden könnte.
3. 450 Scenario (450): Im Rahmen dieses Szenarios wird angenommen, dass die Konzentration von CO_2-äquivalenten Treibhausgasen in der Atmosphäre auf 450 ppm begrenzt werden kann. Somit besteht eine 50 %ige Chance den durch den Klimawandel verursachten Temperaturanstieg auf max. zwei Grad zu begrenzen. Zur Erreichung dieses Ziels nimmt die IEA die ausnahmslose Umsetzung sämtlicher Maßnahmen bis 2040 und danach an.

Primärenergieverbrauch Im ‚World Energy Outlook' 2015 wird eine Steigerung des Primärenergieverbrauchs weltweit bis 2040 um 45 % (CPS), 32 % (NPS) bzw. 12 % (450) prognostiziert. Dies entspricht einer jährlichen Wachstumsrate von 2013 bis 2040 von 1 % (NPS), im Vergleich zu 1,9 % der letzten 23 Jahre (von 1990 bis 2013) bei ähnlichem Wirtschaftswachstum. Auch die IEA stellt eine positive Entwicklung der Energieeffizienz fest: Der globale Endenergieverbrauch ist 2014 um 0,7 % gestiegen, ohne Energieeffizienz-Steigerung wäre er dreifach höher (entspricht einer Einsparung von 112 Mtoe = Millionen Tonnen Erdöl). Den größten Beitrag leistete die Industrie mit mehr als der Hälfte der Einsparungen (China, EU, Russland); der zweitgrößte Beitrag kam aus dem Sektor Verkehr (insb. EU und USA); im Gebäudebereich wurden 12 Mtoe erreicht. Unter der Annahme, dass die Weltwirtschaft in allen drei Szenarien bis 2040 um das 2,5-fache steigt, wird die Energieintensität auf ca. die Hälfte fallen (45 % CPS, 50 % NPS, 55 % 450). (IEA 2015c)

Nachfolgend werden die Entwicklung des Primärenergiebedarfs sowie des Endenergiebedarfs der Welt, Europas und der Kernsektoren der Wirtschaft bis 2040 anhand der drei IEA-Szenarien analysiert. Zunächst wird in Abb. 3.10 die Entwicklung des Primärenergiebedarfs der Welt mit dem der EU verglichen.

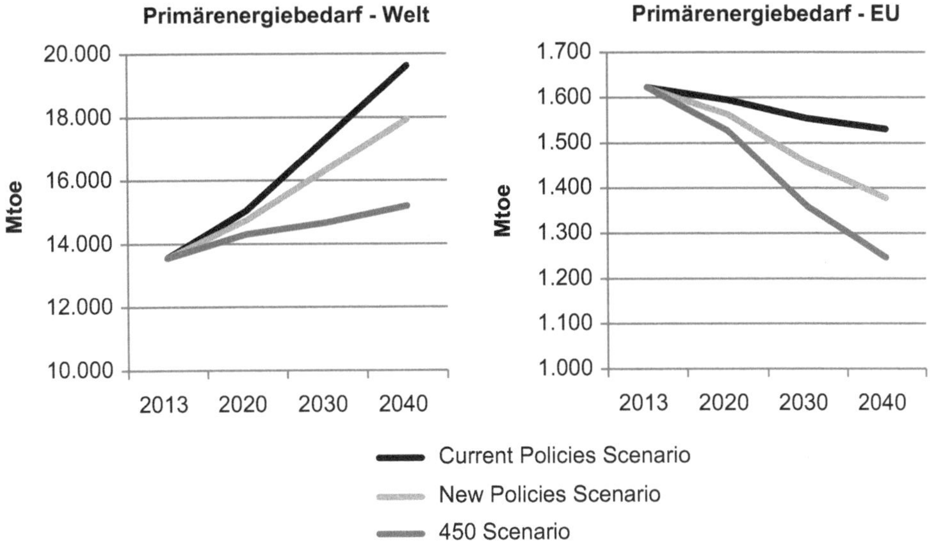

Abb. 3.10 Entwicklung des Primärenergiebedarfs der Welt (l.) und der EU (r.) bis 2040 (IEA 2015c)

Während der Primärenergiebedarf in allen drei Szenarien weltweit steigt, reduziert er sich in der EU. Der Treiber des prognostizierten Anstiegs des weltweiten Primärenergiebedarfs sind die Nicht-OECD-Länder (vor allem Asien) mit einem Anteil von ca. 70 % in allen drei Szenarien. (IEA 2015c)

Im Vergleich zu einer Entwicklung ohne die Einleitung weiterer Maßnahmen (CPS), können im NPS weltweit im Jahr 2040 ca. 1.700 Mtoe des Primärenergieverbrauchs eingespart werden. Dies entspricht ca. 9 %, wovon drei Viertel auf Energieeffizienz-Steigerung zurückzuführen ist, diese wiederum können zu 34 % auf Gebäude, 31 % auf Verkehr, 23 % auf Industrie, 7 % auf erzeugerseitige Verbesserungen und 3 % auf Landwirtschaft zurückgeführt werden. 12 % des verbleibenden Viertels verursacht Chinas wirtschaftlicher Wandel von einer Investitionsorientierung zu einer Konsumorientierung sowie einer Verschiebung vom sekundären zum tertiären Sektor. Im Rahmen des 450 ppm Szenarios belaufen sich die potenziellen Einsparungen auf 4446 Mtoe gegenüber dem CPS. Jedoch ist selbst im besten Fall, dem 450 ppm Szenario, mit einem um 1638 Mtoe gesteigerten Energieverbrauch im Vergleich zu 2013 zu rechnen. (IEA 2015c)

Über das NPS hinausgehende Potenziale existieren auf der Verbraucherseite. Die IEA ermittelt eine Einsparmöglichkeit von 11 % im Jahr 2030 (entspricht rund 86 Mrd. $) aufgrund von wirtschaftlich rentablen Energieeffizienz-Maßnahmen durch Investitionen in neue Pkw, Lkw, Motoren und sonstige Ausstattungsgüter. Zwei Drittel der Investitionen werden von nicht-energieintensiven Industrien getätigt und sind damit die Gruppe mit dem größten Potenzial. 2030 können 43 Mrd. $ im Gebäudebereich (Beleuchtung) sowie 21 Mrd. $ im Verkehrssektor (energieeffiziente LKWs) eingespart werden. (IEA 2015c)

In allen drei Szenarien wird das in der Energieeffizienz-Richtlinie der Europäischen Union festgelegte Kernziel, 1474 Mtoe PEV in 2020 zu erreichen, verfehlt: 1595 Mtoe (CPS), 1563 Mtoe (NPS) bzw. 1527 Mtoe (450). Abb. 3.11 veranschaulicht die Entwicklung des Endenergiebedarfs der Welt [a] sowie der Sektoren Industrie [b], Gebäude [c] und Verkehr [d] anhand der drei IEA-Szenarien zwischen 2013 und 2040. (IEA 2015c)

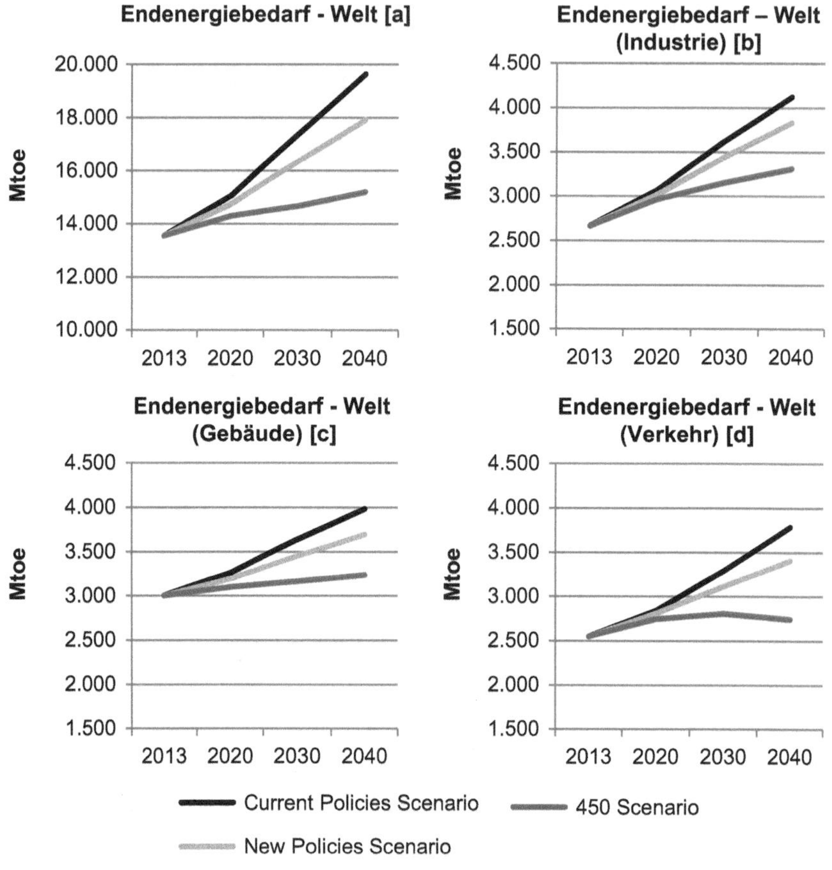

Abb. 3.11 Entwicklung des Endenergiebedarfs der Welt nach Sektoren bis 2040 (IEA 2015c)

Endenergiebedarf Im Vergleich zum CPS resultieren 35 % der gesamten, weltweiten Endenergieeinsparungen im Rahmen des NPS aus Energieeffizienzmaßnahmen im Verkehr in 2040. Die zurückhaltende Nachfrage ist hauptsächlich ein Ergebnis der zusätzlichen Energieeffizienz-Politik wie die angekündigte Standardisierung der Kraftstoffeffizienz für Schwerlastfahrzeuge (China seit 2015, EU und Indien erwartet für 2017 und USA erwartet für 2018), aber auch der sich vollziehende Wechsel zu Elektrofahrzeugen. (IEA 2015c)

Im Gebäudesektor sind 25 % der weltweiten Energieeinsparungen aus Energieeffizienz-Maßnahmen im NPS im Vergleich zu CPS. Dabei kommt die größte Einsparung vom Strom und hängt mit der fortschreitenden Abdeckung der MEPS (Minimum Energy Performance Standard) für Geräte und Beleuchtung zusammen. Das geringere Wachstum im Endenergieverbrauch ist im Wesentlichen auf die strengeren Bauvorschriften zurückzuführen, die den Energieverbrauch für Raumheizung begrenzen. (IEA 2015c)

Der vergleichsweise kleinere Anteil von 20 % aus Energieeffizienzmaßnahmen der weltweiten Energieeinsparungen im NPS im Vergleich zu CPS wird der Industrie zugerechnet. Diese Einsparungen resultieren vor allem aus nicht-energieintensiver Industrie. Obwohl zwei Drittel des gesamten Energieverbrauchs der Industrie von energieintensiven Unternehmen verursacht werden, wird von solchen mit nur einem Drittel der Einsparung aufgrund Energieeffizienz-Steigerung zwischen 2015 und 2040 gerechnet. Denn die meisten Effizienzgewinne in energieintensiven Industrien sind bereits umgesetzt oder im CPS berücksichtigt. Die größten noch übrigen Energieeinsparpotenziale liegen bei KMUs, bei denen der Anteil an Energieausgaben gering ist und ein ebenfalls geringes Bewusstsein für Energiekosten sowie potenzielle Einsparung vorhanden ist (ICF 2015). Um dies zu adressieren, wurden z. B. von der Energie-Effizienz-Direktive der EU Anreize für die Durchführung von Energieaudits in KMUs aufgenommen. (IEA 2015c)

Zum Vergleich stellt Abb. 3.12 die Entwicklung des europäischen Endenergiebedarfs [a] sowie der Sektoren Industrie [b], Gebäude [c] und Verkehr [d] anhand der drei IEA-Szenarien zwischen 2013 und 2040 dar. Der Trend in der EU unterscheidet sich klar von dem der Welt. Bis auf Gebäude im CPS wird ein Sinken des Primärenergiebedarfs erwartet. Die bei weitem größten Einsparpotenziale durch mehr Anstrengungen (siehe Differenz CPS und 450 ppm Szenario) identifiziert die IEA in den Sektoren Verkehr und Gebäude, während die europaweiten Effizienzgewinne in der Industrie bis zum Jahr 2040 vergleichsweise gering ausfallen.

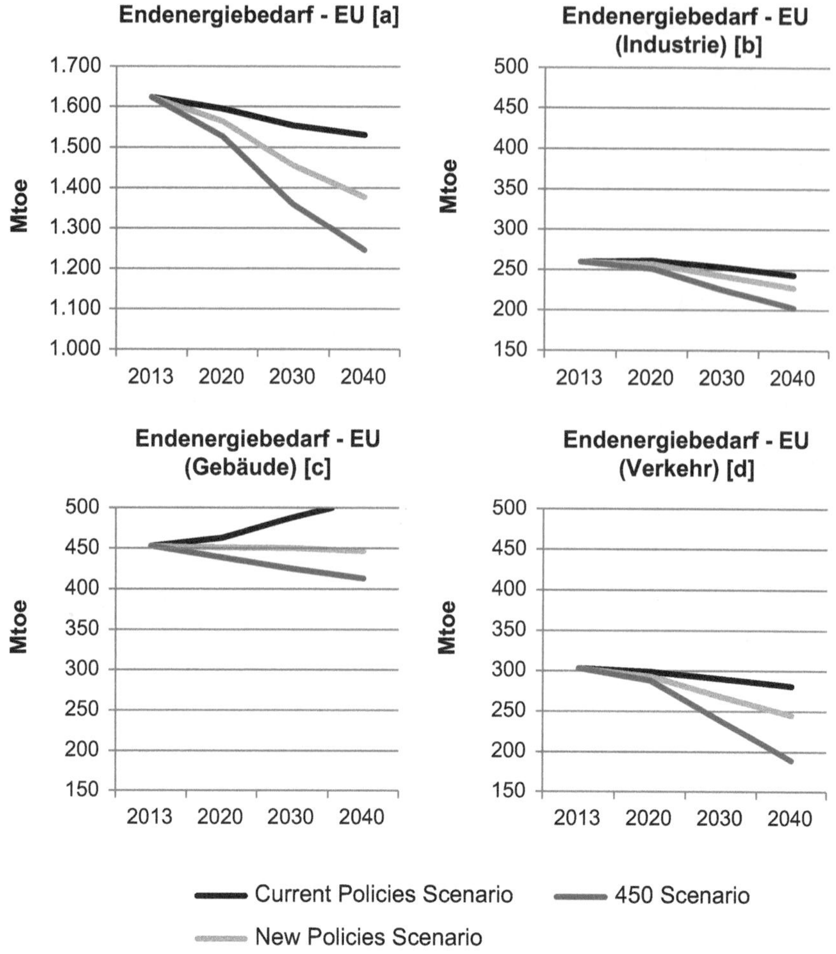

Abb. 3.12 Entwicklung des Endenergiebedarfs der EU nach Sektoren bis 2040 (IEA 2015c)

Abb. 3.13 verdeutlicht die weltweite Entwicklung der Energieintensität. Seit 2005 blieb die Energieintensität im globalen Durchschnitt bis 2013 konstant bei 10,05 MJ/US$ BIP, welches einer Reduktion um 14,1 % gegenüber dem Jahr 1990 entspricht. Japan und Deutschland gehören derzeit mit 4,0 bzw. 4,2 MJ/US-$ BIP zu den führenden Industrienationen. Die Tendenz der letzten zwanzig Jahre zeigt, dass Schwellen- und Entwicklungsländer zu deutlichen Fortschritten in der Lage sind. So konnte die Energieintensität in China zwischen 1990 und 2013 um 58 % bzw. Indien um 41 % reduziert werden. (BMWi 2016)

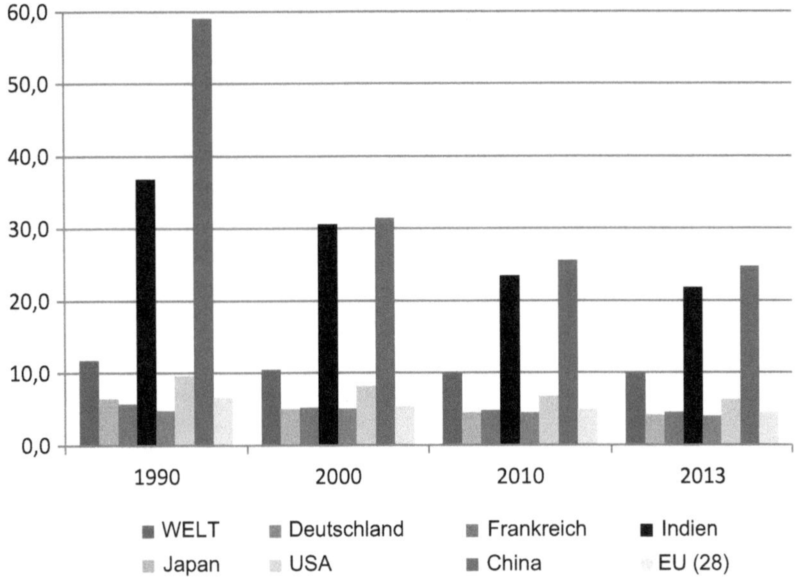

Abb. 3.13 Entwicklung der Energieintensität weltweit zwischen 1990 und 2010 (BMWi 2016)

Entwicklung des Energieverbrauchs in Deutschland

Nachfolgend wird die makroökonomische Dynamik der Energieeffizienz in der Bundesrepublik Deutschland anhand der bisherigen Entwicklung und seiner Perspektiven dargestellt. Abb. 3.14 verdeutlicht die Entwicklung des deutschen Bruttoinlandproduktes (BIP), des Primärenergieverbrauchs (PEV), der Primärenergieproduktivität (PEP) sowie des energiebedingten CO_2-Ausstoßes zwischen den Jahren 1990 und 2015.

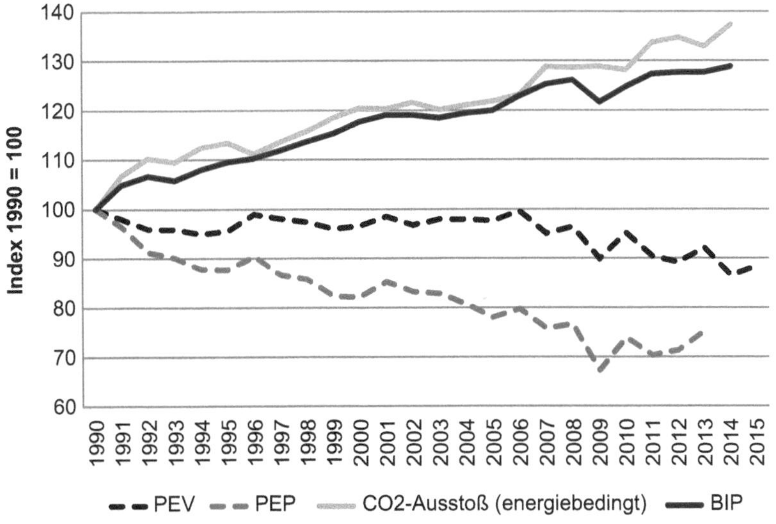

Abb. 3.14 Energieentwicklung Deutschland (BMWi 2016)

In der Bundesrepublik wurde die Primärenergieproduktivität (temperaturbereinigt) zwischen den Jahren 1990 und 2014 um knapp 57,8 % gesteigert. Im selben Zeitraum stieg das BIP (in Preisen von 2010) um 41 %. Die CAGR (engl. Compound Annual Growth Rate), die mittlere Wachstumsrate über den Betrachtungszeitraum, belief sich für die Primärenergieproduktivität auf 1,94 % p.a., für das BIP auf 1,45 % p.a. Real kam es also zu einer vergleichsweise geringen Einsparung des PEV von knapp 10,7 % in der Betrachtungsperiode. Somit ergibt sich ein Rückgang des Primärenergieverbrauchs von lediglich 0,45 % p. a. für die Periode 1990–2014. Für den Endenergieverbrauch wird seit 1990 ein Rückgang um 0,32 % p.a. verzeichnet. Die zusätzliche Betrachtung der energiebedingten CO_2-Emissionen, die zwischen 1990 und 2013 um knapp 20 % gesenkt wurden, macht allerdings deutlich, dass die Energieerzeugung bei weitem weniger umweltschädigend ist. Somit fällt die mittlere jährliche Reduktion des Treibhausgasausstoßes mit 0,92 % p.a. vergleichsweise höher aus.

Rebound-Effekt Im Umkehrschluss bedeutet dies allerdings, dass der Energieeinsatz zwar effizienter wird, absolute Einsparungen jedoch weiterhin schwer zu erreichen sind, da das Wirtschaftswachstum die Effizienzgewinne reduziert. In diesem Kontext wird in der Literatur häufig der Begriff des makroökonomischen Rebound-Effekts angeführt (Greening et al. 2000). In der Volkswirtschaftslehre beschreibt dieser Effekt eine Entwicklung, in der auf Basis einer Effizienzsteigerung ein erhöhter Konsum bzw. eine gesteigerte Produktion möglich wird. Der Rebound-Effekt reduziert somit eine Effizienzsteigerung. In der Politik findet dieser Effekt nahezu keine Beachtung, obwohl er häufig als eines der zentralen Hindernisse zur Erreichung der Energieziele der Bundesregierung identifiziert wird.

Die Veränderung des PEVs in Deutschland ist in Abb. 3.15 nach den Einflussfaktoren Wachstum, Bevölkerung und Effizienz aufgeteilt. Der Rebound-Effekt ist erkennbar: Die knapp 1.500 PJ erreichte Energieeinsparung wird von der positiven Wirtschaftsentwicklung um knapp 400 PJ und vom Bevölkerungswachstum um knapp 50 PJ gesenkt.

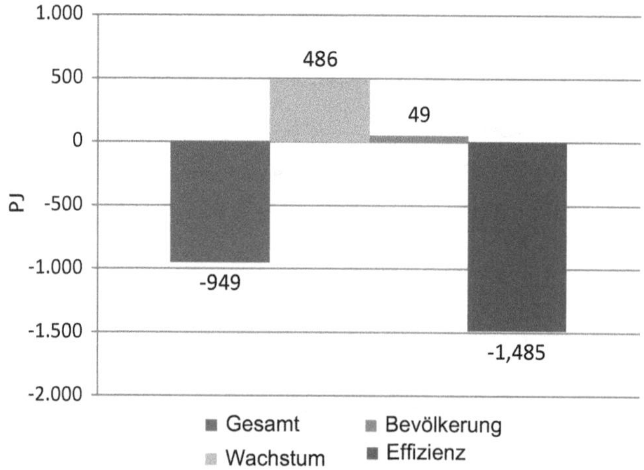

Abb. 3.15 Komponenten der Veränderung des bereinigten PEVs in Deutschland von 2008–2014 in PJ (BMWi 2015)

Die im Energiekonzept festgelegten Ziele zur Senkung des PEV werden bei einer Fortführung dieser Entwicklung klar verfehlt. Lag die durchschnittliche jährliche Steigerung der Energieeffizienz in Deutschland zwischen 1990 und 2014 bei 1,8 %, wird der „anvisierte jährliche Anstieg der Endenergieproduktivität pro Jahr um 2,1 % nach heutigem Stand voraussichtlich ebenfalls deutlich verfehlt werden" (WEC 2015).

Bestärkt wird diese Deutung u. a. durch die Minderung des Tempos der Energieeffizienzsteigerung in Deutschland. Stellte das World Energy Council (WEC) zwischen den Jahren 1990 und 2000 noch eine mittlere Steigerung um 2,2 % p.a. fest, waren es zwischen 2000 und 2010 lediglich 1,1 % p.a. (WEC 2011). Weltweit ist ebenfalls eine Abschwächung der Geschwindigkeit von 1,2 % p.a. zwischen 1980 und 2000 zu 0,5 % p.a. zwischen 2000 und 2010 zu beobachten (IEA 2012).

Während die weltweite Entwicklung in erster Linie auf die zunehmende Bedeutung asiatischer Länder mit hoher Energieintensität zurückzuführen ist, gibt das WEC für Deutschland als Begründung den ‚Wiedervereinigungseffekt' an. Dieser beschreibt die nachhaltigen Verbesserungen des Indikators aufgrund der nahezu vollständigen Modernisierung des Kraftwerksparks der neuen Bundesländer zwischen den Jahren 1990 und 2000. Weitere positive Effekte waren die teilweise Substitution des Energieträgers Braunkohle durch Erdgas und Heizöl für Heizzwecke sowie die Sanierung eines Großteils des Gebäudebestandes. (WEC 2011)

Auf Basis verschiedener Szenarien müssen zur Erreichung der Ziele der Bundesregierung bis zum Jahr 2050 knapp 4.000 PJ an Endenergie gegenüber dem Jahr 2008 eingespart werden (Schlesinger 2010). Der Wegfall der Kernkraft bis zum Jahr 2022 stellt einen weiteren, signifikanten Einflussfaktor dar. Bereits Anfang August 2011 verloren acht deutsche Kernkraftwerke die Betriebserlaubnis. Die übrigen neun aktiven Reaktoren werden stufenweise bis 2022 stillgelegt. Durch den Ausstieg aus der Kernkraft müssen somit, unter Beibehaltung der Energieziele, zusätzlich knapp 22 GW Kraftwerksleistung und ca. 20 % der Bruttostromerzeugung bis 2022 kompensiert werden.

Low hanging fruits Nach Ansicht des WEC wird es in Zukunft eher zu einer Verlangsamung der Steigerung der Energieeffizienz in Deutschland kommen, da die einfachen Ziele, die sogenannten ‚low hanging fruits', bereits geerntet wurden. Für weitere Erfolge sind daher deutlich höhere Anstrengungen nötig (WEC 2011). Auch Gregosz (2012) verweist in diesem Zusammenhang auf die Notwendigkeit, Energieeinsparpotenziale intensiver zu nutzen. Weiterhin müssen Effizienzpotenziale in bisher unbeachteten Bereichen, wie dem globalen Wirtschaftskreislauf, erschlossen werden. Gregosz schlägt ein einheitliches regulatorisches Konzept zur effizienten Förderung nachhaltiger Entwicklungen vor. Dabei geht es um „[…] nicht weniger als die Neuausrichtung unserer gesamten Wirtschaftsweise […]" (Gregosz 2012).

Das Energieflussbild für die Bundesrepublik Deutschland verdeutlicht ‚den Weg' der Energie von der Gewinnung bis zur Anwendung. Dabei werden die Sektoren Industrie, Verkehr, Haushalte sowie Gewerbe, Handel und Dienstleistungen (GHD) unterschieden (s. Abb. 3.16).

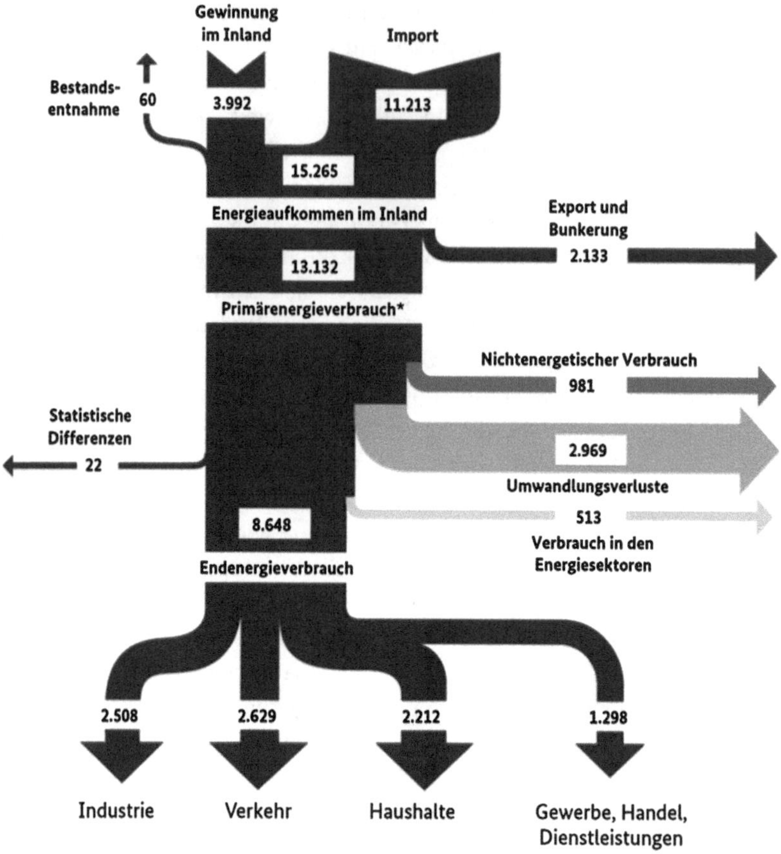

Abb. 3.16 Energieflussbild 2014 für BRD in PJ (BMWi 2016)

Der Verkehrssektor verbraucht mit 30,4 % den größten Anteil der Endenergie in Deutschland. Darauf folgen Industrie (29,0 %) und Haushalte (25,6 %). Der Sektor GHD fällt mit 15,0 % des gesamten Endenergiebedarfs dagegen etwas ab. Diesem Sektor ist aufgrund seiner heterogenen Zusammensetzung eine erhebliche Streuung inhärent. Der in den Energiebilanzen der AGEB als Restgröße ausgewiesene Wirtschaftszweig umfasst neben konventionellen Gewerbe- und Dienstleistungsbereichen wie Banken und Versicherungen, u. a. militärische Dienstleistungen, Land- und Forstwirtschaft sowie das Baugewerbe. Das UBA hebt in diesem Zusammenhang die signifikanten Unterschiede in Höhe und Struktur des Energieverbrauchs hervor (UBA 2011).

Abb. 3.17 verdeutlicht die Entwicklung des Endenergieverbrauchs der einzelnen Sektoren nach BMWi (2016). Deutlich dabei wird, dass bisher in keinem der Sektoren eine signifikante Degression des absoluten Energieverbrauchs realisiert werden konnte. Während bei Haushalten, Verkehr und Gewerbe ein leichter Rückgang des Endenergieverbrauchs zu erkennen ist, nahm der EEV im Industriesektor dagegen minimal zu.

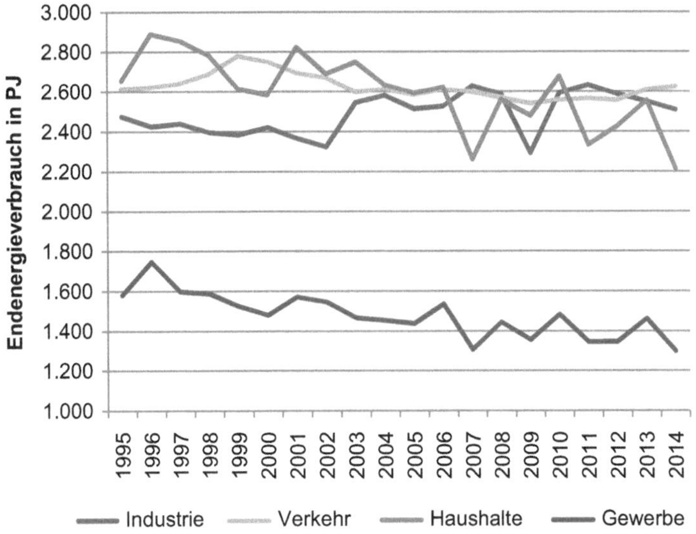

Abb. 3.17 Entwicklung der sektorspezifischen Endenergieverbräuche (BMWi 2016)

Die Verwendung der Energie in den einzelnen Sektoren unterscheidet sich teilweise erheblich. In diesem Zusammenhang stellt Abb. 3.18, basierend auf den veröffentlichten Zahlen von BMWi, die Verwendung der Endenergie in der Industrie, dem Verkehr, Haushalten und GHD für das Jahr 2014 dar (BMWi 2016).

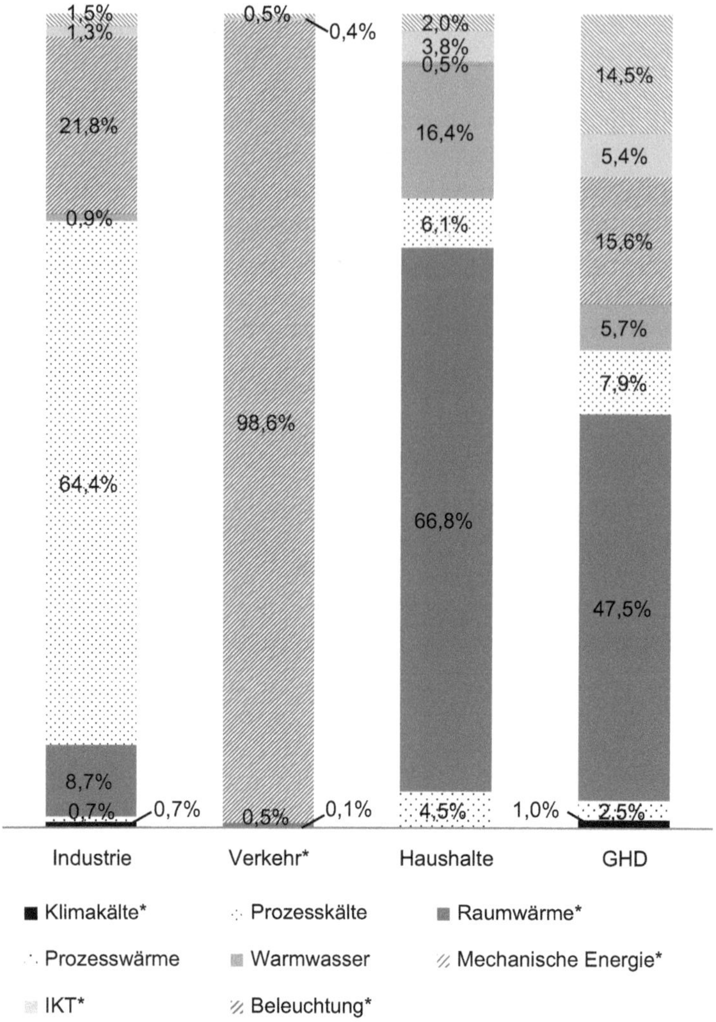

Abb. 3.18 Endenergie-Anwendungsbilanz 2011 und 2012 nach Sektoren (BMWi 2016)

Während im Verkehrssektor die mechanische Energie (99 %) dominiert, kommt der Prozesswärme in der Industrie (64 %) die größte Bedeutung zu. In den Sektoren Haushalte und GHD wird dagegen der weitaus größte Anteil zur Erzeugung von Raumwärme angewendet. Des Weiteren kommen der Beleuchtung und Erzeugung mechanischer Energie im GHD Sektor eine wichtige Rolle zu.

3.3 Fazit

Die gewichtige Rolle der Energieeffizienz bei der Abschwächung des Klimawandels und für den Erfolg der Energiewende tritt in der Wahrnehmung mehr und mehr zu Tage: Durch das Bewusstwerden, dass Energieeffizienz unerlässlich ist und dass die

G20 Staaten und die Welt insgesamt daher das Engagement bei der Energieeffizienz drastisch intensivieren müssen; in Europa und Deutschland durch das Bekenntnis, dass Energieeffizienz als erstes betrachtet werden muss (efficiency first). Energieeffizienz voranzutreiben bedarf aber mehr als politischer Bekenntnisse, es liegt an Staat, Wirtschaft und Gesellschaft die Rahmenbedingungen zu schaffen und Investitionen in Energieeffizienzmaßnahmen zu verachtfachten, um sich rechnende Effizienzprojekte anzupacken und dadurch die Energieintensität zu reduzieren.

Weltweit entwickelt sich die Energieintensität positiv und es wird eine Fortsetzung des Trends erwartet. Einen großen Einfluss hat China aufgrund seiner wesentlichen Verbesserung der Energieeffizienz. Sowohl in Europa als auch in Deutschland sind ambitionierte Energieeffizienz-Ziele gesteckt worden. Die deutsche Politik treibt die Energieeffizienz mithilfe eines Maßnahmenbündels – bestehend aus Ordnungsrecht, finanziellen Anreizen und Information – voran. Dennoch werden laut den aktuellen Abschätzungen die Ziele verfehlt. Die Indikatoren Energieverbrauch sowie Energieintensität werden jedoch von diversen Faktoren beeinflusst (Abb. 3.15). Um die Effizienzsteigerung unabhängiger von der wirtschaftlichen sowie demografischen Entwicklung und klimatischen Bedingungen beurteilen zu können, wäre es also sinnvoller, eine reine Effizienzkenngröße anstatt der Energieintensität zu verwenden.

Im folgenden Kapitel werden die zentralen Szenarien, die in dieser Metastudie untersucht werden, beschrieben. Dabei werden ihre Annahmen bzw. Rahmenbedingungen für die jeweiligen Studien dargestellt. Die getroffenen Prognosen für die Energiepreisentwicklung werden hinsichtlich der Amortisationszeit bewertet.

Literatur

Agricola et al. (2012) Agricola, A. C.; Joest, S.; Czernie, M. et al.: Steigerung der Energieeffizienz mit Hilfe von Energieeffizienz-Verpflichtungssystemen. Kurz: Energieeffizienz-Verpflichtungssysteme (EnEffVSys). Deutsche Energie-Agentur GmbH; Frontier Economics Ltd. (Hg.). 2012. Online verfügbar unter http://www.dena.de/fileadmin/user_upload/Presse/studien_umfragen/Energieeffizienz-Verpflichtungssysteme/Studie_Energieeffizienz-Verpflichtungssysteme_EnEffVSys.pdf, zuletzt geprüft am 11.05.2016.

BMUB (2016) Bundesministeriums für Umwelt, Naturschutz, Bau und Reaktorsicherheit (Hg.): Energieeinsparverordnung (EnEV). Wirksamwerden der Anhebung der energetischen Anforderungen an Neubauten am 1. Januar 2016. Aktuelles. 2016. Online verfügbar unter http://www.bmub.bund.de/themen/bauen/energieeffizientes-bauen-und-sanieren/energieeinsparverordnung/, zuletzt geprüft am 28.04.2016.

BMWi (2014) Bundesministerium für Wirtschaft und Energie (Hg.): Mehr aus Energie machen. Ein gutes Stück Arbeit. Nationaler Aktionsplan Energieeffizienz. 2014. Online verfügbar unter http://www.bmwi.de/BMWi/Redaktion/PDF/M-O/nationaler-aktionsplan-energieeffizienz-nape,property=pdf,bereich=bmwi2012,sprache=de,rwb=true.pdf, zuletzt geprüft am 11.05.2016.

BMWi (2015) Bundesministerium für Wirtschaft und Energie (Hg.): Die Energie der Zukunft. Ein gutes Stück Arbeit. Vierter Monitoring-Bericht zur Energiewende. 2015. Online verfügbar unter http://www.bmwi.de/BMWi/Redaktion/PDF/V/vierter-monitoring-bericht-energie-der-zukunft,property=pdf,bereich=bmwi2012,sprache=de,rwb=true.pdf, zuletzt geprüft am 26.01.16.

BMWi (2016) Bundesministerium für Wirtschaft und Energie (Hg.): Energiedaten: Gesamtausgabe. Stand: Januar 2016. 2016. Online verfügbar unter http://www.bmwi.de/DE/Themen/Energie/Energiedaten-und-analysen/Energiedaten/gesamtausgabe,did=476134.html, zuletzt geprüft am 29.04.2016.

BP (2016) BP p.l.c (Hg.): BP Energy Outlook. Outlook to 2035. 2016 edition. 2016. Online verfügbar unter https://www.bp.com/content/dam/bp/pdf/energy-economics/energy-outlook-2016/bp-energy-outlook-2016.pdf, zuletzt geprüft am 11.05.2016.

EUCO (2014) European Council (Hg.): European Council (23 and 24 October 2014) – Conclusions. EUCO 169/14. Brussels, 2014. Online verfügbar unter http://www.consilium.europa.eu/uedocs/cms_data/docs/pressdata/en/ec/145397.pdf, zuletzt geprüft am 29.04.2016.

EUP (2003) Europäisches Parlament: Richtlinie 2003/96/EG zur Restrukturierung der gemeinschaftlichen Rahmenvorschriften zur Besteuerung von Energieerzeugnissen und elektrischem Strom. Richtlinie 2003/96/EG. Europäisches Parlament. Online verfügbar unter http://eur-lex.europa.eu/LexUriServ/LexUriServ.do?uri=OJ:L:2003:283:0051:0070:DE:PDF, zuletzt geprüft am 29.04.2016.

EUP (2007) Europäisches Parlament: Verordnung 715/2007 über die Typgenehmigung von Kraftfahrzeugen hinsichtlich der Emissionen von leichten Personenkraftwagen und Nutzfahrzeugen (Euro 5 und Euro 6) und über den Zugang zu Reparatur- und Wartungsinformationen für Fahrzeuge. Verordnung 715/2007. Europäisches Parlament. Online verfügbar unter http://eur-lex.europa.eu/legal-content/DE/TXT/PDF/?uri=CELEX:32007R0715&from=de, zuletzt geprüft am 29.04.2016.

EUP (2009a) Europäisches Parlament: Richtlinie 2009/72/EG über gemeinsame Vorschriften für den Elektrizitätsbinnenmarkt und zur Aufhebung der Richtlinie 2003/54/EG. Richtlinie 2009/72/EG. Europäisches Parlament. Online verfügbar unter http://eur-lex.europa.eu/legal-content/DE/TXT/PDF/?uri=CELEX:32009L0072&qid=1444728969591&from=DE, zuletzt geprüft am 29.04.2016.

EUP (2009b) Europäisches Parlament: Richtlinie 2009/125/EG zur Schaffung eines Rahmens für die Festlegung von Anforderungen an die umweltgerechte Gestaltung energieverbrauchsrelevanter Produkte. Richtlinie 2009/125/EG, vom Neufassung. Europäisches Parlament. Online verfügbar unter http://eur-lex.europa.eu/LexUriServ/LexUriServ.do?uri=OJ:L:2009:285:0010:0035:de:PDF, zuletzt geprüft am 29.04.2016.

EUP (2010a) Europäisches Parlament: Richtlinie 2010/30/EU über die Angabe des Verbrauchs an Energie und anderen Ressourcen durch energieverbrauchsrelevante Produkte mittels einheitlicher Etiketten und Produktinformationen. Richtlinie 2010/30/EU. Europäisches Parlament. Online verfügbar unter http://eur-lex.europa.eu/LexUriServ/LexUriServ.do?uri=OJ:L:2010:153:0001:0012:DE:PDF, zuletzt geprüft am 29.04.2016.

EUP (2010b) Europäisches Parlament: Richtlinie 2010/31/EU über die Gesamtenergieeffizienz von Gebäuden. Richtlinie 2010/31/EU, vom Neufassung. Europäisches Parlament. Online verfügbar unter http://eur-lex.europa.eu/LexUriServ/LexUriServ.do?uri=OJ:L:2010:153:0013:0035:DE:PDF, zuletzt geprüft am 29.04.2016.

EUP (2012) Europäisches Parlament: Richtlinie 2012/27/EU zur Energieeffizienz, zur Änderung der Richtlinien 2009/125/EG und 2010/30/EU und zur Aufhebung der Richtlinien 2004/8/EG und 2006/32/EG. Richtlinie 2012/27/EU. Europäisches Parlament. Online verfügbar unter http://eur-lex.europa.eu/LexUriServ/LexUriServ.do?uri=OJ:L:2012:315:0001:0056:DE:PDF, zuletzt geprüft am 29.04.2016.

G20 (2014) G20 (Hg.): G20 Energy Efficiency Action Plan. Brisbane, Australien, 2014. Online verfügbar unter http://www.g20australia.org/sites/default/files/g20_resources/library/g20_energy_efficiency_action _plan.pdf, zuletzt geprüft am 25.04.2016.

G20 (2015) G20 (Hg.): Communiqué G20 Energy Ministers Meeting. Istanbul, 2015. Online verfügbar unter http://www.mofa.go.jp/mofaj/files/000151099.pdf, zuletzt geprüft am 29.04.2016.

G20 (2016) G20 (Hg.): Discussion Paper for 2016 first G20. Energy Sustainability Working Group Meeting. Xiamen, China, 2016. Online verfügbar unter https://www.ief.org/_resources/files/events/first-g20-energy-and-sustainability-working-group/g20-discussion-paper-jan-2016.pdf, zuletzt geprüft am 25.04.2016.

G7 (2015) G7 (Hg.): G7 Energy Ministerial in Hamburg Communiqué. G7 Hamburg Initiative for Sustainable Energy Security. Hamburg, 2015. Online verfügbar unter https://www.bmwi.de/BMWi/Redaktion/PDF/E/energieministertreffen-hambug-kommunique-englische-sprachversion,-property=pdf,bereich=bmwi2012,sprache=de,rwb=true.pdf, zuletzt geprüft am 27.05.2016.

Gabriel (2016) Gabriel, S. MdB: Keynote-Ansprache des Bundesministers für Wirtschaft und Energie. 2. Berlin Energy Transition DialogueBundesministerium für Wirtschaft und Energie: Bundesministerium für Wirtschaft und Energie (BMWi); Auswärtiges Amt (AA). Berlin, 17.03.2016. Online verfügbar unter https://www.bmwi-energiewende.de/EWD/Redaktion/Newsletter/2016/06/Video/topthema.html, zuletzt geprüft am 27.05.2016.

Greening et al. (2000) Greening, L. A.; Greene, D. L.; Difiglio, C.: Energy efficiency and consumption - the rebound effect - a survey. 2000. Online verfügbar unter http://ac.els-cdn.com/S0301421500000215/1-s2.0-S0301421500000215-main.pdf?_tid=e308b4b8-23e6-11e6-873f-00000aab0f02&acdnat=1464338704_77b67cf35eeff38748a9f5ab62aaad97, zuletzt geprüft am 27.05.2016.

Gregosz (2012) Gregosz, D.: Wirtschaftspolitische Megatrends bis 2020. Was ist in den kommenden Jahren zu erwarten? KAS (Hg.). 2012 (106). Online verfügbar unter http://www.kas.de/wf/doc/kas_31798-544-1-30.pdf?120927161655, zuletzt geprüft am 17.06.2015.

ICF (2015) ICF Consulting Limited (Hg.): Study on Energy Efficiency and Energy Saving Potential in Industry and on Possible Policy Mechanisms. Contract No. ENER/C3/2012-439/S12.666002. London, 2015. Online verfügbar unter https://ec.europa.eu/energy/sites/ener/files/documents/151201%20DG%20ENER%20Industrial%20EE%20study%20-%20final%20report_clean_stc.pdf, zuletzt geprüft am 04.11.2016.

IEA (2012) International Energy Agency (Hg.): World Energy Outlook 2012. Paris, 2012. Online verfügbar unter https://www.iea.org/publications/freepublications/publication/WEO2012_free.pdf, zuletzt geprüft am 29.04.2016.

IEA (2014a) International Energy Agency (Hg.): Energy Efficiency Indicators: Essentials for Policy Making. 2014. Online verfügbar unter https://www.iea.org/publications/freepublications/publication/IEA_EnergyEfficiencyIndicators_EssentialsforPolicyMaking.pdf, zuletzt geprüft am 27.05.16.

IEA (2014b) International Energy Agency (Hg.): Energy Efficiency Indicators: Fundamentals on Statistics. Paris, 2014. Online verfügbar unter https://www.iea.org/publications/freepublications/publication/IEA_EnergyEfficiencyIndicatorsFundamentalsonStatistics.pdf, zuletzt geprüft am 27.05.16.

IEA (2014c) International Energy Agency (Hg.): World Energy Outlook 2014. Paris: OECD. ISBN: 978-92-64-20804-9.

IEA (2015a) International Energy Agency (Hg.): Energy and Climate Change. World Energy Outlook Special Report. Paris, 2015. Online verfügbar unter https://www.iea.org/publications/freepublications/publication/WEO2015SpecialReportonEnergyandClimateChange.pdf, zuletzt geprüft am 27.05.2016.

IEA (2015b) International Energy Agency (Hg.): Energy Efficiency Market Report 2015. Market Trends and Medium-Term Prospects. Paris, 2015. Online verfügbar unter https://www.iea.org/publications/freepublications/publication/MediumTermEnergyefficiencyMarketReport2015.pdf, zuletzt geprüft am 27.05.16.

IEA (2015c) International Energy Agency (Hg.): World Energy Outlook 2015. Paris: OECD, 2015. ISBN: 978-92-64-24366-8.

Lyslow und Erhorn (2010) Lyslow, L.; Erhorn, H.: EnEV easy - Entwicklung eines Anforderungskatalogs an den energiesparenden Wärmeschutz von typischen Wohngebäuden zur Einhaltung der Vorgaben der EnEV 2009 und des EEWärmeG. Fraunhofer IBP (Hg.). Stuttgart, 2010 (IBP-Bericht WB150/2009). Online verfügbar unter http://www.eneveasy.info/docs/WB150_EnEV_easy_final_ar1007_mit_Logo.pdf, zuletzt geprüft am 17.06.2015.

RWE Effizienz GmbH (2013) (Hg.): Factbook Energieeffizienz. Dortmund. Online verfügbar unter https://www.energiewelt.de/web/cms/mediablob/de/1628716/data/1773346/4/energieberatung/wir-ueber-uns/Factbook-Energieeffizienz.pdf, zuletzt geprüft am 18.06.2015.

Schlesinger (2010) Schlesinger, M.: Energieszenarien für ein Energiekonzept der Bundesregierung. Prognos AG: 2010. Online verfügbar unter http://www.bmwi.de/BMWi/Redaktion/PDF/Publikationen/Studien/studie-energieszenarien-fuer-ein-energiekonzept,property=pdf,bereich=bmwi2012,sprache=en,rwb=true.pdf, zuletzt geprüft am 27.05.2016.

SE4ALL (2016) Sustainable Energy for All (Hg.): Sustainable Energy for All - About us. 2016. Online verfügbar unter http://www.se4all.org/about-us, zuletzt geprüft am 25.04.2016.

SE4ALL GTF (2015) Sustainable Energy for All Global Tracking Framework (Hg.): Progress toward sustainable energy 2015. Global Tracking Framework Report. 2015. Online verfügbar unter http://trackingenergy4all.worldbank.org/~/media/GIAWB/GTF/Documents/GTF-2105-Full-Report.pdf, zuletzt geprüft am 26.04.2016.

Seefeldt et al. (2009) Seefeldt, F.; Berewinkel, J.; Lubetzki, C.: Energieeffizienz in der Industrie. Endbericht. Eine makroskopische Analyse der Effizienzentwicklung unter besonderer Berücksichtigung der Rolle des Maschinen und Anlagenbaus. Prognos AG (Hg.). Berlin, 2009. Online verfügbar unter http://www.prognos.com/uploads/tx_atwpubdb/091015_Prognos_VDMA_Studie_Energieeffizienz_Industrie.pdf, zuletzt geprüft am 18.06.2015.

Šefčovič (2015) Šefčovič, M.: Energy Union: Speech at the German Institute for Economic Research. European Commission: European Commission (Hg.). Brussels, 2015. Online verfügbar unter https://ec.europa.eu/commission/2014-2019/sefcovic/announcements/energy-union-speech-german-institute-economic-research_en, zuletzt geprüft am 26.04.2016.

StBA (2007) Statistisches Bundesamt (Hg.): Klassifikation der Wirtschaftszweige. Ausgabe 2008 (WZ 2008). Wiesbaden, 2007. Online verfügbar unter https://www.destatis.de/DE/Methoden/Klassifikationen/GueterWirtschaftklassifikationen/klassifikationenwz2008.pdf;jsessionid=EC99F1522AF25610AD2E08A6D95FAF35.cae4?__blob=publicationFile, zuletzt geprüft am 29.04.2016.

UBA (2011) Umweltbundesamt (Hg.): Energieeffizienz in Zahlen. Endbericht. 2011. Online verfügbar unter https://www.umweltbundesamt.de/sites/default/files/medien/461/publikationen/4136.pdf, zuletzt geprüft am 29.04.2016.

UN (2015) United Nations: Adoption of the Paris Agreement., FCCC/CP/2015/L.9. In: Framework Convention on Climate Change. Online verfügbar unter https://unfccc.int/resource/docs/2015/cop21/eng/l09.pdf, zuletzt geprüft am 28.04.2016.

UN (2016a) United Nations (UN): We can end poverty. 2016. Online verfügbar unter https://www.un.org/millenniumgoals.

UN (2016b) United Nations: Chapter XXVII Environment., 7.d Paris Agreement. In: United Nations Treaty Collection. Online verfügbar unter https://treaties.un.org/doc/Publication/MTDSG/Volume%20II/Chapter%20XXVII/XXVII-7-d.en.pdf, zuletzt geprüft am 28.04.2016.

UNFCCC (2016) United Nations Climate Change Conference (Hg.): About NAZCA. 2016. Online verfügbar unter http://climateaction.unfccc.int/about, zuletzt geprüft am 25.04.2016.

VDI 2067 VDI 2067: Wirtschaftlichkeit gebäudetechnischer Anlagen - Energieaufwand der Nutzenübergabe bei Warmwasserheizungen. August 2000. Verein Deutscher Ingenieure. Beuth Verlag GmbH, Berlin, zuletzt geprüft am 29.04.2016.

VDI 3807 VDI 3807: Verbrauchskennwerte für Gebäude - Grundlagen. Juni 2013. Verein Deutscher Ingenieure. Beuth Verlag GmbH, Berlin, zuletzt geprüft am 29.04.2016.

WEC (2011) World Energy Council (Hg.): Energie für Deutschland 2011. Fakten, Perspektiven und Positionen im globalen Kontext. 2011. Online verfügbar unter http://www.weltenergierat.de/wp-content/uploads/2014/07/11037_DNK_Energie11_final2.pdf, zuletzt geprüft am 11.05.2016.

WEC (2015) World Energy Council (Hg.): Energie für Deutschland 2015. Fakten, Perspektiven und Positionen im globalen Kontext. Weltenergierat – Deutschland e.V. 2015. Online verfügbar unter http://www.weltenergierat.de/wp-content/uploads/2014/02/51223_DNK_Energie15_D_final.pdf, zuletzt geprüft am 11.05.2016.

4 Zentrale Szenarien und Wirtschaftlichkeitsbetrachtung

Diana Wang und Alexander Sauer

Dieses Kapitel gibt einen Überblick über die zentralen Szenarien der betrachteten Studien, die in den nachfolgenden Kapiteln wieder aufgegriffen werden. Während in den späteren Kapiteln technologisch orientierte Prognosen und Potenziale hinsichtlich der unterschiedlichen Sektoren beschrieben werden, konzentriert sich dieses Kapitel auf die Annahmen in den Studien und nimmt eine wirtschaftliche Betrachtung vor.

Unter den bereits beschriebenen Hemmnissen und Treibern von Energieeffizienz ist vor allem die Wirtschaftlichkeit und ihre Bewertung als ausschlaggebend für die Umsetzung der Energieeffizienz-Maßnahmen angeführt worden. In diesem Kapitel werden daher ausgewählte Grundlagen zur Betrachtung der Wirtschaftlichkeit dargestellt und die monetären Analysen unterschiedlicher Studien kompakt gegenübergestellt. Einige Studien wurden in einem wirtschaftlichen Umfeld und unter Annahmen verfasst, die zum Teil erheblich von der Situation in 2015 und den aktuellen Annahmen für die Zukunft abweichen. Da es nicht Ziel dieser Metastudie ist, jede einzelne Studie neu zu berechnen, wird in diesem Kapitel zusätzlich dargestellt, welchen Einfluss die sich ändernden ökonomischen Randbedingungen auf die Wirtschaftlichkeit von Investitionen haben.

D. Wang (✉) • A. Sauer
Universität Stuttgart, Institut für Energieeffizienz in der Produktion, Nobelstr. 12, 70569 Stuttgart, Deutschland
E-Mail: Diana.wang@eep.uni-stuttgart.de; Alexander.sauer@eep.uni-stuttgart.de

A. Sauer, T. Bauernhansl (Hrsg.), *Energieeffizienz in Deutschland – eine Metastudie*,
DOI 10.1007/978-3-662-48883-6_4

4.1 Zentrale Szenarien und Studien

Mithilfe von Effizienzmaßnahmen können erhebliche Energieeinsparungen realisiert werden. Zur Umsetzung dieser Effizienzmaßnahmen sind in Abhängigkeit der Technologie und des Umfangs spezifische Investitionen erforderlich, welche den monetären Einsparungen durch den reduzierten Energieverbrauch gegenüberstehen. Nachfolgend werden zuerst sektorübergreifende und dann sektorspezifische Studien in Hinsicht auf die verwendeten Szenarien sowie Annahmen und ermittelten monetären Einsparpotenziale dargestellt.

4.1.1 Sektorübergreifende Studien

Pehnt et al. 2011 Im Rahmen der wissenschaftlichen Begleitforschung der Nationalen Klimaschutzinitiative werden in Pehnt et al. drei Szenarien betrachtet (Pehnt et al. 2011):

- *Referenzszenario* – orientiert an dem Energiekonzept der Bundesregierung
- *Effizienz ambitioniert* – schnelleres Umsetzen durch optimale politische Rahmenbedingungen über das Referenzszenario hinaus bei ökonomisch rationalem Handeln und unter Berücksichtigung von direkten sowie indirekten Effekten
- *Frozen Efficiency* – keine Effizienzentwicklung ab 2007/2008

Die Abb. 4.1 stellt die monetären Einsparpotenziale durch die Investitionen aus dem Szenario *Effizienz ambitioniert* gegenüber dem *Referenzszenario* dar. Um der spezifischen Amortisationszeit und Lebensdauer einzelner Maßnahmen Rechnung zu tragen, werden die monetären Einsparungen sowohl bis 2020 als auch bis 2030 dargestellt. Bei Mehrinvestitionen von 300 Mrd. wird die kumulierte Kosteneinsparung bis 2030 auf 270 Mrd. beziffert. Die Ausgaben übersteigen demnach die Einnahmen für Maßnahmen zur Verbesserung der Energieeffizienz.

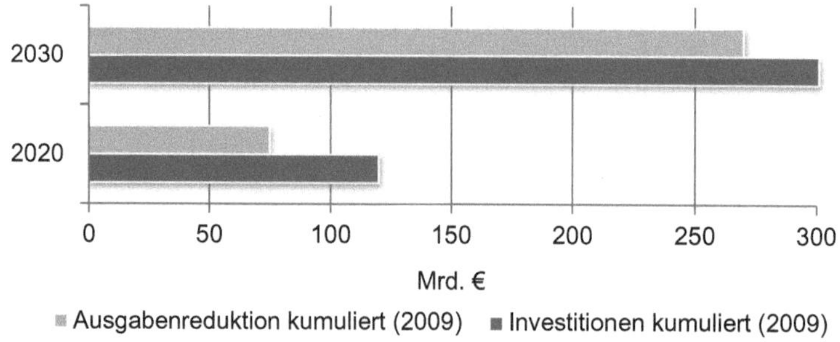

Abb. 4.1 Wirtschaftliches Potenzial für alle Maßnahmenpakete in den Jahren 2020 und 2030 (Pehnt et al. 2011)

Für den Sektor **Industrie** scheint eine deutlich andere Ausgangssituation vorzuliegen, als für die anderen Sektoren der Bundesrepublik. Betrachtet man den in Abb. 4.2 dargestellten Vergleich von Investitionen und kumulierten Einsparungen ist festzustellen, dass sowohl bis 2020 als auch bis 2030 die Mehrinvestitionen für die Realisierung von Einsparpotenzialen deutlich kleiner sind, als die kumulierten Einsparungen. Demnach ließen sich durch die Hebung des Effizienzpotenzials bis 2020 knapp 20 Mrd. Euro einsparen, welchen Investitionen von ungefähr 5 Mrd. Euro gegenüberstehen. Bis 2030 würden die Investitionen auf 8 Mrd. Euro knapp verdoppelt und mit über 65 Mrd. Euro eine noch deutlich höhere Energiekosteneinsparung erzielt. Demnach würde, bezogen auf das Jahr 2030, jeder investierte Euro in die Steigerung der Energieeffizienz durchschnittlich das Siebenfache an Kosteneinsparung generieren. Die Darstellung umfasst dabei sowohl die branchenspezifischen Einsparoptionen als auch die durch Querschnittsanwendungen realisierbaren Einsparpotenziale.

Es lassen sich zwei Erkenntnisse festhalten:

- Pro investiertem Euro sind die Einsparungen in der Industrie relativ hoch.
- Der Anteil an Einsparungen bzw. Ausgabenreduktionen bezogen auf 2030 ist im Industriesektor mit knapp 25 % des Gesamtbetrags aller Sektoren relativ gering.

Pehnt et al. nennen folgende drei Gründe für diese Situation:

- Die geforderte mittlere Amortisationszeit der Industrie ist deutlich kürzer (höhere Anforderungen).
- Energieintensive Industrieunternehmen zahlen deutlich niedrigere Energiepreise.
- Noch nicht alle attraktiven Maßnahmen sind im Referenzszenario berücksichtigt.

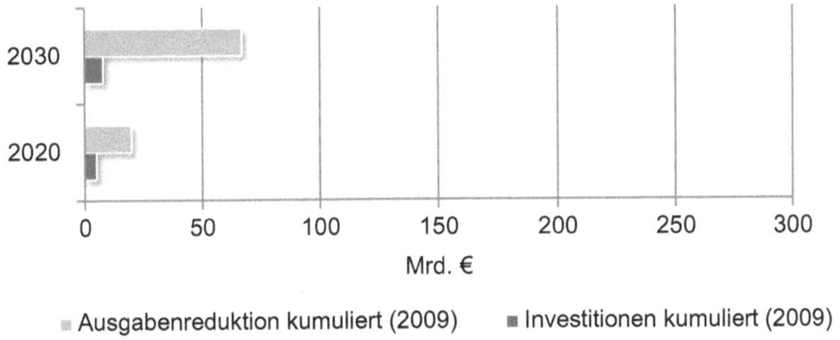

Abb. 4.2 Wirtschaftliches Potenzial in der Industrie in den Jahren 2020 und 2030 (Pehnt et al. 2011)

Im **Verkehrssektor** wird ein Maßnahmenbündel bestehend aus effizienten Fahrzeugen und Spritsparmaßnahmen von Pehnt et al. untersucht.[1] Die Elektromobilität wurde nur teilweise mit der Einführung von Hybridfahrzeugen einbezogen. Die für dieses

[1] Einführung effizienter Pkw, Einführung Hybrid-Linienbusse, Einführung Hybrid-Leichte-Nutzfahrzeuge, Leichtlaufreifen Pkw, Leichtlaufreifen Lkw, Leichtlauföle Pkw, Energieeffizientes Fahren (Pkw), Fahrschulung Lkw, Verlagerung innerörtlicher Pkw-Verkehr auf ÖPNV und Fahrrad, Verlagerung Güterverkehr.

Maßnahmenbündel erforderlichen Investitionen können gemäß den Ergebnissen des ökonomischen Modells nicht vollständig über die Einsparungen refinanziert werden (s. Abb. 4.3). Diese Wirtschaftlichkeitsbetrachtung basiert auf der Annahme einer moderaten Preissteigerung für Erdöl im Untersuchungszeitraum. Die dem Modell zugrunde liegende Verkehrsprognose wird in der Studie nicht benannt.

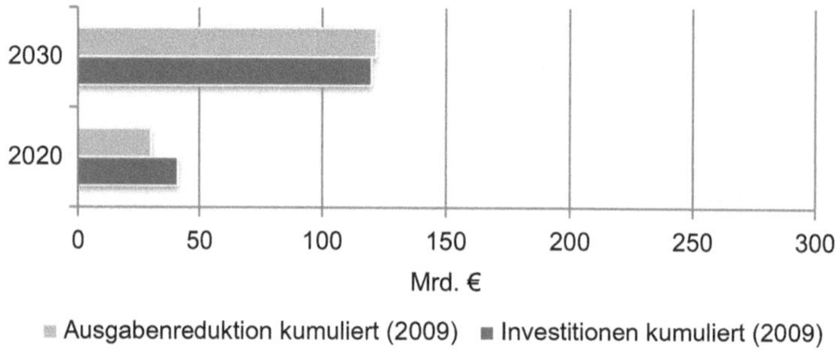

Abb. 4.3 Wirtschaftliches Potenzial im Verkehr in den Jahren 2020 und 2030 (Pehnt et al. 2011)

Aufgrund der teilweise erheblichen Aufwendungen für Energieeffizienzmaßnahmen an **Gebäuden** und der vergleichsweise geringen spezifischen Kosteneinsparungen sind die Amortisationszeiten in diesem Bereich teilweise sehr lang. Pehnt et al. gehen beispielsweise von durchschnittlichen Amortisationszeiten in Höhe von rund 40 Jahren für die Dämmung (Außenwände, Dach und Keller), 30 Jahren bei Fenstererneuerungen und 20–25 Jahre für die Erneuerung eines Heizungssystems aus (Pehnt et al. 2011). An anderer Stelle wird im selben Zusammenhang von Amortisationszeiten für verschiedene Effizienzmaßnahmen von 8 bis 41 Jahren ausgegangen (Henger und Voigtländer 2012) (s. Abb. 4.4).

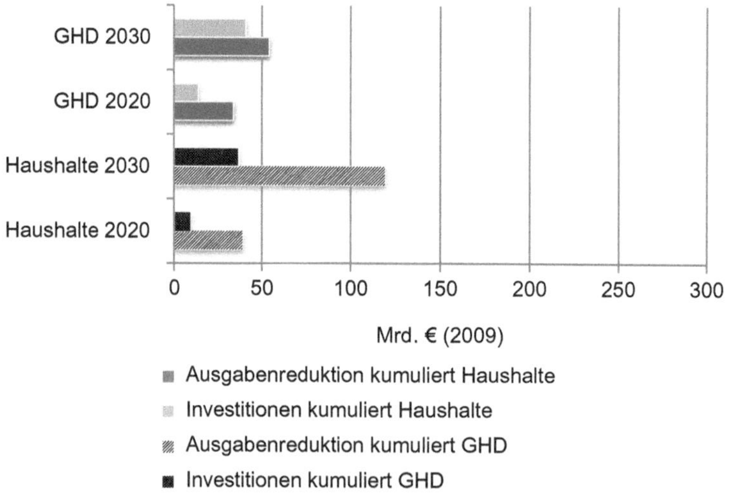

Abb. 4.4 Gegenüberstellung von Investitionen und Einsparungen für Haushalte und GHD für die Jahre 2020 und 2030 in Mrd. Euro 2009 (Pehnt et al. 2011)

Die langen Amortisationszeiten im Gebäudesektor werden häufig als stärkstes Hemmnis in diesem Bereich identifiziert. Abb. 4.4 vergleicht für die Sektoren Haushalte und GHD die kumulierten, branchenweiten Investitionen für ein definiertes Maßnahmenpaket zur Verbesserung der Energieeffizienz mit der Reduktion der Ausgaben bis zum Jahr 2020 bzw. 2030. Deutlich wird dabei die vergleichsweise geringe Reduktion der Ausgaben im Verhältnis zu den notwendigen Investitionen im Sektor Haushalte. Abb. 4.4 zeigt ebenso für den Bereich Haushalt und GHD die kumulierten Investitionen für die Jahre 2020 bzw. 2030 an und die kumulierte Verminderung der Ausgaben für Energie bis zum jeweiligen Jahr. Wegen der langen Lebensdauer von Gebäuden tritt bei einem so untypisch kurzen Zeithorizont bis 2020 oder 2030 eine Verzerrung der Energieeinsparung auf. Sanierte Gebäude werden typischerweise über die Gebäudelebensdauer betrachtet. Erst dann kommt die Wirtschaftlichkeit der Sanierungsmaßnahme voll zu tragen. Es wird vermutet, dass die sehr lange Amortisationszeit ein Hemmnis für die Entscheidung einer Sanierung ist. Eine Potenzialermittlung hat für folgende Gebäudeteile die Lebensdauer, bzw. Amortisationszeit nachfolgend identifiziert: Dämmung (Außenwände, Dach und Keller) 40 Jahre, Fenstererneuerung 30 Jahre, Erneuerung der Heizungsanlage 20–25 Jahre. (Pehnt et al. 2011)

Agricola et al. 2012 In der Studie der Dena wird zwischen folgenden beiden Szenarien unterschieden:

- Business-as-usual-Szenario (*BAU-Szenario*), das sich an dem *Referenzszenario* orientiert und somit die bis dato gegebenen politischen Rahmenbedingungen und die wirtschaftliche Entwicklung fortschreibt.
- Energieeffizienzszenario (*Effizienzszenario*), das sich an dem *Szenario Effizienz ambitioniert* orientiert und von schnellerer Umsetzung von Maßnahmen sowie Marktdurchdringung von Technologien ausgeht.

Die wirtschaftliche Entwicklung sowie die ökonomischen Rahmenbedingungen sind bis auf die Energiepreisentwicklungen für beide Szenarien identisch (jährlich 3 % Erhöhung der Energiepreise im Effizienzszenario; jährlich 0,6 % für das BAU-Szenario). Für das Effizienzszenario werden Endenergieeinsparpotenziale von ca. 1.400 PJ identifiziert und damit ca. 720 PJ mehr als im BAU-Szenario. Auf Basis der Energiepreise von 2012 abzüglich Umlagen ergeben sich von 2009 bis 2020 ca. 128 Mrd. Euro Energiekosteneinsparungen, denen ca. 101 Mrd. Euro Investitionen über alle Sektoren gegenüberstehen (s. Abb. 4.5). Zur Identifikation der relevanten Investitionen wird in der Studie folgendes ausgeführt: „Die notwendigen Investitionskosten zur Hebung der wirtschaftlichen Energieeinsparpotenziale je Sektor werden basierend auf der Annahme abgeschätzt, dass sich die Maßnahmen innerhalb der für den jeweiligen Sektor angenommenen, mittleren Amortisationszeit unter Berücksichtigung der Mehrkosten für die Effizienzsteigerung rechnen müssen." (Agricola et al. 2012)

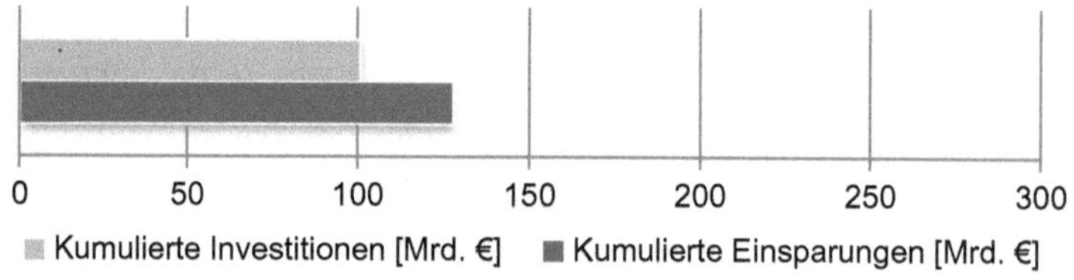

Abb. 4.5 Kumulierte zusätzliche Investitionen und Einsparungen im Effizienzszenario gegenüber dem BAU-Szenario, Betrachtungszeitraum 2009 bis 2020 (Agricola et al. 2012)

Schlesinger et al. 2014 Schlesinger et al. beginnen mit einer Referenzprognose (2011–2030), welche die wahrscheinliche Entwicklung der Energiemärkte unter angenommener Verstärkung energie- und klimaschutzpolitischer Anstrengungen gegenüber dem Veröffentlichungszeitpunkt, also dem Jahr 2014, darstellt, wenngleich nicht davon ausgegangen wird, dass ein internationales Klimaschutzabkommen abgeschlossen wird. Daran schließt sich ein Trendszenario (2030–2050) an, bei dem die bis 2030 sichtbaren Entwicklungen im Bereich Politik, Technologie und Marktdurchdringung bis 2050 fortgeschrieben werden. Dem wird ein Zielszenario (2011–2050) gegenüber gestellt, dem weiterführende Maßnahmen mit deutliche veränderten Rahmenbedingungen unterstellt werden, so dass die Ziele des Energiekonzepts der Bundesregierung gemäß den Autoren erreicht werden. (Schlesinger et al. 2014)

Zur Prüfung der Robustheit der Ergebnisse sind Sensitivitätsrechnungen durchgeführt worden, die wiederum aus fünf Szenarien mit einzelnen geänderten Modellannahmen bestehen (s. Abb. 4.6):

- internationale Energiepreise werden angehoben (1) bzw. abgesenkt (2) (s. Abschn. 4.3)
- 20 % höhere (3) bzw. niedrigere (4) Investitionen für erneuerbare Energietechnologien;
- 20 % höhere CO_2-Zertifikatspreise (5) als in Referenzprognose/Trendszenario in Europa.

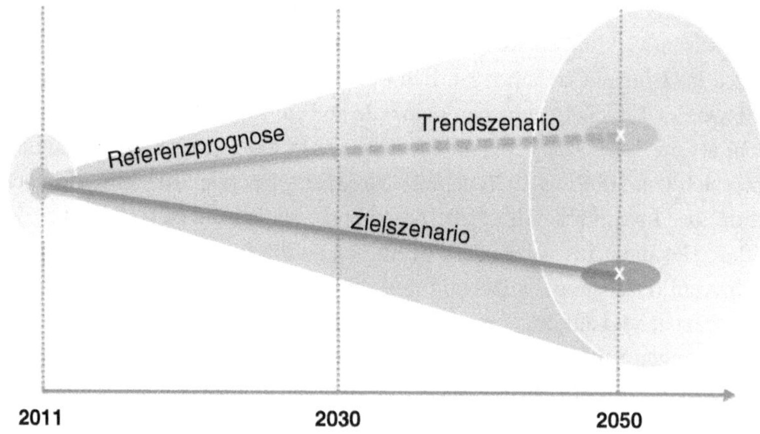

Abb. 4.6 Schematische Darstellung des Charakters von Referenzprognose und Trendszenario sowie Zielszenario im Szenarioraum von 2011–2050 (Schlesinger et al. 2014)

4.1.2 Sektorspezifische Studien

Roland Berger Strategy Consultants 2011 Für die **stromintensiven Industrien** geht Roland Berger ebenfalls davon aus, dass Investitionen in Energieeffizienzmaßnahmen langfristig erhebliche monetäre Vorteile mit sich bringen. Nicht zuletzt ist dies auf die postulierten Strompreissteigerungen zurückzuführen. In dem nachfolgenden Modell der Roland Berger Strategy Consultants GmbH wird dabei von einer Steigerung des Strompreises[2] für energieintensive Unternehmen von 2010 bis 2030 um über 50 % ausgegangen. Demnach können durch Investitionen in Stromeffizienzmaßnahmen in Höhe von ca. 23 Mrd. Euro alleine innerhalb der energieintensiven Chemie-, Papier- und Metallindustrie sowie der Verarbeitung von Erden und Steinen bis 2050 Einspareffekte von über 100 Mrd. Euro generiert werden. Die dafür zu Grunde liegenden Effizienzsteigerungspotenziale sind Expertenpanelwissen. Die Berechnung erfolgt auf Grundlage von Marktgrößen für Effizienzmaßnahmen und Amortisationszeiten von zehn Jahren. Somit lassen sich für jeden investierten Euro in Energieeffizienz vier Euro Kosten sparen (s. Abb. 4.7). (Roland Berger 2011)

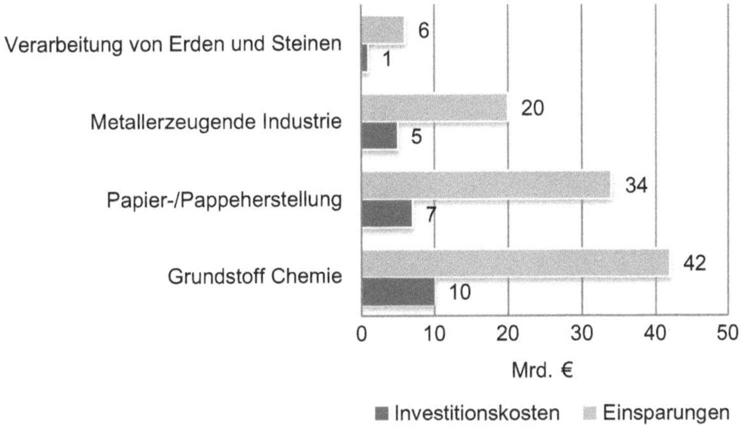

Abb. 4.7 Wirtschaftliches Stromsparpotenzial im Jahr 2050 (Roland Berger 2011)

[2] auf Basis des „Muddling through"-Szenarios von vbw Roland Berger 2011.

Meyer 2013 In der Studie von Meyer wird bei einer Investitionshöhe von 93 Mrd. in der deutschen Industrie eine Energieeinsparung p.a. in Höhe von 199 TWh identifiziert (s. Abb. 4.8). Davon sind 79 TWh mit 13 Mrd. Euro realisierbar. Das Energiekostensenkungspotenzial wird auf Basis des jährlichen Energieeinsparpotenzials, bewertet zum mittleren Preis für Strom bzw. Wärme, ermittelt. Meyer definiert Investitionen als wirtschaftlich, die einen internen Zinsfuß von größer als 8 % über die Nutzungsdauer einer Energieeffizienz-Technologie und eine Amortisationsdauer von bis zu drei Jahren erreichen (Meyer 2013).

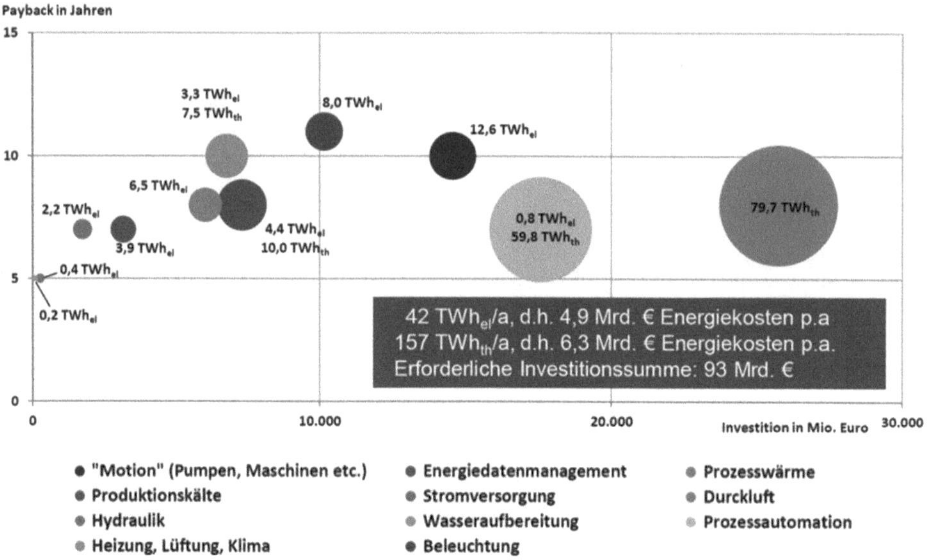

Abb. 4.8 Wirtschaftliche Potenziale (Meyer 2013)

Vbw 2012 Fünf **ausgewählte Branchen** betrachtet die Studie aus Bayern, darunter die Metallerzeugung als energieintensive Grundstoffindustrie und vier weitere für Bayern wichtige Branchen: Metallbearbeitung, Elektro, Maschinenbau und Kraftfahrzeugbau. Zur Ermittlung von Referenzwerten für das praktische Potenzial (wirtschaftlich umsetzbare Potenziale) sind 4.604 Energieeffizienzprojekte ausgewertet worden. Die aus praktischer Sicht ermittelten Potenziale sind grundsätzlich wirtschaftlich, weshalb die identifizierten Einsparpotenziale für Primärenergie zu über 80 % als sehr wirtschaftlich eingestuft worden sind (Amortisationszeit (AZ) von unter 3 Jahren, s. Abb. 4.9).

Außerdem wird in der Studie ein wissenschaftliches Potenzial (Diffusion neuer Technologien) im Rahmen von Reinvestitionszyklen betrachtet. Dabei wird zwischen einem business-as-usual-Szenario (*Referenzfall*) und einem ambitionierten Szenario mit optimalen Voraussetzungen differenziert. Als Referenz wird das Fortschreiben der Politik und Handlungsweisen beschrieben, während die *optimalen Bedingungen* davon ausgehen, dass sich die Industrie gegenüber der Energieeffizienz optimal verhält ohne dabei wirtschaftlich irrationale Entscheidungen zu treffen.

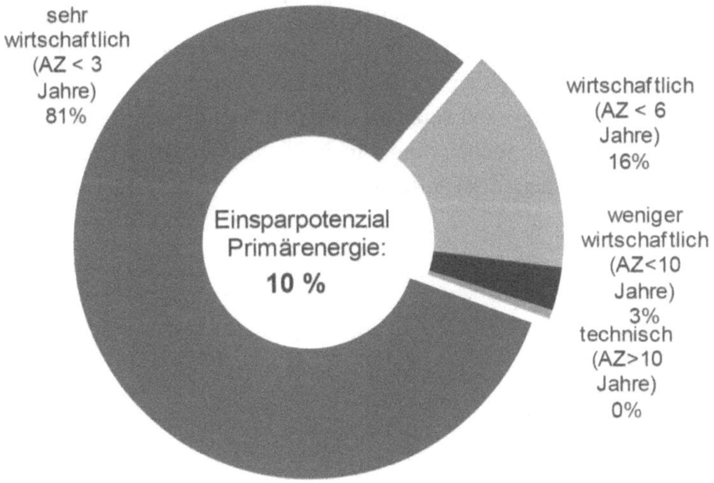

Abb. 4.9 Effizienzpotenziale der betrachteten Wirtschaftszweige nach Wirtschaftlichkeit (vbw 2012)

Fleiter et al. 2013 Fleiter et al. betrachten vier Szenarien für die **Industrie**, wobei das Frozen-Efficiency-Szenario Referenz (Baseline) für die drei Potenziale ist (Fleiter et al. 2013):

- Im *Frozen-Efficiency-Szenario* wird davon ausgegangen, dass die Energieeffizienz auf dem Niveau des Jahres 2007 stagniert und keine weiteren Investitionen in Einsparungen erfolgen.
- Im *Marktdiffusion-Szenario* wird hingegen von einem „business as usual" ausgegangen, also einer Fortführung der aktuellen Entwicklung und Diffusionsrate von Einsparoptionen, wobei auch Hemmnisse weiter bestehen und damit nur ein Teil der wirtschaftlichen Einsparoptionen realisiert wird. Das Marktpotenzial entspricht der Differenz aus dem Frozen Efficiency und dem Marktdiffusion-Szenario.
- Im Szenario *Wirtschaftliche Diffusion* werden alle wirtschaftlichen Einsparoptionen durchgeführt, wobei Differenzkosten zu Grunde gelegt werden. Das wirtschaftliche Potenzial ist die Differenz dieses und des Frozen-Efficiency-Szenarios.
- Im Gegensatz dazu sind im Szenario *Technische Diffusion* Wirtschaftlichkeitsüberlegungen irrelevant. Nutzungszyklen werden jedoch eingehalten. Entsprechend ist die Differenz zu Frozen Efficiency das technische Potenzial.

Interessant für die Politik ist das No-Regret-Potenzial, welches die Differenz zwischen wirtschaftlichem und Marktpotenzial darstellt. Dieses Potenzial stellt solche wirtschaftlichen Einsparungen dar, welche ohne Abbau von Hemmnissen nicht realisiert werden.

Die wirtschaftlichen Einsparungen hängen vor allem vom Hemmnis Preis ab. Wie stark die Wirtschaftlichkeit mit den Preisen schwankt, zeigt die Abb. 4.10 auf. Der für 2007 hinterlegte Preis ermöglicht nur 38 Energieeffizienz-Maßnahmen (Einsparoption) eine Durchführung mit einer Amortisationszeit von max. zwei Jahren. Die wahrscheinlich gestiegenen Preise in 2020 und 2035 ermöglichen immer mehr Maßnahmen eine Durchführung: 117 in 2035. Eine nähere Betrachtung des Einflusses des Preises auf die Amortisationszeit erfolgt in Abschn. 4.3.

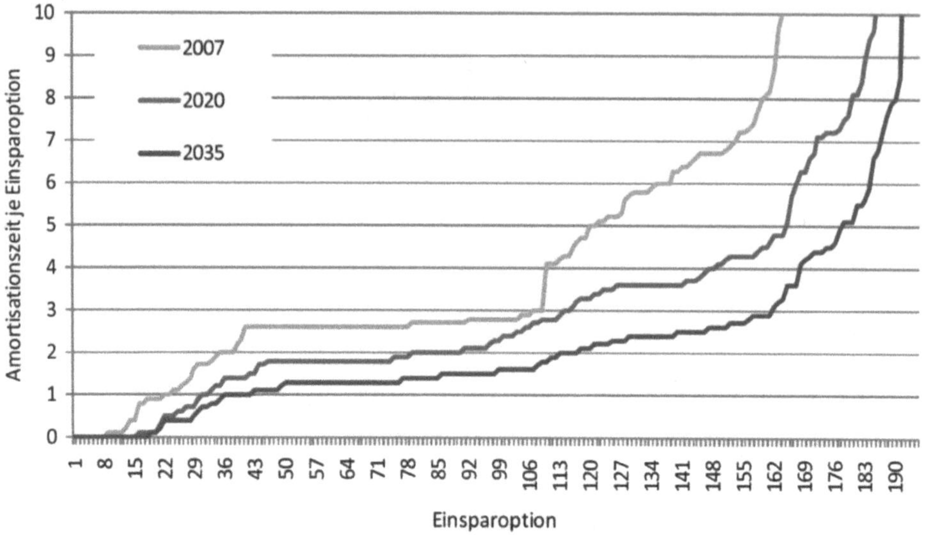

Abb. 4.10 Verteilung der Amortisationszeit (in Jahren) je Einsparoption (Fleiter et al. 2013)

Bürger 2009 Die von Bürger identifizierten statischen Einsparpotenziale beim Stromverbrauch **privater Haushalte** werden in zwei Gruppen klassifiziert:

- Technisches Einsparpotenzial durch investives Verhalten
  Maßnahmen ohne Änderung von Nutzungsroutinen können eine theoretisch maximal erzielbare Stromeinsparmenge erreichen, indem z. B. ein Gerät durch ein effizienteres Gerät ersetzt wird. Ohne Berücksichtigung weiterer ökonomischer Randbedingungen wird die theoretisch maximal erzielbare Stromeinsparmenge ausgewiesen. Die Wirtschaftlichkeit wird in Form von Jahreskosten (Annuitätenrechnung mit einem konstanten Energiepreis, Investitions-, Betriebs- sowie Instandhaltungskosten unter Berücksichtigung der Nutzungsdauer) ermittelt. Die höchsten technischen Einsparpotenziale durch investives Verhalten werden durch einen Austausch von Stromheizung oder elektrischer Warmwasserbereitung in nicht strombasierte Systeme erreicht (s. Abb. 4.11).

- Einsparpotenzial durch Änderungen im Nutzungsverhalten
  Maßnahmen, die durch Änderung von Nutzungsroutinen eine Einsparung erzielen, sind z. B. schaltbare Steckdosen. Da kein monetärer Aufwand anfällt, sind solche stets wirtschaftlich.

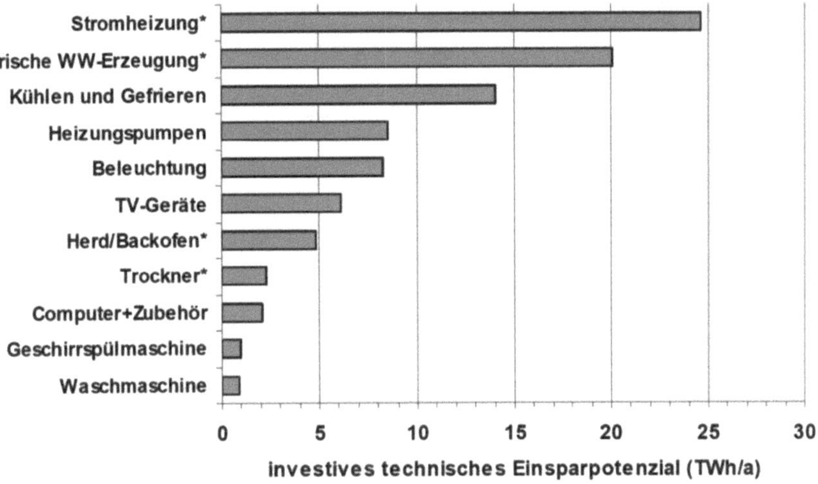

Abb. 4.11 Ranking der investiv adressierbaren theoretischen Stromsparpotenziale (Bürger 2009)[3]

Die ermittelten Einsparpotenziale einer Gerätegruppe können aufgrund einer möglichen Überlagerung von Effekten nicht einfach summiert werden.

Aufgrund der sehr heterogenen Rahmenbedingungen einzelner Technologien und Branchen, ist eine branchen- sowie technologiebezogene Betrachtung notwendig, um Aussagen über die Wirtschaftlichkeit abzuleiten. Wirtschaftliche Energieeinsparmaßnahmen haben laut Pehnt et al. auch ökonomische BIP-Effekte und Einflüsse auf die Beschäftigung (Pehnt et al. 2011). Dabei steigt beispielsweise die Beschäftigung nicht nur in der jeweiligen Branche, in der die Effizienzpotenziale umgesetzt werden, sondern auch in vielen anderen Bereichen. Dabei ist zu berücksichtigen, dass effizientere Geräte oftmals durch externe Dienstleister mitentwickelt werden und generell zusätzliche Industriearbeitsplätze (eine weit größere Zahl an Arbeitsplätzen in Handel und Dienstleistungen) schaffen (Pehnt et al. 2011). Gleichwohl existiert auch eine Vielzahl von überregionalen und internationalen monetären Effekten, welche durch den verstärkten Einsatz von effizienten Technologien induziert werden.

[3] Stromeinsparpotenzial jeweils verbunden mit Änderungen in der Primärenergieverteilung im jeweiligen Verbrauchssegment

4.2 Bewertungsarten und deren Einfluss auf die Umsetzung von Energieeffizienzmaßnahmen

Obwohl Energieeffizienzmaßnahmen teilweise erhebliche Kostensenkungsmöglichkeiten bieten, bleiben Effizienzpotenziale oftmals unerschlossen. Laut Schröter et al. sind Energieeffizienztechnologien vielfach teurer in der Anschaffung als Standardtechnologien und amortisieren sich meist erst durch geringere Energiekosten während der Nutzungsphase (Schröter et al. 2009). Entscheidend für die Investitionsentscheidung in spezifische Einsparoptionen ist daher die Auswahl der Bewertungskriterien.

In der Praxis wird in der Industrie überwiegend die Amortisationszeit als Bewertungsgrundlage für Einsparoptionen gewählt. Diese enthält jedoch nur eine Aussage darüber, wann das eingesetzte Kapital wieder zurückgeflossen ist. Angaben zur Rentabilität einer Einsparmaßnahme werden dabei nicht berücksichtigt (IHK Koblenz 2007). Es werden stellenweise aber auch andere Methoden zur Bewertung von Effizienzmaßnahmen eingesetzt. In der Abb. 4.12 werden die wesentlichen Bewertungsmethoden zur Beurteilung der Wirtschaftlichkeit in Abhängigkeit ihrer Anwendungshäufigkeit der verwendeten Methoden zur Berechnung der Wirtschaftlichkeit in Unternehmen dargestellt. Demnach legen nahezu zwei Drittel der befragten Unternehmen die Amortisationszeit als Bewertungsmaßstab zugrunde. Lediglich 30 % der befragten Unternehmen gaben an, eine rentabilitätsbasierte Bewertungsmethode, wie den Barwert oder die interne Verzinsung, zu verwenden.

Abb. 4.12 Verwendete Methode zur Berechnung der Wirtschaftlichkeit – Anteil der Unternehmen in % (IHK Koblenz 2007)

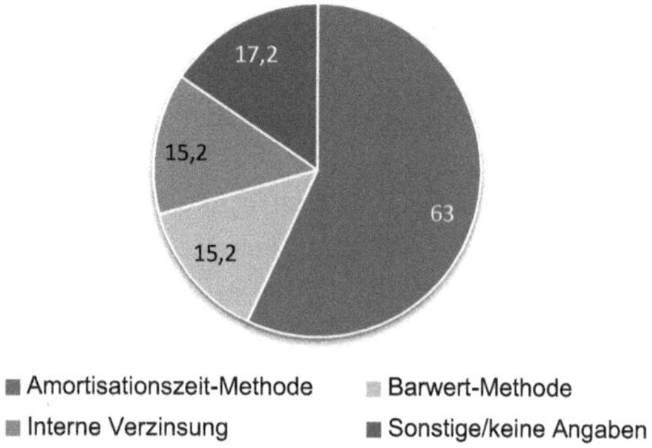

Pehnt et al. schätzen den Anteil der Unternehmen, welche sich für die Amortisationszeiten-Methode entscheiden sogar auf 80 % (Pehnt et al. 2011). Bezugnehmend auf Fleiter et al. wird von Erfordernissen an die Amortisationszeit von bis zu drei, jedoch maximal fünf Jahren ausgegangen (Fleiter et al. 2013). Bei einer Befragung von ausgewählten Industrieunternehmen konnte eine geforderte Amortisationszeit von 30 Monaten (s. Abb. 4.13) festgestellt werden (EEP 2013). Pehnt et al. gehen sogar davon aus, dass in der Industrie Maßnahmen mit mehr als zwei Jahren Amortisationsdauer nicht mehr durchgeführt werden (Pehnt et al. 2011). Dass die Amortisationsdauer ein wesentliches Hemmnis ist, bestätigt die Befragung der KfW: bis zu 60 % der Befragten antworteten, dass die lange Amortisationsdauer/Rentabilität ein Hemmnis sei (Zimmermann 2014).

Der Sektor Gebäude hat grundsätzlich eine höhere Amortisationsdauer, da auch die Nutzungsdauer um einiges länger ist als z. B. bei Anlagen. Die Verzerrung der Wirtschaftlichkeitsbetrachtung aufgrund der langen Amortisationszeiten im Gebäudebereich kann als einer der Gründe für den derzeit stockenden Fortschritt bei der Gebäudesanierung identifiziert werden. Perspektivisch bietet die Erhöhung des Anteils der energetischen Sanierung an der Sanierungsrate eine Möglichkeit die Amortisationszeiten zu verkürzen.

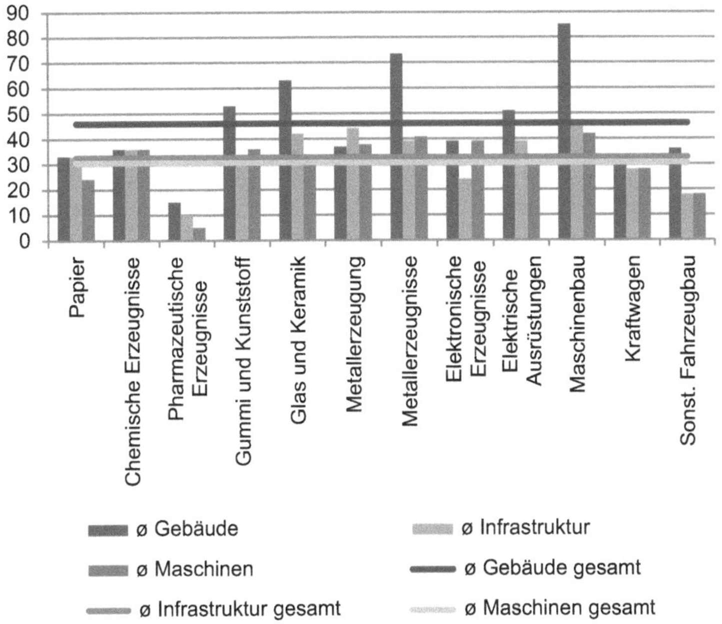

Abb. 4.13 Geforderte Amortisationszeiten, Umfrage Energieeffizienz-Index 2. Halbjahr 2013 (EEP 2013)

Die Abb. 4.14 stellt die nach Mahammadzadeh resultierende Verteilung des akzeptierten Zeitraums für die Amortisationszeiten zusammenfassend dar. Die Abbildung zeigt, dass Energieeffizienzmaßnahmen teilweise einen längeren Planungshorizont aufweisen und mit einer limitierten zeitlichen Akzeptanzgrenze einhergehen. Vielfach scheitern Investitionsvorhaben an den geforderten kurzen Amortisationszeiten, was zur Folge hat, dass Investitionen z. B. in Anlagen, die sich durch eine lange Nutzungsdauer auszeichnen, nicht erfolgen und diese Potenziale ungenutzt bleiben (IHK Koblenz 2007).

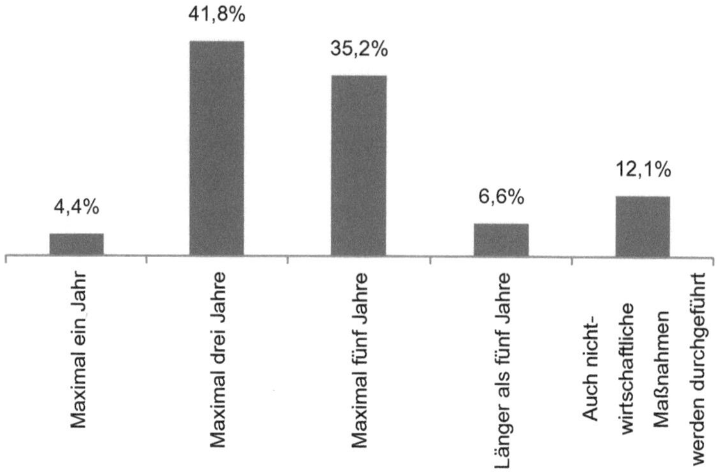

Abb. 4.14 Akzeptabler Amortisationszeitraum von Effizienzmaßnahmen (Mahammadzadeh 2013)

Darüber hinaus wurde auf Grundlage von zehnjähriger Erfahrung empirisch ermittelt, dass insbesondere Investitionen mit langen Amortisationszeiten höhere absolute Energieeinsparungen ermöglichen, als Investitionen mit kurzen Amortisationszeiten (Gronbaek 2012). Somit wiegt die Forderung nach kurzen Amortisationszeiten doppelt: zum einen werden für die Unternehmen rentable Projekte nicht durchgeführt, zum anderen besitzen diese Projekte einen besonders großen Anteil zur möglichen Verbrauchsreduzierung. Insbesondere Projekte mit einer Amortisationszeit von über drei Jahren zeichnen sich in der Untersuchung mit einem hohen Energieeinsparpotenzial aus, wohingegen Maßnahmen mit kurzem Amortisationszeitraum zwar hochrentabel sind (hohe Kapitalrendite), jedoch nur eine geringe Energieeinsparung im direkten Vergleich erreichen. Der empirische Zusammenhang zwischen Amortisationszeit, der erzielten Kapitalverzinsung und der Energieeinsparung wird durch den Kurvenverlauf in Abb. 4.15 dargestellt (Gronbaek 2012).

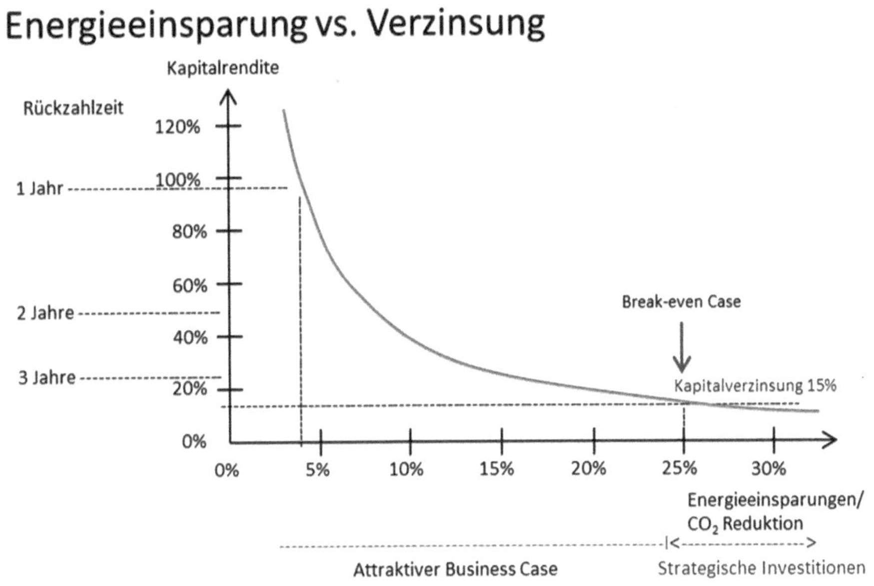

Abb. 4.15 Zusammenhang von Amortisationszeit und Energieeinsparungen (Gronbaek 2012)

Somit kann die Schlussfolgerung abgeleitet werden, dass insbesondere Investitionen mit hohem Energieeinsparpotenzial aufgrund geforderter Amortisationszeiten von maximal drei Jahren nicht vollständig erschlossen werden oder teilweise ungenutzt bleiben. Eine Studie des Fraunhofer ISI unterstützt diese These (s. Abb. 4.16). Dort zeigt sich, dass Betriebe, die die Lebenszyklusrechnung als Grundlage für Investitionsentscheidungen einsetzen, verstärkt Effizienztechnologien nutzen und eine höhere Diffusionsrate für Effizienztechnologien aufweisen als Unternehmen ohne entsprechenden Ansatz (Schröter et al. 2009).

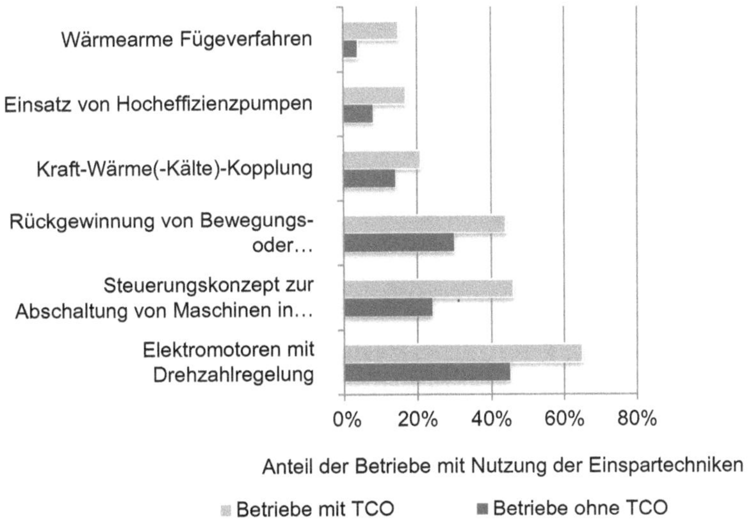

Abb. 4.16 Umsetzung von Energiesparmaßnahmen in Abhängigkeit des Einsatzes eines Umweltkennzahlensystems (Schröter et al. 2009)

Es darf daher nicht ausschließlich die kurzfristige Optimierung der ausgewählten Technologie als Entscheidungskriterium zur Investition im Vordergrund stehen, sondern vielmehr die Berücksichtigung der über den Lebenszyklus hinweg entstandenen Kosten und Einsparungen. Insgesamt stellt für die Ausschöpfung des Potenzials einiger Technologien die Wahl der Bewertungsmethode einen wichtigen Erfolgsfaktor dar.

Um den Anteil ungenutzter und gleichzeitig hochrentabler Effizienzoptionen zu minimieren, sollte nach Jochem & Bradke statt der Amortisationszeitmethode die interne Verzinsung als Bewertungsmaßstab verwendet werden, wodurch der Nutzungsdauer einzelner Investitionen Rechnung getragen werden kann (Jochem und Bradke 1996). Tab. 4.1 fasst exemplarisch die Diskrepanz zwischen den beiden Bewertungsmethoden zusammen. Dabei werden für Einsparmaßnahmen die durchschnittliche Amortisationszeit und die Rentabilität, dargestellt durch die interne Verzinsung in Abhängigkeit der Anlagennutzungsdauer, gegenübergestellt. Als rentabel wird dabei eine Verzinsung ab 9 % angesehen (Hochhuber et al. 2004).

Tab. 4.1 Interner Zinssatz und Amortisationszeit (Jochem und Bradke 1996)

	Interne Verzinsung in % pro Jahr[1)]							
Geforderte Amortisationszeit in Jahren	Anlagennutzungsdauer (Jahre)							
	3	4	5	6	7	10	12	15
2	24 %	35 %	41 %	45 %	47 %	49 %	49,5 %	50 %
3	0 %	13 %	20 %	25 %	27 %	31 %	32 %	33 %
4		0 %	8 %	13 %	17 %	22 %	23 %	24 %
5			0 %	6 %	10 %	16 %	17 %	18,5 %
6	unrentabel			0 %	4 %	10,5 %	12,5 %	14,5 %
8						4,5 %	7 %	9 %

1) Unterstellt wird eine kontinuierliche Energieeinsparung über die gesamte Anlagennutzungsdauer

Demnach würden bei einer geforderten Amortisationszeit von maximal drei Jahren Investitionen mit einer internen Verzinsung von bis zu 24 % ausgeschlossen werden. Je länger die Anlagennutzungsdauer ist, desto mehr manifestiert sich der entgangene Erlös bei einer Nichtinvestition. So können Investitionen mit einer Amortisationszeit von fünf Jahren eine interne Verzinsung bis über 18 % erreichen.

Eine positive interne Verzinsung ist zwar rentabel, kann aber nicht direkt mit dem Begriff *wirtschaftlich* in den unterschiedlichen Studien gleichgesetzt werden, da die Definition des Begriffs „Wirtschaftlichkeit" weder in allen Studien klar definiert noch einheitlich ist.

4.3 Prognosen für Energiepreisentwicklungen und ihre Auswirkungen auf die Amortisationszeit

Von besonderer Bedeutung für die monetäre Analyse von Effizienzmaßnahmen sind die unterstellten Preisentwicklungen (Pehnt et al. 2011). Aus Konsumentensicht ist die Wirtschaftlichkeit von Effizienzmaßnahmen von der Kostenentwicklung für die jeweiligen

Effizienztechnologien und der Energiepreisentwicklung abhängig. Verkehrsspezifisch existiert für strombasierte Mobilität noch ein weiterer Kostenfaktor aus Konsumentensicht: Die Entwicklung der CO_2-Preise im EU-Emissionshandel. Zusätzliche Kosten könnten durch eine mögliche Ausweitung des EU-Emissionshandels auf den gesamten Verkehrssektor entstehen (Nima Nader und Reichert 2015). Die Verkehrsinfrastruktur wird teilweise staatlich bereitgestellt. Dies verdeutlicht die volkswirtschaftliche Dimension von Wirtschaftlichkeitsbetrachtungen.

Pehnt et al. orientieren sich an den verschiedenen zum damaligen Zeitpunkt veröffentlichten Szenarien der IEA (Pehnt et al. 2011). Demnach orientieren sich die Energiepreise bis 2030 an dem determinierten Anstieg des Rohölpreises auf 110 Dollar pro Barrel. Die Annahme ist aus heutiger Sicht nicht ganz unrealistisch, wenn man sowohl die Vervierfachung des Rohölpreises zwischen 2002 und 2012 als auch die Halbierung in 2014 betrachtet. Insgesamt wird häufig weiterhin im langfristigen Trend mit einem weiteren Energiepreisanstieg gerechnet. Die bei Pehnt et al. dargestellten Einspareffekte basieren auf der Annahme, dass sich die Energiepreise entsprechend dem im Anhang 9.2 dargestellten zeitlichen Verlauf entwickeln. Der aktualisierte Verlauf des Ölpreises geht weiterhin von einer Preissteigerung aus (s. Abb. 4.17). Des Weiteren ist in der Abb. 4.17 die Prognose zu erkennen, dass die Preise für Gas und Kohle auch zukünftig dem Ölpreistrend folgen. Deshalb wird nachfolgend die Energiepreisentwicklung anhand des internationalen Ölpreises (real) repräsentiert.

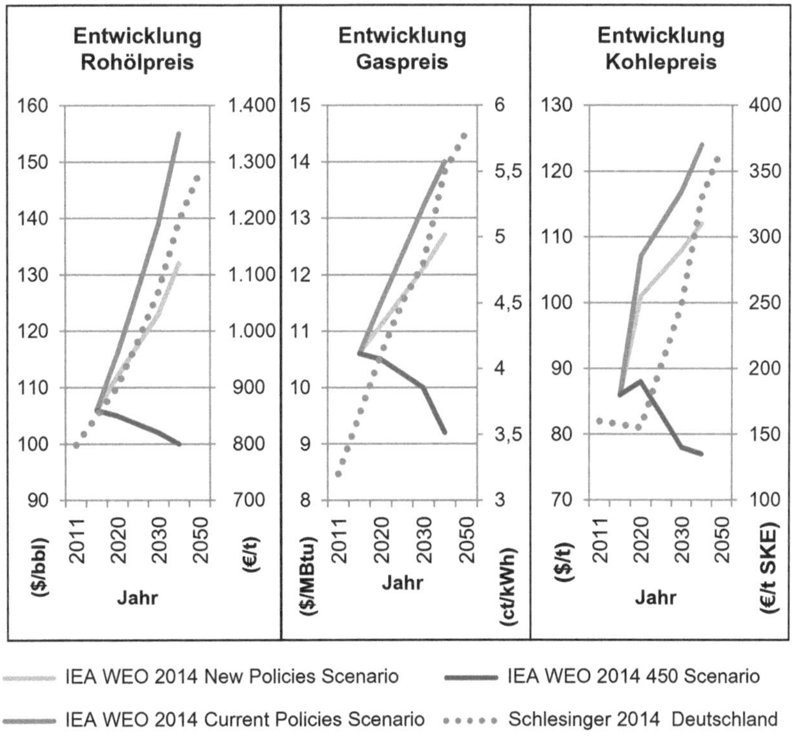

Abb. 4.17 Entwicklung Rohöl-/Gas-/Kohlepreis (IEA 2015; Schlesinger et al. 2014)

Wie bereits ausgeführt, ist die Preisentwicklung ein entscheidender Faktor für die Wirtschaftlichkeitsbetrachtung. Gleichzeitig wirkt sich der Preis auch direkt auf die oft genutzte Entscheidungsgröße der Amortisationszeit aus. Den in der vorliegenden Metastudie analysierten Studien liegen abweichende Annahmen zugrunde, weshalb ein direkter Vergleich der Wirtschaftlichkeitsdarstellungen nicht zielführend ist. Um dennoch die Auswirkungen von unterschiedlichen Energiepreisprognosen auf die Amortisationszeit zu betrachten, ist folgender Vergleich mithilfe des internen Zinses durchgeführt worden:

Eine Energieeffizienzmaßnahme wird durchgeführt und generiert Energieeinsparungen. Diese stellen negative Energiekosten bzw. einen positiven Cash Flow dar. Die eingesparten Energiekosten finanzieren die Investition, folglich entsprechen die Einsparungen den Rückzahlungen. Es wird eine Amortisationsdauer z. B. von exakt drei Jahren, keine Preisänderungen und keine Inflation angenommen. In diesem Beispiel ist es aufgrund der Energieeffizienz-Maßnahme möglich, genauso viel an Energiekosten einzusparen, dass die Rückzahlung jedes Jahr einem Drittel der Investitionssumme entspricht. Gibt es keine Preisänderungen (Basisszenario), so kann über die gesamte Anlagennutzungsdauer jährlich immer ein Drittel der Investitionssumme eingespart werden.

Im ersten Jahr 2016 ist die Rückzahlung bei allen Szenarien identisch und entspricht dem Basisszenario. In den Folgejahren ändern sich die Rückzahlungen in Abhängigkeit der Preisänderungen je nach Szenario. Da die Inflation nicht berücksichtigt wird, werden reale Ölpreise herangezogen. Für alle Szenarien wird ein Ölpreis von 97 USD/bbl in 2014 angenommen. Die Preise für 2020 und 2030 werden aus unterschiedlichen Szenarien übernommen und für die Jahresbetrachtungen linear interpoliert.

Es werden folgende Szenarien miteinander verglichen (Preisannahmen s. Anhang 9.2):

- Basisszenario ohne jegliche Preisveränderung
- IEA Szenarien aus dem WEO 2015 mit den Szenarien CPS, NPS, 450 ppm und LOPS (IEA crude oil imports, real Basis 2014)
- Referenzprognose und die ersten beiden Sensitivitätsszenarien (höheres und niedrigeres Niveau) aus Schlesinger 2014 (Rohölpreise nach IEA Importpreisdefinition, real, (Basis 2011))
- Referenzpreispfad und Hochpreispfad (+ ca. 50 % ggü. Referenzpfad) aus Energieszenarien 2010 in Pehnt et al. 2011 (Internationaler Ölpreis, Preisbasis 2008)

Grundsätzlich liegen verschiedene Annahmen bzgl. der Ölpreisentwicklung in den Szenarien vor: Während die IEA Szenarien von einem Abfall der Ölpreise in 2020 ausgehen und in 2030 sehr unterschiedlich ansteigen, gehen Schlesinger et al. ein Jahr vorher noch von einem relativ hohen Ölpreisanstieg bis 2020 und einer sehr moderaten Veränderung bis 2030 aus. Pehnt et al. (drei Jahre davor) nehmen für beide Jahre einen moderaten Anstieg der Ölpreise an.

Bei dem Beispiel einer angenommenen Amortisationszeit von drei Jahren sind ausgewählte Ergebnisse in Abb. 4.18 für die Anlagennutzungsdauer von drei, fünf und zehn Jahren dargestellt (ausführliche Ergebnisse s. Anhang 9.2). Das LOPS-Szenario der IEA geht von einem niedrigen Ölpreis aus. Somit werden aus der ursprünglichen Amortisationsdauer von genau drei Jahren im LOPS-Szenario 3,3 Jahre. Dagegen führen die Annahmen von Schlesinger mit einem steigenden Ölpreis zu einer Amortisationsdauer von unter drei Jahren. Der Unterschied im internen Zinsfuß zwischen diesen beiden extremeren Szenarien liegt bei knapp 4 %. Dieser Unterschied wird noch größer (ca. 5,5 % statt knapp 4 %), wenn es sich um eine Anlage mit einer Nutzungsdauer von fünf Jahren handelt. In diesem Fall halbiert sich der interne Zinsfuß nahezu: 12,2 % (Schlesinger) im Gegensatz zu 6,8 % (LOPS-Szenario der IEA). Beim Vergleich der internen Zinsfüße zwischen einer Nutzungsdauer von fünf und zehn Jahren fällt folgendes auf: Ein interner Zinsfuß von knapp 10 % kann bei einer Anlagennutzungsdauer von fünf Jahren erreicht werden, wenn das CPS-Szenario zu Grunde gelegt wird. Wird das LOPS-Szenario herangezogen, so bewirkt der niedrige Ölpreis, dass erst nach einer 10-jährigen Anlagennutzungsdauer ein ähnlicher interner Zinsfuß von knapp 10 % erreicht wird.

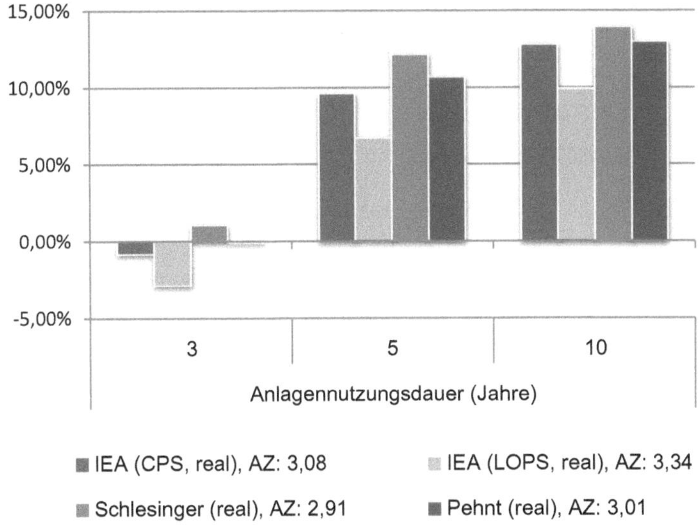

Abb. 4.18 Interne Verzinsung in % pro Jahr mit Amortisationszeit von drei Jahren (Basisszenario)

Bei einer angenommenen Amortisationszeit von zehn Jahren sind die Unterschiede in der Amortisationszeit um einiges größer (s. Abb. 4.19, ausführliche Ergebnisse s. Anhang 9.2). Während die Amortisationszeit beim LOPS-Szenario knapp 13 Jahre beträgt, sind es im CPS-Szenario zehn Jahre bzw. neun Jahre bei Schlesinger. Die Amortisationszeiten der extremeren Szenarien (Schlesinger-Szenario und LOPS-Szenario) liegen damit fast vier Jahre auseinander. Die Unterschiede beim internen Zinsfuß zwischen denselben beiden Szenarien sind dagegen absolut gesehen klein: bei einer Anlagennutzungsdauer von zehn Jahren 3,5 % und bei 15 Jahren 2,5 %. Relativ gesehen können sie bei 15 Jahre Anlagennutzungsdauer sogar mehr als das Dreifache betragen (1,1 % im LOPS-Szenario zu 3,59 % im Schlesinger-Szenario). Ähnlich wie bei der angenommenen Amortisationszeit von drei Jahren wird der interne Zinsfuß von über 1 % im LOPS-Szenario erst bei einer längeren Anlagennutzungsdauer (15 Jahre) erreicht als im Schlesinger-Szenario (10 Jahre). Grund ist vor allem der bis 2030 sehr niedrig angenommene Ölpreis im LOPS-Szenario. Alle anderen Szenarien gehen von einem deutlichen Anstieg der Ölpreise nach 2020 aus.

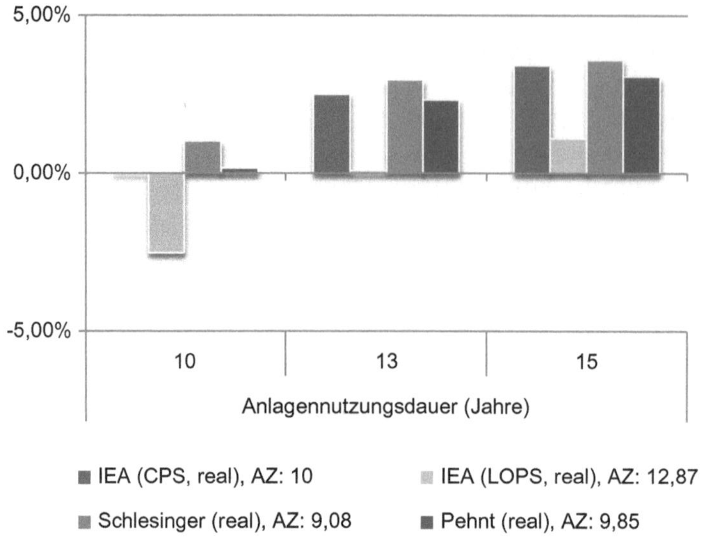

Abb. 4.19 Interne Verzinsung in % pro Jahr mit Amortisationszeit von zehn Jahren (Basisszenario)

Die hier betrachteten Auswirkungen von veränderten Preisentwicklungen auf die Amortisationsdauer zeigen, wie stark die Wirtschaftlichkeit, die meistens mit der Amortisationsdauer bewertetet wird, von den Preisentwicklungen abhängt. Im Umkehrschluss ist zu überlegen, wie viele der vorher genannten wirtschaftlichen Potenziale bei einem niedrig bleibenden Ölpreis überhaupt noch wirtschaftlich sind. Berücksichtigt man, welche kurzen Amortisationszeiten gefordert werden (in der Regel maximal drei Jahre), sind diese bei Preisschwankungen schnell überschritten.

4.4 Fazit

Zu Beginn des Kapitels sind die Annahmen und Szenarien sowie monetäre Aussagen zu Einsparpotenzialen verschiedener Studien vorgestellt worden. Neben den verschiedenen Annahmen und Zielsetzungen erschweren die unterschiedlichen Veröffentlichungszeitpunkte und Betrachtungszeiträume einen Vergleich. Betrachtet man jedoch die monetären Einsparungen und die Investitionen, ist erkennbar, dass neben der unterstellten Preisentwicklung auch der Betrachtungszeitraum eine Rolle spielt. Je länger dieser gewählt wird, desto stärker manifestieren sich die Einspareffekte von Effizienzmaßnahmen in den Energiekosten. Wie lange dieser Zeitraum idealerweise gewählt werden sollte, hängt von den individuellen Produktlebenszyklen ab.

Darüber hinaus lassen sich aufgrund der heterogenen Rahmenbedingungen die Inhalte nicht auf alle Sektoren und Industriezweige gleichermaßen übertragen. Branchenunterschiede erlauben nur bedingt pauschale Aussagen zu Einsparpotenzialen. Dies bestätigen die Analysen von Roland Berger. Für eine spezifische Quantifizierung sollte nach Branchen und nach Unternehmensgrößen auf dem Niveau von Produktgruppen differenziert werden (Jochem et al. 2011).

Einigkeit in den Studien herrscht darüber, dass grundsätzlich die Amortisationszeit als Bewertungsmethode bevorzugt genutzt wird. Somit ist die Amortisationszeit von Energieeffizienzmaßnahmen ein Schlüssel für deren Umsetzung. Diese wiederum wird stark von Preisentwicklungen beeinflusst. Auswirkungen der verschiedenen Ölpreisentwicklungen aus Studien auf die Veränderung von Amortisationszeit wurden im letzten Abschnitt dargestellt und sind teilweise nicht unerheblich. Folglich sind die zu Beginn genannten monetären Einsparpotenziale nicht durchweg realisierbar.

Literatur

Agricola et al. (2012) Agricola, A.; Joest, S.; Czernie, M. et al.: Steigerung der Energieeffizienz mit Hilfe von Energieeffizienz-Verpflichtungssystemen. Deutsche Energie-Agentur GmbH (Hg.). Berlin, 2012. Online verfügbar unter http://www.dena.de/fileadmin/user_upload/Presse/studien_umfragen/Energieeffizienz-Verpflichtungssysteme/Studie_Energieeffizienz-Verpflichtungssysteme_EnEffVSys.pdf, zuletzt geprüft am 12.04.2016.

Bürger (2009) Bürger, V.: Identifikation, Quantifizierung und Systematisierung technischer und verhaltensbedingter Stromeinsparpotenziale privater Haushalte. Öko Institut e.V. (Hg.). 2009. Online verfügbar unter http://www.uni-muenster.de/imperia/md/content/transpose/publikationen/buerger_working_paper_3.pdf, zuletzt geprüft am 21.04.2016.

EEP (2013) Institut für Energieeffizienz in der Produktion, Universität Stuttgart (Hg.): Der Energieeffizienz-Index der deutschen Industrie. Umfrageergebnisse 2. Halbjahr. 2013.

Fleiter et al. (2013) Fleiter, T.; Schlomann, B.; Eichhammer, W.: Energieverbrauch und CO2-Emissionen industrieller Prozesstechnologien - Einsparpotenziale, Hemmnisse und Instrumente. Fraunhofer-Institut für System- und Innovationsforschung ISI (Hg.). Karlsruhe, 2013. Online verfügbar unter http://www.isi.fraunhofer.de/isi-wAssets/docs/x/de/publikationen/Umweltforschungsplan_FKZ-370946130.pdf, zuletzt geprüft am 29.07.2015.

Gronbaek (2012) Gronbaek, L.: Der längere Weg führt zum besseren Betriebsergebnis. Energieeffizienz ist eine strategische Größe für Unternehmen. 2012. Online verfügbar unter http://www.prozesstechnik-online.de/widget/energie/-/article/31534493/35607233/Der-l%C3%A4ngere-Weg-f%C3%BChrt-zum-besseren-Betriebsergebnis/art_co_INSTANCE_0000/maximized/, zuletzt geprüft am 28.07.2015.

Henger und Voigtländer (2012) Henger, R.; Voigtländer, M.: Energetische Modernisierung des Gebäudebestandes: Herausforderungen für private Eigentümer. Institut der deutschen Wirtschaft Köln e.V. (Hg.). 2012. Online verfügbar unter http://www.gdi-daemmstoffe.de/tl_files/download_neu/Gutachten-Energetische_Modernisierung_Haus%20und%20Grund.pdf, zuletzt geprüft am 05.08.2015.

Hochhuber et al. (2004) Hochhuber, J.; Schöpe, B.; Ammann, N. et al.: Klima schützen – Kosten senken. Leitfaden für effiziente Energienutzung in Industrie und Gewerbe. Bayerisches Landesamt für Umweltschutz (Hg.). Augsburg, 2004. Online verfügbar unter https://www.energieverbraucher.de/files_db/dl_mg_1097257883.pdf, zuletzt geprüft am 28.07.2015.

IEA (2015) International Energy Agency (Hg.): World Energy Outlook 2015. Paris. ISBN: 9789264243651.

IHK Koblenz (2007) Industrie- und Handelskammer Koblenz (Hg.): Energieeffizienz in produzierenden Unternehmen. Koblenz, 2007. Online verfügbar unter http://www.pfalz.ihk24.de/linkableblob/luihk24/innovation_und_umwelt_und_energie/Energie/downloads/578038/.7./data/Umfrage_Energieeffizienz_Final-data.pdf, zuletzt geprüft am 29.07.2015.

Jochem et al. (2011) Jochem, E.; Herbst, A.; Mai, M. et al.: Untersuchung des Energieeinsparpotenzials für ein Nachfolge-Modell ab dem Jahr 2013ff zu Steuerbegünstigungen für Unternehmen des

Produzierenden Gewerbes sowie der Land- und Forstwirtschaft bei der Energie- und Stromsteuer. Institut für Ressourceneffizienz und Energiestrategien: IREES GmbH (Hg.). Karlsruhe, 2011. Online verfügbar unter http://www.irees.de/irees-wAssets/docs/publications/projektbericht-report/gutachten_energiesteuer_iress_de.pdf, zuletzt geprüft am 28.07.2015.

Jochem und Bradke (1996) Jochem, E.; Bradke, H.: Rationelle Energieanwendung in der deutschen Industrie: Erreichtes, bestehende Hemmnisse und Perspektiven. In: Energiewirtschaftliche Tagesfragen, Jahrgang 46, Nr. 8, S. 478–482.

Mahammadzadeh (2013) Mahammadzadeh, M.: IW-Umweltexpertenpanel 2012. Umwelt- und Energiepolitik im Meinungsbild der Wirtschaft. Institut der deutschen Wirtschaft Köln e.V. (Hg.). Köln, 2013. Online verfügbar unter http://www.iwkoeln.de/_storage/asset/105468/storage/master/file/2559651/download/IW-Umweltexpertenpanel%20Jahresver%C3%B6ffentlichung%20%202012.pdf, zuletzt geprüft am 29.07.2015.

Meyer (2013) Meyer, J.: Energieeffizienz-Potentiale und Umsetzungshemmnisse im Bereich Industrie. Dialogforum Energieeffizienz. Siemens. Bundesministerium für Wirtschaft und Technologie. Berlin, 07.06.2013. Online verfügbar unter http://www.bmwi.de/BMWi/Redaktion/PDF/P-R/praesentation-energieeffizienz-potentiale-und-umsetzungshemmnisse-im-bereich-industrie, zuletzt geprüft am 13.04.2016.

Nima Nader und Reichert (2015) Nima Nader; Reichert, G.: Erweitert den Emissionshandel! Effektive und effiziente Reduktion von Treibhausgasen im Straßenverkehr. Centrum für Europäische Politik: Freiburg, 2015. Online verfügbar unter http://www.cep.eu/Studien/cepInput_ETS-Erweiterung/cepInput_ETS-Erweiterung.pdf, zuletzt geprüft am 13.11.2015.

Pehnt et al. (2011) Pehnt, M.; Arens, M.; Duscha, M. et al.: Energieeffizienz – Potenziale, volkswirtschaftliche Effekte und innovative Handlungs- und Förderfelder für die Nationale Klimaschutzinitiative. Institut für Energie- und Umweltforschung Heidelberg: ifeu (Hg.). Heidelberg, Karlsruhe, Berlin, Osnabrück, Freiburg, 2011. Online verfügbar unter http://www.ifeu.de/energie/pdf/NKI_Endbericht_2011.pdf, zuletzt geprüft am 28.07.2015.

Roland Berger (2011) Roland Berger Strategy Consultants (Hg.): Effizienzsteigerung in stromintensiven Industrien. Ausblick und Handlungsstrategien bis 2050. München, 2011. Online verfügbar unter https://www.rolandberger.com/media/pdf/Roland_Berger_energieeffizienz_20110830.pdf, zuletzt geprüft am 28.07.2015.

Schlesinger et al. (2014) Schlesinger, M.; Hofer, P.; Kemmler, A. et al.: Entwicklung der Energiemärkte – Energiereferenzprognose. Prognos AG; Energiewirtschaftliches Institut an der Universität zu Köln; Gesellschaft für Wirtschaftliche Strukturforschung mbH (Hg.). Basel, Köln, Osnabrück, 2014. Online verfügbar unter http://www.bmwi.de/BMWi/Redaktion/PDF/Publikationen/entwicklung-der-energiemaerkte-energiereferenzprognose-endbericht,property=pdf,bereich=bmwi2012,sprache=de,rwb=true.pdf, zuletzt geprüft am 20.01.2016.

Schröter et al. (2009) Schröter, M.; Weißfloch, U.; Buschak, D.: Energieeffizienz in der Produktion - Wunsch oder Wirklichkeit? Fraunhofer-Institut für System- und Innovationsforschung ISI (Hg.). Karlsruhe, 2009. Online verfügbar unter http://publica.fraunhofer.de/starweb/servlet.starweb?path=urn.web&search=urn:nbn:de:0011-n-1180778, zuletzt geprüft am 28.07.2015.

vbw (2012) Vereinigung der Bayerischen Wirtschaft e.V. (Hg.): Energieeffizienz in der Industrie. München, 2012. Online verfügbar unter http://www.vbw-bayern.de/Redaktion-%28importiert-aus-CS%29/04_Downloads/Downloads_2012/03_Wirtschaftspolitik/3.5-Energie/Studie-Energieeffizienz-in-der-Industrie.pdf, zuletzt geprüft am 25.01.2016.

Zimmermann (2014) Zimmermann, V.: Unternehmensbefragung. KfW Bankengruppe (Hg.). Frankfurt, 2014. Online verfügbar unter https://www.kfw.de/PDF/Download-Center/Konzernthemen/Research/PDF-Dokumente-Unternehmensbefragung/Unternehmensbefragung-2014-LF.pdf, zuletzt geprüft am 26.01.2016.

5 Industrie

Fabian Zimmermann, Ekrem Köse, Markus Reichart, Sebastian Weckmann und Alexander Sauer

2014 ist die Industrie mit 22.400 Unternehmen und circa 5,3 Mio. Mitarbeitern (BMWi 2015d) ein bedeutender Kernbereich der deutschen Volks- und Exportwirtschaft und hat mit 31 % (22 % verarbeitendes Gewerbe, 4 % produzierendes Gewerbe, 5 % Baugewerbe) einen erheblichen Anteil an der Bruttowertschöpfung Deutschlands (BMWi 2014a). Die für die deutsche Industrie maßgebliche Kompetenz im Bereich hochwertiger Technologien, etwa im Fahrzeug- und Maschinenbau, in der chemischen Industrie oder der Elektrotechnik, ist dabei historisch gewachsen und gilt seit Dekaden als bedeutendes Differenzierungsmerkmal im internationalen Wettbewerb (BMWi 2010b). Damit die Attraktivität und Leistungsfähigkeit des Industriestandortes Deutschland langfristig gesichert und weiter verbessert werden kann, muss bestehenden und sich für die Zukunft abzeichnenden Schwächen aktiv begegnet werden (BMWi 2010b). Steigende Energie- und Rohstoffpreise haben in den vergangenen Jahren vor dem Hintergrund ständig wachsender Konkurrenz und sich verschärfender Marktbedingungen – besonders in der energieintensiven Industrie – einen sparsamen Umgang mit Energieträgern zu einem entscheidenden Wettbewerbs- und Wirtschaftlichkeitsfaktor wachsen lassen. In Zeiten rapide steigender Energie- und Rohstoffpreise ist es für Unternehmen mehr denn je von großer Bedeutung, kosten- und ressourceneffizient zu produzieren. So sind die Energiepreise von 2000 bis 2014 kontinuierlich gestiegen (s. Abb. 5.1). Der Strompreis bspw. hat sich seit 2000 bis zum Jahr 2015 um über 81 % erhöht.

F. Zimmermann (✉) • E. Köse • M. Reichart • S. Weckmann • A. Sauer
Universität Stuttgart, Institut für Energieeffizienz in der Produktion, Nobelstr. 12, 70569 Stuttgart, Deutschland
E-Mail: Fabian.zimmermann@eep.uni-stuttgart.de; Ekrem.koese@eep.uni-stuttgart.de; Markus.reichart@eep.uni-stuttgart.de; Sebastian.weckmann@eep.uni-stuttgart.de; Alexander.sauer@eep.uni-stuttgart.de

A. Sauer, T. Bauernhansl (Hrsg.), *Energieeffizienz in Deutschland – eine Metastudie*,
DOI 10.1007/978-3-662-48883-6_5

Als Folge wurde in der Vergangenheit insbesondere für die Industrie ein deutlicher Anstieg des Energiekostenanteils an den Gesamtkosten erwartet (IHK 2009), wenngleich die reinen Energiepreise ohne Umlagen und Abgaben von 2012 bis 2015 gesunken sind.

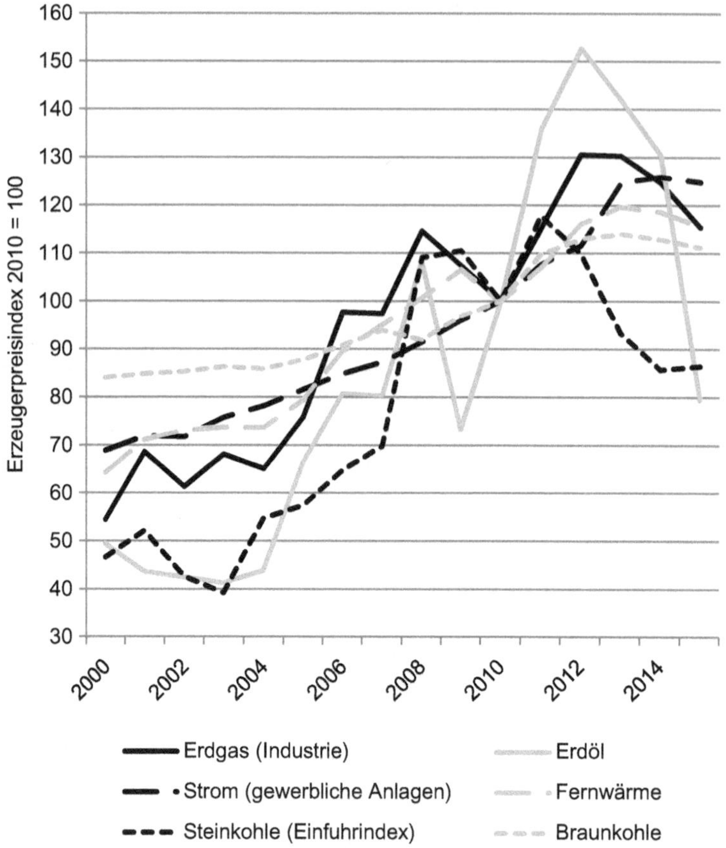

Abb. 5.1 Entwicklung des Erzeugerpreisindex von 2000 bis 2015 (StBA 2016b)

Dabei erscheint die aktuelle Situation in der deutschen Industrie paradox: als Marktführer auf dem Weltmarkt für Technologien der Umwelttechnik und Ressourceneffizienz hat Deutschland mit einem Anteil von 15 % eine absolute Vorreiterposition (UBA 2015). Dabei könnten Technologien für Umwelt- und Ressourcenschonung in Zukunft zum Exportschlager avancieren. Das Marktvolumen für Umwelttechnik betrug 2011 etwa 2.000 Mrd. Euro und soll bis 2025 auf über 4.400 Mrd. Euro anwachsen. Waren 2011 etwa 1,4 Mio. Beschäftigte im Bereich der Umwelttechnik tätig, sollen es bis 2025 etwa 2,4 Mio. sein (UBA 2015). Dabei kann die Industrie einen bedeutenden Beitrag zu einem effizienten Umgang mit Energieträgern leisten, denn sie verbrauchte im Jahr 2014 mit rund 47 % einen wesentlichen Teil des gesamten Stroms in Deutschland (UBA 2014), wie Abb. 5.2 zeigt. Für den Strommarkt ist der Industriesektor daher von großer Bedeutung.

Abb. 5.2 Stromverbrauch in Deutschland 2014 nach Verbrauchergruppen (BDEW 2015)

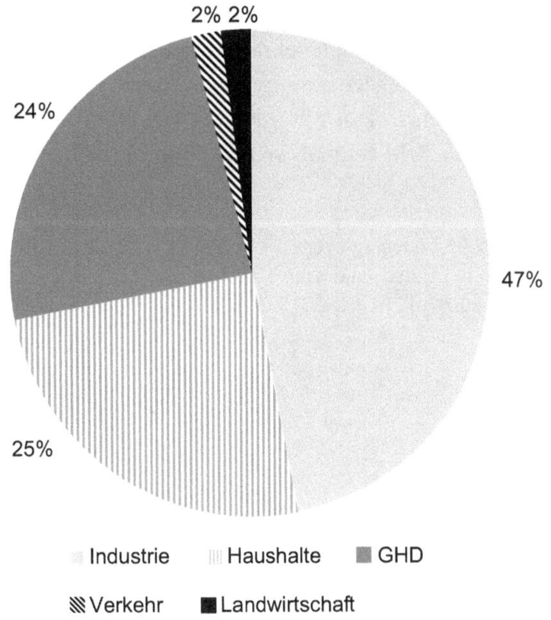

Abb. 5.3 zeigt allerdings, dass aus Sicht der deutschen Industrie nicht nur der Energieträger Strom (32,2 %) ein wichtiger Faktor ist. Mit 34,2 % besaß Gas 2014 sogar den größten Anteil am Endenergieverbrauch der Industrie in Deutschland. So decken Strom und Gas ca. zwei Drittel des Endenergieverbrauchs der Industrie in Deutschland ab. An dritter Stelle mit abnehmender Tendenz folgt Steinkohle mit 13,5 %.

Abb. 5.3 Anteil der Energieträger am Endenergieverbrauch in der Industrie in Deutschland 2014 (AGEB 2015a)

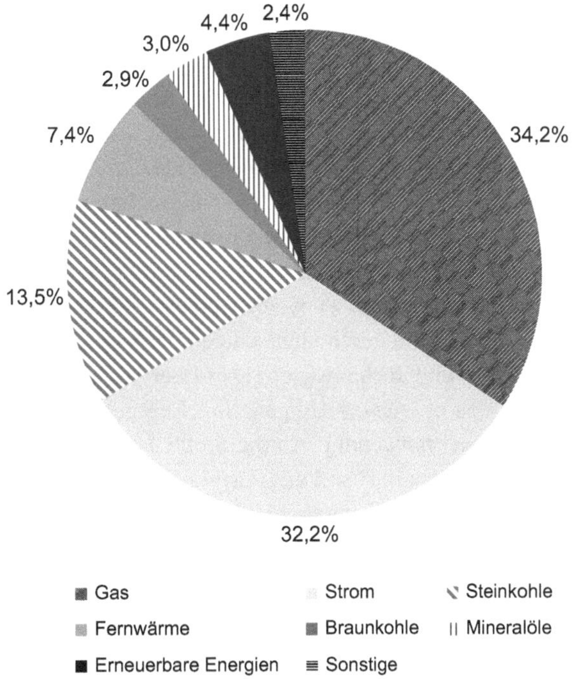

Insgesamt gesehen hat die Industrie deutschlandweit mit 696,67 TWh 2014 einen Anteil von ca. 29 % des Endenergieverbrauchs (AGEB 2015a), wie Abb. 5.4 zeigt. Damit hat der Industriesektor den zweitgrößten Anteil am Endenergieverbrauch in Deutschland nach dem Verkehrssektor mit 730,28 TWh. Somit ist der Endenergieverbrauch des Verkehrssektors in 2014 erstmals seit 2009 wieder höher als der des Industriesektors.

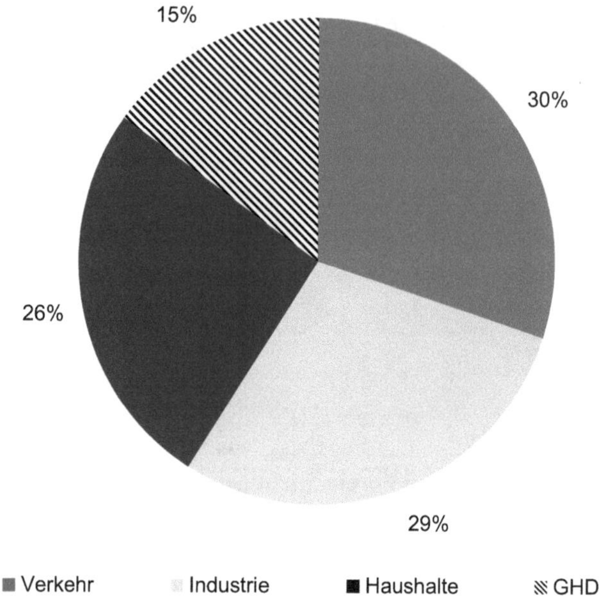

Abb. 5.4 Endenergieverbrauch in Deutschland nach Sektoren 2014 (AGEB 2015a)

Insgesamt beliefen sich die Energiekosten der Industrie für das Jahr 2014 auf knapp 37,88 Mrd. Euro (BMWi 2015f). Der bewusste und effiziente Umgang mit Strom, Erdgas oder Wärme ist, neben der ökologischen Motivation des nachhaltigen Klimaschutzes, somit für Unternehmen primär kosteninduziert. Durch den Ausbau von regenerativen Energien wird die Energiebereitstellung zunehmend volatiler. Um als Unternehmen auf die Schwankungen der Erzeugung reagieren zu können, muss die Energieflexibilität erhöht werden. Abhängig von der jeweiligen Situation muss dabei entweder die Last an die Energieerzeugung angepasst werden oder die Energieerzeugung an die Last (Elsner et al. 2015). Dies kann durch unterschiedliche Methoden (Lastmanagement, Demand Side Management) und Technologien (über Energiespeicher, KWK) erreicht werden.

Um den effizienten Umgang mit Energieträgern zu erreichen, ist jedoch ein Paradigmenwechsel notwendig: An die Stelle der bisherigen Prämisse „maximaler Gewinn aus minimalem Kapital" soll das Postulat der maximalen Wertschöpfung aus minimalen Ressourcen treten (Niesing 2012). Der Unterschied besteht darin, den Ressourcenverbrauch vom Wirtschaftswachstum zu entkoppeln. Dies kann beispielsweise durch Nutzung von

Abfall oder Abwärme eines Prozesses in einem anderen Herstellungsprozess realisiert werden (Neugebauer et al. 2008). Nach einer Studie der Siemens AG können in der deutschen Industrie – auf das Jahr 2010 bezogen – wirtschaftliche Potenziale in Höhe von 11,2 Mrd. € bzw. 157 TWh_{th} und 42 TWh_{el} realisiert werden (s. Kap. 4.1.2); (Meyer 2013). Dabei liegt die Hypothese zugrunde, dass Effizienzmaßnahmen nicht nur direkte sondern vor allem indirekte volkswirtschaftliche Effekte induzieren (Pehnt et al. 2009). Neben der Förderung von erneuerbaren Energieträgern wird eine Strategie, die auf einen deutlich niedrigeren Energieverbrauch und die Steigerung der Energieeffizienz setzt, als der vielversprechendste Weg zur Reduzierung der Treibhausgasemissionen gesehen. Diese verbessert die Versorgungssicherheit durch die Verringerung des Energieverbrauchs sowie der Energieeinfuhren. Gleichwohl trägt Energieeffizienz dazu bei, Treibhausgasemissionen kostenwirksam zu senken und dadurch den Fortschritt des Klimawandels zu verlangsamen (EU Kommission 2015). Rund 70 Mio. t CO_2 können beispielsweise allein aus der Erschließung der wirtschaftlichen Stromsparpotenziale von ca. 110 TWh resultieren, was etwa 20 % der Stromproduktion von 2007 entspricht (BMUB 2008). Jedoch bleiben die Potenziale häufig von den Unternehmen ungenutzt oder werden nur zögerlich in der Praxis umgesetzt (Hirzel et al. 2011). Hauptgründe dafür sind u. a. andere strategische Prioritäten (39 %) und die höhere Rendite anderer Maßnahmen (24 %) (s. Abb. 5.5).

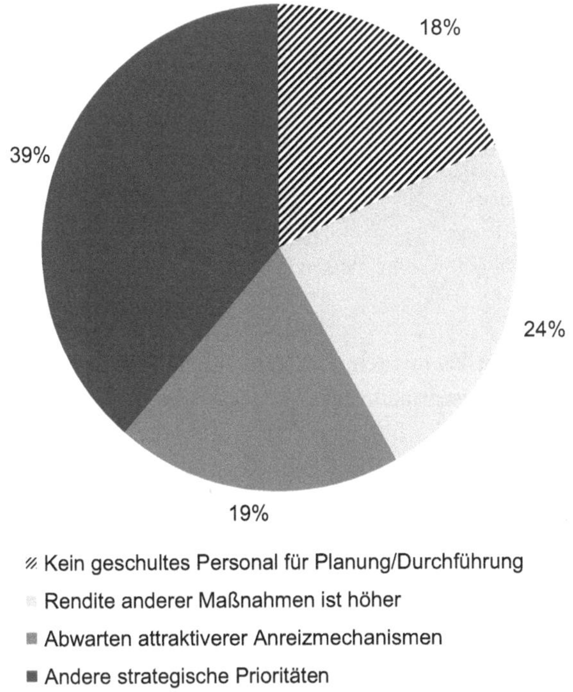

Abb. 5.5 Ursachen für nicht angegangene Energieeffizienzmaßnahmen (EEP 2015)

5.1 Sektorspezifische Einflussgrößen und Entwicklungen

Im Zuge dieses Kapitels sollen branchenspezifische Rahmenbedingungen und Determinanten vorgestellt werden, die einen signifikanten Einfluss auf die nachfolgende Analyse des Energieverbrauchs und die Energieeffizienzbewertung in der Industrie haben. Dabei ist es insbesondere für die Erfolgskontrolle von Energieeinsparzielen, welche für Deutschland durch die nationalen Zielsetzungen ratifiziert wurden, erforderlich, die Entwicklung der Energieeffizienz kontinuierlich mittels geeigneter Indikatoren zu verfolgen (Graichen et al. 2011).

Prinzipiell werden in der Literatur fünf grundlegende Ansätze zur Steigerung der Energieeffizienz eines verarbeitenden Prozesses beschrieben (s. Abb. 5.6):

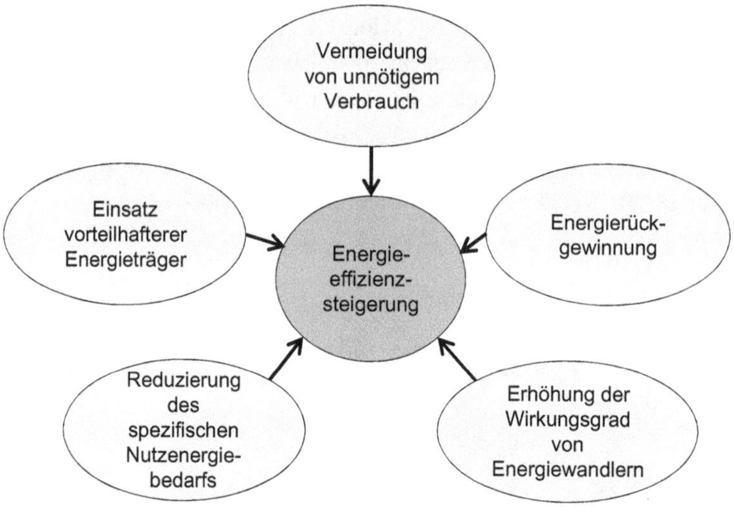

Abb. 5.6 Grundlegende Ansätze zur Steigerung der Energieeffizienz (Rudolph und Wagner 2008)

Vermeidung von unnötigem Verbrauch Die Vermeidung von unnötigem Verbrauch bezieht sich auf reine Energieeinsparmaßnahmen. So kann beispielsweise die Reduzierung von Leerlaufzeiten oder der überschüssigen Energieproduktion zu Verbesserungen der Energieeffizienz führen. Der Unterschied zur Reduzierung des spezifischen Nutzenergiebedarfs besteht darin, dass die für den Prozess verwendete Energie verringert wird – allerdings nur um Energieanteile, die nicht zur Wertschöpfung beitragen. Eine Reduzierung kann beispielsweise durch Prozessoptimierungen oder veränderte menschliche Verhaltensweisen entstehen. Etwa durch verkürzte Verfahrwege eines Robotergreifarms oder durch kürzere Taktzeiten, bedingt durch schnellere, händische Bestückung.

Reduzierung des spezifischen Nutzenergiebedarfs Maßnahmen zur Reduzierung beruhen auf der geschickten Ausnutzung energietechnischer Gegebenheiten. Dabei verringert sich der Endenergiebedarf bei gleichem definierten Output. Ein Beispiel dafür ist die Ausleuchtung eines Raumes mit Hilfe von Wänden mit hohem Reflexionsgrad – die Leuchtdichte im Raum kann dabei genauso hoch wie unter schlechteren Bedingungen sein. Das bedeutet, dass der Output gleich groß und der benötigte Energiebedarf zur Erreichung des Zustandes jedoch geringer ist.

Erhöhung der Wirkungs- bzw. Nutzungsgrade von Energiewandlern Eine Erhöhung der Wirkungsgrade kommt hauptsächlich durch technische Veränderungen im Prozess zustande und beschreibt geringere Verluste bei definiertem Input im energetischen Wandlungsprozess. Dies wiederum führt zu einem größeren Output bei gleichem Input oder zu einem kleineren Input bei gleichem Output. Im Optimalfall führt die Maßnahme zu einer Kombination von größerem Output und kleinerem Input. So kann der Einsatz eines Motors mit höherem Wirkungsgrad zu einer größeren mechanischen Leistung und damit zu einer Effizienzsteigerung des gesamten Systems führen.

Energierückgewinnung Entwichene ungenutzte Energie, meist in Form von Abwärme, kann unter Umständen gezielt aufgefangen und wiederverwertet werden. So kann Abwärme durch Wärmerückführung zum Vorwärmen vor- oder nachgelagerter Prozesse verwendet werden. Des Weiteren kann die Abwärme über Kraft-Wärme-Kopplungsanlagen zur Erzeugung von Elektrizität verwendet werden oder sie dient zur Raumklimatisierung. Die Integration dieser energetischen Kreisläufe in den Produktionsprozess führt zu einer Wirkungsgradsteigerung des Gesamtsystems.

Einsatz vorteilhafterer Energieträger Um mögliche Ansätze zur Effizienzsteigerung zu finden, sollte man nicht davon ausgehen, dass der Energieträger den Prozess definiert. Der optimale Prozess sollte vielmehr den dazu passenden Energieträger bestimmen. So könnte beispielsweise das Plasmaschneiden durch energetisch günstigeres Wasserstrahlschneiden ersetzt werden. Eine Substitution des Energieträgers setzt jedoch bestimmte Rahmenbedingungen voraus. So dürfen Zusatzaufwendungen für Neuinvestitionen den Nutzen nicht überschreiten. Unter der Annahme, dass man das Wasserstrahlschneiden durch Plasmaschneiden ersetzen würde, müsste man einen größeren nachfolgenden Werkzeugverschleiß aufgrund temperaturbedingter Gefügeveränderungen mit berücksichtigen. Der Bezug liegt hier im Gegensatz zur Reduzierung des spezifischen Nutzenergiebedarfs eindeutig auf den Energieträgern.

Eine weitere Möglichkeit zur Energieeinsparung, jedoch nicht zur Effizienzsteigerung, ist das Reduzieren des energetischen Nutzens. Damit sind diverse Einschränkungen verbunden (Rudolph und Wagner 2008). Das Prinzip beschreibt eine bewusste Reduzierung des Outputs, also des energetischen Nutzens, bei dazu proportionalem Abfall des Inputs. Ein Beispiel dafür ist es, die Heizung nur zu bestimmten Tageszeiten laufen zu lassen. Der Unterschied zur Vermeidung von unnötigem Verbrauch besteht darin, dass die Energiedienstleistung auch um wertschöpfende Anteile reduziert wird (Rudolph und Wagner 2008). Dieser Ansatz hat jedoch keine Auswirkungen auf die Energieeffizienz eines Systems.

Ferner gibt es Ansätze, die gesamtenergetisch oder ökonomisch betrachtet einen Nutzen haben, jedoch ohne Einfluss auf den bloßen Fertigungsprozess und dessen Energieeffizienz sind. Diese Maßnahmen beschäftigen sich mit der Substitution bereitgestellter Energieformen und nicht mit der Erhöhung energetischer Wirkungsgrade und Effizienzen. Darunter fällt beispielsweise der Einsatz regenerativer Energiequellen.

In der öffentlichen Diskussion genießen nicht alle Ansätze die gleiche Wahrnehmung. In jedem Fall ist es jedoch notwendig, die erzielte Energieeinsparung mit einer weiteren Größe in Bezug zu setzen, denn die alleinige Betrachtung des Energieverbrauchs als absolute Größe stellt weder im Rahmen internationaler Vergleiche noch zur Beurteilung der energiewirtschaftlichen Entwicklung eines Landes und einzelner Branchen im Zeitverlauf eine geeignete Basis dar. Aussagekräftiger erscheint nach BMWi und Prognos ein System von aussagefähigen Indikatoren und Kennziffern für die Überprüfung der Energieeffizienz (BMWi 2010a). Unter anderem stellt das Verhältnis zwischen Energieverbrauch einerseits und Wirtschaftsleistung andererseits eine wichtige Größe dar (BMWi 2010a). Dabei reicht es jedoch nicht aus, die Kennzahlen allein auf der Makroebene zu analysieren, vielmehr ist es notwendig, einen möglichst sektoral differenzierten Ansatz zu verfolgen (Graichen et al. 2011). Dies hat den Vorteil, dass makroökonomische Entwicklungen und Trends partiell auf die jeweiligen Bereiche disaggregiert werden und somit divergente Entwicklungen einzelner Branchen sowie strukturelle Einflussfaktoren eindeutig identifiziert werden können (Graichen et al. 2011).

Den Studien der Prognos AG, Ökotec und des Umweltbundesamtes liegt die Annahme zugrunde, dass eine Reihe von mikro- und makroökonomischen Effekten existieren, die maßgeblich den Energieverbrauch des Industriesektors und dessen Entwicklung beeinflussen. Diese Effekte müssen bei der Analyse einzelner Verbrauchsentwicklungen berücksichtigt werden, da nur so aufgezeigt werden kann, welches die Gründe identifizierter Effizienzveränderungen sind bzw. welche Faktoren die Wirkungen von Maßnahmen kompensiert oder manifestiert haben (Prognos 2009). Grundsätzlich wird dabei differenziert zwischen: Mengeneffekt, Struktureffekt, Witterungseffekt, Preiseffekt und Technologieeffekt. Nur durch die Bereinigung von Witterungs-, Mengen-, und Struktureffekten lässt sich der sogenannte Nettoeinspareffekt exakt und eindeutig auf die technologische Entwicklung determinieren. Dieser Nettoeinspareffekt wird oftmals auch als „technologiebasierte Effizienzsteigerung" bezeichnet (Prognos 2009). Basierend auf diesen Einflussfaktoren wird vom Umweltbundesamt für den Industriesektor vorgeschlagen, folgende Indikatoren für die Energieverbrauchsanalyse zu verwenden (Graichen et al. 2011):

- Kennzahlen, bei denen der Energieverbrauch oder die CO_2-Emissionen sektor-, branchen- oder prozessspezifisch auf Aktivitätsgrößen bezogen wird,
- Kennzahlen, bei denen die Entwicklung des Energieverbrauchs auf folgende Faktoren zurückgeführt wird: Mengeneffekt, Struktureffekt und Technologieeffekt und
- Kennzahlen, bei denen auf Branchenebene ermittelte Effizienzverbesserungen summiert werden. Dabei wird vom UBA vorgeschlagen, auf den so genannten „ODEX" Index zurückzugreifen (s. Abb. 5.9)

5.2 Energieanalyse des Industriesektors

Der nachfolgende Abschnitt befasst sich mit der Entwicklung des Energieverbrauchs der Industrie. Die Wirtschaftsleistung der deutschen Industriezweige, subsumiert durch die Bruttowertschöpfung, wuchs im Zeitraum von 1995 bis 2008, wie in Abb. 5.7 ersichtlich, durchschnittlich um 2,3 % pro Jahr (Graichen et al. 2011). In den Jahren 2006 und 2007 erreichte das jährliche Wachstum der industriellen Wirtschaftsleistung im Vergleich zum Vorjahr mit 6 % einen Höchstwert, brach jedoch im Zuge der globalen Finanz- und Wirtschaftskrise 2009 anschließend um über 25 % ein. Resultierend aus dem starken Wachstum in den beiden Folgejahren ab 2010 erholte sich die Bruttowertschöpfung und übertraf 2011 das Vorkrisenniveau. Stellt man der Entwicklung der Wirtschaftsleistung den korrespondierenden Endenergieverbrauch gegenüber, lässt sich die Aussage der Prognos AG verifizieren, dass sich dieser insbesondere aufgrund des stetigen Wirtschaftswachstums in der Vergangenheit auf einem nahezu konstanten Niveau bewegt hat (Prognos 2009). Der industriespezifische Verlauf des Endenergieverbrauchs und der Bruttowertschöpfung ist in Abb. 5.7 dargestellt.

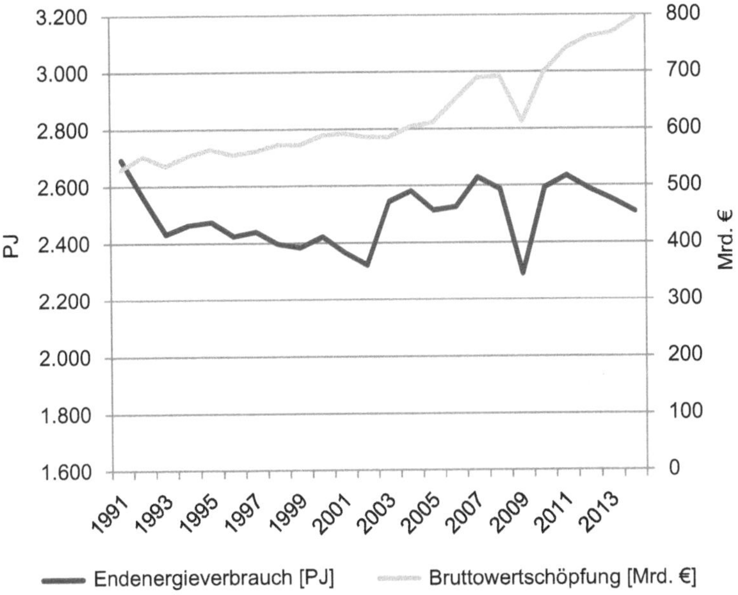

Abb. 5.7 Entwicklung des Endenergieverbrauchs und der Bruttowertschöpfung in der Industrie zwischen 1991 und 2013 (BMWi 2015c; StBA 2015c)

Der Abfall des Endenergieverbrauchs zwischen 1990 und 1993 ist dabei hauptsächlich auf die strukturellen Effekte, hervorgerufen durch die Wiedervereinigung Deutschlands und den Rückgang der Industrie in den neuen Bundesländern, zurückzuführen. Der überproportionale Anstieg im Jahr 2002/2003 hat seine Ursache hingegen in der modifizierten statistischen Bilanzierung erneuerbarer Energieträger und Fernwärme.

Vor dem Hintergrund der kontinuierlich gestiegenen Bruttowertschöpfung und des gestiegenen absoluten Endenergieverbrauchs, lässt sich aus Abb. 5.7 zusammenfassend eine insgesamt rückläufige Entwicklung des spezifischen Endenergieverbrauchs ableiten. Bereits 2011 haben Graichen et al. daraus gefolgert, dass sich das Produktionswachstum und der Energieverbrauch infolge einer inkrementell gesteigerten Energieeffizienz entkoppelt. Die differenzierte Betrachtung der Brennstoff- und Stromproduktivität der Industrie lässt jedoch ein anderes Bild erkennen (s. Abb. 5.8). Einen wichtigen Indikator bei der Analyse der Energieverbrauchsentwicklung stellt die Energieproduktivität dar, welche für die

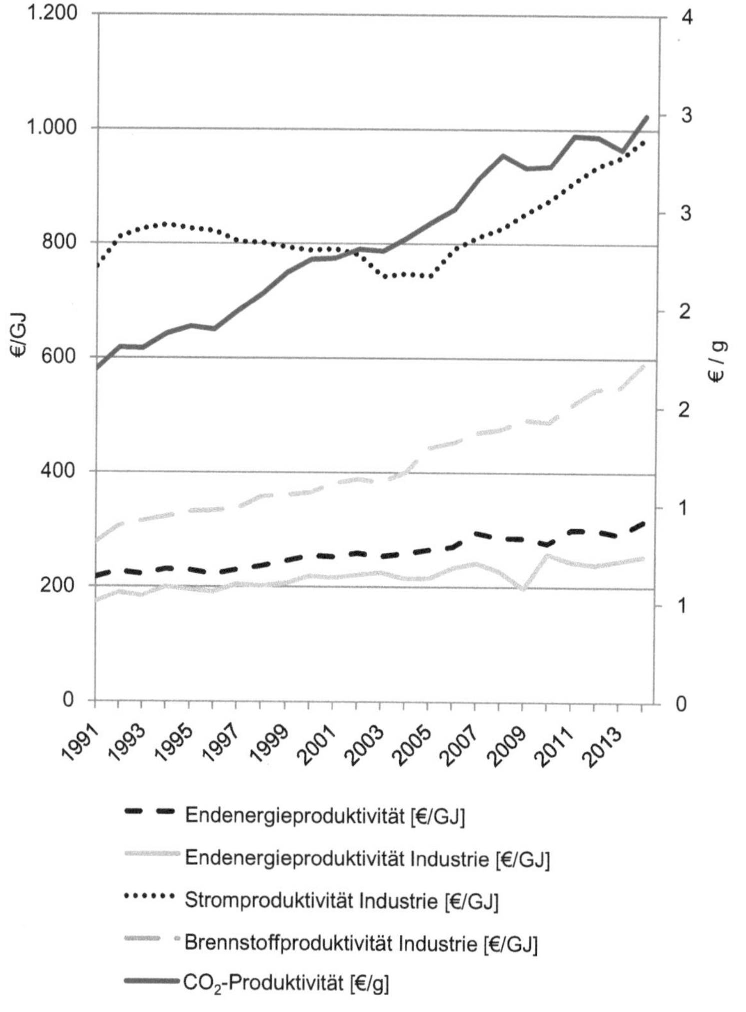

Abb. 5.8 Entwicklung der Endenergie-, Brennstoff-, Strom- und CO_2-Produktivität der Industrie zwischen 1991 und 2014 (BMWi 2015a; StBA 2016d; AGEB 2015a)

Industrie durch den Quotienten aus Bruttowertschöpfung in Euro je Joule Primärenergieverbrauch definiert ist. Der Kehrwert der Energieproduktivität stellt die Energieintensität dar. Abb. 5.8 stellt die zeitliche Entwicklung der Endenergieproduktivität in der Industrie dar und differenziert zwischen den Energieträgern Brennstoff und Strom. Ferner wird die Produktivität der Gesamtendenergie sowie der CO_2-Emissionen inkludiert. Wurde im Jahr 1991 noch 278 € mit einem GJ Brennstoff erwirtschaftet, so waren es 2014 bereits 591 €. In diesem Zeitraum erhöhte sich die Brennstoffproduktivität um über 112 %. Gleichzeitig blieb die Stromproduktivität bis 2008 annähernd konstant und stieg von 2008 bis 2014 um ca. 19 %. Ursache hierfür ist insbesondere die Verschiebung von industriellen Anwendungen hin zu elektrisch getriebenen Systemen, die in der Vergangenheit durch Brennstoffe oder manuell angetrieben wurden. Die CO_2-Produktivität zeigt über den gesamten Betrachtungszeitraum eine steigende Entwicklung, welche aufgrund der gleichzeitig stattfindenden Energieträgersubstitution zu Gunsten CO_2-ärmerer Energieträger noch stärker ausfällt als die der Brennstoffproduktivität (Graichen et al. 2011). Die Endenergieproduktivität in der Industrie – der Kehrwert der Energieintensität – stieg zwischen 1991 und 2014 jährlich im Mittel um 1,36 %. Die Wachstumsrate der deutschen Gesamtwirtschaft im gleichen Zeitraum lag bei durchschnittlich 1,8 % pro Jahr (AGEB 2014b). Zwischen 2000 und 2014 betrug die Steigerung der gesamtdeutschen Endenergieproduktivität etwa 1,54 %. Demnach würde eine Fortsetzung des bisherigen durchschnittlichen Entwicklungstempos nicht ausreichen, um das Ziel der Bundesregierung zu erreichen, die Endenergieproduktivität von 2008 bis 2050 um jährlich 2,1 % zu steigern, und folglich eine deutliche Steigerung für die Zukunft bedingen (BMWi 2015b). Aufgrund der zu geringen Verbesserungen der Endenergieproduktivität zwischen 2008 und 2014, müsste die jährliche Steigerung bis 2050 im Durchschnitt bereits 2,2 % betragen, um auf den Zielwert (mit 2,1 % pro Jahr von 2008 bis 2050) im Jahr 2050 zu kommen. Um allerdings den Entwicklungspfad im Jahr 2020 zu erreichen, muss ab 2015 eine Steigerung der Endenergieproduktivität von jährlich 2,6 % erreicht werden.

Eine alternative Methodik, die Effizienzentwicklung im Industriesektor zu quantifizieren, ist der im Rahmen der EU entwickelte Effizienzindex ODEX. Im Jahr 2013 lag dieser bei 88,53 Punkten, was einer Steigerung der Energieeffizienz um 11,47 %, bezogen auf das Basisjahr 2000, entspricht. Der in Abb. 5.9 dargestellte Verlauf des ODEX für Deutschland resultiert dabei aus der Aggregation der in der nationalen Energiebilanz unterschiedenen Branchen für den gesamten Industriesektor.

Aus der Interpolation des ODEX auf Jahresbasis resultiert eine jährliche Energieeffizienz-Verbesserung von durchschnittlich 1,49 % im Zeitraum 1991 bis 2013. Zwischen 2000 und 2008 sank der ODEX um durchschnittlich 1,29 % p.a., wohingegen er in der anschließenden Periode, d. h. nach der Finanzkrise im Zeitraum von 2009 bis 2013 einen Abfall von lediglich 0,31 % pro Jahr verzeichnete.

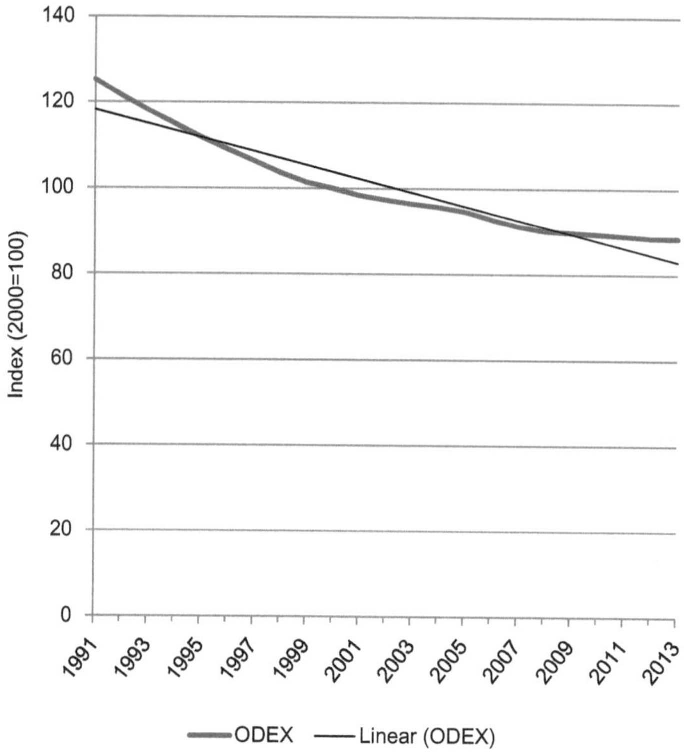

Abb. 5.9 Entwicklung und Trend des ODEX der Industrie in Deutschland zwischen 1991 und 2013 (Enerdata 2016)

Die dargestellten Energieverbrauchs- und Energieeffizienzentwicklungen in den vergangenen Perioden lassen sich allerdings nicht auf die einzelnen Branchen innerhalb der Industrie homogen disaggregieren, wie Tab. 5.1 zeigt. Vielmehr ist die Berücksichtigung branchenspezifischer Entwicklungen und Restriktionen für eine verursachungsgerechte Analyse erforderlich. Die Gesamtentwicklung der Industrie wird jedoch durch einzelne Branchen dominiert: 2013 erwirtschafteten der Fahrzeugbau (114,868 Mrd. Euro), Maschinenbau (89,712 Mrd. €), Ernährung und Tabak (40,827 Mrd. €) und die Metallerzeugung und -bearbeitung (72,500 Mrd. €) summiert ca. 41 % der Bruttowertschöpfung (BWS) des produzierenden Gewerbes in Deutschland. Aus den durchschnittlichen Wachstumsraten der BWS pro Jahr geht hervor, dass die Metallerzeugung und -bearbeitung, die Kokerei und Mineralölverarbeitung sowie der Maschinen- und Fahrzeugbau deutlich schneller gewachsen sind als der Durchschnitt des gesamten verarbeitenden Gewerbes (7,0 % pro Jahr) (StBA 2015c).

Tab. 5.1 Bruttowertschöpfung 2013 der verschiedenen Wirtschaftszweige (StBA 2016d)

Wirtschaftszweige	BWS 2013 (in Preisen von 2013)	Durchschnittliche Wachstumsrate BWS pro Jahr (2009–2013)
	In Mrd. €	In %
Produzierendes Gewerbe gesamt	768,854	5,9
Bergbau und Gewinnung von Steinen und Erden	5,240	0,6
Verarbeitendes Gewerbe gesamt	572,594	7,0
Ernährung und Tabak	40,827	2,8
Textilien, Bekleidung und Lederwaren	7,309	4,4
Holzwaren, Papier und Druckerzeugnisse	24,697	1,9
Kokerei und Mineralölverarbeitung	4,718	11,5
Chemische Erzeugnisse	40,788	4,5
Pharmazeutische Erzeugnisse	22,646	2,0
Gummi-, Kunststoff-, Glaswaren und Keramik	42,292	5,4
Metallerzeugung und -bearbeitung	72,500	7,2
DV-Geräte, elektr. und opt. Erzeugnisse	32,970	6,9
Elektrische Ausrüstungen	41,880	5,6
Maschinenbau	89,712	8,1
Fahrzeugbau	114,868	14,8
Möbel und sonst. Waren	37,387	4,8
Energieversorgung	50,844	−1,2
Wasserversorgung und Entsorgung	26,847	4,3
Baugewerbe	113,329	5,6

Eine weitere Sichtweise auf den Energieverbrauch ist neben einer Branchenaufteilung die Unterscheidung von KMU und Großunternehmen. Diese Sichtweise verdeutlicht die Abb. 5.10. Im unteren Teil wird die prozentuale Aufteilung des Energieverbrauchs der einzelnen Wirtschaftszweige zwischen KMU und Großunternehmen dargestellt. Der obere Teil der Abbildung weist die Aufteilung in absoluten Verbräuchen aus. Beide Darstellungen beziehen sich auf den Energieverbrauch gemäß der statistischen Auswertung B und C inkl. nicht energetischem Verbrauch des Jahres 2013 (StBA 2015b, 2016c).

Insgesamt wurden 2013 ca. 38 % des Energieverbrauchs der Industrie von KMU verursacht. In insgesamt sechs Wirtschaftszweigen entfällt auf KMU mehr als die Hälfte des gesamten Energieverbrauchs. In den drei energieintensivsten Wirtschaftszweigen dominieren jedoch die Großunternehmen. Hierzu zählt z. B. die Herstellung von chemischen Erzeugnissen mit dem größten Energieverbrauch in der Industrie, der zu ca. 70 % von großen Unternehmen mit mehr als 250 Mitarbeitern verursacht wird. Im Gegensatz hierzu wird der Energieverbrauch bei der Herstellung von Glaswaren, Keramik und Verarbeitung von Steinen und Erden hauptsächlich von kleinen und mittelständischen Unternehmen geprägt ist (ca. 70 %).

Für die spätere Analyse und Auswertung müssen, neben einer Betrachtung auf der Ebene der Wirtschaftszweige, auch branchen- und technologiespezifische Aussagen zur Energieeffizienz getroffen werden, um die unterschiedlichen Rahmenbedingungen zu berücksichtigen.

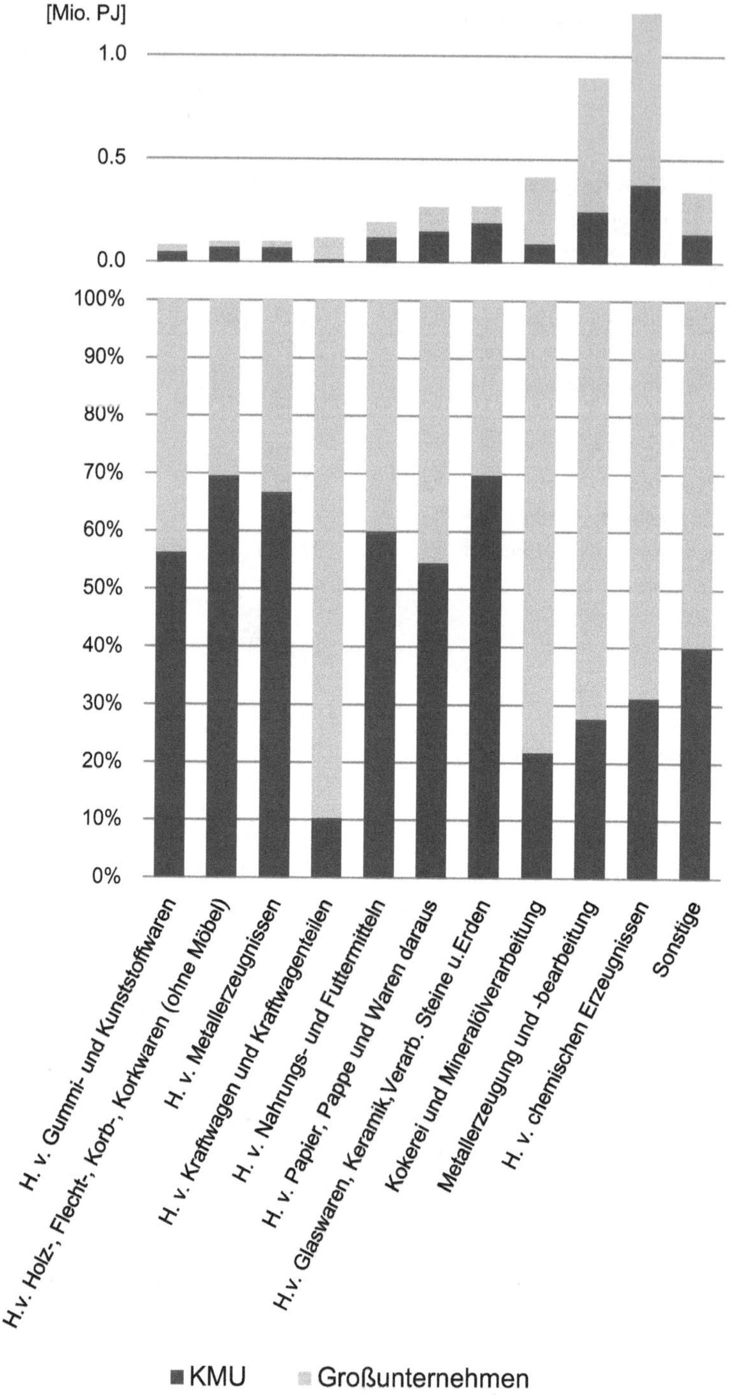

Abb. 5.10 Anteil der KMU und Großunternehmen am Endenergieverbrauch, eigene Berechnungen auf Basis (StBA 2015b, 2016c)

CO_2-Zertifikate und Carbon Leakage Im Kyoto-Protokoll, welches im Jahr 1997 verabschiedet wurde und 2005 in Kraft trat, wurde eine marktwirtschaftliche Methode zur Reduzierung von CO_2-Emissionen entwickelt – der sogenannte Emissionshandel (DEHSt 2013). Im Jahre 2009 änderte die Europäische Kommission die Emissionshandelsrichtlinie. Beim Emissionshandel wird eine künstliche Verknappung von CO_2-Emissionen herbeigeführt, in dem eine Ausstoßobergrenze von klimaschädlichen Gasen (hier CO_2) festgelegt wird. Dadurch werden CO_2-Emissionen zum Handelsgut. Den zur Teilnahme verpflichteten Unternehmen wurde eine bestimmte Menge von „Emissionsberechtigungen" zur Verfügung gestellt. Die Höhe der Emissionsberechtigungen wurden zuvor durch einen bestimmten Schlüssel (in Form von CO_2-Zertifikaten) auf die teilnehmenden Industriezweige aufgeteilt (DEHSt 2014a). Im Anschluss wurden unternehmensspezifische Reduzierungsziele, die von der jeweiligen Branche abhängig sind, vereinbart, indem die kostenfreie Verteilung von Zertifikaten sukzessive vermindert wurde. Dadurch sind die Unternehmen gezwungen, CO_2-Emissionen einzusparen. Diese Ziele können entweder durch Zukauf von Emissionsberechtigungen, oder beispielsweise durch Investitionen in neue effizientere Anlagen bzw. Komponenten, die weniger Emissionen emittieren, erreicht werden.

Die Berechtigungen erhalten durch Angebot und Nachfrage am Markt einen finanziellen Wert. Ein CO_2-Zertifikat erlaubt es einem Unternehmen, eine Tonne CO_2 zu emittieren. Die Entwicklung des Preises seit 2010 kann der Abb. 5.11 entnommen werden.

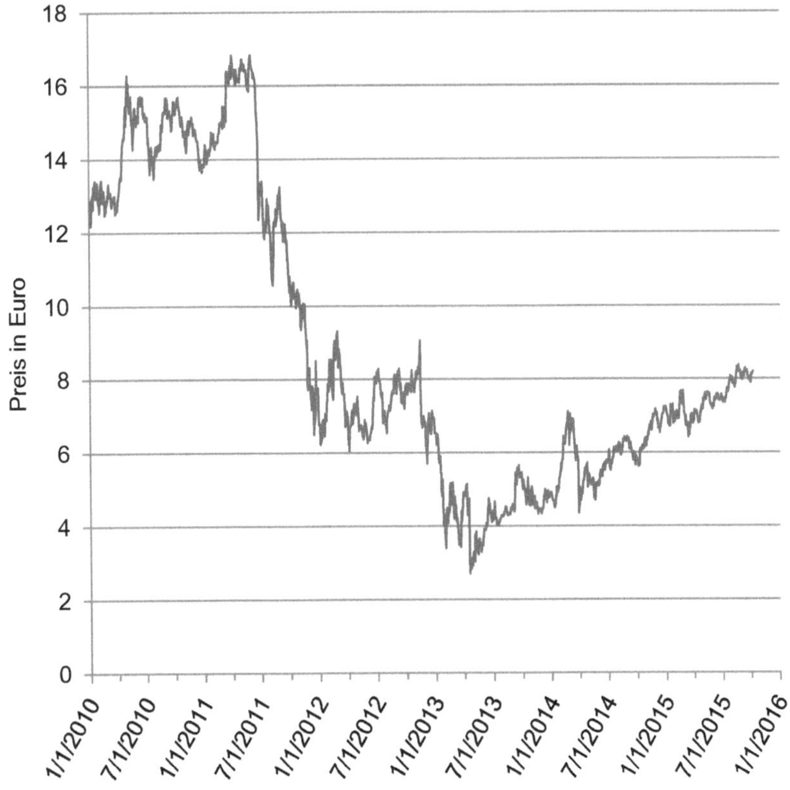

Abb. 5.11 Preisverlauf der Spotpreise für CO_2-Zertifikate seit 2010 (finanzen.net 2015)

Der Emissionshandel soll Unternehmen ein Anreiz sein, CO_2-Emissionen zu reduzieren (DEHSt 2014b). Eine Herausforderung ist dabei eine Verlagerung von Produktionsstätten ins Ausland, aufgrund von niedrigeren Restriktionen zur CO_2-Einsparungen – auch „Carbon Leakage" genannt – zu verhindern (DEHSt 2014b). Daher wurde den Sektoren, bei denen eine Gefahr der Abwanderung vorliegt, keine schrittweise Reduzierung der kostenlosen Zuteilungsmengen beschlossen.

Die Tab. 5.2 zeigt die Höhe der Reduzierung bei nicht vorliegendem Carbon-Leakage-Risiko:

Allerdings sind die Belastungen für die Industrien aufgrund der geringen Preise für Emissionszertifikate nicht hoch (Heymann und Berscheid 2013). Zu diesem Ergebnis kam auch die Studie, beauftragt durch die Europäische Kommission (Bolscher et al. 2013).

Tab. 5.2 Linearer Kürzungsfaktor zur Berechnung der endgültigen Zuteilung für Stromerzeuger (DEHSt 2014b)

Jahr	2013	2014	2015	2016	2017	2018	2019	2020
Linearer Kürzungs-faktor	1,0000	0,9826	0,9652	0,9478	0,9304	0,9130	0,8956	0,8782

Die steigende EEG-Umlage und somit überdurchschnittlich hohen Energiekosten stellen ein größeres Risiko für Carbon Leakage dar. Würden die Energiepreise weiterhin überproportional ansteigen, würden die sich Emissionen laut einer Studie der DB research von 3 bis 10 Mio. Tonnen pro Jahr erhöhen, was etwa 0,4-1,3 % der gesamten deutschen CO_2-Emissionen entspricht (Heymann und Berscheid 2013).

Nichtsdestotrotz stellen die bisherigen Pläne der EU bezüglich des Emissionsrechthandels eine große Herausforderung für die energieintensiven Industrien – insbesondere die Stahlindustrie – dar. Laut Hiesinger (Vorstand der ThyssenKrupp AG) können die Mehrbelastungen zwischen 2021 bis 2030, welche durch den CO_2-Handel entstehen, das Ende der Stahlbranche in Europa bedeuten (Hiesinger 2016). Er geht davon aus, dass alleine für ThyssenKrupp die Mehrausgaben zwischen 1,9 und 3 Mrd. € betragen werden.

5.3 Energieeffizienzpotenziale

Das Ziel des folgenden Kapitels ist eine Analyse, wie sich die Energieeffizienz in den einzelnen Industriezweigen entwickelt hat, welchen partiellen Anteil die spezifischen Branchen und Technologien haben und welche Beiträge durch die Steigerung der Energieeffizienz auch in der Zukunft geleistet werden können. Neben der Quantifizierung von Potenzialen sollen vor allem auch spezifische Trends und Prognosen sowie Hemmnisse aufgezeigt werden.

Im vorangehenden Abschnitt wurde bereits die gesamtwirtschaftliche Entwicklung der Industrie in der vergangenen Dekade eruiert. Nach Bereinigung um Struktur-, Klima- und Mengeneffekte konnte nach Prognos in der Vergangenheit bereits eine Endenergieeinsparung, als Folge einer technologieinduzierten Steigerung der Effizienz, von insgesamt mehr als 500 PJ im Zeitraum 1995 bis 2006 realisiert werden (Prognos 2009). Gleichwohl existiert weiterhin eine Vielzahl ungenutzter Potenziale, die insbesondere vor dem Hintergrund der nationalen Nachhaltigkeitsziele von hoher Bedeutsamkeit sind. Laut Agricola et al. sind Einsparpotenziale von 270 PJ in der Industrie bis 2020 vorhanden, was 11 % der verbrauchten Endendenergie im Jahr 2008 entspricht (Agricola et al. 2012). Berücksichtigt wurden dabei ausschließlich Potenziale, die im Jahr 2008 als wirtschaftlich erschließbar kategorisiert wurden. Langfristig und unter optimalen Bedingungen schätzt die Prognos AG die Potenziale sogar im Bereich von 20 % gegenüber 2005 ein (Prognos 2009). Im Jahr 2008 quantifizierte die Fraunhofer-Gesellschaft in der Studie „Energieeffizienz in der Produktion" die ungenutzten Potenziale mittelfristig mit über 25 % (Neugebauer et al. 2008).

Für eine gegenüberstellende Analyse der Potenzialabschätzungen müssen die jeweils in den Studien implizierten Annahmen berücksichtigt werden. Dabei werden in der vorliegenden Metastudie zwei Szenarien (s. Abb. 5.12) zugrunde gelegt, die sich bezüglich der Effizienzdiffusion und des Referenzzustandes unterscheiden und aus denen sich drei übergeordnete Potenzialkategorien ableiten lassen (Fleiter et al. 2013).

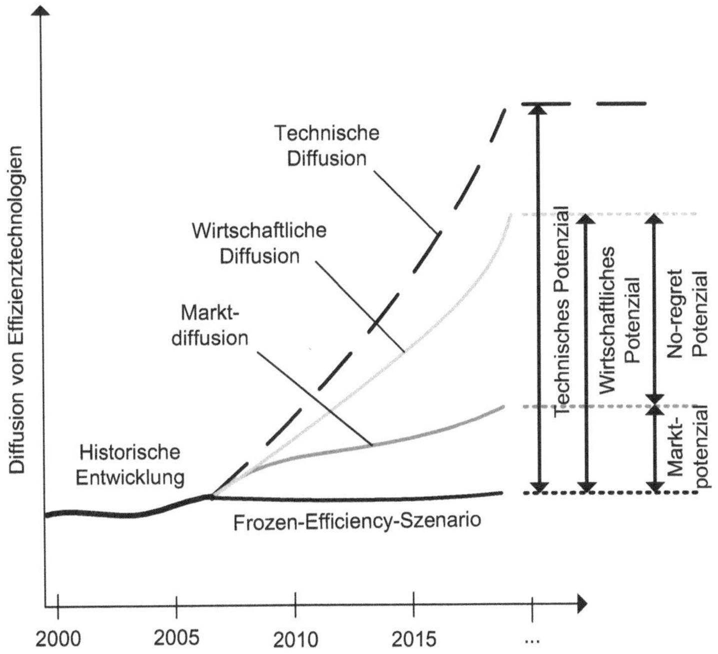

Abb. 5.12 Diffusion von Effizienztechnologien (Fleiter et al. 2013)

Sowohl der Energiebedarf der Industrie als auch die Einsparpotenziale sind auf eine Vielzahl von unterschiedlichen Techniken und Prozessen zurückzuführen. Hierbei lassen sich nach Fleiter et al. zwei Gruppen unterscheiden (Fleiter et al. 2013): Querschnittstechnologien und Prozesstechnologien. Prozesstechnologien umfassen sämtliche Technologien, welche spezifisch für einen bestimmten Sektor, ein Produkt oder ein Produktionsverfahren eingesetzt werden. Beispiele sind unter anderem Primäraluminium-Elektrolyseverfahren, Klinker-Drehrohröfen oder auch Papiermaschinen (Fleiter et al. 2013). Unter Querschnittstechnologien werden hingegen ausschließlich solche Techniken verstanden, die über die Grenzen verschiedener Branchen und Verfahren hinweg eingesetzt werden. Beispiele hierfür sind Druckluftsysteme, Beleuchtung oder Elektromotoren. Im Gegensatz zu den Prozesstechnologien stellen Querschnittstechnologien zumeist eine Hilfsenergie unabhängig vom Produktionsprozess bereit (Wärme, Licht, Kraft, etc.) (Fleiter et al. 2013). Um eine differenzierte Aussage über die Einsparpotenziale einzelner Branchen und Technologien treffen zu können, werden im Rahmen der Metastudie für den weiteren Verlauf die beiden Technologiekategorien der Industrie spezifisch näher analysiert.

5.3.1 Branchenspezifische Effizienzpotenziale

Im folgenden Abschnitt werden die industriellen Potenziale branchenspezifisch hergeleitet und im Anschluss genauer definiert. So wird der industrielle Energieverbrauch durch wenige Branchen dominiert, was insbesondere auf spezifische energieintensive Produktionsprozesse zurückzuführen ist (Schröter et al. 2009). Im Jahr 2013 entfielen über 63 % des Endenergieverbrauchs auf die Grundstoffindustrien, wie bspw. Papier-, Glas-, Keramik- und Zementherstellung, Grundstoffchemie sowie die Metallerzeugung. Die Metallerzeugung nimmt aufgrund ihres hohen Anteils von 21 % am industriellen Endenergieverbrauch im Jahr 2013 eine Vorrangstellung ein (s. Abb. 5.13). Diese als „energieintensive Industrie“ subsumierten Branchen verbrauchten im Jahr 2013 somit über die Hälfte der gesamten Endenergie der deutschen Industrie. Für den weiteren Verlauf ist es daher erforderlich, die intrasektoralen Restriktionen zu berücksichtigen. Abb. 5.13 fasst die spezifischen Anteile der Industriebranchen zusammen.

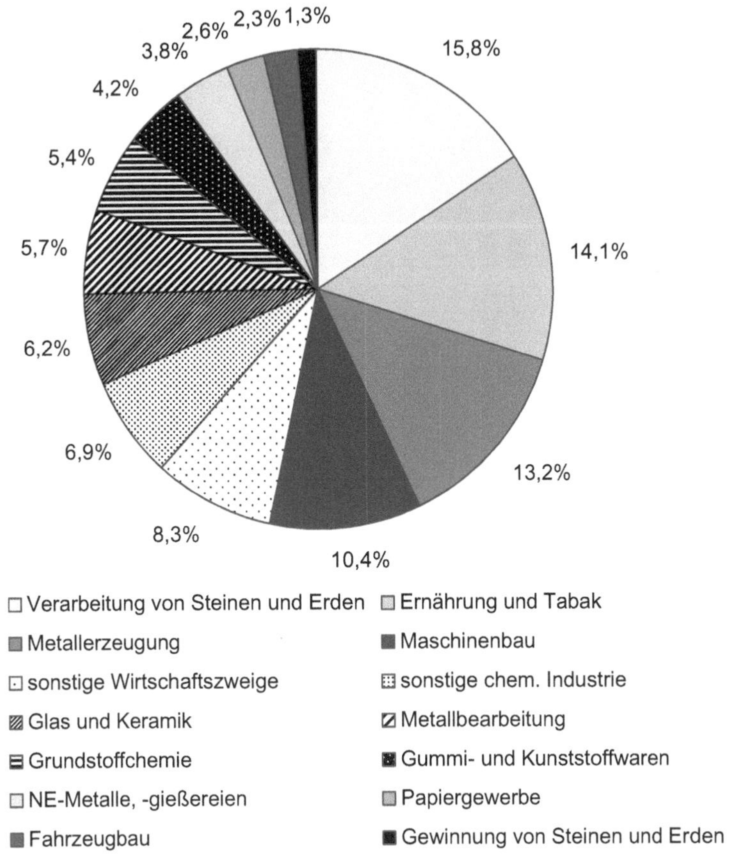

Abb. 5.13 Endenergieverbrauch der Industrie nach Branchen 2013 (AGEB 2015b)

Der Endenergieverbrauch der Industrie im Jahr 2014 setzt sich hauptsächlich aus Energie für Wärmeanwendungen und mechanische Energie zusammen, die zusammen ca. 95,8 % des Energieverbrauchs ausmachen. Im Jahr 2014 beliefen sich 74 % des industriellen Endenergieverbrauchs auf Wärmeanwendungen, überwiegend in Form von Prozess- und Raumwärme. Weitere 21,8 % wurden für mechanische Energie aufgewandt. Die verbleibenden 4,2 % teilen sich in 1,4 % Kälteanwendungen, 1,5 % Beleuchtung und 1,3 % IKT (BMWi 2015c). Insgesamt besteht der industrielle Endenergieverbrauch zu etwa 30 % aus elektrischer Energie, wohingegen die restlichen 70 % auf die Energieträger Öl, Gas, Fernwärme, Kohle und Erneuerbare Energien entfallen (AGEB 2015a) (vgl. Abb. 5.3). Die Anwendungsbereiche des Endenergieverbrauchs sind in Abb. 5.14 zusammengefasst.

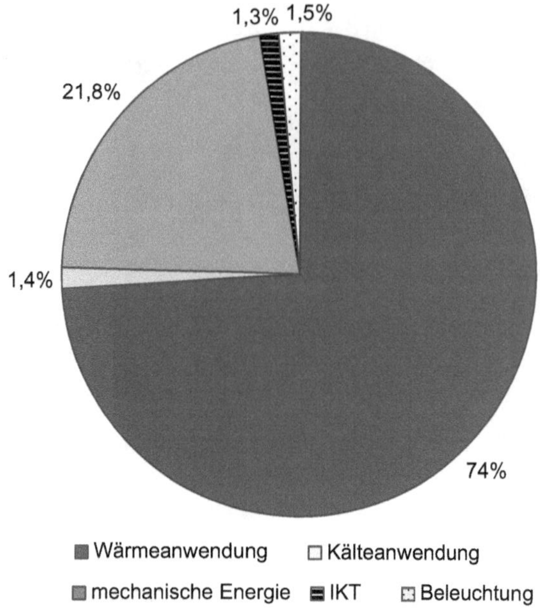

Abb. 5.14 Endenergieverbrauch nach Anwendungsbereichen in der Industrie im Jahr 2014 (BMWi 2015c)

Aufgrund der verschiedenen Verbrauchsanteile einzelner Sektoren und Anwendungsbereiche existieren in Qualität und Quantität unterschiedliche Potenziale und Maßnahmen zur Energieeinsparung. Gerade Einsparpotenziale im Bereich der Brennstoffe bzw. der Wärmeanwendungen liegen dabei, als Folge der individuellen Technologien, hauptsächlich branchenspezifisch vor (Pehnt et al. 2011). Aufgrund des hohen Anteils am Gesamtenergieverbrauch, werden im weiteren Verlauf die energieintensiven Branchen fokussiert betrachtet. Diese nehmen in der deutschen Wirtschaft eine Schlüsselposition ein und erwirtschaften jährlich mehr als 330 Mrd. Euro (EID 2015). Abb. 5.15 stellt die relativen Einsparpotenziale der energieintensiven Industrie nach Fleiter et al. differenziert für Strom und Brennstoffe bis 2020 und 2035 gegenüber dem Frozen-Efficiency-Szenario dar (Fleiter et al. (2013). Aufgrund des hohen Energiekostenanteils wurde in der Vergangenheit bereits vermehrt in die energetische Optimierung investiert (BMWi 2010c).

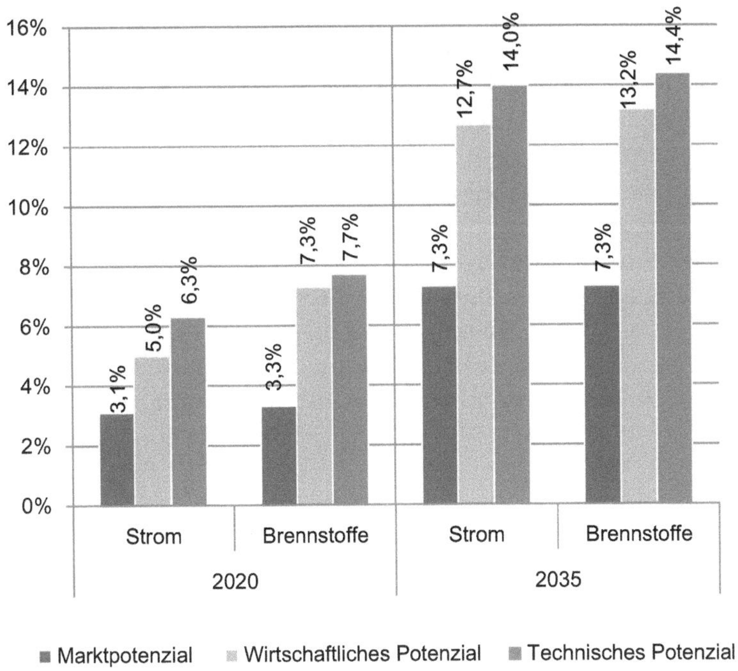

Abb. 5.15 Gesamteinsparpotenzial energieintensive Industrie in den Jahren 2020 und 2035 gegenüber dem Frozen-Efficiency-Szenario (Fleiter et al. 2013)

Basierend auf Fleiter et al. ergibt sich sowohl für die Brennstoff- als auch für die Stromeinsparungen ein durchschnittliches technisches Einsparpotenzial von jeweils rund 14 % bis zum Jahr 2035 gegenüber dem Brennstoff- und Strombedarf im Frozen-Efficiency-Szenario, welches einem absoluten Einsparpotenzial von 49 PJ für Strom und 214 PJ für Brennstoffe entspricht (Fleiter et al. 2013). Wird den Potenzialen das Referenzjahr 2020 zugrunde gelegt, fällt das durchschnittliche technische Einsparpotenzial geringer aus. Einsparoptionen für Brennstoffe induzieren eine Senkung um knapp 8 % (122 PJ), während für Strom etwa 6,5 % (23 PJ) der Energie eingespart werden kann (Fleiter et al. 2013). In Abb. 5.15 wird deutlich, dass sich diese Potenziale zum größten Teil unter den Bedingungen der Wirtschaftlichkeit und mit den Energiepreisen des Bezugsjahres 2007 realisieren lassen. Das wirtschaftliche Potenzial bis 2035 für Strom und Brennstoffe liegt jeweils bei rund 13 % (Strom 46 PJ, Brennstoff 199 PJ), wobei die Marktpotenziale bereits einen Wert von 7,3 % (Strom 26 PJ, Brennstoff 112 PJ) aufweisen (Fleiter et al. 2013). Dabei werden innerhalb dieser Studie nur Potenziale quantifiziert, welche auf den Einsatz von Effizienztechnologien für energieintensive Prozesse zurückzuführen sind. Einsparpotenziale, welche beispielsweise durch Querschnittstechnologien induziert werden, bleiben in dieser Darstellung zunächst unberücksichtigt. Wird das Gesamtpotenzial auf die einzelnen energieintensiven Branchen disaggregiert, kann analog zu den Verbrauchsanteilen eine stark heterogene Verteilung der Einsparmengen identifiziert werden. Insgesamt wird nach Pehnt und Fleiter bis 2030 das Gesamtpotenzial im Bereich Brennstoffeinsparungen auf 190 PJ gegenüber dem Frozen-Efficiency-Szenario quantifiziert (Pehnt et al. 2011); (Fleiter et al. 2013). Stellt man dieses dem Marktpotenzial (84 PJ) gegenüber, so können bis 2030 noch zusätzlich etwa 106 PJ eingespart werden. Die Tab. 5.3 zeigt das identifizierte Gesamteinsparpotenzial für Brennstoffe verteilt auf die einzelnen energieintensiven Branchen. Zudem zeigt Tab. 5.3, dass die Gesamteinsparmenge durch wenige Branchen dominiert wird. Gegenüber dem Frozen-Efficiency-Szenario haben insbesondere die Metallerzeugung, das Papiergewerbe und die Grundstoffchemie einen besonders hohen Anteil mit jeweils über 70 % des gesamten Einsparpotenzials bis 2020 und 2030. Wird das Marktpotenzial betrachtet, scheinen sich die spezifischen Anteile allerdings in Richtung Metallerzeugung zu verschieben. Der hier von Pehnt verwendete Begriff des attraktiven Einsparpotenzials ist vergleichbar dem wirtschaftlichen Potenzial nach Fleiter (s. Kap. 4.1.2).

Tab. 5.3 Brennstoff-Einsparpotenzial in den Jahren 2020 und 2030 (Pehnt et al. 2011)

		Attraktives Einsparpotenzial [PJ]			
		Gegenüber Marktpotenzial		Gegenüber Frozen-Efficiency-Szenario (2007)	
	Maßnahmenpaket	2020	2030	2020	2030
Querschnittstechnologien	Gas-Brennwertkessel	5,2	8,1	n.a.	n.a.
Branchenspezifische Technologien	Metallerzeugung	16,7	43,5	23,7	59,1
	Nicht-Eisen Metalle	5,3	5,8	9,3	11,3
	Papiergewerbe	13,9	19,1	20,2	30,7
	Glas und Keramik	3,2	5,5	7,2	13,1
	Steine-Erden	7,8	10,7	11,0	15,1
	Grundstoffchemie	14,3	5,8	38,8	49,3
	Ernährungsgewerbe	5,8	7,7	7,7	11,8
	Summe	72,2	106,2	117,9	190,4

Das branchenspezifische Einsparpotenzial für elektrische Energie fällt im Gegensatz zum branchenspezifischen Brennstoff-Einsparpotenzial gering aus, wie Tab. 5.4 zeigt. Auf Seiten der elektrischen Energie liegt das größte Potenzial in den Querschnittstechnologien. Gegenüber dem Marktpotenzial liegt das branchenspezifische Einsparpotenzial bis 2020 bei 10,90 % und 2030 bei 14,52 %. Einen etwas größeren Anteil besitzen die branchenspezifischen Technologien gegenüber dem Frozen-Efficiency-Szenario mit einem Anteil von 14,55 % 2020 und 19,36 % 2030. Durch die Disaggregation der elektrischen Gesamtpotenziale auf einzelne Maßnahmen und Subsektoren wird deutlich, dass die quantifizierten

Einsparungen elektrischer Energie gegenüber dem Marktpotenzial mit etwa 150 PJ (bis 2030) zum Großteil auf Querschnittstechnologien, beispielsweise im Bereich der Antriebs- und Motorsysteme beruhen (Pehnt et al. 2011). Die Querschnittstechnologien haben gegenüber dem Marktpotenzial einen Anteil von 89,10 % bis 2020 und 85,48 % bis 2030. Einen Anteil von 85,45 % bis 2020 und 80,64 % bis 2030 haben die Querschnittstechnologien gegenüber dem Frozen-Efficiency-Szenario. Gegenüber dem Frozen-Efficiency-Szenario liegt das absolute Einsparpotenzial bei circa 227 PJ. Aufgrund der zuvor definierten Kategorisierung erfolgt die genaue Analyse der Einsparpotenziale einzelner Querschnittstechnologien gesondert.

Tab. 5.4 Strom-Einsparpotenzial in den Jahren 2020 und 2030 (Pehnt et al. 2011)

		Attraktives Einsparpotenzial [PJ]			
		Gegenüber Marktpotenzial		Gegenüber Frozen-Efficiency-Szenario (2007)	
	Maßnahmenpaket	2020	2030	2020	2030
Querschnittstechnologien	Elektromotoren	6,5	12,5	8,1	15,8
	Druckluft	16,2	18,9	23,0	27,1
	Pumpensysteme	18,9	23,3	26,9	33,6
	Lüftungssysteme	15,9	19,9	22,6	28,6
	Kältebereitstellung	3,6	4,4	5,2	6,4
	Übrige Motorsysteme	27,2	39,8	38,6	56,5
	Beleuchtung	9,0	10,7	12,4	15,1
Branchenspezifische Technologien	Metallerzeugung	1,1	6,6	2,7	10,8
	Nicht-Eisen Metalle	3,1	3,7	4,4	6,1
	Papiergewerbe	3,4	7,5	4,5	9,8
	Glas und Keramik	0,1	0,2	0,2	0,5
	Steine-Erden	1,2	1,5	1,7	2,2
	Grundstoffchemie	1,6	0,8	7,7	11,6
	Ernährungsgewerbe	1,4	1,7	2,1	2,9
Summe		109,2	151,5	160,1	227,0

Bei der Betrachtung von Schröter et al. ergibt sich ein ähnliches Bild: Das branchenspezifische Gesamtpotenzial wird durch wenige Branchen dominiert (Schröter et al. 2009). Die Schlussfolgerung, dass Einsparpotenziale heterogen und aufgrund der charakteristischen Technologien branchenspezifisch verteilt sind, wird durch Schröter et al. und vbw bestätigt (Schröter et al. 2009; vbw 2012). In Abb. 5.16 werden die spezifischen Einsparpotenziale nach Schröter et al. für ausgewählte Branchen zusammengefasst (Querschnitts- und Prozesstechnologien) (Schröter et al. 2009).

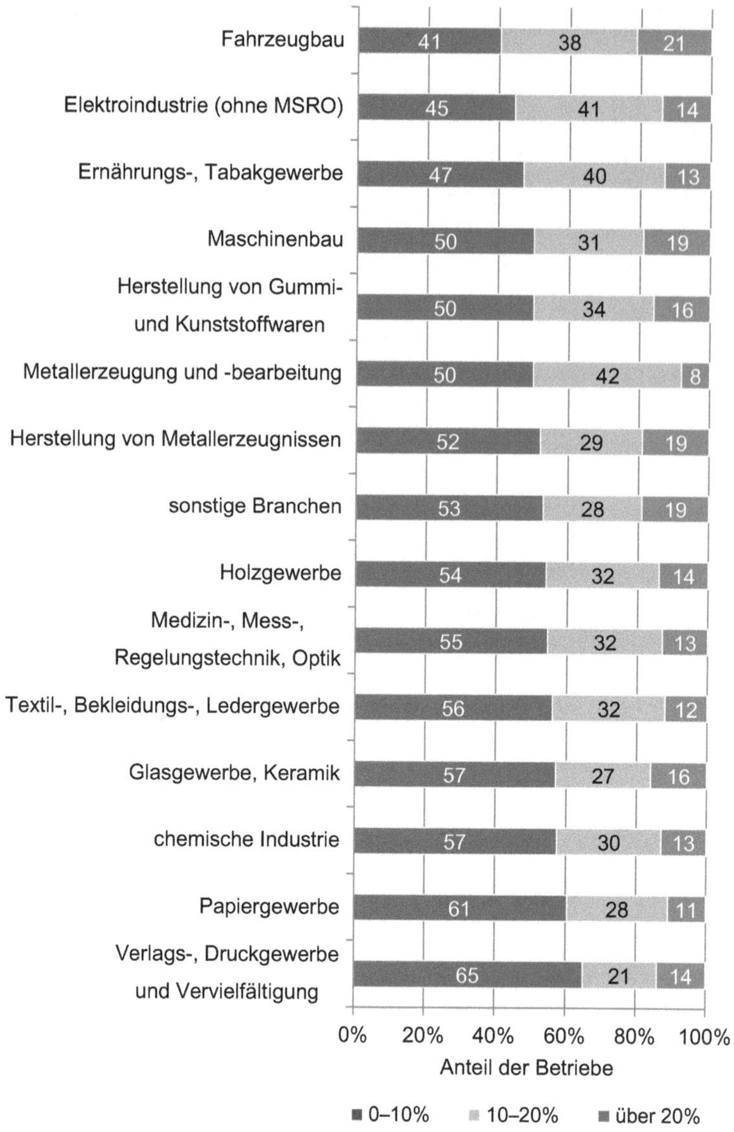

Abb. 5.16 Energieeinsparpotenzial 2009 in den Branchen des verarbeitenden Gewerbes (Schröter et al. 2009)

Während Pehnt et al. sich ausschließlich auf die energieintensiven Branchen fokussiert, werden bei Schröter et al. auch weniger energieintensive Branchen berücksichtigt, wie Abb. 5.16 zeigt (Schröter et al. 2009). Dabei wird insbesondere in den weniger energieintensiven Branchen, wie dem Fahrzeugbau, der Elektroindustrie sowie dem Maschinenbau, ein größeres relatives Einsparpotenzial gesehen. So schätzen nach Schröter et al. etwa 40 % der Betriebe im Fahrzeugbau ihr spezifisches Einsparpotenzial auf bis zu 10 % (Schröter et al. 2009). Annähernd die gleiche Anzahl der Fahrzeugbauer quantifiziert im Jahr 2009 ihr Einsparpotenzial zwischen 10 und 20 %. Knapp ein Fünftel des Maschinen- und Fahrzeugbaus schätzt laut einer Umfrage ihr Potenzial, das mit den im Jahr 2009 verfügbaren Technologien realisiert werden kann, sogar auf über 20 % des Energieverbrauchs von 2009 (Schröter et al. 2009). Diese Potenzialabschätzung deckt sich mit der Erhebung von Roland Berger, in der für die folgenden Jahre angenommen wird, dass sich insbesondere in der Metallbearbeitung und dem Fahrzeugbau künftig Energieeinsparungen über dem Branchendurchschnitt realisieren lassen (Henzelmann und Büchele 2009). Im Gegensatz dazu ist das relative Einsparpotenzial der energieintensiven Branchen mit teilweise deutlich unter 10 % vergleichsweise niedrig (Schröter et al. 2009). Den relativen Einsparpotenzialen stehen absolute Einsparpotenziale gegenüber, welche für energieintensive Branchen deutlich höher als in den weniger intensiven Branchen ausfallen (s. Abb. 5.30 und 5.32). Zurückzuführen ist dies auf den deutlich höheren Energieverbrauchsanteil energieintensiver Unternehmen, wodurch kleine relative Einsparmengen deutlich höhere absolute Energieeinsparungen induzieren.

Gestützt werden die bisher dargestellten Potenzialabschätzungen auch durch die Studie der vbw, in der die Effizienzpotenziale unter optimalen Randbedingungen im Maschinen- und Fahrzeugbau sowie in der Industrie für Metallerzeugnisse auf etwa 20 % geschätzt werden (vbw 2012). Als optimale Randbedingungen wird angenommen, dass Anlagen und Geräte nach Erreichen vorgegebener Lebenszeiten durch die neusten und besten Technologien ersetzt werden (vbw 2012). Dabei wird auch zwischen wirtschaftlichen und technischen Potenzialen differenziert, welche jedoch als praktisches Potenzial und wissenschaftliches Potenzial bezeichnet werden. Abb. 5.17 stellt die praktischen Potenziale bis zum Jahr 2020 branchenspezifisch gegenüber. Im Gegensatz zu den bisherigen Potenzialabschätzungen fällt das quantifizierte durchschnittliche Gesamtpotenzial mit 10 bzw. 15 % deutlich höher aus, als dies nach (Fleiter et al. 2013) der Fall ist (jeweils 7,5 %) (Fleiter et al. 2013). Die Abweichung ist auf mehrere Faktoren zurückzuführen. Zum einen beziehen sich die relativen Einsparangaben hier abweichend statt auf den Endenergieverbrauch auf den Primärenergieverbrauch, zum anderen wurden Einsparpotenziale, welche durch Querschnittsanwendungen induziert werden können, bereits berücksichtigt.

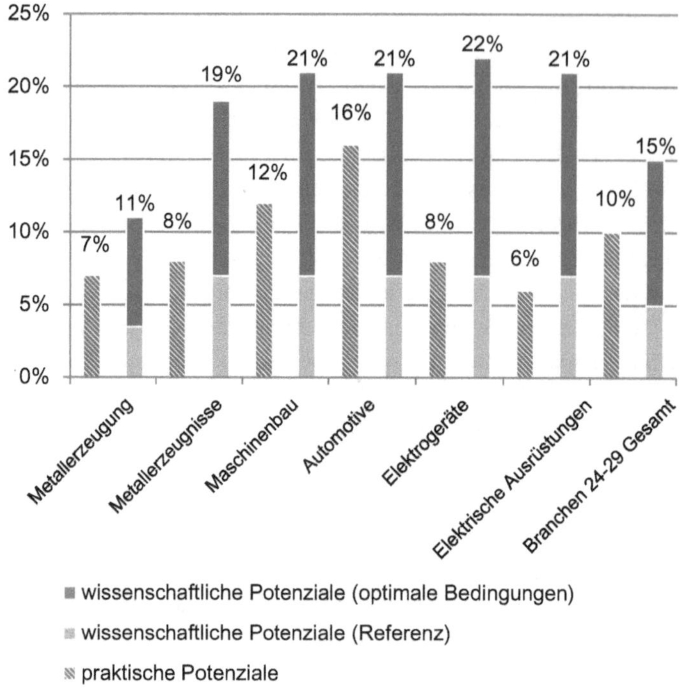

Abb. 5.17 Branchenspezifische Primärenergieeinsparpotenziale in der Industrie 2010 (vbw 2012)

Trotz dieser abweichenden Modellannahmen, sind die qualitativen Aussagen den branchenspezifischen Potenzialen ähnlich: Abb. 5.17 zeigt, dass besonders in der Elektro- und Fahrzeug- sowie Maschinenbauindustrie hohe relative Einsparpotenziale existieren. Demgegenüber stehen die von vbw quantifizierten absoluten Einsparungen, die realisiert werden können (vbw 2012). So existiert in der Metallerzeugung im Durchschnitt zwar nur ein relatives Primärenergieeinsparpotenzial von ca. 7 bzw. 11 %, absolut entspricht das jedoch etwa dem Dreifachen der Energie (72 bzw.107 PJ), die im Maschinenbau eingespart werden kann (vbw 2012). Die Potenzialbegriffe werden in Kap. 4.1.2 erläutert.

Die Ursache für die unterdurchschnittlichen relativen Effizienzpotenziale innerhalb der energieintensiven Branchen, wie der Metallerzeugung, ist dabei zum Großteil auf die historisch gewachsene Bedeutung der Energiekosten in diesen Sektoren zurückzuführen, welche bereits in der Vergangenheit zu Investitionen in eine energieeffizientere Produktion geführt haben (Schröter et al. 2009). So wurde laut Prognos in der Zeit zwischen 1995 und

2006 in der Metallerzeugung mit Abstand die größte relative Energieeinsparung realisiert (31,3 %), gefolgt von den Branchen Glas (25,8 %), Verarbeitung von Steinen und Erden, sowie dem Papiergewerbe. Hingegen wurden in der Metallbearbeitung (15,2 %) und dem Maschinen- und Fahrzeugbau (jeweils unter 7 %) in der Vergangenheit nur Einsparungen unter dem Branchendurchschnitt von insgesamt 20,7 % realisiert (Prognos 2009). Abb. 5.18 stellt die technologiebasierten Endenergieeinsparungen dar, die zwischen 1995 und 2006 branchenspezifisch realisierten wurden.

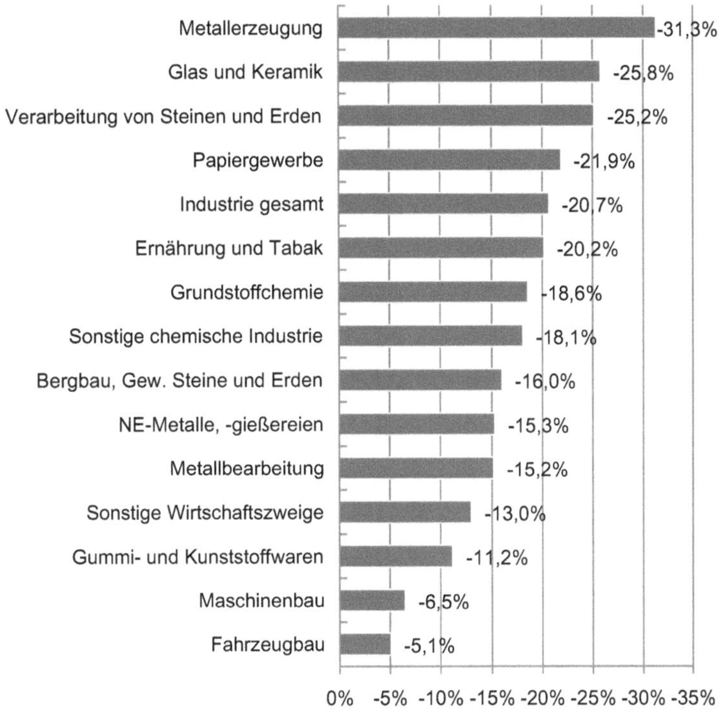

Abb. 5.18 Technologiebasierte Endenergieeinsparungen nach Industriebranchen zwischen 1995 und 2006 (Prognos 2009)

Die Wahrnehmung über die Bedeutung und Relevanz der Energieeffizienz entlang der einzelnen Wirtschaftszweige ist ebenfalls durch den Energiekostenanteil geprägt. Eine Umfrage mit über 2.400 Teilnehmern im Rahmen des ifo Konjunkturtests zeigt (s. Abb. 5.19), dass vor allem in den Wirtschaftszweigen der Zellstoff-, Papier-, Karton- und Pappe-Industrie, sowie in der Metallerzeugung und -bearbeitung die meisten Unternehmen eine zunehmende Bedeutung der Energieeffizienz (91,9 bzw. 91,7 %). (Wackerbauer 2011)

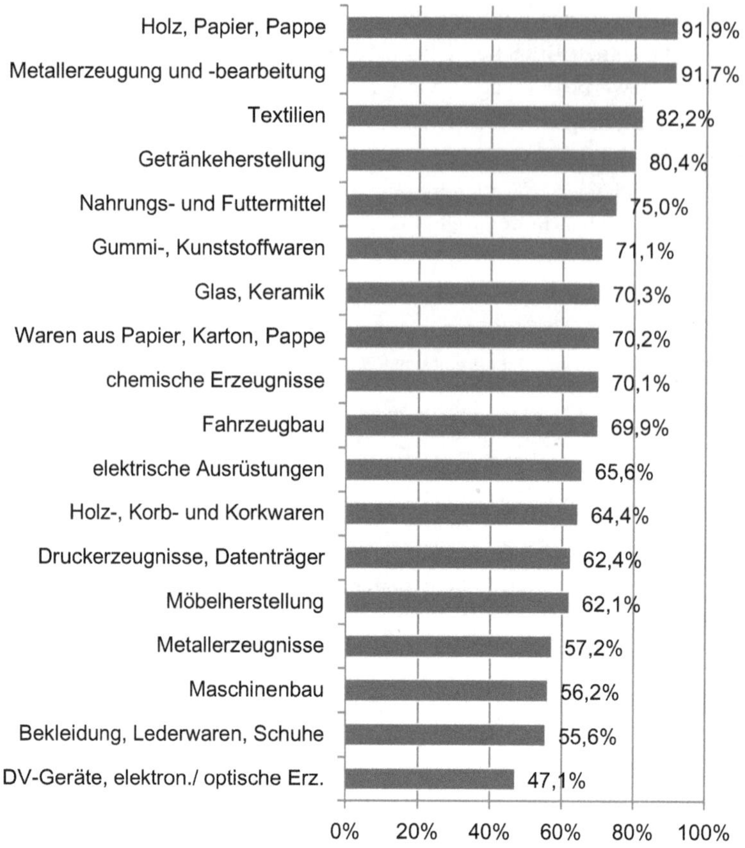

Abb. 5.19 Zunehmende Wahrnehmung der Bedeutung der Energieeffizienz in der Produktion (Wackerbauer 2011)

Die Angabe einer geringeren Bedeutung bei Herstellern von Metallerzeugnissen, Maschinen- und Fahrzeugbaubau, bei der Herstellung von Bekleidung, Leder, sowie Glas und Keramik müssen nicht notwendigerweise als ein Indikator für einen erhöhten Nachholbedarf bei der Umsetzung und Sensibilisierung von Energieeffizienz gedeutet werden (Wackerbauer 2011). Zu einem ähnlichen Ergebnis kam auch die Erhebung des Energieeffizienz-Index der deutschen Industrie, herausgegeben vom EEP im Sommer 2015 (EEP 2015) (s. Abb. 5.20). Zwischen diesen beiden Umfragen liegen vier Jahre. Jedoch hat die Energieeffizienz für die meisten Unternehmen weiterhin eine „gleichbleibende" Bedeutung. Für viele Unternehmen, insbesondere für die Glas-, Keramik-Branche (ca. 60 %) und für die Hersteller von Holz-, Korb- und Korkwaren (ca. 70 %), wird die Bedeutung der Energieeffizienz zukünftig weiter steigen. Die Einschätzungen der Bedeutung können innerhalb einzelner Branchen erheblich differieren.

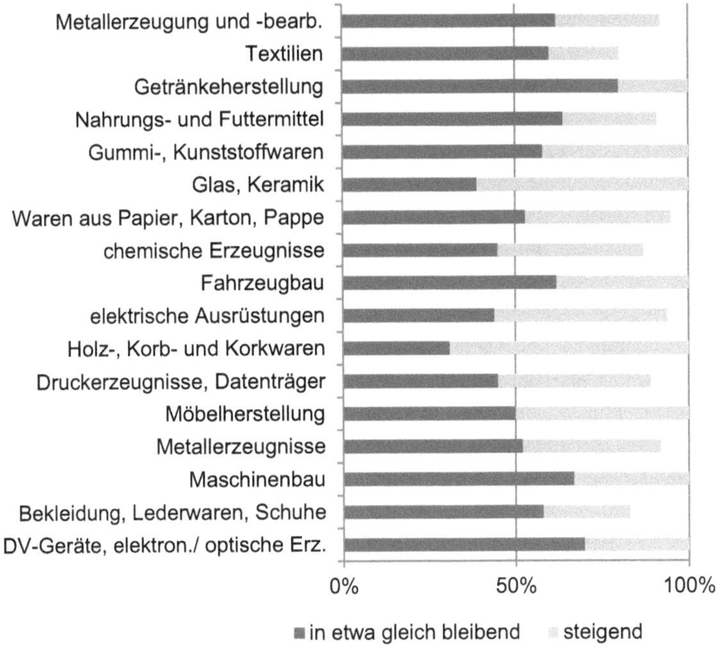

Abb. 5.20 Energieeffizienz-Index: Wahrnehmung der Bedeutung von Energieeffizienz für das eigene Unternehmen (EEP 2015)

Ein wichtiger Indikator hierfür ist unter anderem die Unternehmensgröße. Laut Energieeffizienz-Index schätzen die Unternehmen die Bedeutung der Energieeffizienz je nach Unternehmensgröße unterschiedlich ein. Es zeigt sich die Tendenz, dass mit zunehmender Unternehmensgröße auch die Bedeutung der Energieeffizienz steigt. 52 % der Großunternehmen haben die Bedeutung der Energieeffizienz als verhältnismäßig groß beurteilt, während Kleinst- und kleine Unternehmen die Energieeffizienz nur zu 37 % als verhältnismäßig groß gewichten (s. Abb. 5.21) (EEP 2015).

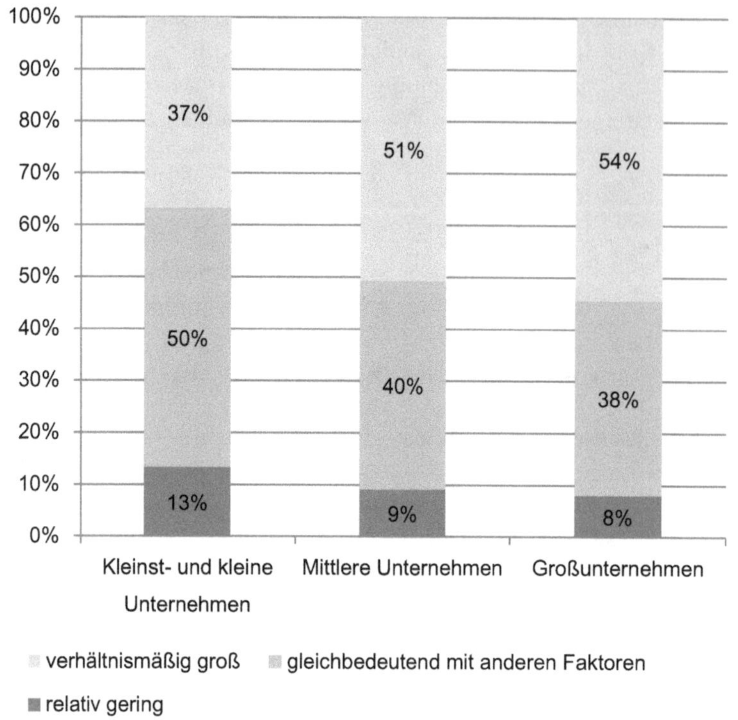

Abb. 5.21 Energieeffizienz-Index: Bedeutung der Energieeffizienz nach Unternehmensgröße (EEP 2015)

Dagegen wird seit 2015 die zukünftige Bedeutung der Energieeffizienz unterschiedlich beurteilt. Großunternehmen gehen zu 46 % davon aus, dass die Bedeutung der Energieeffizienz in ihrem Unternehmen steigen wird, während Kleinst- und kleine Unternehmen sowie mittlere Unternehmen von nur 40 bzw. 39 % ausgehen (s. Abb. 5.22) (EEP 2015).

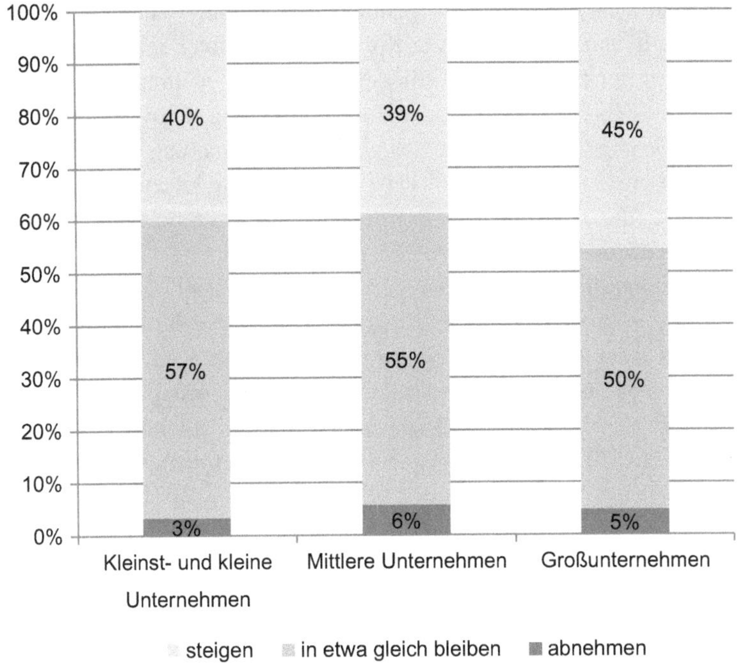

Abb. 5.22 Energieeffizienz-Index: Bedeutung der Energieeffizienz nach Unternehmensgröße in den kommenden 12 Monaten (EEP 2015)

Entsprechend ihrer jeweiligen Potenzialhöhe werden die einzelnen Branchen im Folgenden genauer analysiert. Aufgrund des hohen Anteils am Energieverbrauch erfolgt die Fokussierung dabei hauptsächlich auf die energieintensive Industrie, welche die höchsten absoluten Einsparpotenziale bietet.

Papierindustrie

Die Papierindustrie in Deutschland stellt sowohl national als auch international einen wichtigen Wirtschaftszweig dar. 2014 wurden laut dem Verband Deutscher Papierfabriken e.V. mit 22,5 Mio. t Papier deutlich mehr als in allen anderen EU-Mitgliedstaaten produziert (VDP 2015b). Weltweit wurde lediglich in den USA, China sowie in Japan mehr Papier hergestellt. Mit einem Anteil von über 9 % im Jahr 2013 hat die Papierindustrie einen signifikanten Beitrag am industriellen Endenergieverbrauch in Deutschland bei (AGEB 2015b). Dabei sind zwei Drittel des Endenergieverbrauchs für die Papierherstellung auf die Trocknung von Papierbahnen zurückzuführen (BMWi 2010c). Neben dem überwiegenden Einsatz von thermischer Energie wird zudem elektrische Energie eingesetzt, hauptsächlich für den Betrieb von Pressen (BMWi 2010c). Der Endenergieeinsatz pro produzierter Tonne Papier reduzierte sich um 58,30 % von 6.916 kWh/t im Jahr 1965 auf 2.884 kWh/t im Jahr 2014 (VDP 2015a).

Energieeinsparpotenziale existieren entlang der gesamten Produktionskette und liegen insbesondere in effizienten Verfahren zur Rohstoffverarbeitung, in optimierten Prozessen bei der Stoffaufbereitung und auch in verbesserten Systemsteuerungen (Pehnt et al. 2011).

So könnte insbesondere im Bereich der Holzverarbeitung (Entrinden und Zerkleinern) durch die Optimierung des Mahlprozesses eine Stromeinsparung von bis zu 10 % realisiert werden. Weitere Einsparpotenziale existieren vor allem im energieintensiven letzten Produktionsschritt, der Trockenpartie. Durch den Einsatz von Schuhpressen in der Pressenpartie und die dadurch erreichte Erhöhung des Trockengehaltes kann der Energieverbrauch der Trockenpartie um bis zu 5 % gesenkt werden (Pehnt et al. 2011). Zusätzlich kann die vermehrte Nutzung der im Prozess auftretenden Niedertemperaturabwärme einen wesentlichen Beitrag zu Energieeinsparung leisten. So kann im Durchschnitt eine mittlere Dampfeinsparung von über 9 % und eine Stromeinsparung von über 3 % realisiert werden (Fleiter et al. 2013). Abb. 5.23 subsumiert die nach Fleiter et al. quantifizierten Einsparpotenziale für 2020 und 2035 gegenüber dem Frozen-Efficiency-Szenario (Fleiter et al. 2013).

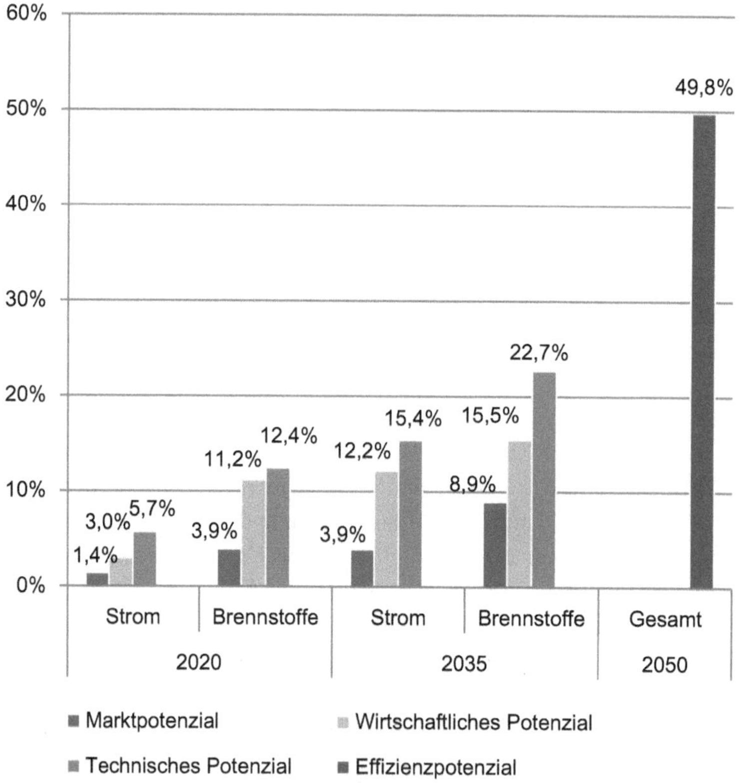

Abb. 5.23 Einsparpotenziale in der Papierindustrie in den Jahren 2020 und 2035 gegenüber dem Frozen-Efficiency-Szenario (Fleiter et al. 2013) und bis 2050 gegenüber 2010 (Roland Berger 2011)

Das technische Potenzial der Papierindustrie wird demnach für das Jahr 2035 auf 15,4 % für Strom und knapp 23 % für Brennstoffe geschätzt. Dabei fällt auf, dass das wirtschaftliche Potenzial für Strom mit 12,2 % bereits einen großen Teil des Gesamtpotenzials ausmacht (Fleiter et al. 2013). Das bedeutet, dass auf Basis des aktuellen Technologiestandes ein Großteil des Potenzials wirtschaftlich erschlossen werden kann. Hingegen fällt die tatsächliche Einsparmenge mit nur knapp 4 % deutlich geringer aus. Für die Potenzialerschließung ist hier eine deutliche Erhöhung der Bestrebungen erforderlich. Eine ähnliche Tendenz ist für die Einsparmengen von Brennstoffen erkennbar. Insgesamt ist jedoch das BAU-Potenzial (Definition s. Kap. 4.1.1) mit 9 % deutlich höher. Andererseits lassen sich von den technisch realisierbaren Einsparmengen von knapp 23 % derzeit nur 15,5 % wirtschaftlich erschließen. Zusammenfassend liegt das spezifische Potenzial im Brennstoffbereich jedoch deutlich über dem Niveau des Branchendurchschnitts von 14 % für das Jahr 2035. Das Potenzial für elektrische Energie bleibt hingegen marginal unter dem Branchenschnitt. Roland Berger schätzt das technische Potenzial bis 2050 sogar auf knapp 50 % (Roland Berger 2011). Betrachtet man Entwicklung und Potenziale bis 2020, ergibt sich ein ähnliches Bild: Während auch hier ein Großteil des technischen Potenzials wirtschaftlich erschlossen werden kann, ist hierfür dennoch eine erhebliche Steigerung der aktuellen Anstrengung erforderlich.

Nicht enthalten sind in dem vorgestellten Modell Technologien, welche heute noch nicht bekannt sind, bis zum Jahr 2035 aber durchaus noch eine deutliche Wirkung auf den Energiebedarf haben könnten. Weiterhin werden radikale Prozessinnovationen, die eine völlig neue Auffassung des grundlegenden Verständnisses der Prozesse voraussetzen, nicht modelliert (Fleiter et al. 2013). Im Rahmen des TwoTeam Project, einer Initiative der CEPI wurden in Form eines Wettbewerbes mehrere visionäre Vorschläge zur Verbesserung der Energie- und Rohstoffeffizienz in der Papierindustrie entwickelt. Beispielsweise soll durch den Einsatz von hochturbulentem Dampf ein nahezu vollständiger Verzicht auf Wasser ermöglicht werden, um Aufwand und Energie bei Entwässerung und Trocknung zu sparen. Theoretisch könnte somit der gesamte Energiebedarf für die thermische und mechanische Entwässerung der Papierbahn eingespart werden (CEPI 2013).

Ferner bleiben in diesem Abschnitt auch Einsparpotenziale bei Querschnittstechnologien wie Motoren, Pumpen und Beleuchtung unberücksichtigt. Die Optimierung des Pumpenparks, welcher bis zu 30 % des Stromverbrauchs ausmachen kann, könnte beispielsweise eine Einsparung der elektrischen Energie zwischen 20 und 70 % ermöglichen (Energieagentur NRW 2010a). Diese werden im Rahmen dieser Arbeit jedoch als Querschnittstechnologie kategorisiert, eine genaue Analyse der Potenziale und deren Umsetzung erfolgt im Kapitel Querschnittstechnologien Abschn. 5.3.2.

Chemische Industrie

Die chemische Industrie in Deutschland ist mit einem Anteil von 28,4 % des gesamten europäischen Umsatzes die größte in Europa (cefic 2015). Mit einem Anteil von über 6 % am gesamten Endenergieverbrauch in Deutschland 2013 bzw. über 22 % des Endenergieverbrauchs beim verarbeitenden Gewerbe, gilt sie als eine der energieintensivsten Industrien (AGEB 2015b). Die chemische Industrie konnte ihren Energieverbrauch durch technologiebasierte Einsparungen im Jahr 2006 gegenüber 1995 bereits um 18,6 % reduzieren.

Gleichzeitig wurde auch hier der Brennstoffeinsatz durch Produktionsumstellungen um etwa ein Drittel reduziert, wohingegen der Stromverbrauch leicht um jährlich 0,6 % gestiegen ist (Prognos 2009). Im Vergleich zu anderen Branchen hat sich der Primärenergieverbrauch in den Jahren 2008 bis 2014 wieder um durchschnittlich 3,5 % erhöht. Somit ist die chemische Industrie 2014 die energieintensivste Branche in Deutschland mit einem Anteil von 31 % am Energieverbrauch. Dies wird dadurch begründet, dass 45 % der eingesetzten Energieträger nicht energetisch genutzt werden. (StBA 2015a)

Die Einsparpotenziale der chemischen Industrie sind im Gegensatz zu anderen energieintensiven Branchen weniger verfahrens- sondern schwerpunktmäßig konstruktionsorientiert. Eine Effizienzsteigerungsmöglichkeit stellt beispielsweise der Einsatz von optimierten Extraktionsanlagen dar, durch den in den nächsten zehn Jahren rund 10 % der benötigten Energie eingespart werden können (Pehnt et al. 2011). Weitere Potenziale resultieren aus der Substitution der bestehenden Elektrolysetechnologie durch neue Verfahrenstechniken, beispielsweise die Membranelektrolyse. Als Folge kann bei der Herstellung von Chlor oder Natronlauge rund ein Drittel des Energiebedarfs eingespart werden (Pehnt et al. 2011). In Abb. 5.24 werden die spezifischen Potenziale in Abhängigkeit des Betrachtungshorizontes quantifiziert.

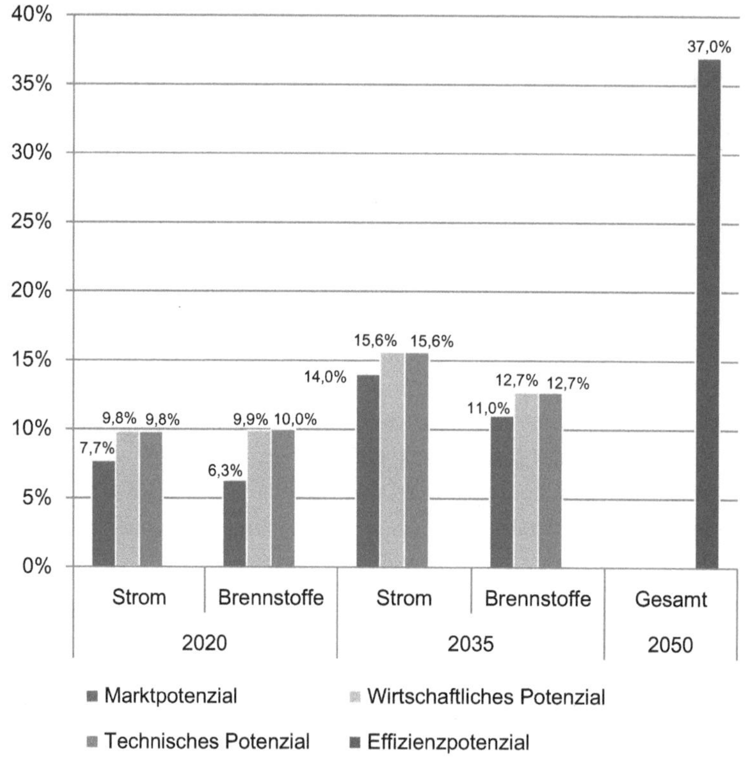

Abb. 5.24 Einsparpotenziale in der Chemieindustrie in den Jahren 2020 und 2035 (Fleiter et al. 2013) gegenüber dem Frozen-Efficiency-Szenario und bis 2050 gegenüber 2010 (Roland Berger 2011)

Die Potenziale zur Energieeinsparung für Strom und Brennstoffe sind bis zum Jahr 2020 annähernd auf gleichem Niveau (ca. 10 %). Dabei ist auffällig, dass das existierende technische Potenzial nahezu vollständig unter den Rahmenbedingungen der Wirtschaftlichkeit realisiert werden kann. Auch die in Zukunft zu erwartenden Marktpotenzial-Einsparungen liegen auf einem hohen Niveau. Insgesamt liegen die relativen Einsparmöglichkeiten über dem Branchendurchschnitt (7,7 % für Strom und 6,3 % für Brennstoffe) bis zum Jahr 2020.

Für den Betrachtungszeitraum bis 2035 lässt sich eine ähnliche Entwicklung ableiten: Die technischen Potenziale im Bereich Strom liegen mit 15,6 % etwas über dem Niveau des industrieüblichen Durchschnitts von 14 %. Diese lassen sich vollständig wirtschaftlich realisieren, wobei insbesondere die Marktpotenzial-Einsparungen mit 14 % einen erheblichen Anteil ausmachen. Die Brennstoffpotenziale der Chemieindustrie bis 2035 lassen sich analog dazu abbilden: sowohl das wirtschaftliche, als auch das Marktpotenzial nehmen den Großteil des technischen Potenzials von 12,7 % ein.

Eine Studie von Roland Berger, welche die Effizienzpotenziale bis 2050 untersucht hat, beziffert das Einsparpotenzial auf 37 % (Roland Berger 2011). Dabei wurde – im Gegensatz zur Untersuchung von Fleiter (Fleiter et al. 2013) – nicht zwischen den beiden Energiequellen Strom und Brennstoffe unterschieden. Dabei können 16,1 % durch Technologieverwendung, also bspw. durch Optimierung der Systemsteuerung von Maschinen, und 20,9 % durch Technologieverwendung, wie Maschinenübergreifende Systemsteuerung, erreicht werden. Auf die Wirtschaftlichkeit der Potenziale wird nicht näher eingegangen.

Insgesamt zeigt sich, dass bei der Fortführung der aktuellen Entwicklung ein Großteil des Potenzials erschlossen werden kann. Dies spiegelt sich auch in der Gegenüberstellung mit dem durchschnittlichen Marktpotenzial der Industrie wider, während bis 2020 das durchschnittliche Marktpotenzial der Industrie auf 3,1 (Strom) bzw. 3,3 % (Brennstoffe) geschätzt wird, befindet sich das spezifische Marktpotenzial der Chemiebranche auf einem doppelt so hohen Prozentwert von 7,7 (Strom) und 6,3 (Brennstoffe). Bis 2035 liegt der Durchschnittswert der energieintensiven Industrie bei jeweils 7,3 und wird somit ebenfalls durch die Chemiebranche deutlich übertroffen.

Infolge bereits in der Vergangenheit durchgeführter Effizienzmaßnahmen sind die über das BAU-Szenario hinausgehenden erzielbaren Einsparungen zum größten Teil ausgeschöpft (Fleiter et al. 2013). Somit sind in Zukunft zwar weiterhin hohe relative Einsparungen zu erwarten, jedoch kann eine Einsparung, die über die derzeitige Entwicklung hinausgeht, nur durch den Einsatz technologischer Innovationen erfolgen. Zusätzlich zu den quantifizierten Einsparmöglichkeiten können auch in der chemischen Industrie zusätzliche Potenziale durch die Investition in effiziente Querschnittstechnologie generiert werden. Zurückzuführen ist dies auf den hohen Anteil für elektrische Antriebe, welcher 70 % des Strombedarfs ausmacht (Pehnt et al. 2011).

Verarbeitung von Steinen/Erden

Die Industrie zur Verarbeitung von Steinen und Erden verzeichnet im Gegensatz zu den anderen energieintensiven Branchen ein schwächeres Wachstum. Zwischen 2009 und 2013 stieg die Bruttowertschöpfung durchschnittlich nur um 0,6 % (StBA 2016d). Gleichwohl stieg die branchenspezifische Energieeffizienz um 25 % zwischen 1995 und 2006 (Prognos 2009). Die Steine-Erden-Industrie wird im Nachfolgenden, durch die intrasektorale Verbrauchsverteilung in drei Subbranchen, die Zementindustrie, die Kalkindustrie sowie die Ziegelindustrie, unterteilt.

Bei der Herstellung von Zement wird je nach Qualität und Sorte aus unterschiedlichen Anteilen von Klinker und Zumahlstoffen unterschieden. Entsprechend differenziert stellen sich die Einsparpotenziale dar. Das BMWi unterscheidet dabei zwischen drei wesentlichen Möglichkeiten (BMWi 2010c):

- Reduzierung des Klinkeranteils im Zement,
- Verstärkter Einsatz von Sekundärbrennstoffen und
- Einsatz energieeffizienter und prozessoptimierter Maschinen und Anlagen

Insgesamt wird das Einsparpotenzial für elektrische Energie eher gering eingeschätzt (etwa 5 bis 7 %) (Fleiter et al. 2013). Durch den Einsatz sogenannter Gutbett-Walzmühlen lassen sich allerdings gegenüber den klassisch vertretenen Kugelmühlen spezifisch zwischen 15 % und 50 % der elektrischen Energie des Walzprozesses einsparen (Fleiter et al. 2013).

Während Optimierungsmaßnahmen der Kalkindustrie im Mahlbereich zu Einsparungen auf der Stromseite führen, werden durch Modifikationen am Kalkofen sowohl in der Kalk- als auch in der Zementindustrie Wärmeeinsparpotenziale erschlossen (Fleiter et al. 2013). Im Hinblick auf Energieeinsparungen im thermischen Energiebereich wird vom Fraunhofer ISI vor allem die Substitution von Drehöfen zu Gunsten von Schachtöfen aufgeführt (FhG-ISI 2013). Zusätzlich kann der Einsatz von hocheffizienten Filtern den Wassergehalt am Eingang des Kalkofens verringern und somit Verdampfungsenergie einsparen. Ebenso wie bei der Zementherstellung stellt das Mahlen einen wichtigen Prozessschritt dar. Die Substitution der weitverbreiteten Kugelmühlen durch Walzenschüsselmühlen mit integriertem Hochleistungsrichter kann den Stromverbrauch des Mahlprozesses um bis zu 40 % senken (Fleiter et al. 2013).

Die Optimierung des Ziegelei-Energieverbrauchs weist primär im Bereich der Trockner und Kühlzone große Effizienzpotenziale hinsichtlich des thermischen Energiebedarfes auf (30 %). Die anfallende Abwärme kann dabei zur Trocknung der feuchten Rohlinge, der Verbrennungs- oder der Gutvorwärmung genutzt werden (Fleiter et al. 2013). Zusammenfassend werden die subsumierten Einsparpotenziale der Stein- und Erdenindustrie in Abb. 5.25 quantifiziert.

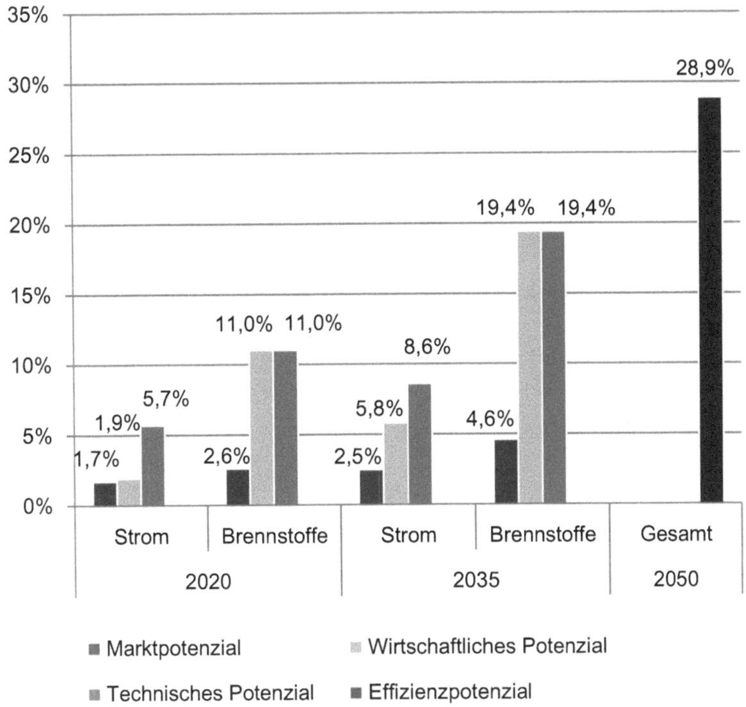

Abb. 5.25 Einsparpotenziale in der Branche ‚Steinen und Erden' in den Jahren 2020 und 2035 (Fleiter et al. 2013) gegenüber dem Frozen-Efficiency-Szenario und bis 2050 gegenüber 2010 (Roland Berger 2011)

Aus dem Diagrammverlauf lässt sich ableiten, dass besonders im Bereich Brennstoff überdurchschnittlich hohe Potenziale, wie Abwärmenutzung zur Materialvorwärmung, optimierte Verbrennungszuführung oder effiziente Kühlsysteme, existieren, welche sich vollständig wirtschaftlich realisieren lassen. Jedoch ist dazu eine erhebliche Steigerung der derzeitigen Entwicklung erforderlich. So würden entsprechend des Marktpotenzials bis 2020 nur 2,6 % der insgesamt möglichen 11 % eingespart werden, welches lediglich einem Anteil von etwa 24 % entspricht. Auch langfristig müssen bis 2035 die aktuellen Bestrebungen erheblich verstärkt werden, um die Diskrepanz zwischen Marktpotenzial und wirtschaftlichem Potenzial zu minimieren. Das Marktpotenzial der Branche befindet sich insgesamt deutlich unter dem Branchendurchschnitt von jeweils 7,3 % (bis 2035). Insgesamt kann somit festgehalten werden, dass die aktuellen Bestrebungen für eine Potenzialausschöpfung um den Faktor vier erhöht werden müssten. Bis 2050 hat die Branche ein Einsparpotenzial von 28,9 % (Roland Berger 2011). Im Bereich der elektrischen Energie liegen die technisch realisierbaren Energieeinsparungen ebenfalls deutlich unter dem Branchendurchschnitt. Dies ist zum Teil auf den hohen Anteil an Querschnittsanwendungen zurückzuführen. Jedoch liegen darüber hinaus auch weitere branchenspezifische Potenziale unerschlossen vor.

Glas- und Keramikindustrie

Im Gegensatz zu anderen Branchen hat sich seit Mitte der 1990er-Jahre der spezifische Endenergiebedarf der Glasindustrie nur wenig verändert. Dieser ist seit 1995 von 9,7 GJ/t auf 9,3 GJ/t im Jahr 2007 nur marginal gesunken (Fleiter et al. 2013) Dies ist unter anderem insbesondere auf die steigenden produktspezifischen Anforderungen zurückzuführen. So werden zunehmend Wärmeschutzverglasung, Sonnenschutzgläser und Multifunktionsgläser hergestellt, die ihrerseits zu einem höheren spezifischen Energiebedarf wegen der längeren Verweilzeiten in den Glaswannen führen (Fleiter et al. 2013).

Energieeffizienz spielt in der Glasindustrie, aufgrund der Tatsache, dass diese zu den energieintensivsten Branchen überhaupt gehört, eine immer bedeutendere Rolle (Kempkens 2014). Dabei werden 80 % des gesamten Endenergieverbrauchs durch Brennstoffe (inkl. Fernwärme) und rund 20 % durch Strom verursacht (Fleiter et al. 2013).

So liegt der Fokus bei Effizienzsteigerungsoptionen auf der Optimierung der Herd- und Verbrennungsprozesse. Die Maßnahmen zur Steigerung der Energieeffizienz betreffen dabei fast ausnahmslos die Optimierung des konventionellen Herdprozesses. Technologien für eine optimierte Verbrennung zählen daher zu den wichtigsten Optionen zur Reduzierung des Energieverbrauchs (Fleiter et al. 2013). Bei der Herstellung von Behälterglas können beispielsweise durch eine Gutvorwärmung weitere Energieeinsparungen gegenüber demselben Verfahren ohne Vorwärmung erzielt werden (Jochem et al. 2011).

Es bestehen in der Glasindustrie zwar auch erhebliche Effizienzpotenziale für Stromeinsparungen, aber diese werden hauptsächlich im Bereich der Querschnittstechnologien gesehen und daher in diesem Abschnitt zunächst nicht berücksichtigt (Fleiter et al. 2013). In der Abb. 5.26 werden die nach Fleiter et al. (2013) quantifizierten Einsparpotenziale für die

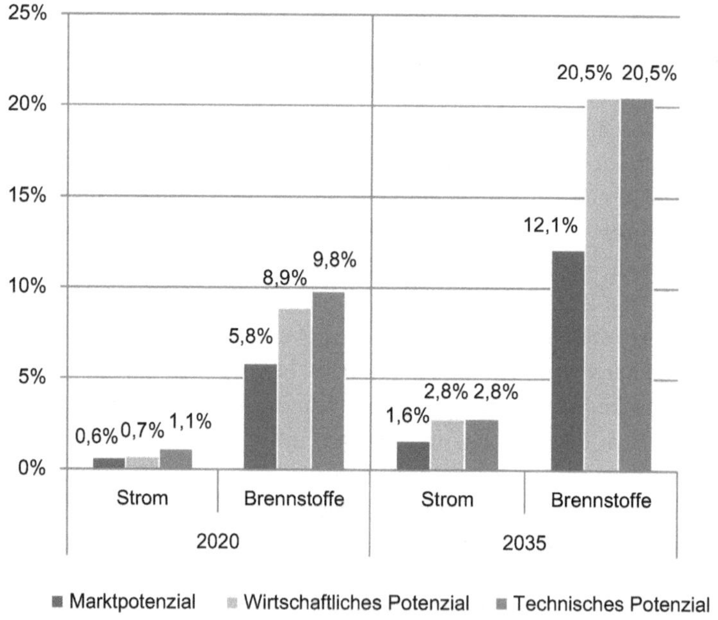

Abb. 5.26 Einsparpotenziale in der Glasindustrie in den Jahren 2020 und 2035 gegenüber dem Frozen-Efficiency-Szenario (Fleiter et al. 2013)

Glasindustrie dargestellt. Aufgrund des hohen Anteils von Querschnittsanwendungen im elektrischen Energieverbrauch, fallen die nicht durch Querschnittstechnologie induzierten Strompotenziale mit 1,1 % bis 2020 bzw. 2,8 % bis 2035 sehr gering aus. Die Brennstoffeinsparpotenziale liegen hingegen über dem Durchschnitt der Industrie. Bis 2035 können technisch bis zu 20,5 % der eingesetzten Brennstoffe eingespart werden. Dieses Potenzial lässt sich vollständig wirtschaftlich realisieren, jedoch müssen auch in der Glasindustrie die aktuellen Bestrebungen erhöht werden. Auf Grundlage der aktuellen Entwicklung werden bis 2035 voraussichtlich 12 % der Brennstoffe eingespart, welches deutlich über dem durchschnittlichen Marktpotenzial der energieintensiven Industrie liegt. Bis 2020 fallen die technischen Potenziale ebenfalls überdurchschnittlich hoch aus, rentieren sich jedoch aufgrund des kurzen Bezugszeitraums nicht in vollem Umfang.

Die Keramikindustrie ist durch ihre vielfältigen Anwendungen in der Industriegesellschaft allgegenwärtig. Keramische Werkstoffe und Produkte sind essenziell für die Chemie, den Maschinen- und Anlagenbau, die Elektro-, Mess- und Sensortechnik, Mikroelektronik sowie die Medizintechnik (Voß 2012). Die Keramikherstellung gilt neben der Herstellung von Glas als besonders energieintensiv, da ein wichtiger Teil des Prozesses auf dem Trocknen und dem anschließenden Brennen bei Temperaturen zwischen 800 und 2.000 Grad Celsius beruht (Burkhart und Schorcht 2007). Insgesamt dominiert der Brennprozess in den Öfen mit rund 70 % den gesamten Energieeinsatz der Keramikherstellung (Fleiter et al. 2013). Sowohl in der Glas- als auch in der Keramikindustrie machte Erdgas infolge der meist unmittelbaren Befeuerung von Wannen und Öfen fast 85 % des gesamten verbrauchten Brennstoffs in 2007 aus.

Die primären Einsparungen lassen sich daher über die technische Verbesserung der Öfen und Trockner realisieren (Fleiter et al. 2013). Dabei stellt zum einen die Optimierung der bisherigen Technologien durch intelligente Steuerung und Regelung der Wärmeleistung eine Verbesserungsmöglichkeit dar. Zum anderen lassen sich Einsparungen insbesondere durch eine Optimierung der Isolierung und den Austausch der alten Peripherie erzielen (Burkhart und Schorcht 2007). Aufgrund der hohen Prozesstemperaturen stellt die Rückgewinnung von überschüssiger Abwärme eine gute Möglichkeit dar, Energieeinsparungen zu realisieren (Burkhart und Schorcht 2007). Darüber hinaus kann eine Änderung der keramischen Massenzusammensetzung die notwendigen Trocknungs- und Brennzeiten und somit den thermischen Energiebedarf reduzieren. Dabei kann die Verwendung von Sinterhilfsmitteln und energiehaltigen Porenbildnern bis zu 25 % der Gesamtenergie in Form von sekundärer Energie in der Hintermauerziegelproduktion liefern (Burkhart und Schorcht 2007). In der Abb. 5.27 werden die Potenziale für die Keramikindustrie in Abhängigkeit der zeitlichen Entwicklung zusammengefasst.

Auffällig ist auch das sehr geringe Einsparpotenzial für elektrische Energie, welches auf den breiten Einsatz von Querschnittstechnologien zurückzuführen ist. Bis zum Jahr 2035 liegt das Stromeinsparpotenzial unter 3 %, bezugnehmend auf das Jahr 2020 sogar nur etwa 1 %. Es lässt sich jedoch vollständig unter den Rahmenbedingungen der Wirtschaftlichkeit erschließen.

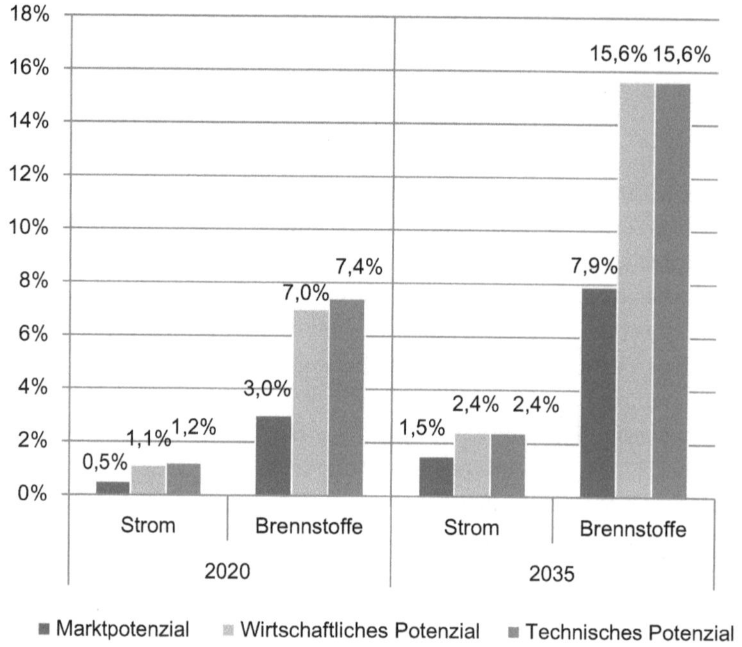

Abb. 5.27 Einsparpotenziale in der Keramikindustrie in den Jahren 2020 und 2035 gegenüber dem Frozen-Efficiency-Szenario (Fleiter et al. 2013)

Etwas über dem Durchschnitt der Industrie liegt das technische Einsparpotenzial für Brennstoffe, welches sich bis 2035 ebenfalls vollständig wirtschaftlich erschließen lässt. Die identifizierten branchenspezifischen Einsparpotenziale sind demnach in hohem Maße wirtschaftlich. Auf Grundlage der aktuellen Entwicklungsprognosen ist, ähnlich wie in der Glasindustrie, für eine vollständige Potenzialausschöpfung annähernd eine Verdoppelung der aktuellen Bestrebungen erforderlich. Analog zu den vorangegangenen Potenzialentwicklungen einzelner Branchen, ist die Verhältnisentwicklung aus wirtschaftlichen zu den technischen Potenzialen im Jahr 2020 zu 2035 darauf zurückzuführen, dass sich Einsparoptionen erst über einen längeren Zeitraum voll amortisieren. Als Resultat längerer Amortisationszeiten generieren spezifische Einsparoptionen erst für einen längeren Zeitraum ihr wirtschaftliches Potenzial.

Metallindustrie

Die Metallerzeugung hat in den vergangenen Jahren durch den kontinuierlich gestiegenen internationalen Bedarf, besonders aus China, erheblich zugenommen. Auch zukünftig wird von einer steigenden Nachfrage nach Metallerzeugnissen und einer damit einhergehenden steigenden Metall- und Stahlproduktion ausgegangen (Prognos 2009). So stieg die Bruttowertschöpfung der Metallerzeugung und -bearbeitung zwischen 2009 und 2013 um durchschnittlich 7,2 % und somit deutlich stärker als im Durchschnitt der Industrie (StBA 2016d). Die Metallerzeugung verursacht etwa ein Drittel des gesamtindustriellen Brennstoffverbrauchs und ist somit die brennstoffintensivste Branche der Industrie. Der Anteil des elektrischen Energieverbrauchs am Gesamtenergieverbrauch fällt mit 13 % (79 PJ) gering aus.

Zwischen 2006 und 2009 wurde mit 180 PJ von der Metallerzeugung nicht nur der größte Anteil am industriellen Endenergieverbrauch eingespart, die Branche reduzierte zudem ihren spezifischen Endenergiebedarf durch energieeffizientere Technologien und Prozesse um 31 % und hiermit überdurchschnittlich stark (Prognos 2009).

Grundsätzlich wird die Eisen- und Stahlindustrie durch zwei Herstellungsverfahren dominiert. Zum einen ist das die Primärroute, welche etwa zwei Drittel der weltweiten Stahlproduktion ausmacht (Fleiter et al. 2013). In Hochöfen wird unter hohen Temperaturen Eisenerz in Roheisen umgewandelt und anschließend in Rohstahl veredelt. Dieser Vorgang ist besonders brennstoffintensiv aufgrund der erforderlichen thermischen Energie.

Zum anderen erfolgt die Herstellung von Stahl über die Sekundärroute, in der Stahl in einem elektrischen Lichtbogenofen recycelt wird. Hierbei entfällt der Reduzierungsprozess von Eisenerz zu Eisen, wodurch dieses Verfahren deutlich weniger Energie benötigt und geringere CO_2-Emissionen pro Tonne Rohstahl verursacht werden als in der Hochofenroute. Gleichwohl ist der Prozess für einen Großteil des elektrischen Energieverbrauchs der Metallerzeugungsindustrie verantwortlich (Fleiter et al. 2013).

Einsparmaßnahmen in der Metallerzeugung bestehen vorwiegend in den Bereichen der Gichtgasrückführung, im Hochofen, bei elektrischen Antrieben, Wärmerückgewinnung sowie der Prozessoptimierung (Fleiter et al. 2013). So kann beispielsweise durch die Rezirkulierung der Sinteranlagenabwärme 5 bis 10 % bzw. maximal 20 % eingespart werden. Aufgrund von kontinuierlichen Verbesserungen über die letzten Dekaden hinweg, werden beim Hochofen selbst kaum noch Effizienzpotenziale erwartet (Fleiter et al. 2013). Als limitierendes Element der Abwärmenutzung ist insbesondere die Schadstoffkonzentration im Abgas zu nennen, welche gesetzlichen Grenzwerten obliegt (Fleiter et al. 2013). Darüber hinaus existiert ein großes Potenzial durch die Verfahrensoptimierung. Beispielsweise kann durch die Integration der Prozessschritte Warmwalzen, Entzundern, Richten und Beizen die Zunderbildung um bis zu 90 % verringert werden. Daraus resultiert sowohl eine reduzierte Beizdauer als auch die Beizmenge (Energieagentur NRW 2009). Eine weitere Möglichkeit zur Verbrauchsreduzierung stellt das Corex-/Finex-Verfahren dar. Beim Corex-Verfahren wird flüssiges Roheisen direkt aus Kohle, Stückerz oder Pellets erzeugt, wodurch mit der Kokerei und der Sinteranlage zwei energieintensive Prozessschritte eingespart werden (Buck et al. 2010). Eine Effizienzmaßnahme beim elektrischen Lichtbogenverfahren besteht in der Nutzung der Ofenabwärme zur Vorerwärmung des Schrotts. Darüber hinaus stellt die Verstromung der Abwärme im Elektrostahlwerk ebenfalls eine attraktive Wärmenutzung dar (Fleiter et al. 2013).

Nachfolgend werden die relativen Einsparoptionen in der metallerzeugenden Industrie zusammenfassend dargestellt. Dabei zeigt sich, dass insbesondere im Bereich der elektrischen Energie noch erhebliche Verbesserungen möglich sind (s. Abb. 5.28). Dies ist insbesondere auf das stromintensive Lichtbogenverfahren zur Stahlherstellung zurückzuführen. Insgesamt beträgt das technische Einsparpotenzial bis 2035 19 % des Stromeinsatzes gegenüber dem Frozen-Efficiency-Szenario und besitzt somit innerhalb der energieintensiven Industrie das höchste relative Stromeinsparpotenzial. Dieses lässt sich fast vollständig wirtschaftlich ausschöpfen, jedoch muss hierfür die derzeitige Anstrengung mehr als verdoppelt werden. Das Marktpotenzial beträgt für Strom lediglich 8,8 % bis 2035, bis 2020 liegt dieses sogar nur bei 2,3 %. Das technische Potenzial für das Jahr 2020 fällt dabei sowohl für elektrische Energie als auch für Brennstoffe gering aus. Lediglich 3,8 bzw. 3,6 % des Energieeinsatzes gegenüber dem Frozen-Efficiency-Szenario können nach Fleiter et al. (2013) eingespart werden.

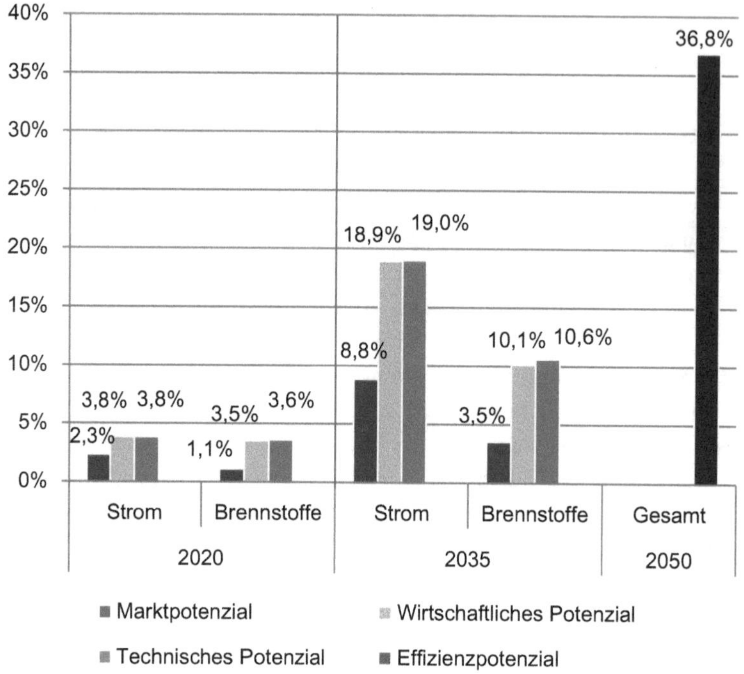

Abb. 5.28 Einsparpotenziale in der Metallindustrie in den Jahren 2020 und 2035 gegenüber dem Frozen-Efficiency-Szenario (Fleiter et al. 2013) und Einsparpotenziale 2050 gegenüber 2010 (Roland Berger 2011)

Bis 2035 liegt das Marktpotenzial für Brennstoffe bei 3,5 %. Für die Erreichung des wirtschaftlichen Potenzials von 10 % ist daher nahezu eine Verdreifachung der aktuellen Bestrebungen erforderlich. Stellt man die relativen Einsparpotenziale den absoluten Äquivalenten gegenüber, wird deutlich, dass die Metallindustrie trotz ihrer vergleichsweise geringen Einsparquoten mit 61 PJ bis 2035 den absolut größten Beitrag zur Brennstoffeinsparung leisten kann. In der metallerzeugenden Industrie kann laut Roland Berger durch den Einsatz effizienter Gießmaschinen sowie Erwärmungs- und Warmhalteanlagen bis 2050 eine Effizienzsteigerung im Bereich der elektrischen Energie von bis zu 37 % realisiert werden (Roland Berger 2011)

NE-Metallindustrie

Unter dem Begriff NE-Metallindustrie werden u. a. die Herstellung von Aluminium, Kupfer, Zink, Blei und Edelmetall subsumiert, wobei die Produktion von Aluminium mit einem Endenergieverbrauchsanteil von etwa 73 % die energieintensivste Subbranche darstellt. Aufgrund des hohen Anteils der Stromkosten für die Elektrolyse hat die Industrie zur Herstellung von Aluminium bereits in bedeutendem Umfang in die Forschung und Entwicklung von Maßnahmen zur Energieverbrauchsreduzierung investiert (Fleiter et al. 2013).

Nach dem Vorbild der Metallindustrie wird in der Nichteisenmetallindustrie ein ähnlicher Ansatz zur Steigerung der Energieeffizienz verfolgt. Durch den hohen energetischen Anteil für Schmelz- und Gießprozesse existieren die größten Potenziale zur Energieeinsparung vornehmlich in der Brennstoffnutzung. Dort ist eine deutliche Einsparung durch den Einsatz verbesserter Technologien, beispielsweise der Brenner, bzw. Flüssigmetallanlieferung sowie der Optimierung im Betrieb und der Wärmerückgewinnung zu erwarten (Fleiter et al. 2013). Jedoch können Potenziale auch partiell durch Prozesssubstitutionen realisiert werden. So werden bei der Primärproduktion von Aluminium und Kupfer die größten Mengen Energie verbraucht. Durch die Substitution mit verbrauchsimmunisierten Anoden (keine Abnutzung) und benetzbaren Kathoden aus Titandibromid kann nach Angaben des International Aluminium Institute (IAI) 20 bis 25 % des Energieverbrauch der Elektrolyse um eingespart werden (BMWi 2010c). Nachfolgend werden die erwarteten Potenziale in der Abb. 5.29 zusammengefasst.

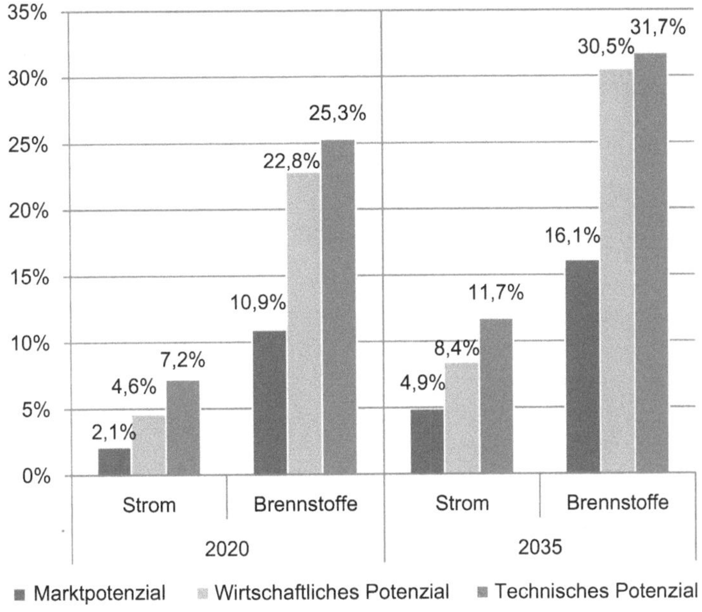

Abb. 5.29 Einsparpotenziale in der NE-Metallindustrie in den Jahren 2020 und 2035 gegenüber dem Frozen-Efficiency-Szenario (Fleiter et al. 2013)

Die energieträgerspezifischen Einsparpotenziale der NE-Metallindustrie stellen sich sehr heterogen dar. Während die Stromeinsparpotenziale auf einem eher branchen-unterdurchschnittlichen Niveau vorliegen, ist das Potenzial zur Brennstoffreduzierung mit über 31 % für das Jahr 2035 besonders hervorzuheben. Dieses lässt sich zum Großteil wirtschaftlich erschließen. Das Marktpotenzial wird auf etwa 16 % geschätzt, woraus abgeleitet werden kann, dass für die vollständige Erschließung der wirtschaftlichen Potenziale eine Verdoppelung der derzeitigen Bestrebungen bis 2035 erforderlich ist. Im Bereich der elektrischen Einsparoptionen lassen sich nach derzeitigem Stand 8,4 % des auf insgesamt 11,7 % geschätzten Potenzials wirtschaftlich realisieren gegenüber dem Frozen-Efficiency-Szenario.

Werden die Potenziale bis 2020 betrachtet, nehmen die Brennstoffeinsparmöglichkeiten für die betrachteten Branchen eine Ausnahmestellung ein. Während die Potenziale der zuvor analysierten Branchen durchschnittlich bei etwa 8 % liegen, wird das Einsparpotenzial der NE-Metallindustrie auf 25 % geschätzt, was dem dreifachen Wert des Branchendurchschnitts entspricht. Die Potenziale zur Einsparung elektrischer Energie fallen auch für 2020 im Vergleich deutlich geringer aus. Dies ist insbesondere auf die bereits getätigten Investitionen in Energieeffizienz in der Vergangenheit zurückzuführen.

Zusammenfassung branchenspezifische Potenziale

Auf Grundlage der vorangegangenen Potenzialabschätzungen werden zusammenfassend die branchenspezifischen relativen Potenziale den absoluten für das Referenzjahr 2035 gegenübergestellt.

Dabei werden zunächst die Brennstoffpotenziale in der Abb. 5.30 miteinander verglichen. Die linken Balken stellen die absoluten Einsparmengen dar, wohingegen die rechten Balken das relative Potenzial der jeweiligen Branche quantifizieren. Insgesamt wird deutlich, dass die Einsparungen in Grundstoffchemie und Metallerzeugung über 50 % des

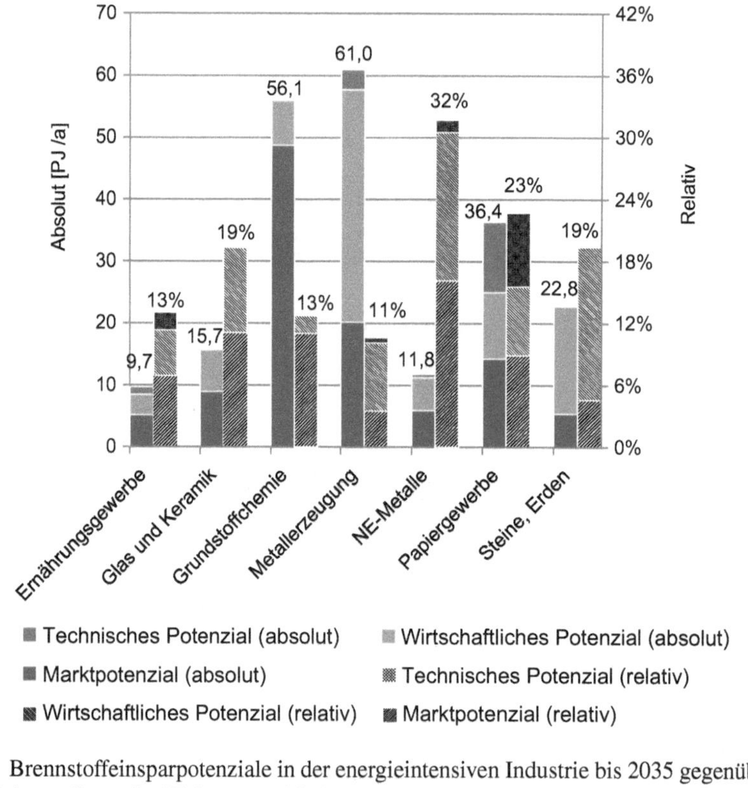

Abb. 5.30 Brennstoffeinsparpotenziale in der energieintensiven Industrie bis 2035 gegenüber dem Frozen-Efficiency-Szenario (Fleiter et al. 2013)

absoluten Brennstoffpotenzials einnehmen, während die spezifischen relativen Einsparquoten unter dem Durchschnitt der Industrie von etwa 14 % (technisches Potenzial) bzw. 13,2 % (wirtschaftliches Potenzial) liegen. Hier können insbesondere in der Glas- und Keramikindustrie, der NE-Metallindustrie, sowie dem Gewerbe für Papier überdurchschnittliche Einsparungen realisiert werden. Die korrespondierenden absoluten Einsparmengen sind hingegen deutlich geringer. Eine Ausnahme stellt hierbei das Papiergewerbe dar, das sowohl hohe relative als auch absolute Einsparpotenziale aufweist.

Die erforderlichen Bestrebungen zur Hebung der Potenziale sind unterschiedlich. So müssen insbesondere in der Industrie der Steine und Erden, aber auch in der Metallerzeugung und dem Papiergewerbe die Bestrebungen deutlich erhöht werden, um die identifizierten Potenziale zu heben (Abb. 5.31).

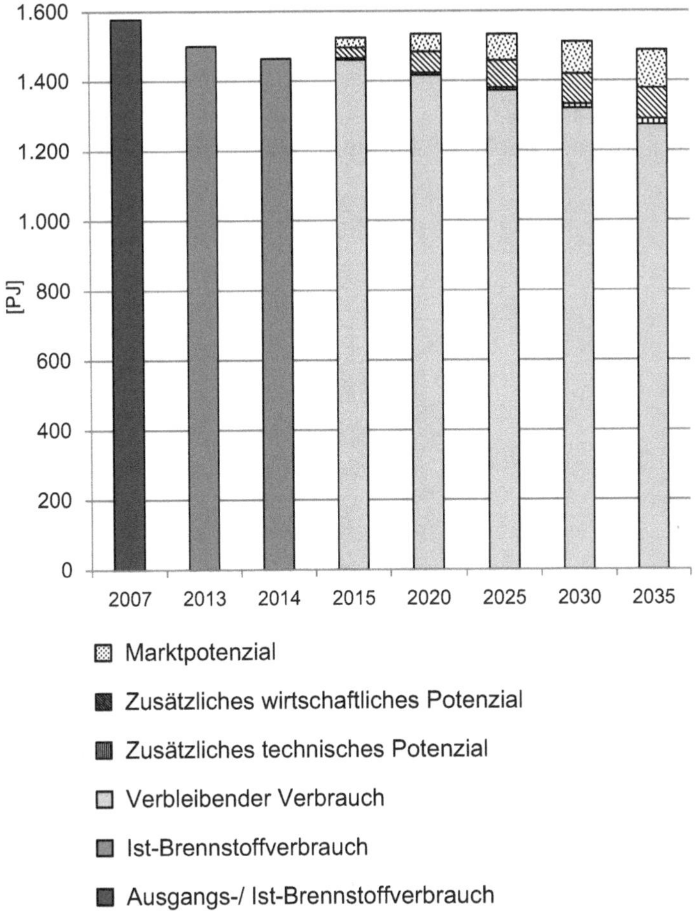

Abb. 5.31 Vergleich Ist-Brennstoffverbrauch mit Brennstoffeinsparpotenzialen (Fleiter et al. 2013; AGEB 2015a, c)

Eine zusammenfassende Prognose des Brennstoffverbrauchs ist in Abb. 5.31 dargestellt. Die Brennstoffverbrauchs-Prognosen beziehen sich auf die Basis des Frozen-Efficiency-Szenarios (Fleiter et al. 2013). Die dargestellten Ist-Verbrauchswerte von 2007 bis 2014 sind jedoch deutlich stärker gefallen, als von Fleiter angenommen wurde. So ist der reale Brennstoffverbrauch 2014 bereits beinahe gleich dem des verbleibenden Verbrauchs 2015 nach Fleiter et al. nach Erreichen des gesamten Einsparpotenzials. Allerdings wurde bei dieser Betrachtung die wirtschaftliche Situation in Zusammenhang mit der Finanzkrise 2008/2009 nicht berücksichtigt. In diesem Zeitraum kam es zu einem Einbruch der Bruttowertschöpfung um 4,23 % (StBA 2016a) mit dem Effekt eines geringeren realen Wachstums gegenüber den Annahmen des Frozen-Efficiency-Szenarios von Fleiter. Kann dieser Trend beim Brennstoffverbrauch unabhängig von oben genannten Entwicklungen beibehalten werden, so scheinen die technischen Potenziale in den Jahren 2020 bis 2035 realisierbar zu sein. Es muss jedoch beachtet werden, dass sich die unterschiedlichen Potenziale auf die Verbrauchsprognose von Fleiter et. al. in diesen Jahren beziehen und diese, wie bereits erwähnt, nicht der Entwicklung des Ist-Verbrauchs entsprechen (Fleiter et al. 2013).

Im Folgenden werden die branchenspezifischen Stromeinsparpotenziale einander gegenübergestellt (s. Abb. 5.32). Hier nehmen die Grundstoffchemie und Metallerzeugung einen Anteil von über 50 % des absoluten Gesamtpotenzials der energieintensiven Industrie ein.

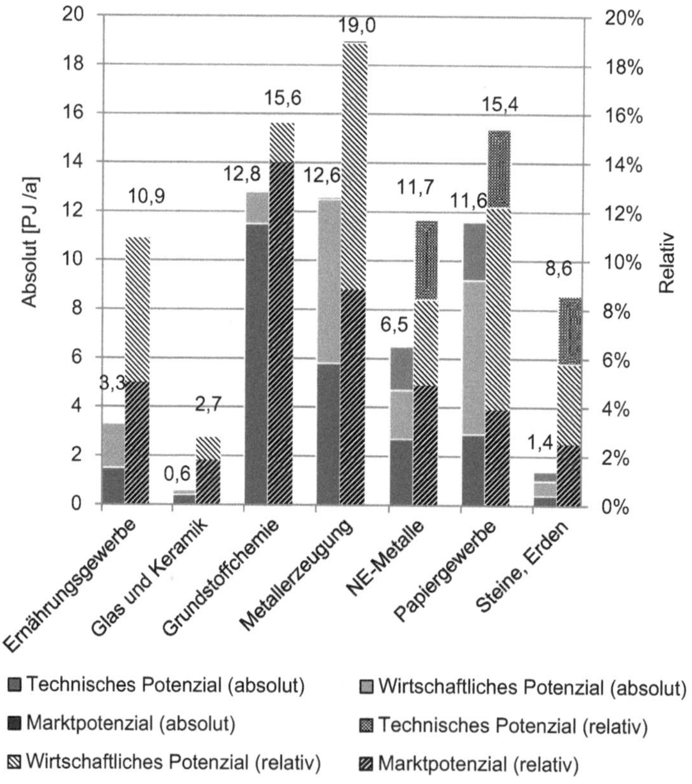

Abb. 5.32 Stromeinsparpotenziale in der energieintensiven Industrie bis 2035 gegenüber dem Frozen-Efficiency-Szenario (Fleiter et al. 2013)

Dabei liegen die größten Einsparpotenziale bei einer Wärmerückgewinnung beim Elektrostahlverfahren, dem endabmessungsnahen Gießen bei der Walzstahlherstellung und auf neuen effizienteren Anlagen bei der Herstellung von Sauerstoff (Fleiter et al. 2013). Im Gegensatz zu den Brennstoffen sind hier auch die korrelierenden relativen Einsparquoten am höchsten. Auch in den Bereichen der Ernährung- sowie der Steine und Erden existieren hohe relative Einsparpotenziale, die nur einen sehr geringen absoluten Gegenwert aufweisen. Insgesamt ist die Verteilung der Potenziale auch sehr heterogen. Analog zu den Brennstoffpotenzialen müssen im Papiergewerbe, Steine und Erden-Gewerbe, sowie der NE-Metallindustrie die aktuellen Bestrebungen für eine Potenzialhebung erheblich mehr verstärkt werden, als dies in der Grundstoffchemie, Glas- und Keramikindustrie sowie der Metallerzeugung erforderlich ist.

Die aggregierten Einsparpotenziale für Strom belaufen sich insgesamt auf 49 PJ bis 2035 gegenüber dem Frozen-Efficiency-Szenario. Das Brennstoffpotenzial liegt im gleichen Zeitraum bei etwa 213 PJ (s. Abb. 5.33).

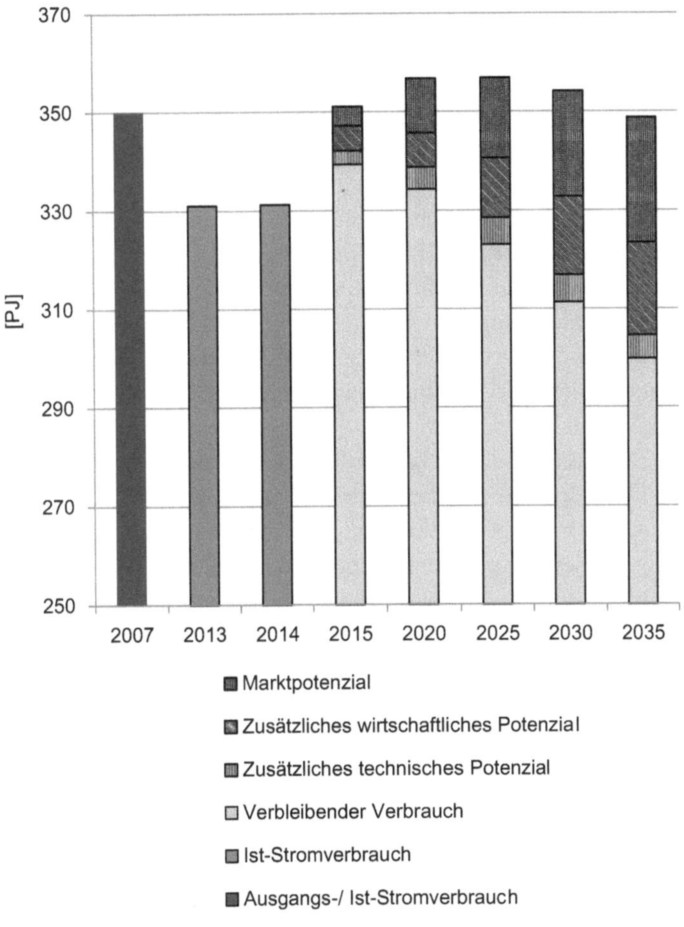

Abb. 5.33 Vergleich Ist-Stromverbrauch mit Stromeinsparpotenzialen nach Fleiter et al. (Fleiter et al. 2013; AGEB 2015a, c)

Abb. 5.33 zeigt den prognostizierten Stromverbrauchs nach Fleiter et al. der Jahre 2015 bis 2035 inklusive der berechneten Potenziale und den Ist-Verbrauch von 2013 und 2014 (Fleiter et al. 2013; AGEB 2015a, c). Die Prognose-Werte weichen hier stärker von den Ist-Werten ab, als beim Brennstoffverbrauch. Bereits 2014 liegt der Ist-Stromverbrauch schon weit unter den prognostizierten Werten von 2015 nach Erreichen des technischen Potenzials. Die Prognose von 2007 stimmt daher nicht mit der Entwicklung des Ist-Stromverbrauchs überein. Durch den geringeren Ist-Verbrauch von 2013 und 2014 gegenüber dem Prognosewerte von 2015 und 2020 nach Erreichen des technischen Potenzials ist davon auszugehen, dass die Prognosewerte der Jahre 2020 bis 2035 erreicht werden können. Jedoch ist eine Aktualisierung der Prognoseverbräuche sowie der Potenziale erforderlich.

Zusammenfassend sind sowohl im Bereich Strom als auch dem der Brennstoffe die Einsparpotenziale branchenspezifisch sehr heterogen verteilt. Die prognostizierten Werte nach Fleiter wurden auf Basis von 2007 berechnet und entsprechen zum aktuellen Zeitpunkt nicht der Entwicklung des Verbrauchs (Fleiter et al. 2013; AGEB 2015a, c). Für eine den aktuellen Entwicklungen angepasste Prognose wäre es sinnvoll, die Prognosewerte der Jahre 2020 bis 2035 auf Basis des Ist-Verbrauchs von 2014 zu aktualisieren, was jedoch nicht Gegenstand der vorliegenden Studie ist. Im Hinblick auf etwaige pauschale Einsparquoten zur politischen Forcierung der industriellen Energieeffizienz würden insbesondere Branchen mit geringen relativen aber hohen absoluten Potenzialen deutlich schlechter gestellt und wären ggf. mit Sanktionen konfrontiert. Andererseits ist der Anreiz für Branchen mit durchschnittlich hohen potenziellen Einsparquoten geringer, diese Potenziale über die Zielquoten hinaus zu nutzen. Demnach wird eine pauschale Einsparquote als Kontroll- und Steuerungsinstrument der Energieziele den heterogenen Rahmenbedingungen nicht gerecht und wäre möglicherweise kontraproduktiv. Pauschale Anforderungen an eine Steigerung der Energieeffizienz gehen somit an der Realität vorbei und weisen Unternehmen wirtschaftlich nicht erreichbare und zu hohe oder zu niedrige Ziele zu (vbw 2012).

Darüber hinaus muss berücksichtigt werden, dass die angegebenen Einsparpotenziale auch innerhalb einer Branche deutlich variieren können. Eine Ursache hierfür lässt sich unter anderem aus der heterogenen Verteilung der Unternehmensgrößen ableiten. Weitere Gründe liegen in den jeweils gegebenen Produktionsstrukturen und Produktspektren, sowie der bereits getätigten bzw. nicht getätigten Energieeffizienz-Investitionen einzelner Unternehmen (Jochem et al. 2011). Abb. 5.34 quantifiziert die Potenzialbreite, in denen sich einzelne Industriebranchen durchschnittlich befinden können. Die dunkelgefärbten Balken stellen dabei das ermittelte durchschnittliche Mindestpotenzial dar, wohingegen die hellgefärbten Balken das intrasektorale Potenzialmaximum quantifizieren. Im Vergleich zu den bisher quantifizierten Potenzialangaben ist zu berücksichtigen, dass der Bezugsrahmen nach IREES ausschließlich bis 2020 gewählt wurde (Jochem et al. 2011). Darüber hinaus sind in den Branchenangaben auch Potenziale durch Querschnittstechnologien integriert worden.

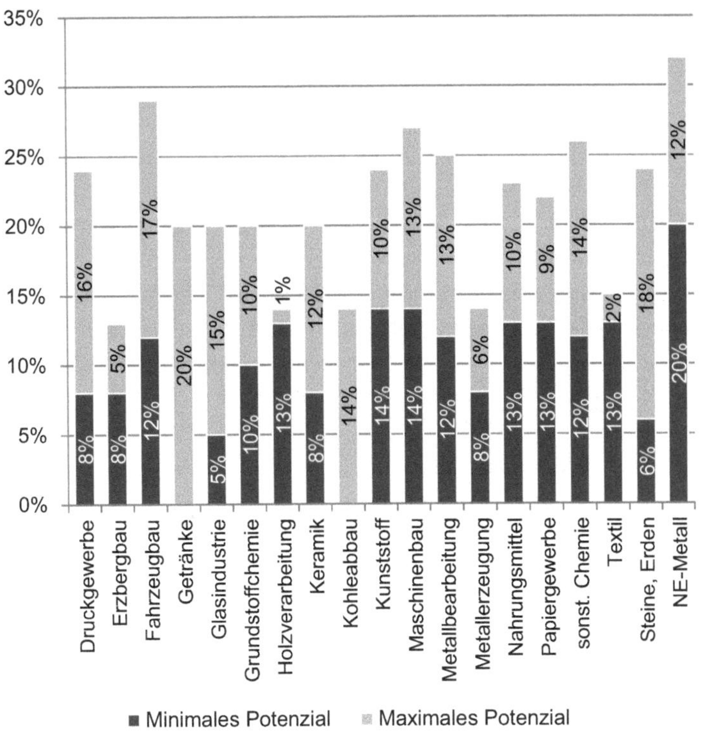

Abb. 5.34 Durchschnittliche Energieintensitätssteigerung in % von 2007 bis 2020 (Jochem et al. 2011)

Innerhalb einzelner Branchen kann die Potenzialhöhe deutlich variieren. Die Branchen mit der größten Potenzialbandbreite sind die Glasindustrie und die Steine- und Erdenindustrie. Die Potenziale können hier, je nach Unternehmen, um das Vierfache schwanken. Somit würden auch etwaige branchenspezifische Einsparquoten nicht den unternehmensbezogenen Rahmenbedingungen gerecht werden. Zusätzlich unterscheiden sich die Einsparpotenziale in Abhängigkeit der Effizienzmaßnahmen hinsichtlich ihres Realisierungszeitrahmens.

Kurzfristig umsetzbare Potenziale lassen sich vor allem in der Optimierung des Anlagenbetriebs realisieren. Diese Einsparpotenziale umfassen unter anderem eine angepasste Betriebsführung und verminderte Leerlaufverluste der Maschinen z. B. durch eine bessere Auslastung. Das gesamte Einsparpotenzial, welches sich innerhalb eines als „kurzfristig" definierten Zeitraums inkrementell realisieren lässt, wird auf etwa 3,7 PJ für Strom und 21,1 PJ für Brennstoffe bis zum Jahr 2035 gegenüber dem Frozen-Efficiency-Szenario geschätzt. Zusätzlich kann die Nutzung von Abwärme in den meisten Branchen noch hohe kurzfristige Einsparungen generieren. Das branchenübergreifende Einsparpotenzial der Abwärmenutzung liegt bei 8,1 PJ (Strom) bzw. bei 52,3 PJ (Brennstoffe) gegenüber dem Frozen-Efficiency-Szenario (Fleiter et al. 2013).

Ferner können auf mittelfristiger Ebene zusätzlich Potenziale realisiert werden, die aus dem Einsatz bester verfügbarer Technologien (BVT) resultieren. Dabei kann die inkrementelle Diffusion bereits durch die Revision bestehender Anlagen erfolgen, wodurch sich das Realisierungsintervall von 30 bis 50 Jahren auf 10 bis 20 Jahren verkürzt. Das zusätzlich wirtschaftlich realisierbare Gesamtpotenzial auf mittelfristiger Ebene bis 2035 liegt hier bei 22,2 PJ für Strom und 85,5 PJ für Brennstoffe gegenüber dem Frozen-Efficiency-Szenario (Fleiter et al. 2013).

Langfristig sind neben den Optimierungspotenzialen auch Prozessinnovationen für die Verbesserung der Energieeffizienz von großer Relevanz. Als Prozessinnovation werden dabei insbesondere neue Verfahren, die Nutzung und Herstellung neuer Materialien oder die Integration neuer Organisations- und Managementmethoden subsumiert. Das zusätzliche Einsparpotenzial durch Prozessinnovationen liegt bei rund 16 PJ für Strom und 54,5 PJ für Brennstoffe (Fleiter et al. 2013).

Auf Grundlage der definierten Technologiegruppen ergeben sich die in der Abb. 5.35 zusammengefassten partiellen Einsparpotenziale für Prozessinnovationen, den Einsatz bester verfügbarer Technologien, optimierte Betriebsführung sowie Abwärmerückgewinnung.

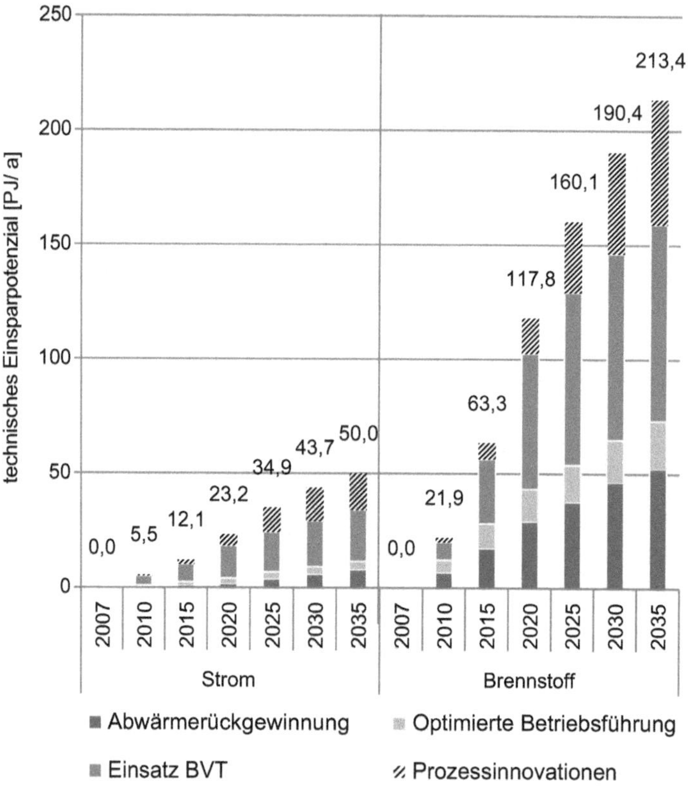

Abb. 5.35 Technologiespezifische Potenzialdiffusion (Fleiter et al. 2013)

Insgesamt kann zusammengefasst werden, dass sowohl relativ als auch absolut erhebliche Einsparpotenziale bei den energieintensiven Prozessen vorhanden sind. Diese ergeben sich zum einen aus kurzfristig möglichen Optimierungen der Prozesse – beispielsweise der Abwärmenutzung – zum anderen aus dem Einsatz neuer Technologien und Verfahren, die eher langfristig wirken. Diese noch erschließbaren Potenziale sind jedoch deutlich niedriger als die gewaltigen Effizienzgewinne, die bei einigen Prozessen in den letzten Jahrzehnten realisiert wurden (Fleiter et al. 2013).

5.3.2 Querschnittstechnologien

Nachdem im vorhergehenden Kapitel branchenspezifische Technologien und Potenziale ausführlich analysiert wurden, wird im Folgenden der Bereich der Querschnittstechnologien fokussiert betrachtet.

Branchenübergreifende Technologien wie elektrische Antriebe, Druckluft- und Pumpensysteme sowie Anlagen zur Kälteerzeugung und Klimatisierung, aber auch mechanischer Energie und Licht finden einen breiten Anwendungsbereich in der Industrie und dominieren den elektrischen Energieeinsatz der Branchen. So werden knapp 73 % des industriellen Stromverbrauchs aus der Nutzung und dem Betrieb von Querschnittstechnologien wie Druckluft, Pumpen, Ventilatoren sowie Beleuchtungseinrichtungen verursacht (Pehnt et al. 2009). Knapp 27 % des industriellen Stromverbrauchs entfällt auf prozessspezifische Technologien, welche im vorigen Kapitel bereits hinsichtlich ihrer Potenziale untersucht wurden (Fleiter 2008).

Die Industrie weist den größten sektoralen Stromverbrauch auf. So wurden 2014 von der Industrie insgesamt circa 865 PJ und somit rund 47 % des gesamtdeutschen Stromverbrauchs verursacht (BDEW 2015).

Um einen differenzierten Überblick über den Stromverbrauch der Industrie für einzelne Anwendungsgebiete und Technologien zu erhalten, fasst die Abb. 5.36 die spezifischen Verbrauchsanteile der Industrie zusammen. Aus der Abbildung geht hervor, dass die Querschnittstechnologien ihrerseits durch Motoranwendungen (Druckluft, Pumpen und Mechanische Energie) dominiert werden, welche 68 % des industriellen Stromverbrauchs ausmachen. Diese Technologien bergen insbesondere durch ihren Querschnittscharakter erhebliches Potenzial zur Steigerung der Energieeffizienz. Die wichtigsten Motoranwendungen differenzieren sich dabei in Pumpen, Ventilatoren und Drucklufterzeugung, wobei unter der Kategorie „andere Motoranwendungen“ unter anderem der Einsatz des Elektromotors für Förderbänder oder als Teil anderer Systeme beispielsweise zum Mischen oder Rühren aggregiert wird.

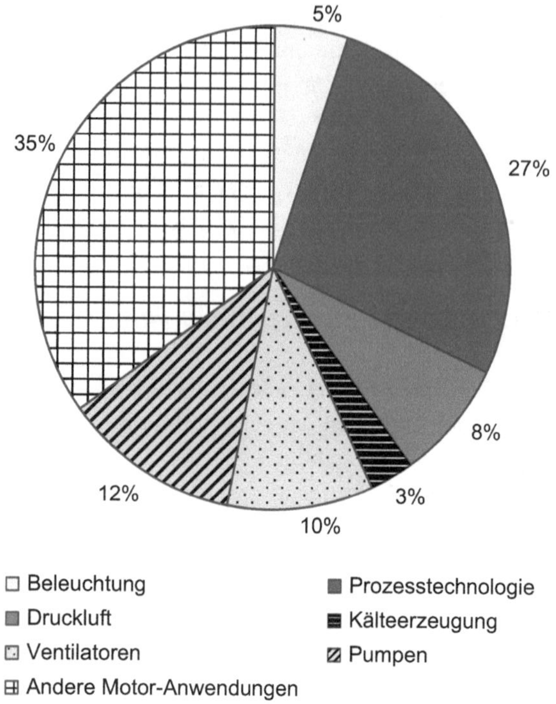

Abb. 5.36 Stromverbrauch Industrie nach einzelnen Anwendungsgebieten in 2012 (FhG-ISI 2013)

Nach Schätzungen von Pehnt et al. können dabei durch Effizienzmaßnahmen bei Querschnittstechnologien bis 2020 Endenergieeinsparungen in Höhe von rund 97 PJ gegenüber dem Marktpotenzial realisiert werden (Pehnt et al. 2011). Gegenüber den angenommenen Diffusionsraten beziffert das Einsparpotenzial durch Querschnittstechnologien etwa 137 PJ gegenüber dem Frozen-Efficiency-Szenario. Bis zum Jahr 2030 liegt die Summe für Querschnittsanwendungen bei insgesamt 183 PJ gegenüber dem Frozen-Efficiency-Szenario. Die auf die einzelnen Technologien disaggregierten Einsparpotenziale sind der Tab. 5.5 zu entnehmen. Dabei lassen sich durch optimierte Motor- und Antriebssysteme und Elektromotoren bis 2030 insgesamt über 71 PJ einsparen, bei der Optimierung von Druckluft-, Pumpen- und Lüftungssystemen liegen die Potenziale in Summe bei etwa 89 PJ gegenüber dem Frozen-Efficiency-Szenario. Aber auch im Bereich der Beleuchtung lassen sich noch deutliche Reduzierungen erzielen.

Tab. 5.5 Stromeinsparpotenzial durch Querschnittstechnologien in der Industrie (Pehnt et al. 2011)

		Attraktives Einsparpotenzial [PJ]			
		Gegenüber Marktpotenzial		Gegenüber Frozen-Efficiency-Szenario	
	Maßnahmenpaket	2020	2030	2020	2030
Querschnittstechnologien	Elektromotoren	6,5	12,5	8,1	15,8
	Druckluft	16,2	18,9	23,0	27,1
	Pumpensysteme	18,9	23,3	26,9	33,6
	Lüftungssysteme	15,9	19,9	22,6	28,6
	Kältebereitstellung	3,6	4,4	5,2	6,4
	Übrige Motorsysteme	27,2	39,8	38,6	56,5
	Beleuchtung	9,0	10,7	12,4	15,1
	Gas-Brennwertkessel	-	-	n.a.	n.a.
Summe Querschnittstechnologien		97,3	129,5	136,8	183,1
Summe Sektor Industrie		109	151,5	160	226,8

Somit können insgesamt bis 2020 etwa 160 PJ elektrischer Energie gegenüber dem Frozen-Efficiency-Szenario eingespart werden. Bis 2030 liegt dieser Wert bei etwa 227 PJ. Die Differenz der quantifizierten Querschnittstechnologiepotenziale und dem angegebenen Gesamtpotenzial der Industrie resultiert dabei aus den zuvor quantifizierten branchenspezifischen Stromeinsparpotenzialen nach Pehnt et al., die für die Betrachtung des Gesamtpotenzials inkludiert wurden (Pehnt et al. 2011). Das Marktpotenzial birgt bis 2030 insgesamt über 85 % des identifizierten elektrischen Einsparpotenzials innerhalb der energieintensiven Industrie durch die Optimierung von Querschnittstechnologien. Gegenüber dem Frozen-Efficiency-Szenario haben die Querschnittstechnologien einen Anteil von über 80 % des Einsparpotenzials.

Basierend auf den hohen absoluten Verbrauchsanteilen einzelner Technologien am Stromverbrauch, lassen sich entsprechend hohe relative Einsparungen erzielen. So lässt sich nach dem BMEI bereits 2010 durch die Optimierung von Querschnittsanwendungen in den meisten Betrieben der spezifische Stromverbrauch um zwischen 5 und 50 % senken (BMWi 2010b).

Abb. 5.37 stellt nachfolgend die durchschnittlichen relativen Einsparpotenziale der partiellen Anwendungsbereiche vergleichend dar. Dabei wird innerhalb des Modells zwischen Potenzialen aus wissenschaftlicher Sicht und aus praktischer Sicht unterschieden. Potenziale aus praktischer Sicht basieren dabei auf der Auswertung von Energieberatungsprojekten und Erfahrungswerten einzelner Branchen zur Ableitung spezifischer Potenziale, wohingegen sich das wissenschaftliche Potenzial aus dem am Markt verfügbaren Stand der Technik ableitet (vbw 2012). Im Gegensatz zur Studie von Pehnt et al. (2011) sind die elektrischen Motoren und Antriebe bereits in den einzelnen Kategorien als Bestandteil des jeweiligen Systems integriert.

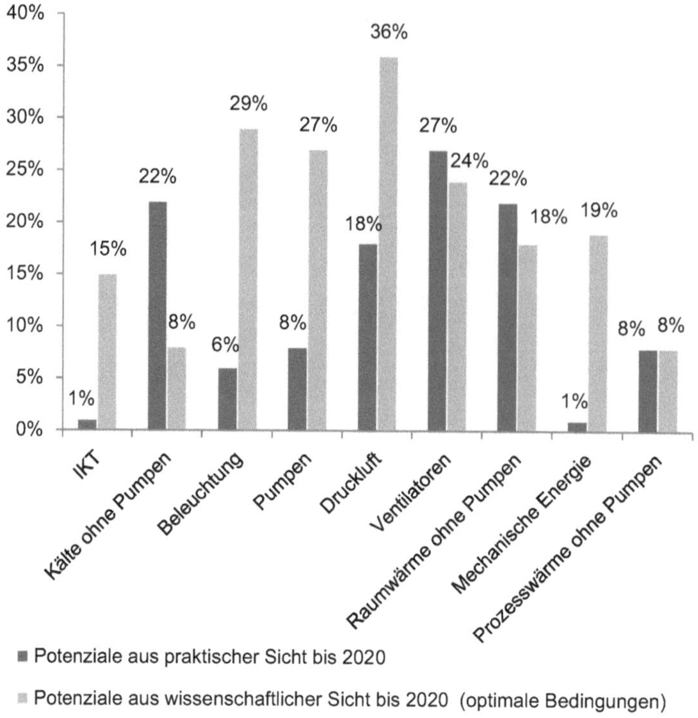

Abb. 5.37 Vergleich der Primärenergieeinsparpotenziale bis 2020 differenziert nach Anwendungsbereichen (vbw 2012)

Aus Abb. 5.37 geht hervor, dass vor allem im Bereich der Druckluft, Ventilatoren sowie Pumpen und Beleuchtung aus wissenschaftlicher Sicht die relativen Potenziale am höchsten sind. So lassen sich bis 2020 Primärenergieeinsparungen von durchschnittlich bis zu 36 % im Bereich der Druckluft realisieren. Die Ursache für die partiell höheren Potenzialangaben für Ventilatoren und Kälteerzeugung, liegt insbesondere an der häufigen Überdimensionierung dieser technischen Systeme (vbw 2012). Somit würde das Einsparpotenzial aufgrund der fortwährenden Überdimensionierung, durch den Ersatz effizienter Komponenten allein nicht vollständig ausgeschöpft werden.

Wie bereits für die branchenspezifischen Technologien dargestellt, kann auch bei Querschnittstechnologien die unternehmensspezifische Einsparmenge einzelner Technologien variieren. Die Ursachen hierfür sind unter anderem technologiebedingt. Die erzielbaren Einsparquoten sind abhängig von der eingesetzten Leistungsklasse der Komponenten sowie den technischen Rahmenbedingungen wie Temperatur, Druck und dem eingesetzten Medium. Aufgrund der technologiespezifischen Potenziale und Realisierungsrestriktionen werden im Folgenden ausgewählte Querschnittsanwendungen genauer betrachtet.

Elektrische Motoren und Antriebe

Elektrische Motoren und Antriebe sind in beinahe jeder Industriebranche ein wichtiger Bestandteil produktionstechnischer Anlagen. Im Jahr 2010 hat sich ein Großteil des Stromverbrauchs (70 %) in der Industrie auf elektrische Antriebe im Bereich der Maschinen, Förderbänder, Pumpen und Kompressoren aggregieren lassen (Energieagentur NRW 2010b). Insbesondere vor dem Hintergrund steigender Strompreise, welche sich in den letzten zehn Jahren mehr als verdoppelt haben, und den Erfordernissen der Energiepolitik ist es notwendig, die Effizienz elektrischer Antriebe zu steigern, um einen signifikanten Beitrag zur Verbrauchsreduzierung von Strom in der Industrie zu leisten.

Dabei ist eine Investition in hocheffiziente Motoren- und Antriebstechnik sinnvoll. Laut einer Studie der Dena kann die Energieeffizienz elektrisch angetriebener Systeme auf wirtschaftlichem Weg durchschnittlich um 3 % bis 60 % verbessert werden (Meyer 2015). Dabei entfallen mehr als 90 % der Gesamtkosten eines Elektromotors auf den Stromverbrauch verglichen mit den Lebenszykluskosten. Laut ZVEI könnten in Deutschland schätzungsweise rund 5,5 Mrd. Euro durch effizientere Elektromotoren eingespart werden (Büchele et al. 2014).

Zurückzuführen ist dies auf die geringeren Umwandlungsverluste bzw. die höheren Wirkungsgrade der Elektromotoren. Elektrische Antriebe werden dabei entsprechend ihrer Energieeffizienz einheitlich klassifiziert. Während die Energieeffizienz von Elektromotoren der Klasse IE1 als Standard kategorisiert werden, besitzen IE2 Motoren eine hohe Effizienz und IE4 Motoren derzeit die höchste Effizienzklassifizierung (Super Premium). Insgesamt können im Bereich der Antriebs- und Motorentechnik durch die Substitution von älteren Pumpen oder Ventilatoren durch Komponenten der höchsten Effizienzklasse durchschnittlich 15 %, bei Kompressoren bis zu 30 % der bisher eingesetzten Energiemenge eingespart werden (Weiß und Otto 2011). Einen weiteren technischen Ansatz, um den Energieverbrauch elektrischer Antriebssysteme zu senken und die Energieeffizienz zu erhöhen, stellt der Einsatz drehzahlgeregelter Motoren und Antriebe dar. Durch den Einsatz von Frequenzumrichtern (FU) wird die Drehzahl und somit der Energieverbrauch bedarfsgerecht geregelt, wodurch sich die Verluste vor allem im Teillastbetrieb verringern. Allerdings ist der Energieverbrauch ohne Last und im Volllastbetrieb höher als bei ungeregelten Motoren. Somit muss berücksichtigt werden, dass sich die Integration von FU wegen des Eigenverbrauchs der Drehzahlsteuerung nicht bei Anlagen lohnt, die hauptsächlich bei voller Last laufen (Pehnt et al. 2009). Bei einem überwiegenden Teillastbetrieb können jedoch, je nach Schwankungsintervall, 15 bis 40 % des Energieverbrauchs eingespart werden (Weiß und Otto 2011). Grundsätzlich muss dabei berücksichtigt werden, dass die elektrische Energie nur zum Teil in mechanische Energie umgesetzt wird. Der entsprechende Verlust- und Reibungsanteil wird als Abwärme an die Umgebung abgegeben und beeinflusst die innere Wärmelast (Hesselbach et al. 2009). Das Gesamtpotenzial welches durch den Einsatz von FU bei Elektromotoren realisiert werden könnte, wird vom BMU auf 22 Mrd. kWh beziffert (Pehnt et al. 2009). Selbst bei einer angenommenen Marktdurchdringungsquote von lediglich 35 % könnten somit 1,2 Mrd.

Euro eingespart werden (Büchele et al. 2014). Voraussetzung für eine entsprechende Anpassung der vorhandenen Peripherie ist eine vorgelagerte Energieanalyse des Istzustandes der eigenen Anlage. Nur eine entsprechende Transparenz kann den Weg für die vorgestellten Optimierungspotenziale ebnen.

Wie bereits dargestellt, bilden elektrische Antriebe einen wichtigen Bestandteil von Systemkomponenten (Ventilatoren, Pumpen) (Pehnt et al. 2011). Diesbezüglich lassen sich im Bereich der elektrischen Antriebe die größten Potenziale durch die ganzheitliche Systemoptimierung realisieren, während der isolierte Austausch von Elektromotoren durch Motoren der höheren Effizienzklasse bis 2030 einen eher kleinen Beitrag zu den Einsparungen leisten kann (Pehnt et al. 2011). Gleichwohl stellt die elektronische Drehzahlregelung wie erläutert ebenfalls einen wichtigen Potenzialcluster dar. Insgesamt werden die größten Einsparerfolge jedoch durch eine Optimierung des gesamten Systems erreicht. In der Abb. 5.38 werden hierfür die Effizienzoptionen für elektrische Antriebe entsprechend in ihrer durchschnittlichen Potenzialhöhe quantifiziert. Dabei wird deutlich, dass der isolierte Einsatz von effizienten IE2-Elektromotoren im Durchschnitt ein Einsparpotenzial von 10 % generiert. Der Einsatz einer bedarfsgerechten Drehzahlregelung kann eine Stromeinsparung von etwa 30 % generieren. Die erzielbaren Einsparmengen durch eine ganzheitliche Systemoptimierung liegen jedoch deutlich höher bei etwa 60 %.

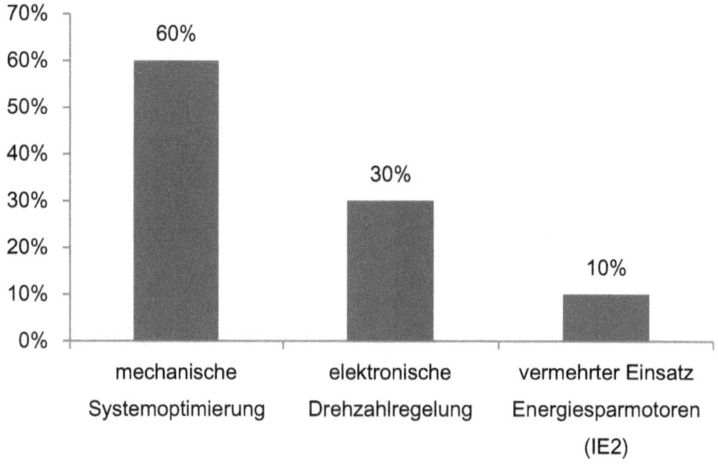

Abb. 5.38 Einsparpotenziale bei Motoren und Antrieben (Pehnt et al. 2011)

Eine dritte Möglichkeit zur Energieeffizienzsteigerung elektrischer Antriebssysteme stellt die Rückgewinnung mechanischer Prozessenergie im Bremsbetrieb von beispielsweise Zentrifugen, Aufzügen und Kränen dar (Prognos 2009). Diese Antriebe wechseln sehr häufig zwischen Anfahr- und Bremsbetrieb, wobei die beim Anfahren aufgenommene mechanische Energie beim Bremsen wieder abgegeben werden muss. Indem der

Motor im Bremsbetrieb als Generator fungiert, kann der sonst in Form von Wärmeverlusten nicht-nutzbare Anteil als elektrische Energie gewonnen werden. Die zu erwartenden Einsparmöglichkeiten hängen dabei stark von der konkreten Ausgangslage ab, jedoch sind unter optimalen Bedingungen bis zu 80 % realisierbar (Prognos 2009).

Pumpen und Pumpensysteme

Pumpen und Pumpensysteme verursachen etwa 25 % des weltweiten Stromverbrauchs in der Industrie. Dabei geht das BMWi davon aus, dass etwa 40 % dieses Stromverbrauchs eingespart werden könnten (Bundesregierung 2010). Zurückzuführen ist die Potenzialabschätzung insbesondere auf den hohen Marktanteil (73 %) von Kreiselpumpen, welche in drei von vier Fällen um mehr als 20 % überdimensioniert sind (Bundesregierung 2010). Die Angaben über die Höhe des Einsparpotenzials von Pumpen und Pumpensystemen schwanken innerhalb einzelner Studien. So quantifiziert das BMU das technische Einsparpotenzial für Pumpen mit durchschnittlich 25 %, das wirtschaftliche mit 12 bis 15 % (Pehnt et al. 2009). Im Ratgeber der Dena „Pumpen und Pumpensysteme für Industrie und Gewerbe" zeigte sich, dass Unternehmen den pumpeninduzierten Stromverbrauch durchschnittlich um ca. 30 % senken können (Dena 2010).

Bei Pumpen liegen – analog zu den vorgestellten Potenzialen für Antriebssysteme – die Optimierungsbereiche für Energieeffizienz in der Auslegung, Dimensionierung, sowie in der Regelung. Die Realisierung entspricht dabei ebenfalls der Methodik der Antriebssysteme. So ist neben dem Einsatz effizienterer Pumpen die Regelung durch den Einsatz eines Frequenzumrichters eine wirkungsvolle Maßnahme für Systeme mit schwankender Leistungsaufnahme (Hesselbach et al. 2009). Auch hier wird eine entsprechende Analyse der eigenen energetischen Situation und Anforderungen vorausgesetzt. Sind keine Erweiterungen der Anlage geplant, sollten Überdimensionierungen vermieden werden, spätere Erweiterungen können effizient durch ein Mehrfachpumpensystem kompensiert werden (Hesselbach et al. 2009). Additiv kann laut BMU die Energieeffizienz durch die Optimierung der Saugstutzen und der Rotorblattgestaltung verbessert werden (Pehnt et al. 2009). Hierbei wird der Ansatz der ganzheitlichen Systemoptimierung deutlich, denn die Optimierung der Rotorgeometrie ist abhängig von der Leistung und Fördermenge der Pumpe.

Als Haupttreiber dieser Potenziale gilt neben der übergreifenden Systemoptimierung vor allem der Einsatz von effizienten Hightech-Produkten und hoch entwickelten Steuerungen als Ansatz zur Energieeffizienzsteigerung (Bundesregierung 2010). Dabei ist ein Großteil der Potenziale bisher in der Industrie ungenutzt geblieben (s. Abb. 5.39). Insbesondere der Einsatz von hocheffizienten Pumpen birgt diesbezüglich das größte ungenutzte Potenzial. So gaben 90 % der befragten Unternehmen an, keine hocheffizienten Pumpen einzusetzen. Knapp drei Viertel der Unternehmen verzichteten darüber hinaus zur Zeit auf ein Steuerungskonzept zur Abschaltung von Maschinen in Schwachlastzeiten.

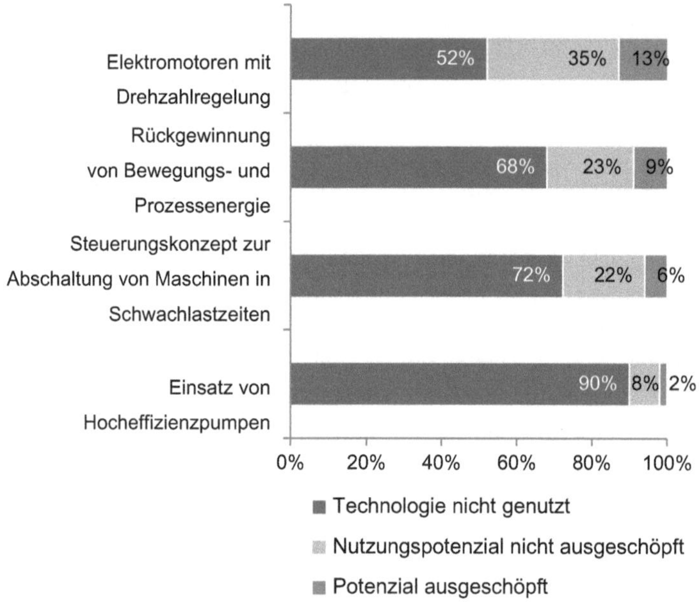

Abb. 5.39 Unerschlossenes Einsparpotenzial von Energieeffizienztechnologien (Schröter et al. 2009)

Druckluftsysteme

Druckluftsysteme gehören zu den weitverbreitetsten Querschnittstechnologien und kommen u. a. in folgenden Bereichen zum Einsatz: Pneumatik, Aktivluft (Druckluft als Transportmedium), Prozessluft (z. B. Trocknungsprozesse) und Vakuumtechnik (BMWi 2010b). Rund 62.000 Druckluftsysteme verbrauchen bundesweit jährlich circa 16 Mrd. kWh Strom, was einem Anteil von etwa 7 % am industriellen Stromverbrauch entspricht (Dena 2012a). Der Energiekostenanteil für die Drucklufterzeugung kann dabei zwischen 20 und 80 % der Betriebskosten ausmachen, was Druckluft zum teuersten Energieträger macht (BMWi 2010b; Büchele et al. 2014). Der Energiekostenanteil entlang des gesamten Lebenszyklus eines Druckluftsystems kann etwa 76 % erreichen (Dena 2006). Somit stellt die Technologie der Drucklufterzeugung einen entscheidenden Faktor in der Wettbewerbsfähigkeit dar. Als Folge lohnt es sich für Unternehmen, in diesem Bereich mit Effizienzsteigerungsmaßnahmen anzusetzen.

Unternehmen können bis zu 30 % der Druckluftkosten mit Hilfe von Energieeffizienzmaßnahmen reduzieren (UM BW 2014). Laut eines Berichts des BMWi lassen sich durch Investitionen in effiziente Drucklufttechnologie unter optimalen Bedingungen sogar bis zu 50 % einsparen (Bundesregierung 2010). Dabei existieren die Potenziale zur Verbrauchssenkung entlang der gesamten Prozesskette der Druckluftnutzung. Die Haupthandlungsfelder für eine gesteigerte Effizienz für Druckluft differenzieren sich in: Erzeugung, Verteilung, Regelung und Speicherung sowie Wärmerückgewinnung.

Während die Potenziale in der Erzeugung vor allem auf die Optimierung durch effizientere Kompressoren und die Integration von Drehzahlreglern und somit die optimale Anpassung an den tatsächlichen Verbrauch abzielen, richten sich die Potenziale bei der Verteilung der Druckluft insbesondere auf die Verbesserung der Leitungsgeometrie und Minimierung von Leckagen (Dena 2012a). Diese spielen vornehmlich im Bereich der Hochdrucksysteme eine entscheidende Rolle. So verursacht ein Abfall des Arbeitsdrucks um 8 % die überproportionale Verminderung der Produktivität um durchschnittlich 18 %, beispielsweise im Falle eines druckluftbetriebenen Werkzeugs. Als Folge steigen sowohl die Energiekosten, als auch die erforderliche Arbeitszeit. Die Abnahme des Arbeitsdrucks eines Bohrers um 0,5 bar im Hochdruckbereich induziert dabei eine durchschnittliche Verlängerung der Bohrzeit um 60 %. Insgesamt sind laut Dena zwischen 5 und 50 % des Gesamtluftverbrauchs auf Leckagen zurückzuführen. Daraus können zusätzliche Energiekosten entstehen, die je nach Arbeitsdruck überproportional ansteigen. Müssen bei einem Druck von 6 bar für eine 10 mm Leckage 18.000 Euro jährlich zusätzlich aufgewendet werden, betragen die Mehrausgaben bei 12 bar bereits über 73.000 Euro. Vermeidbare Druckverluste können dabei auch durch den Einsatz falscher Rohrdurchmesser auftreten (Dena 2012a).

Eine weitere Möglichkeit, die Energieeffizienz zu erhöhen, besteht in der Abwärmenutzung. 90 % der Energie zur Erzeugung von Druckluft kann in Form von Wärme weitergenutzt werden (Lämmer 2012). Ein 18,5 kW Kompressor kann bei einer Betriebszeit von 4.000 Stunden pro Jahr somit 74.000 kWh Erdgas einsparen, die sonst in Form von Heizenergie aufgewendet worden wären (Dena 2012a).

Darüber hinaus birgt die Speicherung von Druckluft weitere Potenziale zur Einsparung von Energie. Die Hauptaufgabe von Druckluftspeichern ist die Speicherung und bei Bedarf kurzfristige Bereitstellung von Luftmengen. Dadurch lassen sich Spitzen der Kompressorleistung reduzieren, wodurch sich die Drucklufterzeugung kleiner und kostengünstiger gestalten lässt (Dena 2012a).

Basierend auf einer Unternehmensbefragung der Dena können die durchschnittlichen Einspargewinne partieller Maßnahmen wie folgt quantifiziert werden (Dena 2006). Aufbauend auf die vorangegangenen Technologien lassen sich für die Druckluft die größten Effizienzgewinne ebenfalls durch eine Optimierung des Gesamtsystems realisieren. Das Gesamtpotenzial wird dabei laut Dena auf durchschnittlich 40 % geschätzt, wie Abb. 5.40 zeigt (Dena 2006).

Das wirtschaftliche Einsparpotenzial für Druckluft liegt bei 6,5 TWh pro Jahr, wohingegen das realisierbare Potenzial bei 2,5 TWh pro Jahr liegt (Meyer 2013).

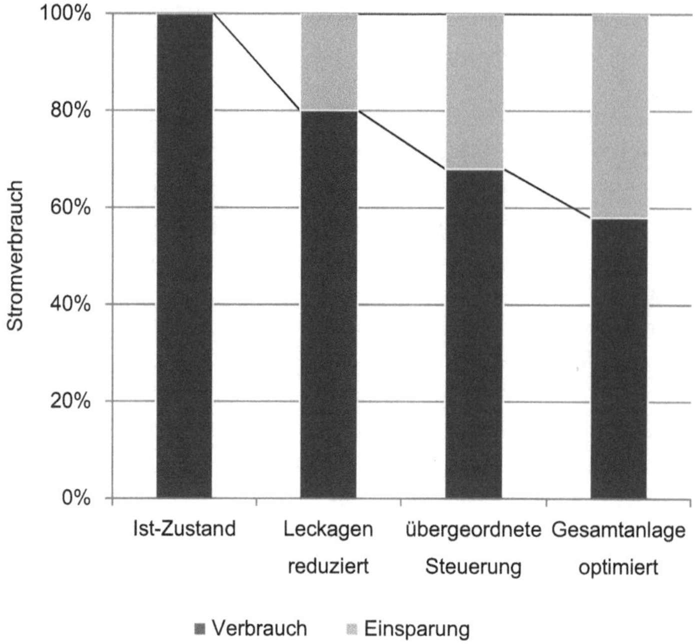

Abb. 5.40 Druckluftpotenziale (Dena 2006)

Beleuchtung

Die Beleuchtungstechnologie in der Industrie hat 2012 einen Stromverbrauch von 39,4 PJ in Deutschland induziert, das entspricht 2 % des Endenergieverbrauchs im Industriesektor (AGEB 2014a). In Abhängigkeit der Branche kann der Beleuchtungsanteil an den Stromkosten zwischen 2 und mehr als 20 % variieren (Energieagentur NRW 2010a). Entsprechend unterschiedlich fallen die realisierbaren Einsparpotenziale aus. Ein möglicher Ansatz zur Optimierung des Energieverbrauchs ist der Einsatz effizienter Leuchtmittel. Ein Beispiel für innovative Leuchtmittel sind T5-Leuchtstoffröhren in Kombination mit elektronischen Vorschaltgeräten. Hiermit kann der Energieverbrauch um bis zu 90 % im Vergleich zu herkömmlichen Glühbirnen gesenkt werden (Büchele et al. 2014). Nach Studien des ZVEI können in der Industrie durch den Einsatz effizienter Beleuchtung jährlich 8,3 Mrd. kWh eingespart werden (Topp 2011). Das wirtschaftliche Einsparpotenzial liegt bei 8,0 TWh pro Jahr und das realisierbare Potenzial bei 0,8 TWh pro Jahr gegenüber 2010 (Meyer 2013). Dabei kann hier analog zu den anderen Querschnittstechnologien ein Einsparpotenzial durch die Diffusion effektiverer Technologie zum einen, und der Optimierung der bereits existierenden Peripherie zum anderen realisiert werden. Durch eine verbesserte Lichtlenkung kann die Anzahl der eingesetzten Leuchtstoffröhren etwa um 30 bis 50 % reduziert werden. Zusätzlich kann durch die Verringerung der Leuchtenhöhe von 2,5 auf 2 m der Stromverbrauch um bis zu 20 % gesenkt werden (Energieagentur 2010a). Selbst in effizienten Beleuchtungsanlagen lassen sich nach der Energieagentur NRW noch bis zu 50 % der eingesetzten Energie durch eine intelligente Lichtregelung und -steuerung einsparen (Energieagentur NRW 2010a). Die Abb. 5.41 quantifiziert abschließend die erreichbaren Einsparquoten in Abhängigkeit des vorherrschenden Technologiestandes.

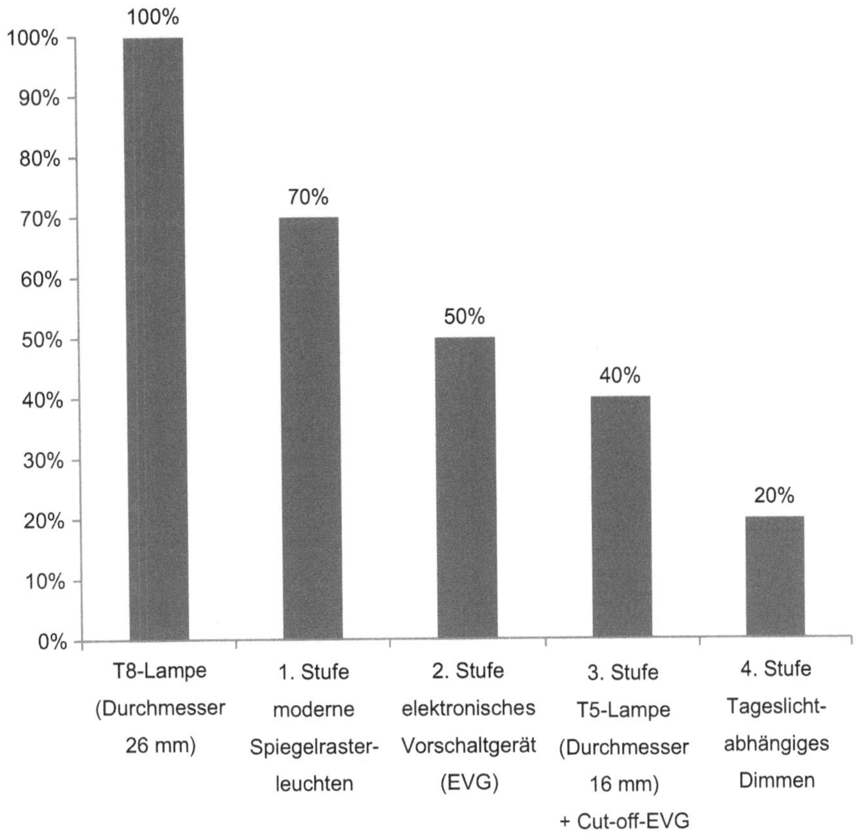

Abb. 5.41 Energieverbrauch durch Beleuchtung in der Industrie (Energieagentur NRW 2010a)

Ausgehend von einer verhältnismäßig ineffizienten T8-Leuchtstoffröhre, die in der Industrie derzeit noch einen geringen Bestand aufweist, lässt sich der Energiebedarf um bis zu 80 % reduzieren (Energieagentur NRW 2010a).

Abwärmenutzung

Wie bereits einleitend erwähnt, kann überschüssige Wärmeleistung oftmahls in anderen Prozessen sinnvoll weitergenutzt werden.

Dies bedeutet zum Einen die Reduktion des Endenergiebedarfs sowie der Energiekosten und zum Anderen eine größere Unabhängigkeit von externen Energielieferanten. Ebenso steigt die Produktivität, während die Treibhausemissionen und damit die Belastung für die Umwelt sinken. Durch die thermische Abstimmung unterschiedlicher, unabhängiger Produktionsprozesse wird trotz notwendiger Ausgleichssysteme die Flexibilität einzelner Produktionsprozesse ggf. reduziert. Beim Ausfall eines abhängigen Prozesses muss zusätzliche Reserveinfrastruktur wie beispielsweise eine Notkühlvorrichtung vorgehalten werden. Die zusätzlich zu installierende Technik bedeutet einen erhöhten Aufwand für die Beschaffung, die Wartung und den Betrieb. (Hirzel et al. 2013)

Gegenüber alternativen Energieeinsparmaßnahmen, wie etwa der Substitution von Bearbeitungsschritten, Materialeinsparung oder effizienterer Antriebstechnik, verfügt die Abwärmenutzung über vergleichsweise geringen Anteil an Einsparungsmöglichkeiten (Neugebauer et al. 2008). Abwärmequellen mit hohen Exergiegehalt und somit einem vergleichsweise hohem Temperaturniveau werden industriell bereits oft in anderen Prozessen weitergenutzt, wie z. B. zur Vorwärmung von Produkten oder Medien. Ab einem zu tiefen Temperaturniveau der Abwärme rechtfertigen sich laut Neugebauer et. al keine aufwendigen prozessspezifischen Speziallösungen (Neugebauer et al. 2008). Relevante Potenziale zur Weiternutzung von sekundär anfallenden Temperaturströmen liegen in der Ur-, Umformtechnik, in Wärmebehandlungsprozessen und in der Nutzung von Niedertemperatur-Abwärme, wenn diese in großen Mengen anfallen (Neugebauer et al. 2008).

Über die tatsächlich in Deutschland nutzbare Abwärmemenge können nur grobe Abschätzungen gemacht werden. Es sind zum Abwärmepotenzial in der Industrie lediglich zwei veröffentlichte Studien bekannt. Diese sind vom U.S. Department of Energy und von Enova, Spillvarme aus Norwegen (Sollesnes und Helgerud 2009). Alle bekannten Studien, welche sich dem Thema des Abwärmepotenzials in Deutschland widmen, zitieren direkt oder indirekt die beiden genannten Primärquellen aus den USA und Norwegen.

Durch Umrechnungen, wie etwa der Skalierung und Anpassung der industriellen Branchen oder der Betrachtung einer anderen Referenztemperatur (Norwegen: 0 °C → Deutschland: 20 °C) lässt sich künstlich ein Abwärmepotenzial für Deutschland generieren. Das daraus geschätzte Abwärmepotenzial für Deutschland liegt in den Temperaturbereichen zwischen 60 °C und 140 °C bei 160 PJ/a und entspricht somit ca. 6 % des deutschen Endenergiebedarfs. Jährlich stehen 316 PJ bei einem Temperaturniveau über 140 °C (ca. 12 %) zur Verfügung. (Pehnt et al. 2010)

Dem Versuch, die vorhandene Abwärme zu nutzen, ist eine Prozessoptimierung zwingend vorzuziehen. Somit sollte bezüglich eines zu betrachtenden Prozesses, welcher einen thermischen „Abfallstrom" aufweist, vorher folgende Fragen geklärt werden (Hirzel et al. 2013):

- Ist der Prozess/Anlage/Maschine richtig dimensioniert und arbeitet diese/r im Wirkungsgradoptimum und nicht im Teillastbereich?
- Ist die Steuerung so eingestellt, dass ineffiziente Betriebsabläufe vermieden werden?
- Sind gewählte Prozesstemperaturen tatsächlich notwendig oder ggf. reduzierbar?
- Lässt sich durch bessere Isolation Abwärme reduzieren?
- Gibt es energetisch vorteilhaftere alternative Prozesse?

Die Vorgehensweise bei der Weiterverwendung anfallender Restwärme sollte in folgender Reihenfolge auf ihre Anwendbarkeit überprüft werden (Neugebauer et al. 2008):

- Ist eine prozessinterne Wärmerückgewinnung möglich?
- Ist eine Prozesswärmebereitstellung oder Raumheizung möglich?
- Ist eine Kälteerzeugung möglich?
- Ist eine Stromerzeugung möglich?

Durch die Aufteilung von Abwärmeströmen mit unterschiedlichen Temperaturniveaus wird ferner der Exergiegehalt der heißeren Wärmequelle und so deren Weiterverwendbarkeit hoch gehalten. Abwärmequellen mit einem vergleichsweise niedrigen Temperaturniveau lassen sich bei Prozesskältebedarf durch eine Adsorptionskältemaschine und bei Prozesswärmebedarf durch eine Wärmepumpe veredeln. (Neugebauer et al. 2008)

Aus thermischen Prozessen wie etwa Gießen, Sintern, Schmieden, Spritzgießen, Wärmebehandlungen, Beschichten kann gezielt Wärme ausgekoppelt werden, sofern eine geeignete Wärmesenke zur Verfügung steht. Diese könnte in Form von Prozesswärme, Raumwärme oder zur Stromerzeugung sein. Wird im allgemeinem von Abwärmenutzung gesprochen, sind neben der Angabe der thermisch zur Verfügung stehenden Leistung noch weitere entscheiden Charakterisierungen über die Wärmequelle zu machen (Neugebauer et al. 2008):

- Welche Abwärmemenge fällt an?
- Zu welchen Zeiten liefert die Wärmequelle?
- Welche Synchronisierungsmöglichkeiten gibt es bei unterschiedlichen Quellen und Senken-Zeiten?
- Welches Temperaturniveau steht zur Verfügung und wo besteht ein äquivalenter Bedarf?
- Wie sind die örtlichen Abstände zwischen Quellen und Senken?

Von einer idealen Wärmeverschaltung in Form einer „Energiekaskade“ wird gesprochen, sobald eine systematische Verkettung von Prozessen vorliegt. Ausgehend von einem Primärenergieträger, wie etwa einem fossilen Brennstoff, wird bei einem hohen Temperaturniveau schrittweise die stetig sinkende Stoffstromtemperatur in geeignet hintereinander geschalteten Folgeprozessen genutzt. Die Restenergie des Wärmestroms kann zur Raumheizung genutzt werden.

Ein Großteil der industriellen Abwärme verlässt den Prozess als „diffuse“ Abwärme. Darunter ist die Wärmeleistung zu verstehen, welche nicht ohne weiteres gefasst werden kann. Hierunter fallen z. B. Wärmestrahlung, natürliche Konvektion oder Wärmeleitung an die Umgebung. Der Anteil an diffuser Abwärme wird in einem Bereich zwischen 56 % und 65 % beziffert. (Neugebauer et al. 2008)

Zusammenfassung Querschnittstechnologien

Elektrische Antriebe, Druckluft- und Pumpensysteme sowie Lüfter- und Beleuchtungsanlagen und Abwärme zeichnen sich durch ihre branchenübergreifenden Einsatzbereiche in der Industrie aus und bergen aufgrund ihres Querschnittscharakters ein erhebliches Potenzial zur Steigerung der Energieeffizienz. So kann allein durch den konsequenten Einsatz von Drehzahlreglern der Energieverbrauch elektrischer Antriebe, welche mehr als zwei Drittel des Strombedarfs der deutschen Industrie ausmachen, um etwa 15 % reduziert werden. Das entspricht einer Leistung von etwa 4.000 MW und somit etwa drei bis vier Großkraftwerken (Büchele et al. 2014). Gleichwohl sind im Bereich der Querschnittstechnologien noch viele Potenziale unerschlossen. Zurückzuführen ist dies unter anderem auf eine teilweise sehr niedrige Diffusionsrate effizienter Technologien. Während beispielsweise effiziente elektrische Antriebe der Klasse IE3 bereits 16 % und IE2-Motoren 54 % des US-amerikanischen Marktes ausmachen, lag in Deutschland und Europa der Marktanteil von IE3-Motoren 2009 nur bei 1 % (UBA 2009). Eine erhebliche Verstärkung der aktuellen Bestrebungen im Bereich der effizienten Querschnittstechnologien ist daher ein wesentlicher Erfolgsfaktor für die signifikante Senkung des industriellen Stromverbrauchs. Dabei gestalten sich die Verwendung einzelner Querschnittstechnologien und deren Anteil am Gesamtstromverbrauch in Abhängigkeit der Branche sehr heterogen. So wird beispielsweise im Papiergewerbe der Stromverbrauch durch den Einsatz von Pumpen dominiert, was auf den hohen prozessbedingten Wasserbedarf zurückzuführen ist (Fleiter 2008). Abb. 5.42 zeigt den Technologieanteil am Stromverbrauch in den unterschiedlichen Branchen.

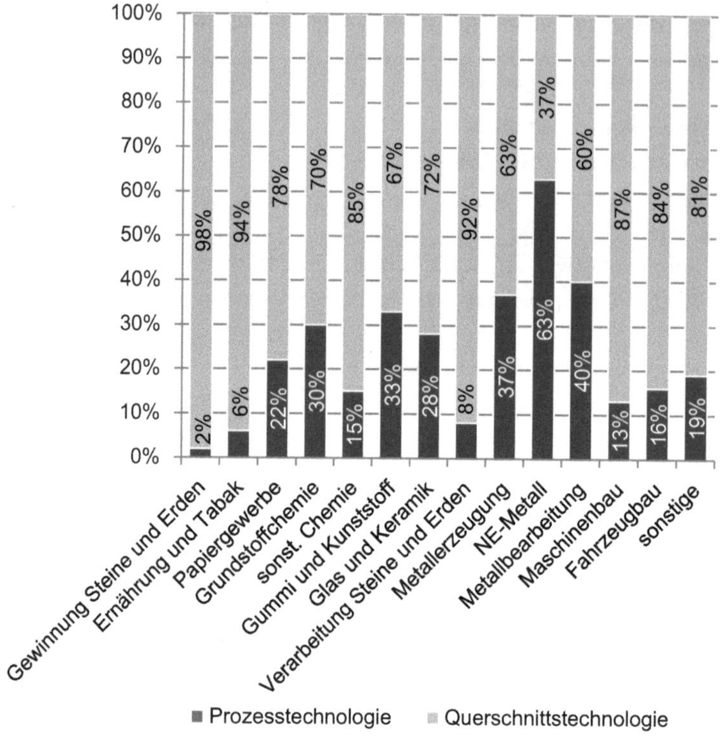

Abb. 5.42 Technologieanteil Branchenstromverbrauch (Jochem et al. 2011)

Insgesamt können nach Pehnt et al. etwa 87 % des elektrischen Einsparpotenzials innerhalb der Industrie durch die Optimierung von Querschnittstechnologien realisiert werden (Pehnt et al. 2011). IREES quantifiziert den Anteil der elektrischen Einsparpotenziale, welche auf Querschnittsanwendungen entfallen, auf immerhin noch 73 % (Jochem et al. 2011). Die Diskrepanz zwischen den beiden Werten ist dabei auf die verschiedenen Modellannahmen für den Potenzialbegriff sowie die berücksichtigten Branchen zurückzuführen. Beide Quellen sind sich jedoch darüber einig, dass die Einsparpotenziale bei den Querschnittstechnologien zu den wirtschaftlichsten Potenzialen zählen (Jochem et al. 2011).

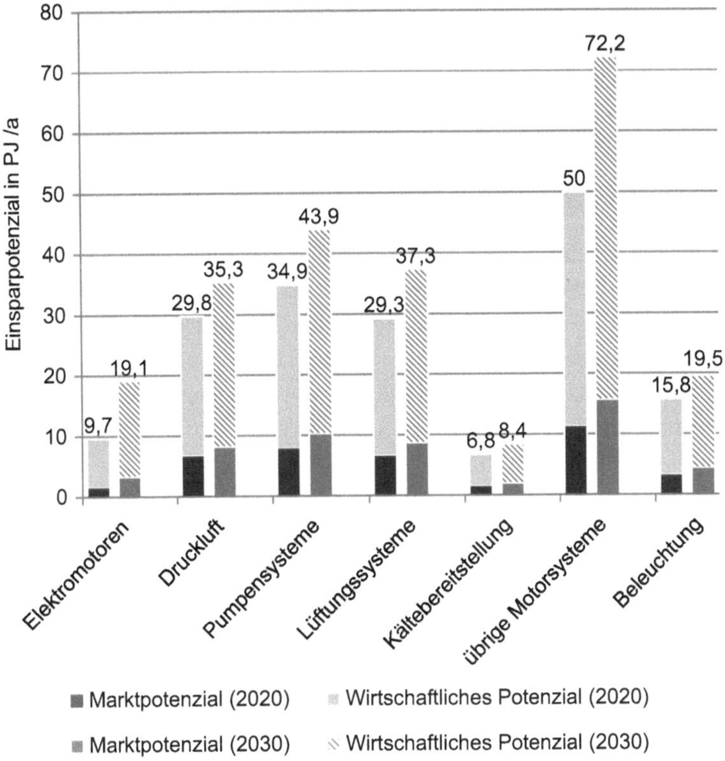

Abb. 5.43 Einsparpotenziale bei Querschnittstechnologien gegenüber dem Frozen-Efficiency-Szenario (Pehnt et al. 2011)

In Abb. 5.43 werden die absoluten Einsparmöglichkeiten für einzelne Querschnittsanwendungen differenziert und nach Marktpotenzial und wirtschaftlichem Potenzial für die Referenzjahre 2020 und 2030 gegenüber dem Frozen-Efficiency-Szenario zusammengefasst.

Insgesamt lässt sich ableiten, dass technologieübergreifend ein Großteil des Potenzials bereits bis 2020 erschlossen werden kann. Zwischen 2020 und 2030 beträgt das zusätzlich erschließbare Potenzial insgesamt 46,3 PJ gegenüber dem Frozen-Efficiency-Szenario und fällt im Vergleich zum Potenzial zwischen 2007 und 2020 (136,8 PJ) deutlich niedriger aus. Infolge dessen ist es daher essenziell Technologieinnovationen zur Reduzierung des Energieverbrauchs zu entwickeln und bestehende Technologien kontinuierlich zu verbessern. Darüber hinaus können durch systemübergreifende ganzheitliche Optimierungsansätze weitere Einsparpotenziale induziert werden, welche an dieser Stelle nicht quantifiziert wurden. Gleichwohl müssen für die Hebung des wirtschaftlichen Potenzials die aktuellen Bestrebungen erheblich erhöht werden. Das Marktpotenzial 2020 beträgt in Summe knapp 40 PJ, was bedeutet, dass für die vollständige Potenzialausschöpfung (wirtschaftliches Potenzial) die Bestrebungen mehr als verdreifacht werden müssen. Diese Quote kann jedoch in Abhängigkeit der jeweiligen Technologie deutlich variieren.

Eine der wichtigsten Voraussetzungen für den effektiven Einsatz und die Optimierung von effizienten Querschnittsanwendungen ist dabei die MSR (Mess-, Steuerungs- und Regelungstechnik). Diese stellt somit eine Schlüsselrolle für die Umsetzung dar. Nur durch die Erfassung relevanter physikalischer Größen wie Temperatur, Druck, elektrische Spannung etc. können die Voraussetzungen für Energiesparmaßnahmen gewährleistet werden (Büchele et al. 2014).

In den vorigen Kapiteln wurden sowohl branchenspezifische Energieeinsparmöglichkeiten als auch Potenziale innerhalb ausgewählter Querschnittstechnologien ausführlich vorgestellt und quantifiziert. Zum einen korrelieren diese mit erheblichen monetären Vorteilen, zum anderen ist die Potenzialrealisierung auch eine notwendige Maßnahme zur Erreichung der Energieziele. Die Potenziale bleiben jedoch häufig von Unternehmen ungenutzt oder werden nur zögerlich in der Praxis umgesetzt (Hirzel et al. 2011). Eine Vielzahl von Faktoren erschwert den Einsatz und die Durchführung von Effizienzmaßnahmen. Im Folgenden werden die identifizierten Hemmnisse in der Industrie in Deutschland dargestellt.

- Intransparenz der Energiekosten,
- fehlende fertigungsbegleitende Bilanzierung von Energieverbräuchen hinsichtlich unternehmensstrategischer Orientierung,
- Trennung von Energiekosten und Investitionen zur Effizienzsteigerung,
- ungeeignete Bewertungsmaßstäbe für Effizienzinvestitionen,
- fehlende finanzielle Mittel,
- fehlende organisatorische Anpassung sowie
- fehlende Integration in Unternehmenskultur und Unternehmensziele.

Hirzel et al. 2011 sehen vor allem die Ursachen darin, dass:

- der Energieverbrauch unbekannt ist und die Energiekosten intransparent sind,
- das Thema Energie als generell unattraktiv angesehen wird,
- es keinen Energieverantwortlichen gibt und die Mitarbeiter für das Thema nicht hinreichend sensibilisiert sind,
- Investitionen und Energiekosten aus unterschiedlichen Budgets finanziert und von unterschiedlichen Organisationseinheiten verwaltet werden,
- ungeeignete Bewertungsmaßstäbe für Effizienzinvestitionen zugrunde gelegt werden.

5.3.3 Energieeffizienz nach Fertigungstechnologien

Neben einer Betrachtung der Entwicklungen und Ansätze zur Steigerung der Energieeffizienz in Querschnittstechnologien kann eine weitere Perspektive aus Sicht der Fabrik und insbesondere der Fertigungstechnologien eingenommen werden. Hierfür gilt es, eine Fabrik in einem ersten Schritt zu strukturieren. Dies lässt sich in Form eines peripheren Ordnungssystems umsetzen (s. Abb. 5.44). Die Umgebung der betrachteten Hauptprozesse wird in drei Peripherieschalen unterteilt. Während den Hauptprozessen die Produktionsanlagen zugeordnet werden, befinden sich in der ersten Ebene der Peripherie die Hilfsprozesse, die in direkter Abhängigkeit vom Produktionsprogramm stehen und sich mit diesem ändern können. Die zweite periphere Ebene umfasst Prozesse, die nicht direkt vom Produktionsprogramm, aber direkt von den Hauptprozessen bzw. den Produktionsanlagen abhängen. Prozesse in der dritten Peripherie sind vom Hauptprozess und seinen Anlagen unabhängig und dienen z.B. der Verwaltung. (Müller et al. 2009)

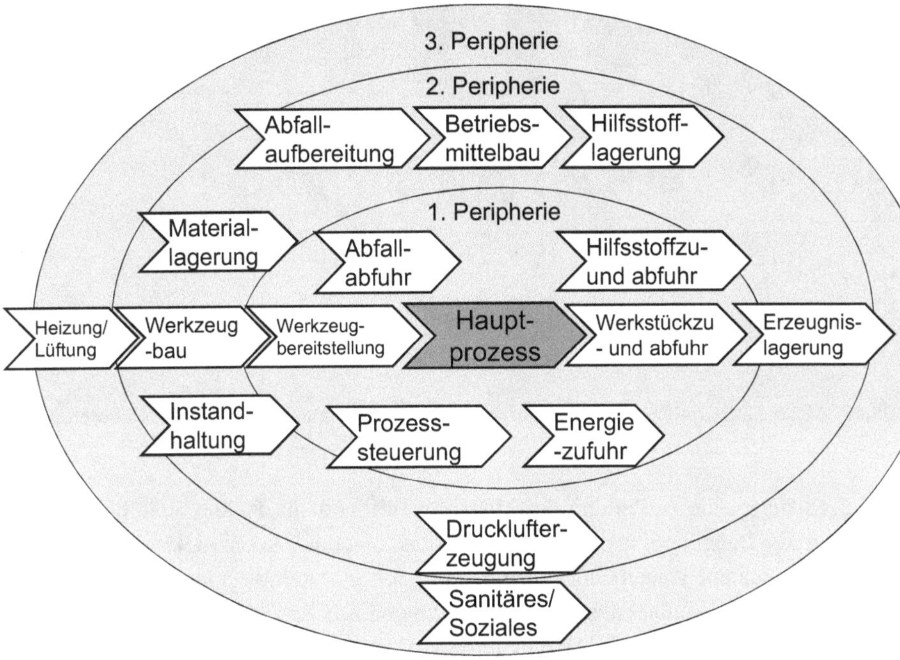

Abb. 5.44 Periphere Ordnung von Systemen in Produktionsstätten (Müller et al. 2009)

Sauer und Losert haben in ihrer Breitenstudie aus dem Jahr 2013 aus über 1.000 Publikationen mit Bezug zur Steigerung der Energieeffizienz in der Produktion aus den Jahren 2005 bis 2013 die 80 aussagekräftigsten Veröffentlichungen zu insgesamt 75 unterschiedlichen Maßnahmen identifiziert und aus unterschiedlichen Perspektiven ausgewertet. Die einzelnen Maßnahmen wurden den sechs Hauptgruppen der Fertigungstechnik sowie dem Bereich „übergreifend" zugeordnet. Dabei war es ebenfalls möglich, dass eine Maßnahme mehrere Hauptgruppen betrifft. Letztere wurde definiert als jene Maßnahmen, die sich mit relevanten Komponenten der Peripherie beschäftigen, welche einen klaren Bezug zum Produktionsprozess haben, aber den einzelnen Hauptgruppen nicht genau zugeordnet werden können (Abb. 5.45).

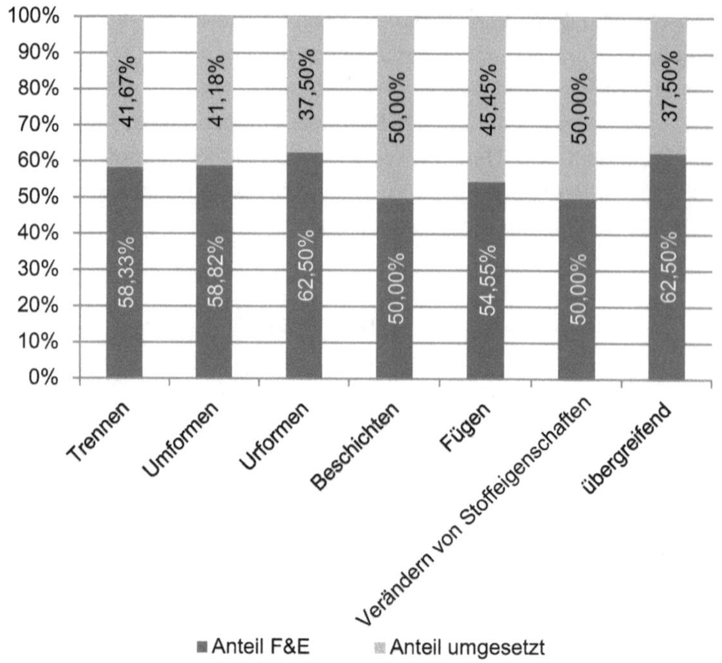

Abb. 5.45 Maßnahmenumsetzung in den Hauptgruppen der Fertigungstechnik (Sauer und Losert 2013)

Abb. 5.45. zeigt eine Aufteilung der Maßnahmen innerhalb der Bereiche hinsichtlich ihres Reifegrads. Dabei wird in die zwei Kategorien Forschung & Entwicklung (F&E) und umgesetzte Maßnahmen unterschieden. Es zeigt sich eine relativ homogene Verteilung über alle betrachteten Maßnahmengruppen mit einem F&E-Anteil zwischen 50 und 60 %.

Einen Vergleich der absoluten Anzahl der identifizierten Ansätze zwischen den Hauptgruppen und übergreifenden Maßnahmen zeigt Abb. 5.46. Es wird deutlich, dass die Gruppe Trennen mit 32 % den größten Anteil an allen identifizierten Maßnahmen hat. Zwar ist das Trennen nicht so energieintensiv wie beispielsweise das Urformen oder Beschichten, aber die Hauptgruppe besitzt einen sehr breiten Anwendungsbereich. An zweiter Stelle steht das Umformen. Energieeffizienzsteigerungen können in dieser Verfahrensgruppe vor allem bei hohen Anteilen an benötigter thermischer Energie bei der Warmumformung zu Wettbewerbsvorteilen führen. Insbesondere im Bereich der Veränderung von Stoffeigenschaften, wozu z. B. auch Härteprozesse gehören, wurde nur eine geringe Anzahl an Ansätzen identifiziert – und dies, obschon diese Prozesse häufig mit einem hohen Einsatz an thermischer Energie einhergehen.

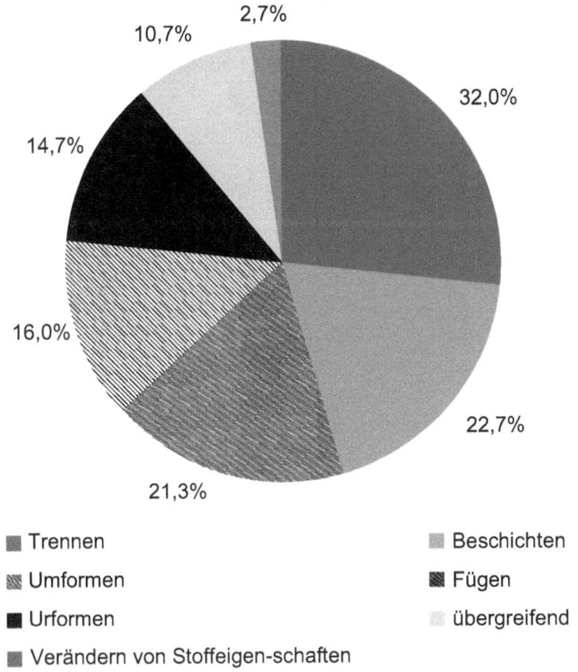

Abb. 5.46 Verteilung von Maßnahmen zwischen den Hauptgruppen (Sauer und Losert 2013)

Weiterhin wurde jeder identifizierten Maßnahme der entsprechende strategische Ansatz zur Steigerung der Energieeffizienz zugeordnet. Dabei können durch eine Maßnahme auch mehrere Wirkungen entstehen und dadurch mehr als ein strategischer Ansatz adressiert werden. Dies ist vor allem bei prozessübergreifenden und prozessintegrierenden Maßnahmen der Fall. Betrachtet man die grundlegenden Ansätze zur Steigerung der Energieeffizienz, so fällt auf, dass die Reduzierung des spezifischen Nutzenergiebedarfs und die Vermeidung unnötigen Verbrauchs die größten Anteile besitzen. So wird durch innovative Technologie, Verfahrenssubstitution und geschickte energetische Abstimmung der Prozessparameter auf die Bearbeitung ein effizienter Produktionsprozess gestaltet (s. Abb. 5.47). (Sauer und Losert 2013) Vor dem Hintergrund der zunehmend fluktuierenden Energieversorgung im Stromsektor könnte der Einsatz vorteilhafter Energieträger, der in der Vergangenheit eine scheinbar untergeordnete Rolle gespielt hat, allerdings an Bedeutung gewinnen.

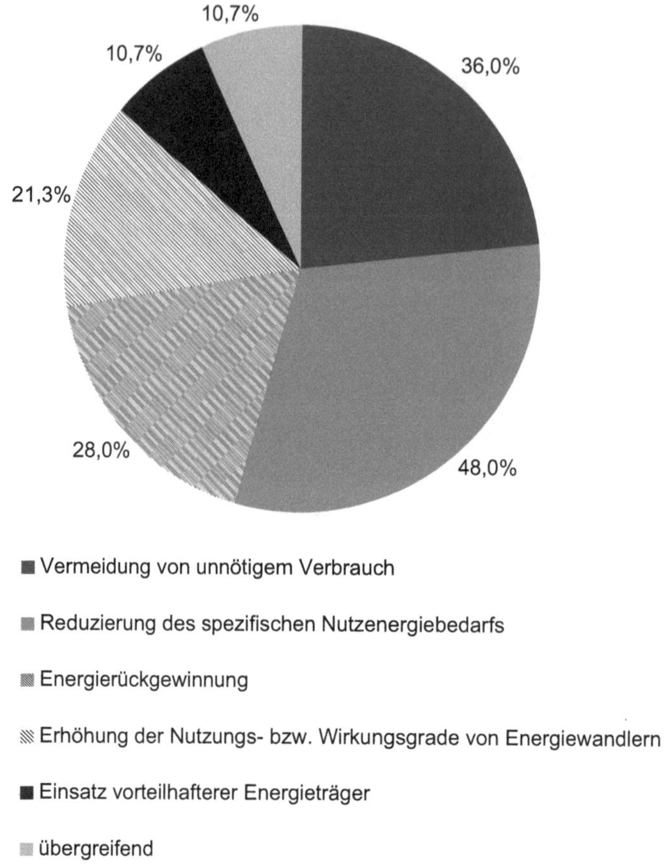

Abb. 5.47 Gewählte Effizienzstrategien (Sauer und Losert 2013)

5.3.4 Materialeffizienz

Neben den energetischen und monetären Vorteilen, die sich direkt durch eine gesteigerte Energieeffizienz ergeben, existiert eine Vielzahl von Synergieeffekten, die mit einer gesteigerten Energieeffizienz korrelieren. So steht insbesondere im produzierenden Gewerbe der Materialverbrauch in direkter Abhängigkeit mit dem zur Gewinnung und Herstellung aufgewendeten Energieeinsatz. Branchenumfassende Potenzialanalysen für energieintensive Prozesse und Querschnittstechniken liegen für dieses Forschungsfeld zwar noch nicht vor, wohl aber existieren für einzelne Maßnahmen, Sektoren oder Betriebe Potenzialerhebungen.

Insgesamt ist laut BMWi davon auszugehen, dass zwischen 20 und 30 % der Endenergie in den Sektoren unter den Rahmenbedingungen von 2007 durch eine Steigerung der Materialeffizienz in der Produktion wirtschaftlich eingespart werden können (BMWi 2010c). Ein großes Einsparpotenzial bieten dabei Werkstoffinnovationen. Zudem kann der spezifische Bedarf durch Verbesserung der Eigenschaften der Werkstoffe und konstruktive Änderungen des jeweiligen Produktes vermindert werden (Jochem et al. 2008). Durch einen geringeren Materialeinsatz im jeweiligen Endprodukt (beispielsweise durch dünnere

Verpackungsmaterialien und leichtere Flächengewichte, Schäumen von Aluminium, Magnesium und Kunststoffen, dünnere Oberflächenaufbauten oder Zusätze) kann der zur Herstellung erforderliche Energiebedarf jährlich um durchschnittlich 1 bis 2 % schrittweise gesenkt werden (RNE 2004; Jochem et al. 2008).

Darüber hinaus können Werkstoffe, die energieintensive Bearbeitungsprozesse erfordern, durch Materialien mit geringerem Energiebedarf substituiert werden. Ein in der Vergangenheit erfolgreiches Anwendungsbeispiel stellt die so genannte „weiße" Biotechnologie dar, in der anstelle von Chemikalien Enzyme und Mikroorganismen verwendet werden, wenn es um die Herstellung von Chemieerzeugnissen oder um Reinigungsprozesse geht. Als Resultat können die jeweils durchlaufenden Produktionsprozesse statt unter hohem Druck und hohen Temperaturen bei normalem Druck und Zimmertemperatur ablaufen. Dadurch wird einerseits Energie gespart, andererseits werden weniger Materialien für Reinigungs- und Produktionsprozesse benötigt (Faulstich et al. 2009). Daher sollte besonders in Zukunft der Fokus auf der Substitution energie- und materialintensiver Prozesse liegen (Neugebauer et al. 2008).

Weitere Potenziale lassen sich speziell bei Umformungsprozessen durch die Diffusion neuer Werkstoffe und Technologien zur Kalt- bzw. Halbwarmumformung generieren. Das Ziel der sogenannten Net-Shape-Technologien besteht darin, die Endkontur eines Produktes in möglichst frühen Wertschöpfungsstufen zu generieren und so sekundäre Arbeitsschritte, wie das material- und energieaufwendige Zerspanen, einzusparen. Insgesamt kann durch Net-Shape-Verfahren eine Ressourceneffizienzsteigerung – also Steigerung des technischen Nutzens im Verhältnis zu den verbrauchten Ressourcen – um bis zu 25 % erreicht werden (Neugebauer et al. 2008). Auch kann der Einsatz von Recyclingmaterial aus Produktionsabfällen einen signifikanten Beitrag leisten, um kontinuierlich Energie zu sparen. Dabei resultiert die Einsparung vorrangig aus dem deutlich geringeren Energieeinsatz, der zur Erzeugung von Sekundärmaterial erforderlich ist. Kann Recyclingmaterial aus der Produktion ohne weitere energieintensive Bearbeitung genutzt werden, lässt sich die Energieeffizienz noch erheblich weiter steigern. Beispielsweise benötigt die Wiederverwendung von Sekundäraluminium nur ein Fünftel der Energie der Erzeugung von Primäraluminium. Gleichzeitig wurde im Bereich der Stahlindustrie in den vergangenen zwei Jahrzehnten durch den Einsatz von Stahlschrott der jährliche Primärenergieverbrauch um rund 65 PJ gesenkt (Neugebauer et al. 2008). Die Kreislaufwirtschaft spielt dabei nicht nur für Eisen- oder Aluminiumbranche eine entscheidende Rolle, sondern auch im Bereich der Kunststoffe oder Baumaterialien, sowie für Wasser. Als zusätzlichen Nutzen gewinnen Unternehmen der internen Wiederverwendung mehr Unabhängigkeit von den Rohstoffmärkten und verringern zugleich ihre Entsorgungskosten (Mahammadzadeh 2013). Die Ausschöpfung des Recycling-Potenzials ermöglicht eine Reduzierung des industriellen Energiebedarfs um mindestens 10 % (Jochem et al. 2008).

Zusammenfassend quantifiziert die Abb. 5.48 die Ergebnisse einer Umfrage des Instituts der deutschen Wirtschaft Köln (Mahammadzadeh 2013). Dabei wurden über 170 Umweltexperten der Wirtschaft hinsichtlich der wichtigsten praktizierten Ansatzpunkte befragt, die eine gesteigerte Materialeffizienz induzieren (Mahammadzadeh 2013). Insgesamt kann geschlussfolgert werden, dass die grundsätzliche Änderung des Produktionsprozesses sowie der Einsatz von Recyclingmaterialien derzeit die größten Materialeffizienztreiber darstellen.

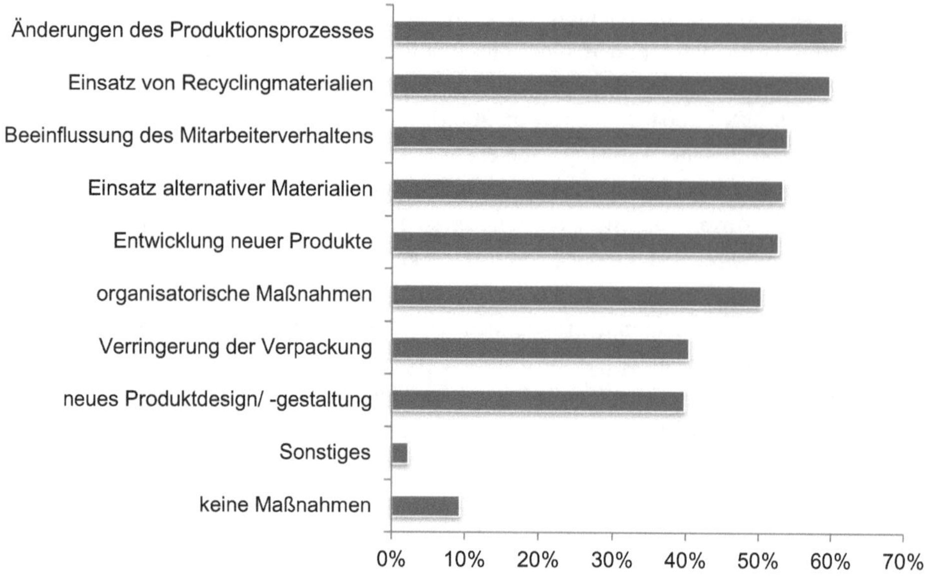

Abb. 5.48 Ergebnisbefragung Materialeffizienzmaßnahmen in Unternehmen (Mahammadzadeh 2013)

5.4 Management der Umsetzung von Energieeffizienzpotenzialen

Die Identifikation und Umsetzung von Energieeffizienzpotenzialen ist für viele Unternehmen ein schwieriges Unterfangen, insbesondere bei der Beurteilung der Möglichkeiten. In den folgenden Unterkapiteln werden verschiedene Instrumente, Methoden und Hilfestellungen vorgestellt, die die Unternehmen und Organisationen dabei unterstützen sollen.

5.4.1 Organisatorische Ansätze

Ziel des integrierten Energie- und Klimaprogramms (IEKP) ist die Realisierung von Energieeffizienzsteigerungen durch Einführung moderner Energiemanagementsysteme. Sie sollen für Unternehmen zusätzliche Anreize schaffen, Energieeffizienzmaßnahmen in der eigenen Organisation einzuführen. Punkt 6 des IEKP beinhaltet eine direkte Kopplung von Steuerermäßigungen nach der Strom- und Energiesteuergesetzgebung an die Einführung eines Energiemanagementsystems (Frey et al. 2007). Demnach können Steuerermäßigungen ab einem definierten Zeitpunkt nicht weiter an Unternehmen vergeben werden, die kein Energiemanagementsystem betreiben. Auch die Reduzierung der EEG-Umlage für stromintensive Unternehmen ist unter anderem mit der Einführung eines Energiemanagementsystems verknüpft (BAFA 2015b). Das einzuführende Energiemanagementsystem ist abhängig vom Energieverbrauch des beantragenden Unternehmens.

Zusätzlich hat die Bundesregierung, aufgrund der Energieeffizienz-Richtlinie der EU, das „Gesetz über Energiedienstleistungen und andere Energieeffizienzmaßnahmen“ (kurz: EDL-G) novelliert (BMJV 2010). Im EDL-G ist niedergeschrieben, dass alle Nicht-KMUs, also alle großen Unternehmen, ein Energieaudit nach DIN EN 16247-1 bis zum 5.Dezember 2015 durchzuführen haben. Schätzungen zur Folge hätten 50.000 – 120.000 Unternehmen ein solches Energieaudit durchführen müssen (IHK Hochrhein-Bodensee 2015). Von dieser Verpflichtung sind allerdings jene Unternehmen ausgeschlossen, die bereits ein Energiemanagementsystem nach DIN EN ISO 50001, oder ein EMAS Umweltmanagementsystem eingeführt haben und betreiben. Nach der ersten Auditierung müssen die betroffenen Unternehmen dann mindestens alle vier Jahre ein Energieaudit gemäß DIN EN 16247-1 durchführen.

Eine Studie der PwC besagt, dass 62 % aller Unternehmen ohnehin aufgrund der eigenen Unternehmenspolitik aktiv sind und ein Energiemanagementsystem oder ein Energieaudit durchführen wollten. Ebenfalls geht aus der Studie hervor, dass bis März 2015 lediglich 18 % aller befragten Unternehmen ein Energieaudit durchgeführt haben. Allerdings hatten 63 % der Unternehmen bereits das Energieaudit geplant. Der Rest der Unternehmen hatte noch nichts Konkretes geplant. (PWC 2015)

Förderungsansätze

Eine Übersicht aktueller Förderungsansätze und -programme ist dem Anhang zu entnehmen (s. Kap. 9.3).

Energieaudit

Ein Energieaudit ist eine „systematische Inspektion und Analyse des Energieeinsatzes und Energieverbrauchs [...] einer Organisation mit dem Ziel, Energieflüssen und das Potenzial für Energieeffizienzverbesserungen zu identifizieren und über diese zu berichten“ (DIN EN 16247-1).

Wie ein typisches Energieaudit nach DIN EN 16247-1 abläuft soll die Abb. 5.49 zusammengefasst darstellen.

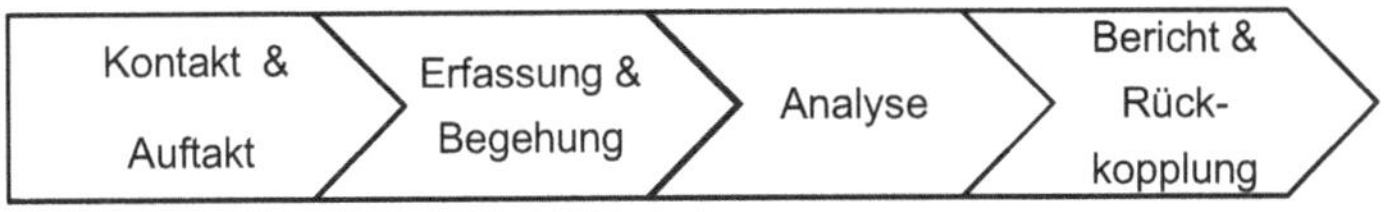

Abb. 5.49 Zusammengefasste Darstellung des Ablaufs eines Energieaudits (In Anlehnung an DIN EN 16247-1)

Im Gegensatz zum Energiemanagementsystem DIN EN ISO 50001 ist ein Energieaudit kein in sich geschlossener Zyklus, sondern eine systematische Vorgehensweise zur Beurteilung des Istzustands einer Organisation (TÜV Rheinland 2015). Dadurch sollen Effizienzpotenziale identifiziert und an das Top-Management berichtet werden (vgl. DIN EN 16247). In der DIN EN 16247-1 sind keine „organisationsbezogenen Anforderungen“ enthalten (DIN EN ISO 50001). Dies ist auch einer der größten Unterschiede der beiden Systeme. Die Verantwortung obliegt fast komplett dem unabhängigen Energieauditor, der das Energieaudit in der geforderten Qualität und Abfolge durchzuführen hat (DIN EN ISO 50001).

Der Ablauf eines Energieaudits wird anhand der DIN EN 16247-1 in den nachfolgenden Absätzen beschrieben.

Im ersten Schritt muss der Energieauditor einen einleitenden Kontakt mit der Geschäftsführung herstellen. Bei diesem Prozess gilt es, eine Vielzahl von organisatorischen Fragen, wie den groben Zeitrahmen zum Durchführen des Energieaudits, die zur Verfügung stehenden Ressourcen, Anwendungsbereiche und weitere Rahmenbedingungen zu klären und zu definieren. Im darauffolgenden Schritt erfolgt die Auftakt-Besprechung, die das Vorgehen beim Energieaudit konkretisiert. Eines der wichtigsten Elemente des Audits ist die Datenerfassung. Auf Grundlage dieser Datenbasis werden später in der Analysephase die möglichen Einsparpotenziale aufgezeigt und berechnet. Ziel des Außeneinsatzes bzw. bei der Vor-Ort-Begehung ist es, die Liegenschaft zu untersuchen. Der Energieauditor verschafft sich dabei ein genaues Bild über die Produktionsschritte. Eine Begehung bei laufender Produktion ist ein Novum. Die Norm verlangt vom Auditor, die Energieflüsse des geprüften Objekts aufzuzeigen, das Energieerzeugungs- und Verbraucherprofil aufzulösen, mögliche Fehler und Abweichungen bei der Ermittlung zu beseitigen und folglich aus den Lastgängen oder anderen Faktoren den Istzustand so genau wie möglich abzubilden. Dann muss ein Energiebericht geschrieben werden. Im Anschluss müssen die Ergebnisse der Geschäftsleitung vorgetragen werden.

Durch die Energieauditpflicht für Nicht-KMU können gemäß NAPE bis 2020 50,5 PJ und 3,4 Millionen Tonnen CO_2-Äquivalente eingespart werden(BMWi 2014d). Dieses Ziel wird lt. einer Umfrage voraussichtlich deutlich verfehlt (EEP 2016).

Integration und Betrieb eines Energiemanagementsystems

Energiemanagementsysteme (EnMS) nehmen Einfluss auf organisatorische und technische Abläufe sowie Verhaltensweisen, um unter den Bedingungen der Wirtschaftlichkeit den Verbrauch von Energie sowie die Grund- und Zusatzstoffe zu senken und kontinuierlich die Energieeffizienz im Unternehmen zu verbessern.

Das Energiemanagement darf daher nicht mit einer reinen Steigerung der Energieeffizienz gleichgesetzt werden. Statt einer rein technischen Betrachtung erfordert ein erfolgreiches betriebliches Energiemanagement, insbesondere vor dem Hintergrund der erläuterten Hemmnisse, die stärkere Integration sozio-technischer Aspekte. Dafür müssen durch das betriebliche Energiemanagement geeignete Strukturen im Betrieb geschaffen werden und geeignete Konzepte entwickelt werden (Hirzel et al. 2011).

Die einschlägige Energiemanagementnorm DIN EN ISO 50001 beschreibt explizit die Anforderungen an die Organisation zur Einführung, Umsetzung, Aufrechterhaltung und Verbesserung des Systems. Die Implementierung kann dabei normenbasierend einerseits eigenständig und unabhängig von bestehenden Managementsystemen implementiert werden und wird dann zu den bestehenden Managementsystemen „hinzuaddiert". Andererseits kann das EnMS in die bereits bestehende Systemlandschaft integriert werden, sodass vorhandene Strukturen genutzt werden und an entsprechenden Schnittstellen um den Aspekt Energie erweitert werden (FhG-IPA 2009). Der Vorteil dieses Integrationsansatzes ist unter anderem die Generierung von personellen, zeitlichen und finanziellen Synergieeffekten. Abb. 5.50 stellt den Integrationsansatz in bereits bestehende Managementsystemedar.

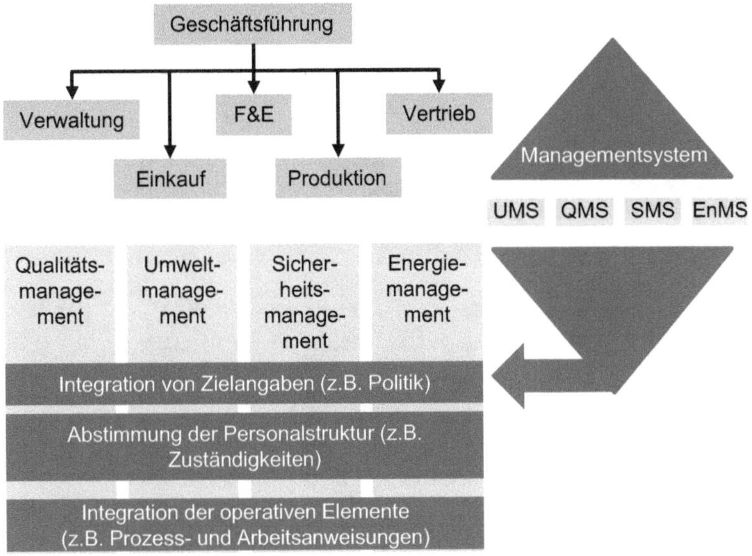

Abb. 5.50 Integration von Energiemanagementsystemen (FhG-IPA 2009)

Zudem wird in Abb. 5.50 verdeutlicht, dass das Energiemanagement auf alle Unternehmensfunktionen Einfluss hat. Demnach sollte die Integration auf allen Unternehmensebenen erfolgen und die Kompetenzen der involvierten Bereiche Energie, Sicherheit, Qualität und Umwelt entsprechend zusammengeführt werden (Kahlenborn et al. 2012). Durch die notwendige und erforderliche Verankerung des Energiemanagementsystems in die Unternehmensstrategie, ist die Unterstützung und strategische Ausrichtung durch das Top-Management als kritischer Erfolgsfaktor für eine erfolgreiche Umsetzung des Energiemanagements zu sehen (Hirzel et al. 2011).

Wichtig für den erfolgreichen Betrieb eines Energiemanagementsystems ist die kontinuierliche Optimierung des Energieverbrauchs, sowie der daraus resultierende Blick für das Gesamtsystem. Wie aus der Abb. 5.51 entnommen werden kann, basiert das DIN EN ISO 50001 auf dem PDCA-Zyklus (Plan-Do-Check-Act). Dabei besteht der Planungsprozess unter anderem aus der Durchführung der energetischen Bewertung, Festlegung einer Ausgangsbasis, aussagekräftigen Energieleistungskennzahlen (EnPIs) und Zielen, usw. In der Umsetzungsphase sollen die geplanten Maßnahmen eingeführt und in Aktionspläne überführt werden. Während der Überprüfungsphase sollen beispielweise die Prozesse – insbesondere diejenigen, welche aus der energetischen Bewertung abgeleitet werden – überwacht werden. Im letzten Prozess sollen Maßnahmen zur kontinuierlichen Verbesserung vorbereitet und durchgeführt werden (DIN EN ISO 50001). Durch diesen Zyklus werden durchgehend Verbesserungen des gesamten Systems erzielt, wohingegen ad hoc Optimierungen durch punktuelle Maßnahmen die Energieeffizienz oftmals nur kurzfristig verbessern und keine kontinuierliche Kostensenkung erzielen (BMWi 2014c). Im ersten Jahr nach der Implementierung eines EnMS können nach Kahlenborn bis zu 10 % der Energiekosten eingespart werden (Kahlenborn et al. 2012).

Abb. 5.51 Modell des DIN EN ISO 50001 Energiemanagementsystems (DIN EN ISO 50001)

Jedoch führen bisher nur wenige Unternehmen Energiemanagementsysteme ein, um ihre eigenen Potenziale systematisch zu identifizieren, anschließend umzusetzen und kontinuierlich zu überwachen. Während Unternehmen mit mehr als 250 Mitarbeitern bereits zu über 50 % Energiemanagementsysteme einsetzen, beträgt der Anteil für Unternehmen mit mehr als 50 jedoch weniger als 250 Mitarbeiter 25 %. Unternehmen mit weniger als 50 Mitarbeitern setzen lediglich zu 14 % betriebliche Energiemanagementsysteme ein. Insgesamt hatten somit 14 % der befragten Unternehmen 2012 ein Energiemanagementsystem, wovon nur die Hälfte zertifiziert wurde (Dena 2012b). Insgesamt besteht somit noch erheblicher Nachholbedarf bei der Implementierung von Energiemanagementinstrumenten. Besonders KMU können sich oftmals teure Systemlösungen nicht leisten. Daher werden vom Staat Fördergelder zur Einführung von Energiemanagementsystemen zur Verfügung gestellt. Diese können allerdings nur KMU in Anspruch nehmen, die die DIN EN ISO 50001 freiwillig und ohne Vorteile, wie Inanspruchnahme von Strompreisreduzierungen, einführen (BAFA 2015a). Über die Hälfte (ca. 57 %) der im Jahr 2013 eingeführten Energiemanagementsysteme entfallen auf deutsche Unternehmen (UBA 2013).

Energieeffizienznetzwerke

Ein Energieeffizienznetzwerk beschreibt den systematischen, zielgerichteten und unbürokratischen Erfahrungs- und Ideenaustausch von Unternehmen und Organisationen. In der Regel besteht ein solches Netzwerk aus 8 bis 15, mindestens jedoch aus fünf Unternehmen und wird über einen Zeitraum von 2–3 Jahren gebildet. Das Kernziel eines Energieeffizienznetzwerks ist die Steigerung der Energieeffizienz aller Netzwerkteilnehmer (BMWi 2015e).

Durch die gemeinschaftliche Zusammenarbeit und die Treffen, die mindestens 3–4 Mal im Jahr stattfinden sollen, werden Ideen und Potenziale zur Energieeffizienzsteigerung erarbeitet. Dies erfolgt durch den Erfahrungsaustausch der einzelnen Unternehmen mit umgesetzten Verbesserungen durch den qualifizierten Energieberater, der Bestandteil des Netzwerkes ist und durch gemeinsame Diskussionen führt. Im Vordergrund stehen hauptsächlich die Querschnittstechnologien, welche in der Regel in allen Unternehmen vorhanden sind und genügend Potenziale bieten.

Im ersten Projekt „LEEN 100" der Bundesregierung und der deutschen Wirtschaft ist der Aufbau von bis zu 40 Netzwerken bis 2017 geplant (FhG-ISI 2014).

Seit Mitte 2014 gibt es allerdings eine zusätzliche Vereinbarung (NAPE) von Bundesregierung und Wirtschaft über 500 neue Energieeffizienz-Netzwerke bis Ende 2020 aufzubauen. Aus diesen neuen Netzwerken sollen Einsparungen von bis zu 75 PJ bzw. 5 Mio. t THG-Emissionen generiert werden (BMWi 2014b). Aus dem Abschlussbericht „30 Pilot-Netzwerke" (2014) ging hervor, dass die Energiekosten von teilnehmenden Unternehmen doppelt so schnell gesenkt werden konnten, wie andere Unternehmen im selben Zeitraum. Diese haben ihre jährlichen Energiekosten im Durchschnitt um 200.000 € nach vier bis fünf Jahren gesenkt (FhG-ISI und LEEN 2014). Aus den vorangegangenen Zusammenfassungen ausgewählter Unternehmensbefragungen hat sich herauskristallisiert, dass sich Unternehmen einer Vielzahl von Hemmnissen und Barrieren gegenübersehen. Diese haben für die erfolgreiche Umsetzung, von teilweise erheblichen Einsparoptionen, einen signifikanten Einfluss. Somit wurden in der Vergangenheit einfach zu hebende Einsparpotenziale trotz Anstrengungen durch industrielle Energieeffizienzprogramme nicht umgesetzt (Hirzel et al. 2011). Ein wichtiges Instrument sind in diesem Zusammenhang Energiemanagementsysteme.

Die organisatorischen Ansätze Energieaudit und Energieeffizienznetzwerke sind Maßnahmen die im NAPE definiert wurden. Weitere Kernmaßnahmen aus dem NAPE sind die Abwärmenutzung, die nationale Top-Runner-Initiative oder das Pilotprogramm „Einsparzähler" (BMWi 2016).

5.4.2 Technologische Ansätze

Softwarelösungen für das Energiemanagement

Die Komplexität, Größe und Dynamik vieler Unternehmen macht eine softwaregestützte Lösung des Energiemanagements unabdingbar. Softwarelösungen sind dabei in der Lage, den KVP der DIN EN ISO 50001 zu dokumentieren und zu automatisieren. Die entsprechenden Softwarelösungen können grundsätzlich alle vier Phasen des KVP (PDCA-Zyklus) abbilden. Neben den EMS-Softwarelösungen werden zunehmend MES-Softwarelösungen mit Energiefunktionalitäten auf Basis der DIN EN ISO 50001 entwickelt. MES-Systeme sind in der digitalen Unternehmensstruktur zwischen ERP-Systemen (Enterprise Ressource Planning) und Prozessleitebene angeordnet. ERP-Systeme bilden das Informationsrückgrat der unternehmensweiten Planung. Sie decken in der Regel Funktionen in den Bereichen Vertrieb, Einkauf, Material-/Termin- und Kapazitätsplanung, Produktion, Logistik, Lagerhaltung sowie After Sales ab (Mussbach-Winter et al. 2013). In MES-Systemen erfolgt die

Feinplanung der Produktionsaufträge. Randbedingungen der Planung sind dabei sowohl Daten der Grobplanung, als auch Informationen aus der Leit- und Steuerungsebene. Ein Trend in der Entwicklung von MES-Systemen geht in die Richtung, das Energiemanagement in die Systemarchitektur zu integrieren (Sontow et al. 2013). In diesem Zusammenhang können Verbrauchswerte nicht nur ressourcenbezogen analysiert werden, sondern mit Daten aus dem Betriebsmittelmanagement, Materialmanagement oder Qualitätsmanagement verknüpft werden. Daraus lassen sich Rückschlüsse ziehen, welche Fertigungsschritte besonders energieintensiv sind und welche Maßnahmen ergriffen werden können, um den Energieverbrauch zu reduzieren.

Ausgehend von globalen Megatrends in der Industrie und im Energiesystem lassen sich durch die energiestrategischen Positionierungsfelder eines Unternehmens in den Bereichen Energieeffizienz und Energieflexibilität Potenzialfelder für die Produktion ableiten. Besonders die Vernetzung der Produktion sowie die Verschmelzung von virtueller und realer Welt bieten Chancen und Synergieeffekte, um die Detailschärfe im Energiemanagement zu erhöhen und Effizienzpotenziale zu identifizieren und zu erschließen. Daraus ergeben sich Anforderungen an die EMS- und MES-Systeme.

Durch eine zunehmende Fluktuation und Dezentralisierung in der Energieerzeugung sowie den Wandel vieler Unternehmen vom Verbraucher hin zum so genannten „Prosumer", einer Kombination von Produzent und Konsument, steigen die Bedeutung sowie die Dynamik von Energie als Variable der Produktionsgleichung. Dies macht es erforderlich, die Ressource Energie in die Produktionsplanung und -steuerung zu integrieren. Werden zusätzlich (regenerative) Eigenerzeugung und Energiespeicher verwendet, stehen Unternehmen vor Herausforderungen in der Netzkommunikation und -steuerung, um die Versorgungssicherheit der Produktion kostenoptimal zu gewährleisten.

Energiemanagement auf Basis der DIN EN ISO 50001 wird in Unternehmen traditionell von EMS-Softwarelösungen unterstützt. Mittlerweile integrieren zunehmend MES-Softwarelösungen Energiefunktionalitäten in ihre Systeme. Mittlerweile bieten sowohl EMS-Software als auch MES-Software großes Potenzial. Im Bereich der Produktionstypen sowie Energiemedien bieten EMS- und MES-Software eine ausreichende Detailschärfe, um unterschiedliche Produktionstypen und Energie-medien im System abzubilden.

Im Bereich der Datenerfassung zeigt sich ein großes Potenzial auf Seiten der MES-Software. Hier können Daten in Echtzeit und auf Maschinenebene erfasst werden. Bei der Datenverwaltung weisen sowohl EMS- als auch MES-Software eine hohe Qualität auf und bieten die Möglichkeit, die nötigen Daten im System zu verwalten. Jedoch werden nicht alle notwendigen Funktionalitäten in den Systemen abgebildet. Für die energieorientierte Produktionsplanung und -steuerung weisen MES-Softwaresysteme durch die Einbindung in die Produktionsfeinplanung und -steuerung große Potenziale auf, u.a. für die Systemeinbindung von (regenerativer) Energieeigenerzeugung. Sowohl EMS-Software als auch MES-Software kann relevante Energiedaten abbilden. EMS-Software ist zusätzlich in der Lage, die Daten mit Anlagen und Prozesslayouts zu verknüpfen. EMS-Software weist durch die flexible Reportgestaltung besonders im Bereich des Reportings Stärken auf. Im Rahmen der zunehmenden Flexibilität in der Produktion muss auch die IT-Infrastruktur an

Flexibilität gewinnen. Obwohl sowohl EMS-Software als auch MES-Software Teilbereiche abdecken, kann das gesamte zukünftige Anforderungsspektrum derzeit noch von keiner Softwarelösung umfassend unterstützt werden. Die zukünftige Herausforderung wird darin liegen, die jeweiligen Funktionalitäten der Softwarelösungen zu verbinden.

Demand Side Management

Vor dem Hintergrund der fluktuierenden Energieerzeugung muss neben technischen und systemischen Lösungen auch ein Umdenken in der Energienutzung stattfinden. Bislang wurde die Energieerzeugung dem Energiebedarf angepasst und hat die tragende Rolle in der Versorgungssicherheit gespielt. In Zukunft muss immer stärker dazu übergegangen werden die Verbraucherseite aktiv zu steuern, um Energie dann zu nutzen, wenn sie zur Verfügung steht. Das aktive Umsetzen von Energieeffizienzmaßnahmen und das Steuern der Energieflexibilität auf der Verbrauchsseite werden unter dem Begriff des Demand Side Management zusammengefasst.

▶ „Demand Side Management bedeutet die Umsetzung von Energieeffizienz- und Leistungsmanagement-Maßnahmen auf der Verbraucherseite, um eine Gesamtoptimierung des jeweiligen Energiesystems zu erreichen“ (IEA 2015)

Aus wirtschaftlichen Gründen wird das als Demand Side Management bezeichnete Glätten der Nachfragekurve bereits seit längerem von der Industrie betrieben (Gobmaier und Roon 2010). Typische Instrumente sind hierbei die Lastverschiebung (in Zeiten geringerer Netzauslastung) oder der sog. Lastabwurf, der vollständige Verzicht auf den lasterzeugenden Vorgang.

▶ Als „Demand Response“ wird, wiederum nach VDE, „die Reaktion des Verbrauchers auf ein [externes] Anreizsignal meist monetärer Art (etwa ein zeitabhängiger Tarif z. B. mit Hoch-, Mittel- und Niedrigtarifzeiten), das den Kunden dazu motiviert, seinen Energiebedarf in die günstigeren Tarifzeiten zu legen“, definiert (VDE 2012).

Durch die zunehmend fluktuierende Energieerzeugung müssen Unternehmen künftig die Produktion flexibler und transparenter gestalten. Dies beinhaltet beispielsweise die exakte Erfassung der notwendigen Produktionsparameter und das Implementieren einer Fertigungssteuerung zur reibungslosen Wiederaufnahme der Produktion nach erfolgter Abschaltung.

Industrial Smart Grid

Im Rahmen der Energiewende steht das Stromnetz vor der Herausforderung, dezentrale Erzeugung und erneuerbare Energien, die starken Schwankungen unterliegen können, im Netz zu integrieren. Auf Basis der örtlichen und zeitlichen Verteilung in der Energieerzeugung und den jeweiligen Nachfrage- und Verbrauchssituationen auf der Verbraucherseite muss das Stromnetz stabilisiert und effizient gesteuert werden.

▶ „Das konventionelle Elektrizitätsnetz wird zu einem Smart Grid, wenn es durch Kommunikations-, Mess-, Regel- und Automatisierungstechnik sowie Automatisierungskomponenten aufgerüstet wird. Im Ergebnis bedeutet „smart“, dass Netzzustände in „Echtzeit“ erfasst werden können und die Möglichkeit zur Steuerung und Regelung der Netze besteht, so dass die bestehende Netzkapazität tatsächlich voll genutzt werden kann“ (Bundesnetzagentur 2011).

Smart Grids erhöhen nicht nur die Versorgungssicherheit im Energiesystem, sondern reduzieren zudem den Ausbau der Versorgungsinfrastruktur. Mit zunehmender nationaler und internationaler Bedeutung von Smart-Grid-Technologien und Konzepten für den Einsatz in intelligenten Stromnetzen, eröffnen sich zudem stark wachsende Markt- und Technologiepotenziale für die Wirtschaft.

Industrieunternehmen als Großstromverbraucher werden bei der Optimierung des Energiesystems eine besondere Rolle einnehmen. Vor dem Hintergrund des Demand Side Managements muss neben einer Steigerung der Energieeffizienz auch bestehende Energieflexibilität identifiziert, genutzt oder sogar zusätzlich geschaffen werden. Hierzu bedarf es einer informationstechnischen Vernetzung von Verbrauchern und Erzeugern. Bereits heute werden komplexe Produktionsabläufe und Materialflüsse mittels IT-Unterstützung gesteuert und optimiert. Die Beherrschung von Spitzenlasttransparenz und Lastmanagement sowie eine betriebszustandsspezifische Anlagensteuerung bedürfen hierbei nicht nur ausreichender Rechenleistung sondern auch einer vernetzten Architektur der Maschinen. Gerade Entwicklungen im Bereich von Industrie 4.0 haben im Hinblick auf die informationstechnische Vernetzung in der Produktion große Potenziale auch im Demand Side Management zu erschließen.

Integrieren Industrieunternehmen Eigenenergieerzeugung in ihre Energieversorgung und sind sie dazu in der Lage, die erzeugte Energie, die nicht benötigt wird, im Stromnetz einzuspeisen, entwickeln sie sich vom reinen Verbraucher zu einem Prosumer. Industrielle Prosumer, die das Standort-interne Versorgungsnetz regeln und steuern, erschließen zusätzlich den Bereich des Industrial Smart Grids (ISG) oder Industrial Smart Micro Grid.

Im ISG werden vier energetische Bezugs- und Verbrauchsgruppen unterschieden (s. Abb. 5.52): Die Eigenenergieerzeugung, die Energiebeschaffung, die Energiespeicherung und die Produktion als Energieverbraucher. Das ISG hat die Aufgabe, die Bezugs- und Verbrauchsgruppen zu balancieren mit dem Primärziel, die Produktion reibungslos und kostenoptimal zu betreiben sowie eine hohe Versorgungssicherheit und -qualität zu garantieren.

Abb. 5.52 Smart Grid in der industriellen Produktion

Darüber hinaus wird mit dem Ansatz des ISG die Energieeffizienz gesteigert. Beispielsweise durch Real-time-Kommunikation, bzw. die Verknüpfung zwischen der Produktion, Energiespeicherung und -erzeugung kann die eigene Energieerzeugung der Produktion angepasst und somit effizienter gestaltet werden. Dadurch wird die erzeugte Energie tatsächlich abgenommen und wird nicht verschwendet.

5.5 Trends und Prognosen

Inhalt dieses Kapitels ist die Gegenüberstellung der von der Bundesregierung definierten Energieziele in Abhängigkeit des jeweiligen Betrachtungshorizonts (2020 und 2050) mit den zuvor quantifizierten Einsparpotenzialen. Als Basis dient das Energiekonzept der Bundesregierung aus dem Jahr 2010.

Die Einsparziele werden auch hier für den weiteren Verlauf zwischen Strom und Brennstoffpotenzialen differenziert, um die ableitbaren Schlussfolgerungen entsprechend technologisch und branchenspezifisch adressieren zu können. In der volkswirtschaftlichen Betrachtung der vorliegenden Studie wurde bereits ausführlich das Ziel der Bundesregierung, die Energieproduktivität bis 2020 zu verdoppeln, vorgestellt. Aus der branchenspezifischen Potenzialanalyse ging jedoch bereits hervor, dass Einsparoptionen und -mengen sowohl branchen- als auch energieträgerspezifisch sehr heterogen verteilt sind. Darauf aufbauend sollen die Erreichbarkeit der postulierten Klimaziele analysiert und entsprechende Handlungsempfehlungen abgeleitet werden.

Um das in der nationalen Nachhaltigkeitsstrategie gesteckte Ziel der Bundesregierung zu erreichen, wäre für den Zeitraum von 2005 bis 2020 eine Steigerung der Energieproduktivität der Bundesrepublik Deutschland von 3 % pro Jahr über alle Sektoren hinweg erforderlich (Prognos 2009). Die Fortführung der durchschnittlichen Energieproduktivitätssteigerung von 2,2 % p.a. (zwischen 1990 und 2000) ist dabei aufgrund der geringen Entwicklung zwischen 2000 und 2005 nicht ausreichend. Dort gab es lediglich eine jährliche Steigerung von 0,5 % (Prognos 2009). Während in der ersten Hälfte des Betrachtungszeitraums der Energieverbrauch der Industrie aufgrund der zunehmenden Marktdurchdringung neuer Technologien und Prozesse mit etwa 350 PJ zwischen 1995 und 2000 besonders stark sank, hat sich in der zweiten Hälfte des Betrachtungszeitraums die Effizienzsteigerung abgeschwächt (Prognos 2009). Zwischen 2008 und 2014 betrug die jährliche Steigerung der Endenergieproduktivität der Bundesrepublik Deutschland 1,6 % (BMWi 2015b). Um das Ziel (jährliche Endenergieproduktivitätssteigerung von 2,1 % bis 2020) zu erreichen, ist von 2014 bis 2020 eine durchschnittliche Steigerung von ca. 2,5 % pro Jahr notwendig.

Der Einfluss dieser für die Zukunft determinierten Zielentwicklung auf den absoluten Energieverbrauch der Industrie wird in Abb. 5.53 verdeutlicht.

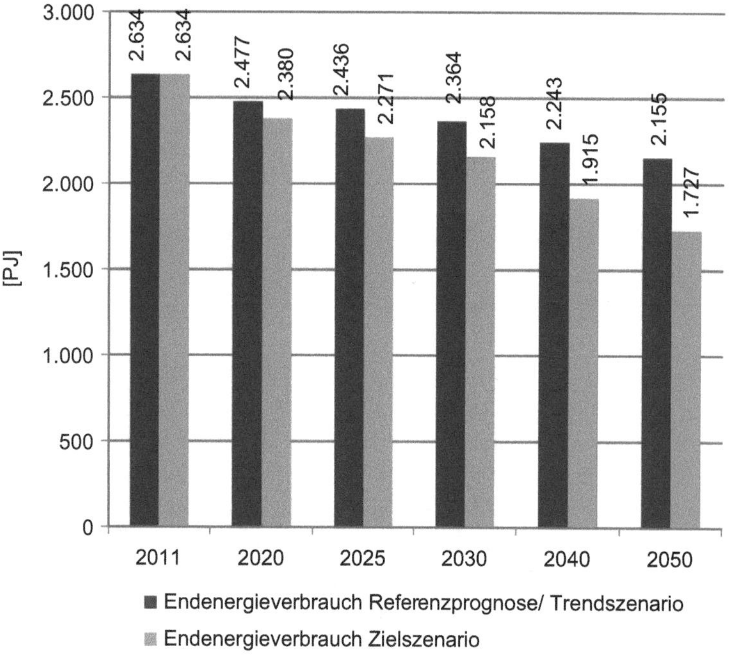

Abb. 5.53 Endenergieverbrauch nach Energiezielen in der Industrie (Schlesinger et al. 2014)

Dabei wird unterschieden zwischen einer Referenzprognose (2011 bis 2030) und einem anschließenden Trendszenario (2030 bis 2050) (Erläuterungen s. Kap. 4.1.1). Für die Klimazielerreichung (Zielszenario) muss der Endenergieverbrauch der Industrie auf etwa 1.727 PJ im Jahr 2050 gesenkt werden. Absolut entspricht das einer einzusparenden Energiemenge von circa 907 PJ bezogen auf den Endenergieverbrauch von etwa 2.634 PJ aus dem Jahr 2011.

Aufgrund der fehlenden Datengrundlage für die resultierenden Technologieeffekte sowie die Unsicherheit einer Prognose über die zukünftige Wirtschaftsleistung und Strukturentwicklung, wird im weiteren Verlauf keine Bereinigung der Effekte erfolgen. Grundsätzlich muss jedoch beachtet werden, dass die einzusparenden Energiebeträge tendenziell noch höher ausfallen müssen. So liegt der prognostizierte Endenergieverbrauch der Referenzprognose bzw. das Trendszenario bereits im Jahr 2020 4 % über dem Wert des Zielszenarios. Im Jahr 2030 steigt die Differenz auf 10 % und der Zielwert 2050 von 1.727 PJ wird um 25 % verfehlt (2.155 PJ). Das entspricht einer Energiemenge von 428 PJ, die zusätzlich eingespart werden müsste.

Um den Entwicklungspfad zur Energiezielerreichung neben der kurzfristigen Betrachtung (bis 2020) auch mittel- und langfristig analysieren zu können, wird die erforderliche Verbrauchsentwicklung bis zum Jahr 2050 quantifiziert (s. Abb. 5.54). Als Grundlage dient wiederum das Referenz-/Trendszenario von Schlesinger et al., wobei hier zusätzlich zwischen der Entwicklung für Strom, Brennstoffe und Fernwärme bzw. Erneuerbare Energien differenziert wird (Schlesinger et al. 2014).

Während sich in diesem Modell bis 2050 der Brennstoffbedarf um 26 % reduziert, liegt die Senkung des elektrischen Energiebedarfs bei etwa 1 %.

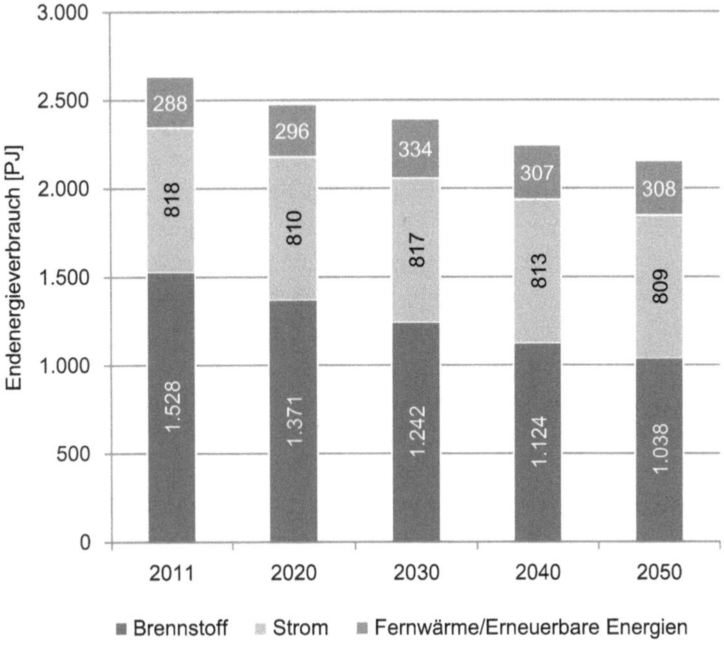

Abb. 5.54 Effizienzpfad der Industrie bis 2050 (Schlesinger et al. 2014)

Aufgrund der aktuelleren Datenbasis dieses Modells, liegt der Verbrauchswert für das Referenzjahr 2011 mit 2.644 PJ deutlich höher als der Referenzwert nach Prognos 2009. Als Konsequenz fällt die resultierende einzusparende Energiemenge mit 489 PJ bis 2050 entsprechend höher aus. Insgesamt differenziert sich die einzusparende Energiemenge in 480 PJ Brennstoffeinsparungen und 9 PJ Einsparung elektrischer Energie.

Unter der Annahme einer vollständigen Realisierung der wirtschaftlichen Potenziale können bis 2020 Einsparungen von insgesamt 129 PJ erreicht werden, welche sich in 111 PJ Brennstoff- und 18 PJ Stromeinsparungen differenzieren lassen (Fleiter et al. 2013). Darüber hinaus liegt das Marktpotenzial für Strom bei 11 PJ und für Brennstoffe bei 51 PJ und entspricht somit etwas weniger als der Hälfte des Gesamtpotenzials. Voraussichtlich werden bei einer Fortführung der derzeitigen Bestrebungen nur etwa 62 PJ eingespart. Daraus lässt sich ableiten, dass für eine vollständige Potenzialerschließung bis 2020 die Bemühungen und Investitionen für Energieeffizienz gegenüber den aktuellen Bestrebungen deutlich erhöht werden müssen. Auf Grundlage der vorangegangenen analysierten Potenziale ist darauf zu verweisen, dass dieser Wert für einzelne Branchen und Technologien spezifisch deutlich variiert und höher ausfallen kann. Demgegenüber muss berücksichtigt werden, dass die energieintensive Industrie etwa zwei Drittel des Energieverbrauchs ausmacht und somit durch die Erweiterung des Betrachtungsrahmens um die verbleibenden, bisher unberücksichtigten, Industriebranchen das Gesamtpotenzial höher ausfällt als zunächst betrachtet wurde. Wird eine solche Erweiterung dem bisherigen Modell zugrunde gelegt, können laut Dena bereits im BAU-Szenario Brennstoffeinsparungen von 75 PJ erreicht werden, welche um weitere 5 % gesteigert werden können (Agricola et al. 2012). Im Effizienz-Szenario können die Einsparungen um weitere 5 % gesteigert werden, sodass sich der Endenergieverbrauch für die Erzeugung von Prozess- und Raumwärme um rund 150 PJ gegenüber 2008 reduziert (Agricola et al. 2012). Die Prognos AG beziffert das wirtschaftliche Einsparpotenzial mit 220 PJ gegenüber dem Basisjahr 2002 (Seefeldt et al. 2007).

Gleichwohl unterliegen die teilweise seit über dreißig Jahren eingesetzten Technologien einer physikalischen Begrenzung hinsichtlich der erzielbaren Einsparmengen. So kann der Energieverbrauch theoretisch nur bis zu einem technologiedeterminierten Minimum gesenkt werden. Aufgrund der umfangreichen bereits in der Vergangenheit realisierten Optimierungen, wurden die „low hangig fruits" bereits größtenteils erschlossen, sodass die quantifizierten unerschlossenen Potenziale deutlich niedriger sind, als die gewaltigen Effizienzgewinne, die bei einigen Prozessen und Branchen in den letzten fünfzig Jahren möglich waren (Fleiter et al. 2013). Insbesondere radikale Prozessinnovationen und -substitutionen sind somit ein wichtiger Beitrag zur Energieeffizienzsteigerung. Wie zuvor dargestellt, können speziell Maßnahmen im Bereich der Materialeffizienz den spezifischen Energieverbrauch energieintensiver Prozesse zusätzlich um bis zu 20 % senken. Prozessinnovationen müssen für die Erreichung der Energieziele daher in Zukunft parallel zu den bisherigen Effizienztechnologien in den Vordergrund treten. Diese können jedoch aufgrund hoher Risiken und langer Vorlaufzeiten nicht von der Industrie alleine entwickelt werden (BMWi 2010c). Eine progressive Förderpolitik für innovative Technologien ist somit ein wichtiger Bestandteil zur langfristigen Klimazielerreichung. Die forcierte Einführung und Diffusion von Klimaschutztechniken motiviert Unternehmen und Regionen, sich frühzeitig auf die Bereitstellung und Nutzung von innovativen Technologien zu spezialisieren und damit ihre Wettbewerbsposition zu stärken („First-Mover- Advantage") (Büchele et al. 2014).

Aufbauend auf den Trends und Entwicklungen bis 2020 werden die Einsparpotenziale und für das Jahr 2030 quantifiziert. Der erforderliche Endenergieverbrauch wird auf höchstens 2.000 PJ festgesetzt, um die politischen Vorgaben zu erreichen (Schlesinger et al. 2010). Im Vergleich zur Entwicklung bis 2020 kann nach dem Stand der Technik von 2007 auch bis 2030 das elektrische Einsparziel nur unter der Prämisse erreicht werden, dass zunehmend in Einsparoptionen investiert wird. Insgesamt beträgt das Einsparpotenzial bis zum Jahr 2030 233 PJ. Das Marktpotenzial nimmt dabei einen Anteil von über 113 PJ ein, sodass für eine vollständige Potenzialerschließung auch hier die derzeitigen Bestrebungen verdoppelt werden müssen. Selbst bei einer vollständigen Ausschöpfung des derzeitigen technischen Brennstoffpotenzials, würde die Einsparmenge der energieintensiven Industrie nur ca. 190 PJ betragen. Die Tatsache, dass das Markt-Brennstoffpotenzial jedoch höher als bei Strom ist, ist darauf zurückzuführen, dass die in der Beratungspraxis dominierende Systemoptimierung verstärkt Wärmepotenziale aufspürt (vbw 2012). Insgesamt kann festgehalten werden, dass auf Grundlage der jetzigen Technologie die Energieziele in der energieintensiven Industrie bis 2030 nicht erreicht werden können. Eine Integration nicht-energieintensiver Einsparpotenziale erfolgt an dieser Stelle aufgrund fehlender Datengrundlage nicht. Es kann aber anhand der absoluten Verbrauchsverteilung davon ausgegangen werden, dass die verbleibenden Branchenanteile nicht ausreichen, um die verbleibendende erforderliche Einsparmenge zu erreichen.

Zusammenfassend zeigen sich branchenübergreifend teilweise erhebliche unerschlossene Einsparpotenziale der energieintensiven Industrie. Dabei muss berücksichtigt werden, dass eine dynamische Effizienzverbesserung vornehmlich in Zeiten starken Produktionswachstums beobachtet wird, wenn viele neue Anlagen errichtet werden und dadurch die mittlere Effizienz im Anlagenbestand ansteigt (Fleiter et al. 2013). Für die Ausschöpfung der dargestellten Potenziale ist die kontinuierliche und systematische Verbesserung über die gesamten Anwendungsbereiche hinweg essenziell. Es besteht daher noch erheblicher Nachholbedarf, um Investitionen in Energieeffizienz von der Konjunktur zu entkoppeln und nicht nur in energieeffiziente Technologien zu investieren, wenn Neuanschaffungen sowieso erforderlich sind.

5.6 Fazit

Der Industriesektor hat einen maßgebenden Einfluss auf die Energiebilanz und die Entwicklung der Energieeffizienz in Deutschland. Insbesondere in der energieintensiven Industrie wurden in der Vergangenheit bereits umfassende Gewinne durch Maßnahmen erzielt, welche die Energieeffizienz gesteigert haben. Im Zuge der vorangegangenen Kapitel wurde durch die Analyse verschiedener Studien gezeigt, dass sowohl bei spezifischen Prozessen als auch bei den Querschnittstechnologien noch erhebliche Potenziale zur Energieeinsparung vorhanden sind. Diese sind sowohl branchen- als auch technologiespezifisch sehr heterogen verteilt, sodass pauschale Aussagen und Anforderungen an

Einsparmengen nicht möglich sind. Somit muss sowohl für unternehmensintern definierte Energieziele als auch bei politisch getriebenen Einsparzielen berücksichtigt werden, welchen absoluten und relativen Beitrag einzelne Branchen und Technologien leisten können. Es existieren auch individuelle Rahmenbedingungen für Einsparpotenziale in Abhängigkeit der Unternehmensgröße. So setzen Großunternehmen aufgrund ihrer höheren finanziellen Kapazität und personellen Kompetenzen vermehrt Effizienztechnologien ein. Eine Berücksichtigung der spezifischen Unternehmensrahmenbedingungen für eine kontinuierliche Steigerung der Energieeffizienz ist daher essentiell.

Insgesamt müssen die derzeitigen branchenübergreifenden Bestrebungen deutlich verstärkt werden. Dabei sind viele ungenutzte Potenziale hoch rentabel und scheitern zum einen an den geforderten Amortisationszeiten, zum anderen an der oftmals fehlenden Kenntnis der eigenen Potenziale und Möglichkeiten. Die Sensibilisierung und Einführung geeigneter Instrumente zur Steigerung der Energieeffizienz, beispielsweise Energiemanagementsysteme oder Energieaudits, stellen insbesondere für KMU einen wichtigen Erfolgsfaktor dar (s. Abb. 5.22).

Weitere Potenziale lassen sich durch die Kopplung der Sektoren „Wärme“ und „Strom“ erschließen. Unter Sektorkopplung wird zum einen die Umwandlung einer Energieform in eine andere – meist Power-to-heat, aber auch Heat-to-power – verstanden. Zum anderen ist die kombinierte Bereitstellung beider Energieformen gemeint. Als klassisches Beispiel für die Kopplung der beiden Sektoren dient die Kraft-Wärme-Kopplungstechnik. (Sterner und Stadler 2014) Die Erschließung der Sektorkopplung bietet zusätzlich zu den branchen- bzw. technologiespezifischen Energieeffizienzpotenzialen erhebliche weitere Möglichkeiten.

Für eine erfolgreiche Energiepolitik müssen mit Bezug zur Industrie vor allem auch Prozessinnovationen gefördert werden. Bisherige Technologien wurden in der Vergangenheit bereits umfassend optimiert und unterliegen technologieinhärenten Optimierungsgrenzen. Nur durch die forcierte Erforschung und Entwicklung neuer effizienter Technologien und Systemlösungen ist das Erreichen der Energieziele bis 2030 und darüber hinaus möglich.

Literatur

AGEB (2014a) AG Energiebilanzen e.V. (Hg.): Anwendungsbilanzen für die Endenergiesektoren in Deutschland in den Jahren 2011 und 2012 mit Zeitreihen von 2008 bis 2012. Berlin, 2014. Online verfügbar unter http://www.ag-energiebilanzen.de/index.php?article_id=8&archiv=5&year=2014, zuletzt geprüft am 19.10.2015.

AGEB (2014b) AG Energiebilanzen e.V. (Hg.): Ausgewählte Effizienzindikatoren zur Energiebilanz Deutschland. Daten für die Jahre von 1990 bis 2013. Berlin, 2014. Online verfügbar unter www.ag-energiebilanzen.de/index.php?article_id=29&fileName=eefa-ageb-effizienzindikatoren_zur_energiebilanz_orange_2014_16092014.pdf, zuletzt geprüft am 29.07.2015.

AGEB (2015a) AG Energiebilanzen e.V. (Hg.): Auswertungstabellen zur Energiebilanz Deutschland 1990–2014. Berlin, 2015. Online verfügbar unter www.ag-energiebilanzen.de/index.php?article_id=29&fileName=ausw_25082015_ov.pdf, zuletzt geprüft am 20.01.2016.

AGEB (2015b) AG Energiebilanzen e.V. (Hg.): Bilanz 2013 (Bearbeitungsstand: 07.08.2015). Berlin, 2015. Online verfügbar unter www.ag-energiebilanzen.de/index.php?article_id=29&fileName=bilanz13d.xls, zuletzt geprüft am 11.01.2016.

AGEB (2015c) AG Energiebilanzen e.V. (Hg.): Bilanzen 1990–2013. Berlin, 2015. Online verfügbar unter http://www.ag-energiebilanzen.de/7-0-Bilanzen-1990-2013.html, zuletzt geprüft am 30.10.2015.

Agricola et al. (2012) Agricola, A.; Joest, S.; Czernie, M. et al.: Steigerung der Energieeffizienz mit Hilfe von Energieeffizienz-Verpflichtungssystemen. Deutsche Energie-Agentur GmbH (Hg.). Berlin, 2012. Online verfügbar unter http://www.dena.de/fileadmin/user_upload/Presse/studien_umfragen/Energieeffizienz-Verpflichtungssysteme/Studie_Energieeffizienz-Verpflichtungssysteme_EnEffVSys.pdf, zuletzt geprüft am 12.04.2016.

BAFA (2015a) Bundesamt für Wirtschaft und Ausfuhrkontrolle (Hg.): Förderung von Energiemanagementsystemen. Eschborn, 2015. Online verfügbar unter http://www.bafa.de/bafa/de/energie/energiemanagementsysteme/, zuletzt geprüft am 12.02.2016.

BAFA (2015b) Bundesamt für Wirtschaft und Ausfuhrkontrolle (Hg.): Merkblatt für stromkostenintensive Unternehmen 2015. zu den gesetzlichen Regelungen nach §§ 63 ff. Erneuerbare-Energien-Gesetz 2014 einschließlich der Regelungen zur Zertifizierung des Energieverbrauchs und der Energieminderungspotenziale. Eschborn, 2015. Online verfügbar unter http://www.bafa.de/bafa/de/energie/besondere_ausgleichsregelung_eeg/merkblaetter/merkblatt_stromkostenintensive_unternehmen.pdf, zuletzt geprüft am 20.08.2015.

BDEW (2015) Bundesverband der Energie- und Wasserwirtschaft e.V. (Hg.): BDEW-Pressekonferenz Zahlen und Fakten. im Rahmen der Hannover Messe 2015. 2015. Online verfügbar unter https://www.bdew.de/internet.nsf/id/76A71AB150313BB7C1257E26002AE5EB/$file/150413%20Hannover%20Messe%202015%20BDEW%20Zahlen%20und%20Fakten.pdf, zuletzt geprüft am 20.01.2016.

BMJV (2010) Bundesministerium der Justiz und Verbraucherschutz: Gesetz über Energiedienstleistungen und andere Energieeffizienzmaßnahmen. EDL-G, vom 05.04.2015. Bundesministerium der Justiz und Verbraucherschutz. Online verfügbar unter http://www.gesetze-im-internet.de/bundesrecht/edl-g/gesamt.pdf, zuletzt geprüft am 25.01.2016.

BMUB (2008) Bundesministerium für Umwelt, Naturschutz, Bau und Reaktorsicherheit (Hg.): Nationaler Energieeffizienzplan. Strategie des Bundesumweltministeriums. Berlin, 2008. Online verfügbar unter https://www.clearingstelle-eeg.de/files/private/active/0/bmu_strategie_energieeffizienzplan.pdf, zuletzt geprüft am 28.07.2015.

BMWi (2010a) Bundesministerium für Wirtschaft und Technologie (Hg.): Energie in Deutschland. Trends und Hintergründe zur Energieversorgung. Berlin, 2010. Online verfügbar unter http://www.bmwi.de/DE/Mediathek/publikationen,did=251954.html, zuletzt geprüft am 28.07.2015.

BMWi (2010b) Bundesministerium für Wirtschaft und Technologie (Hg.): Energieeffizienz Made in Germany. Energieeffizienz im Bereich Industrie, Gebäudeanwendungen und Verkehr. Berlin, 2010. Online verfügbar unter https://www.bmwi.de/BMWi/Redaktion/PDF/E/broschuere-energieeffizienz-made-in-germany,property=pdf,bereich=bmwi,sprache=de,rwb=true.pdf, zuletzt geprüft am 28.07.2015.

BMWi (2010c) Bundesministerium für Wirtschaft und Technologie (Hg.): Energietechnologien 2050 – Schwerpunkte für Forschung und Entwicklung. Berlin, 2010. Online verfügbar unter http://www.bmwi.de/Dateien/BMWi/PDF/politikbericht-energietechnologien-2050,property=pdf,bereich=bmwi,sprache=de,rwb=true.pdf, zuletzt geprüft am 28.07.2015.

BMWi (2014a) Bundesministerium für Wirtschaft und Energie (Hg.): Bruttowertschöpfung nach Wirtschaftsbereichen in Deutschland 2014. Berlin, 2014. Online verfügbar unter http://www.bmwi.de/DE/Themen/energie,did=557324.html, zuletzt geprüft am 28.07.2015.

BMWi (2014b) Bundesministerium für Wirtschaft und Energie (Hg.): Energieeffizienz-Netzwerke gründen: Gemeinsam mehr erreichen. Berlin, 2014. Online verfügbar unter https://www.bmwi.de/BMWi/Redaktion/PDF/F/factsheet-01-energieeffizienz-netzwerke,property=pdf,bereich=bmwi2012,sprache=de,rwb=true.pdf, zuletzt geprüft am 16.10.2015.

BMWi (2014c) Bundesministerium für Wirtschaft und Energie (Hg.): Erneuerbare Energien in Zahlen. Nationale und internationale Entwicklung im Jahr 2013. Berlin, 2014. Online verfügbar unter http://www.bmwi.de/DE/Mediathek/publikationen,did=730546.html, zuletzt geprüft am 28.07.2015.

BMWi (2014d) Bundesministerium für Wirtschaft und Energie (Hg.): Mehr aus Energie machen. Nationaler Aktionsplan Energieeffizienz. Berlin, 2014. Online verfügbar unter https://www.bmwi.de/BMWi/Redaktion/PDF/M-O/nationaler-aktionsplan-energieeffizienz-nape,property=pdf,-bereich=bmwi2012,sprache=de,rwb=true.pdf, zuletzt geprüft am 08.04.2016.

BMWi (2015a) Bundesministerium für Wirtschaft und Energie (Hg.): Datenübersicht zum vierten Monitoring-Bericht. Berlin, 2015. Online verfügbar unter http://www.bmwi.de/DE/Themen/Energie/Energiewende/monitoring-prozess.html, zuletzt geprüft am 08.02.2016.

BMWi (2015b) Bundesministerium für Wirtschaft und Energie (Hg.): Die Energie der Zukunft. Vierter Monitoring-Bericht zur Energiewende. Berlin, 2015. Online verfügbar unter http://www.bmwi.de/BMWi/Redaktion/PDF/V/vierter-monitoring-bericht-energie-der-zukunft,property=pdf,bereich=bmwi2012,sprache=de,rwb=true.pdf, zuletzt geprüft am 12.02.2016.

BMWi (2015c) Bundesministerium für Wirtschaft und Energie (Hg.): Energiegewinnung und Energieverrbauch nach Anwendungsbereichen. Berlin, 2015. Online verfügbar unter www.bmwi.de/BMWi/Redaktion/Binaer/energie-daten-gesamt,property=blob,bereich=bmwi2012,sprache=de,rwb=true.xls, zuletzt geprüft am 13.05.2016.

BMWi (2015d) Bundesministerium für Wirtschaft und Energie (Hg.): Gesamtgesellschaftliche Bedeutung. Berlin, 2015. Online verfügbar unter http://www.bmwi.de/DE/Themen/Industrie/Industrienation-Deutschland/gesamtgesellschaftliche-bedeutung.html, zuletzt geprüft am 25.01.2016.

BMWi (2015e) Bundesministerium für Wirtschaft und Energie (Hg.): Praxis-Leitfaden zur Initiative Energieeffizienz-Netzwerke. Berlin, 2015. Online verfügbar unter http://bdi.eu/download_content/EnergieUndRohstoffe/Initiative_Energieeffizienz-Netzwerke.pdf, zuletzt geprüft am 17.08.2015.

BMWi (2015f) Bundesministerium für Wirtschaft und Energie (Hg.): Stromerzeugungskapazitäten, Bruttostromerzeugung und Bruttostromverbrauch Deutschland. Berlin, 2015. Online verfügbar unter http://www.bmwi.de/BMWi/Redaktion/Binaer/energie-daten-gesamt,property=blob,bereich=bmwi2012,sprache=de,rwb=true.xls, zuletzt geprüft am 28.07.2015.

BMWi (2016) Bundesministerium für Wirtschaft und Energie (Hg.): BMWi - NAPE-Meter. Berlin, 2016. Online verfügbar unter http://www.bmwi.de/DE/Themen/Energie/Energieeffizienz/NAPE/infografik-nape.html, zuletzt geprüft am 15.04.2016.

Bolscher et al. (2013) Bolscher, H.; Graichen, V.; Hay, G. et al.: Carbon Leakage Evidence Project. Factsheets for selected sectors. ECORYS Nederland BV (Hg.). Rotterdam, 2013. Online verfügbar unter http://ec.europa.eu/clima/policies/ets/cap/leakage/docs/cl_evidence_factsheets_en.pdf, zuletzt geprüft am 27.01.2016.

Büchele et al. (2014) Büchele, R.; Henzelmann, T.; Panizza, P. et al.: GreenTech made in Germany 4.0. Umwelttechnologie-Atlas für Deutschland. Bundesministerium für Umwelt, Naturschutz, Bau und Reaktorsicherheit (Hg.). Berlin, 2014. Online verfügbar unter http://www.bmub.bund.de/fileadmin/Daten_BMU/Pools/Broschueren/greentech_atlas_4_0_bf.pdf, zuletzt geprüft am 28.07.2015.

Buck et al. (2010) Buck, C.; Geyer, M.; Gürtler, D., Hebestreit, M. et al.: Zertifikat für grüne Lösungen. Siemens AG (Hg.). Erlangen, 2010 (Industry Journal, 3). Online verfügbar unter https://www.industry.siemens.com/topics/global/de/magazine/industry-journal/Archiv/Documents/Industry_Journal_3_2010_d.pdf, zuletzt geprüft am 21.10.2015.

Bundesnetzagentur (2011) Bundesnetzagentur (Hg.): "Smart Grid" und "Smart Market". Eckpunktpapier der Bundesnetzagentur zu den Aspekten des sich verändernden Energieversorgungssystem. 2011. Online verfügbar unter http://www.bundesnetzagentur.de/SharedDocs/Downloads/DE/Sachgebiete/Energie/Unternehmen_Institutionen/NetzzugangUndMesswesen/SmartGridEckpunktepapier/SmartGridPapierpdf.pdf?__blob=publicationFile, zuletzt geprüft am 27.05.2016.

Bundesregierung (2010) Presse- und Informationsamt der Bundesregierung (Hg.): Energiekonzept für eine umweltschonende, zuverlässige und bezahlbare Energieversorgung. Berlin, 2010. Online verfügbar unter http://www.bundesregierung.de/ContentArchiv/DE/Archiv17/_Anlagen/2012/02/energiekonzept-final.pdf;jsessionid=306EAB577D21F2AC410CF07EB144839A.s4t1?__blob=publicationFile&v=5, zuletzt geprüft am 28.01.2016.

Burkhart und Schorcht (2007) Burkhart, M.; Schorcht, F.: Merkblatt über die Besten Verfügbaren Techniken in der Keramikindustrie. Umweltbundesamt (Hg.). Dessau-Roßlau, 2007. Online verfügbar unter http://www.umweltbundesamt.de/sites/default/files/medien/378/dokumente/bvt-merkblatt_keramikindustrie_2007_de.pdf, zuletzt geprüft am 29.07.2015.

cefic (2015) The European Chemical Industry Council (Hg.): Facts and Figures 2014. Brüssel, 2015. Online verfügbar unter http://fr.zone-secure.net/13451/106811/publication/contents/templates/Cefic_F_and_F_2014-Full_report_Blanc_150dpi.pdf, zuletzt geprüft am 31.05.2016.

CEPI (2013) Confederation of European Paper Industries (Hg.): The Two Team Project. Brüssel, 2013. Online verfügbar unter http://unfoldthefuture.eu/uploads/finaltwoteamprojectreport_website_updated.pdf, zuletzt geprüft am 21.10.2015.

DEHSt (2013) Deutsche Emissionshandelsstelle (Hg.): Gesetze und Verordnungen. Berlin, 2013. Online verfügbar unter http://www.dehst.de/DE/Emissionshandel/Gesetze-Verordnungen/gesetze-verordnungen_node.html, zuletzt geprüft am 22.10.2015.

DEHSt (2014a) Deutsche Emissionshandelsstelle (Hg.): Grundlagen des Emissionshandels. Berlin, 2014. Online verfügbar unter http://www.dehst.de/DE/Emissionshandel/Grundlagen/grundlagen_node.html, zuletzt geprüft am 22.10.2015.

DEHSt (2014b) Deutsche Emissionshandelsstelle (Hg.): Zuteilung 2013–2020. Ergebnisse der kostenlosen Zuteilung von Emissionsberechtigungen an Bestandsanlagen für die 3. Handelsperiode 2013–2020. Berlin, 2014. Online verfügbar unter http://www.dehst.de/SharedDocs/Downloads/DE/Publikationen/Zuteilungsbericht.pdf?__blob=publicationFile, zuletzt geprüft am 27.10.2015.

Dena (2006) Deutsche Energie-Agentur GmbH (Hg.): Druckluftsysteme - Mehr Energieeffizienz, weniger Kosten. Berlin, 2006. Online verfügbar unter http://www.dena.de/fileadmin/user_upload/Publikationen/Stromnutzung/Dokumente/IEE_Druckluft_Download.pdf, zuletzt geprüft am 28.07.2015.

Dena (2010) Deutsche Energie-Agentur GmbH (Hg.): Pumpen und Pumpensysteme für Industrie und Gewerbe. Berlin, 2010. Online verfügbar unter http://www.stromeffizienz.de/uploads/tx_zrwshop/Ratgeber_Pumpen_Industrie_und_Gewerbe.pdf, zuletzt geprüft am 29.07.2015.

Dena (2012a) Deutsche Energie-Agentur GmbH (Hg.): Druckluftsysteme in Industrie und Gewerbe. Ein Ratgeber zur systematischen energetischen Modernisierung. Berlin, 2012. Online verfügbar unter http://www.stromeffizienz.de/uploads/tx_zrwshop/Ratgeber-Druckluft_web_2012.pdf, zuletzt geprüft am 28.07.2015.

Dena (2012b) Deutsche Energie-Agentur GmbH (Hg.): Hintergrundinformationen zur Pressemitteilung vom 24.04.2012. Umfrage zur Energieeffizienz bei Entscheidungsträgern aus Unternehmen in Industrie und Gewerbe. Berlin, 2012. Online verfügbar unter http://www.dena.de/fileadmin/user_upload/Presse/Meldungen/2012/Hintergrundinfo_PM_120424.pdf, zuletzt geprüft am 28.07.2015.

DIN EN ISO 50001 DIN EN ISO50001: Energiemanagementsysteme – Anforderungen mit Anleitung zur Anwendung. Oktober 2011. Deutsches Institut für Normung e. V. Beuth Verlag GmbH, Berlin. Online verfügbar unter http://fhgonline.fhg.de/bibliotheken/ipa/DIN-EN-ISO-50001.pdf, zuletzt geprüft am 20.08.2015.

DIN EN 16247-1 DIN EN16247-1: Energieaudits – Teil 1: Allgemeine Anforderungen. Oktober 2012. Deutsches Institut für Normung e. V. Beuth Verlag GmbH, Berlin. Online verfügbar unter http://fhgonline.fraunhofer.de/bibliotheken/isi/DIN-EN-16247-1.pdf, zuletzt geprüft am 20.08.2015.

EEP (2015) Institut für Energieeffizienz in der Produktion, Universität Stuttgart (Hg.): Der Energieeffizienz-Index der deutschen Industrie. alle Auswertungsergebnisse EEI 2015 2.Halbjahr. Stuttgart, 2015.

EEP (2016) Institut für Energieeffizienz in der Produktion, Universität Stuttgart (Hg.): Markterhebung Energiedienstleistungen 2016. 2016. Online verfügbar unter http://www.eep.uni-stuttgart.de/, zuletzt geprüft am 27.05.2016.

EID (2015) Energieintensive Industrien in Deutschland (Hg.): Die Energieintensiven Industrien (EID) sichern Wohlstand. Berlin, 2015. Online verfügbar unter http://www.energieintensive.de/, zuletzt geprüft am 29.07.2015.

Elsner et al. (2015) Elsner, P.; Fischedick, M.; Sauer, D. Uwe (Hg.): Flexibilitätskonzepte für die Stromversorgung 2050. Technologien - Szenarien - Systemzusammenhänge. Deutsche Akademie der Technikwissenschaften, München, 2015 (Energiesysteme der Zukunft). Online verfügbar unter http://www.acatech.de/fileadmin/user_upload/Baumstruktur_nach_Website/Acatech/root/de/Publikationen/Kooperationspublikationen/ESYS_Analyse_Flexibilitaetskonzepte.pdf, zuletzt geprüft am 12.02.2016.

Enerdata (2016) Enerdata (Hg.): Odyssee Database. European Energy Efficiency and Demand Database. 2016. Online verfügbar unter http://www.indicators.odyssee-mure.eu/energy-efficiency-database.html, zuletzt geprüft am 19.01.2016.

Energieagentur NRW (2009) Energieagentur NRW (Hg.): Innovatives Verfahren in der Metallverarbeitung spart Energie und Rohstoffe. Düsseldorf, 2009. Online verfügbar unter http://www.energieagentur.nrw.de/kommunen/innovatives-verfahren-in-der-metallverarbeitung-spart-energie-und-rohstoffe-11126.asp, zuletzt geprüft am 28.07.2015.

Energieagentur NRW (2010a) Energieagentur NRW (Hg.): Beleuchtung – Potenziale zur Energieeinsparung. Düsseldorf, 2010. Online verfügbar unter http://www.gymnasium-wuerselen.de/wp-content/uploads/2015/02/ea-nrw-beleuchtung.pdf, zuletzt geprüft am 28.07.2015.

Energieagentur NRW (2010b) Energieagentur NRW (Hg.): Elektrische Antriebe. Potenziale zur Energieeinsparung. Düsseldorf, 2010. Online verfügbar unter https://broschueren.nordrheinwestfalendirekt.de/herunterladen/der/datei/qb-elektrische-antriebe-final-pdf/von/elektrische-antriebe-potenziale-zur-energieeinsparung/vom/energieagentur/1182, zuletzt geprüft am 26.01.2016.

EU Kommission (2015) EU Kommission (Hg.): Energy Efficiency. Saving energy, saving money. 2015. Online verfügbar unter http://ec.europa.eu/energy/en/topics/energy-efficiency, zuletzt geprüft am 29.07.2015.

Faulstich et al. (2009) Faulstich, M.; Leipprand, A.; Mocker, M. et al.: Perspektive Zukunftsfähigkeit – Steigerung der Rohstoff- und Materialeffizienz. KfW Bankengruppe (Hg.). Frankfurt am Main, 2009. Online verfügbar unter https://www.kfw.de/Download-Center/Konzernthemen/Research/PDF-Dokumente-Sonderpublikationen/Perspektive-Zukunftsf%C3%A4higkeit-steigerung-der-rohstoff.pdf, zuletzt geprüft am 30.07.2015.

FhG-IPA (2009) Fraunhofer Institut für Produktionstechnik und Automatisierung (Hg.): Energiemanagementsysteme: Leitfaden zur Umsetzung. Stuttgart, 2009. Online verfügbar unter http://www.konstanz.ihk.de/linkableblob/knihk24/innovation/anlagen/992536/.13./data/TEEM_D_04a_Leitfaden_EMS_final_090702-data.pdf, zuletzt geprüft am 28.07.2015.

FhG-ISI (2013) Fraunhofer-Institut für System- und Innovationsforschung (Hg.): Erstellung von Anwendungsbilanzen für das Jahr 2012 für das verarbeitende Gewerbe mit Aktualisierungen für die Jahre 2009–2011. Karlsruhe, 2013. Online verfügbar unter http://www.ag-energiebilanzen.de/index.php?article_id=8&archiv=5&year=2014, zuletzt geprüft am 24.11.2015.

FhG-ISI (2014) Fraunhofer-Institut für System- und Innovationsforschung (Hg.): Bekanntmachung der Förderung von Energieeffizienz- und Klimaschutz-Netzwerken in Deutschland im Rahmen des Projekts „LEEN 100". Karlsruhe, 2014. Online verfügbar unter http://www.30pilot-netzwerke.de/archiv/nw-de/downloads/Bekanntmachung-der-Foerderung-LEEN-100-2014-09-08.pdf_%3B, zuletzt geprüft am 17.08.2015.

FhG-ISI und LEEN (2014) Fraunhofer-Institut für System- und Innovationsforschung; LEEN GMBH (Hg.): 30 Pilot Netzwerke. Karlsruhe, 2014. Online verfügbar unter https://www.energie-effizienz-netzwerke.de/een-wAssets/docs/Abschlussbroschuere-30-Pilot-Netzwerke.pdf, zuletzt geprüft am 18.02.2016.

finanzen.net (2015) finanzen.net GmbH (Hg.): CO2 Emissionsrechte. Karlsruhe, 2015. Online verfügbar unter http://www.finanzen.net/rohstoffe/co2-emissionsrechte, zuletzt geprüft am 22.10.2015.

Fleiter (2008) Fleiter, T.: Wirtschaftlicher Vergleich der langfristigen Strom- und Einsparpotenziale von Elektromotorsystemen und Beleuchtungsanlagen in der Industrie. Verlag der TU Graz (Hg.). 2008. Online verfügbar unter http://publica.fraunhofer.de/dokumente/N-73928.html, zuletzt geprüft am 28.07.2015.

Fleiter et al. (2013) Fleiter, T.; Schlomann, B.; Eichhammer, W.: Energieverbrauch und CO2-Emissionen industrieller Prozesstechnologien - Einsparpotenziale, Hemmnisse und Instrumente. Fraunhofer-Institut für System- und Innovationsforschung (Hg.). Karlsruhe, 2013. Online verfügbar unter http://www.isi.fraunhofer.de/isi-wAssets/docs/x/de/publikationen/Umweltforschungsplan_FKZ-370946130.pdf, zuletzt geprüft am 29.07.2015.

Frey et al. (2007) Frey, G.; Schulz, W.; Horst, J. et al.: Studie zu den Energieeffizienzpotenzialen durch Ersatz von elektrischem Strom im Raumwärmebereich. Institut für Zukunftsenergiesysteme (Hg.). Saarbrücken, 2007. Online verfügbar unter http://www.bmub.bund.de/fileadmin/bmu-import/files/pdfs/allgemein/application/pdf/studie_stromheizungen.pdf, zuletzt geprüft am 28.07.2015.

Gobmaier und Roon (2010) Gobmaier, T.; Roon, S. von: Demand Response in der Industrie. Status und Potenziale in Deutschland. Forschungsstelle für Energiewirtschaft e.V. (Hg.). München, 2010. Online verfügbar unter https://www.ffe.de/download/langberichte/353_Demand_Response_Industrie/von_Roon_Gobmaier_FfE_Demand_Response.pdf, zuletzt geprüft am 27.05.2016.

Graichen et al. (2011) Graichen, V.; Gores, S.; Penninger, G. et al.: Energieeffizenz in Zahlen - Endbericht. Umweltbundesamt (Hg.). Dessau-Roßlau, 2011. Online verfügbar unter http://www.umweltbundesamt.de/publikationen/energieeffizienz-in-zahlen, zuletzt geprüft am 25.01.2016.

Henzelmann und Büchele (2009) Henzelmann, T.; Büchele, R.: Der Beitrag des Maschinen- und Anlagenbaus zur Energieeffizienz. Roland Berger Strategy Consultants (Hg.). München, 2009. Online verfügbar unter http://www.rolandberger.de/media/pdf/Roland_Berger_Energieeffizienz_im_Maschinenbau_20091203.pdf, zuletzt geprüft am 28.07.2015.

Hesselbach et al. (2009) Hesselbach, J.; Junge, M.; Lang, B. et al.: Praxisleitfaden Energieeffizienz in der Produktion. Hessen Agentur GmbH (Hg.). Wiesbaden, 2009. Online verfügbar unter http://www.upp-kassel.de/wp-content/uploads/2013/09/Praxisleitfaden-Energieeffizienz-in-der-Produktion.pdf, zuletzt geprüft am 28.07.2015.

Heymann und Berscheid (2013) Heymann, E.; Berscheid, H.: Carbon Leakage: Ein schleichender Prozess. Deutsche Bank Research AG (Hg.). Frankfurt am Main, 2013. Online verfügbar unter http://www.dbresearch.de/PROD/DBR_INTERNET_DE%20PROD/PROD0000000000326197/Carbon+Leakage%3A+Ein+schleichender+Prozess.pdf, zuletzt geprüft am 26.01.2016.

Hiesinger (2016) Hiesinger, H.: Ausführungen von Dr. Heinrich Hiesinger anlässlich der Hauptversammlung am 29.Januar 2016. Thyssen Krupp AG (Hg.). Bochum, 2016. Online verfügbar unter https://www.thyssenkrupp.com/documents/hv_2016_01_29_de/thyssenkrupp_HV_2016_Rede_Hiesinger.pdf, zuletzt geprüft am 12.04.2016.

Hirzel et al. (2011) Hirzel, S.; Sontag, B.; Rohde, C.: Betriebliches Energiemanagement in der industriellen Produktion. Fraunhofer-Institut für System- und Innovationsforschung (Hg.). Karlsruhe, 2011. Online verfügbar unter http://www.isi.fraunhofer.de/isi-wAssets/docs/i/de/publikationen/Kurzstudie_Energiemanagement.pdf, zuletzt geprüft am 28.07.2015.

Hirzel et al. (2013) Hirzel, S.; Sontag, B.; Rohde, C.: Industrielle Abwärmenutzung. Kurzstudie. Fraunhofer-Institut für System- und Innovationsforschung (Hg.). Karlsruhe, 2013. Online verfügbar unter http://www.isi.fraunhofer.de/isi-wAssets/docs/i/de/publikationen/Kurzstudie_Abwaermenutzung.pdf, zuletzt geprüft am 21.10.2015.

IEA (2015) International Energy Agency (Hg.): IEA Demand Side Management. 2015. Online verfügbar unter http://www.ieadsm.org/, zuletzt geprüft am 21.07.2015.

IHK (2009) Industrie- und Handelskammer Heilbronn-Franken, Hochrhein-Bodensee, Karlsruhe und Ostwürttemberg (Hg.): Energiepreise und Unternehmensentwicklung in Baden- Württemberg. Karlsruhe, 2009. Online verfügbar unter http://www.karlsruhe.ihk.de/linkableblob/kaihk24/innovation/Verborgene_Dateien_Innovation_und_Umwelt/Anlagen_Innovation_und_Umwelt/Umwelt/711908/.3./data/Energiepreise_und_Unternehmensentwicklung_in_Baden_Wuerttemberg-data.pdf, zuletzt geprüft am 29.07.2015.

IHK Hochrhein-Bodensee (2015) IHK Hochrhein-Bodensee (Hg.): Änderung des Energiedienstleistungsgesetzes. Verpflichtende Energieaudits für Nicht-KMU. Berlin, 2015. Online verfügbar unter http://www.konstanz.ihk.de/innovation/energiefragen/NEWS_aus_der_Energie/Aenderung_des_Energiedienstleistungsgesetzes_-_Verpflichtende_E/1669736, zuletzt geprüft am 16.10.2015.

Jochem et al. (2008) Jochem, E.; Jaeger, C.; Battaglini, A. et al.: Investitionen für ein klimafreundliches Deutschland. Bundesministerium für Umwelt, Naturschutz, Bau und Reaktorsicherheit (Hg.). Potsdam, 2008. Online verfügbar unter http://www.bmub.bund.de/fileadmin/Daten_BMU/Download_PDF/Klimaschutz/klimadeutschland_endbericht.pdf, zuletzt geprüft am 28.07.2015.

Jochem et al. (2011) Jochem, E.; Herbst, A.; Mai, M. et al.: Untersuchung des Energieeinsparpotenzials für ein Nachfolge-Modell ab dem Jahr 2013ff zu Steuerbegünstigungen für Unternehmen des Produzierenden Gewerbes sowie der Land- und Forstwirtschaft bei der Energie- und Stromsteuer. Institut für Ressourceneffizienz und Energiestrategien (Hg.). Karlsruhe, 2011. Online verfügbar unter http://www.irees.de/irees-wAssets/docs/publications/projektbericht-report/gutachten_energiesteuer_iress_de.pdf, zuletzt geprüft am 28.07.2015.

Kahlenborn et al. (2012) Kahlenborn, W.; Kabisch, S.; Klein, J. et al.: Energiemanagementsysteme in der Praxis. ISO 50001: Leitfaden für Unternehmen und Organisationen. Bundesministerium für Umwelt, Naturschutz, Bau und Reaktorsicherheit; Umweltbundesamt (Hg.). Berlin, Dessau, 2012. Online verfügbar unter http://www.umweltbundesamt.de/sites/default/files/medien/publikation/long/3959.pdf, zuletzt geprüft am 28.07.2015.

Kempkens (2014) Kempkens, W.: Glasindustrie: Energieeffizienz als Hoffnung für den Standort Deutschland. WirtschaftsWoche Online: Handelsblatt GmbH (Hg.). Düsseldorf, 2014. Online verfügbar unter http://green.wiwo.de/glasindustrie-energieeffizienz-als-hoffnung-fuer-den-standort-deutschland/, zuletzt geprüft am 22.10.2015.

Lämmer (2012) Lämmer, P.: Druckluft effizient nutzen. Praxisleitfaden für Energieeffizienz und Kosteneinsparung. Industrie- und Handelskammer Nürnberg für Mittelfranken (Hg.). Nürnberg, 2012. Online verfügbar unter https://www.ihk-nuernberg.de/de/media/PDF/Innovation-Umwelt/Energie/leitfaden-druckluft-effizient-nutzen.pdf, zuletzt geprüft am 12.02.2016.

Mahammadzadeh (2013) Mahammadzadeh, M.: IW-Umweltexpertenpanel 2012. Umwelt- und Energiepolitik im Meinungsbild der Wirtschaft. Institut der deutschen Wirtschaft Köln e.V. (Hg.). Köln, 2013. Online verfügbar unter http://www.iwkoeln.de/_storage/asset/105468/storage/master/file/2559651/download/IW-Umweltexpertenpanel%20Jahresver%C3%B6ffentlichung%20%202012.pdf, zuletzt geprüft am 29.07.2015.

Meyer (2013) Meyer, J.: Energieeffizienz-Potentiale und Umsetzungshemmnisse im Bereich Industrie. Dialogforum EnergieeffizienzSiemens: Bundesministerium für Wirtschaft und Technologie. Berlin, 07.06.2013. Online verfügbar unter http://www.bmwi.de/BMWi/Redaktion/PDF/P-R/praesentation-energieeffizienz-potentiale-und-umsetzungshemmnisse-im-bereich-industrie, zuletzt geprüft am 13.04.2016.

Meyer (2015) Meyer, J.: Elektrische Motoren und Antriebe – Grundlagen, Einsatz und Einsparpotentiale. Siemens AG (Hg.). Aachen, 2015. Online verfügbar unter https://www.aachen.ihk.de/blob/acihk24/innovation/downloads/Vortraege_FTP_Bereich/2483924/5bae149b1ab5d14e5ed95031a3960edd/2015_06_02_energieeffizienz_siemens_dr_meyer-data.pdf, zuletzt geprüft am 12.02.2016.

Müller et al. (2009) Müller, E.; Engelmann, J.; Löffler, T. et al.: Energieeffiziente Fabriken planen und betreiben. Springer-Verlag Berlin Heidelberg, Berlin, Heidelberg, 2009. ISBN: 978-3-540-89644-9.

Mussbach-Winter et al. (2013) Mussbach-Winter, U.; Wochinger, T.; Kipp, R.: Marktspiegel Business Software MES - Fertigungssteuerung 2013/2014. 4., überarbeitete Auflage. TROVARIT, Aachen, 2013. ISBN: 978-3-938102-25-1.

Neugebauer et al. (2008) Neugebauer, R.; Westkämper, E.; Klocke, F. et al.: Energieeffizienz in der Produktion – Untersuchung zum Handlungs- und Forschungsbedarf. Fraunhofer-Gesellschaft zur Förderung der angewandten Forschung e.V. (Hg.). München, 2008. Online verfügbar unter http://edok01.tib.uni-hannover.de/edoks/e01fb09/59008982X.pdf, zuletzt geprüft am 28.07.2015.

Niesing (2012) Niesing, B.: Forschen für mehr Effizienz. Fraunhofer-Gesellschaft (Hg.). 2012 (Magazin weiter.vorn, 4.2012). Online verfügbar unter https://www.fraunhofer.de/de/publikationen/fraunhofer-magazin/2012/weitervorn_4-2012_Inhalt/weiter-vorn_4-2012_30.html, zuletzt geprüft am 19.10.2015.

Pehnt et al. (2009) Pehnt, M.; Lutz, C.; Seefeldt, F. et al.: Potenziale und volkswirtschaftliche Effekte einer ambitionierten Energieeffizienzstrategie einer ambitionierten Energieeffizienzstrategie für Deutschland. Institut für Energie- und Umweltforschung Heidelberg; Fraunhofer-Institut für System- und Innovationsforschung; Gesellschaft für Wirtschaftliche Strukturforschung GmbH; Prognos AG (Hg.). Heidelberg, 2009. Online verfügbar unter https://www.ifeu.de/energie/pdf/Klimaschutz_Energieeffizienz_undBeschaeftigung.pdf, zuletzt geprüft am 28.07.2015.

Pehnt et al. (2010) Pehnt, M.; Bödeker, J.; Arens, M. et al.: Die Nutzung industrieller Abwärme – technisch - wirtschaftliche Potenziale und energiepolitische Umsetzung. Bericht im Rahmen des Vorhabens "Wissenschaftliche Begleitforschung zu übergreifenden technischen, ökologischen, ökonomischen und strategischen Aspekten des nationalen Teils der Klimaschutzinitiative". Heidelberg, Karlsruhe, 2010. Online verfügbar unter http://www.ifeu.de/energie/pdf/Nutzung_industrieller_Abwaerme.pdf, zuletzt geprüft am 21.10.2015.

Pehnt et al. (2011) Pehnt, M.; Arens, M.; Duscha, M. et al.: Energieeffizienz – Potenziale, volkswirtschaftliche Effekte und innovative Handlungs- und Förderfelder für die Nationale Klimaschutzinitiative. Institut für Energie- und Umweltforschung Heidelberg (Hg.). Heidelberg, Karlsruhe, Berlin, Osnabrück, Freiburg, 2011. Online verfügbar unter http://www.ifeu.de/energie/pdf/NKI_Endbericht_2011.pdf, zuletzt geprüft am 28.07.2015.

Prognos (2009) Prognos AG (Hg.): Energieeffizienz in der Industrie. Eine makroskopische Analyse der Effizienzentwicklung unter besonderer Berücksichtigung der Rolle des Maschinen und Anlagenbaus. Berlin, 2009. Online verfügbar unter http://www.prognos.com/uploads/tx_atwpubdb/091015_Prognos_VDMA_Studie_Energieeffizienz_Industrie.pdf, zuletzt geprüft am 28.07.2015.

PWC (2015) PWC Market Communications (Hg.): Energiewende im Mittelstand. Frankfurt, 2015. Online verfügbar unter https://www.pwc.de/de/mittelstand/assets/befragung-energiewende-im-mittelstand.pdf, zuletzt geprüft am 28.10.2015.

RNE (2004) Rat für Nachhaltige Entwicklung (Hg.): Effizienz und Energieforschung als Bausteine einer konsistenten Energiepolitik. Berlin, 2004. Online verfügbar unter http://www.nachhaltigkeitsrat.de/uploads/media/Broschuere_Energieempfehlung_03.pdf, zuletzt geprüft am 28.07.2015.

Roland Berger (2011) Roland Berger Strategy Consultants (Hg.): Effizienzsteigerung in stromintensiven Industrien. Ausblick und Handlungsstrategien bis 2050. München, 2011. Online verfügbar unter https://www.rolandberger.com/media/pdf/Roland_Berger_energieeffizienz_20110830.pdf, zuletzt geprüft am 28.07.2015.

Rudolph und Wagner (2008) Rudolph, M.; Wagner, U.: Energieanwendungstechnik. Wege und Techniken zur effizienteren Energienutzung. Springer, Berlin, Heidelberg, 2008. ISBN: 978-3-540-79022-8.

Sauer und Losert (2013) Sauer, A.; Losert, F.: Energieeffizienz in der Fertigungstechnik. Modellbildung, Kurzstudie und Fallbeispiele. Hochschule für angewandte Wissenschaften München (Hg.). München, 2013.

Schlesinger et al. (2010) Schlesinger, M.; Hofer, P.; Kemmler, A. et al.: Energieszenarien für ein Energiekonzept der Bundesregierung. Bundesministerium für Wirtschaft und Energie (Hg.). Basel, Köln, Osnabrück, 2010. Online verfügbar unter http://www.ewi.uni-koeln.de/fileadmin/user_upload/Publikationen/Studien/Politik_und_Gesellschaft/2010/EWI_2010-08-30_Energieszenarien-Studie.pdf, zuletzt geprüft am 29.07.2015.

Schlesinger et al. (2014) Schlesinger, M.; Hofer, P.; Kemmler, A. et al.: Entwicklung der Energiemärkte – Energiereferenzprognose. Prognos AG; Energiewirtschaftliches Institut an der Universität zu Köln; Gesellschaft für Wirtschaftliche Strukturforschung GmbH (Hg.). Basel, Köln, Osnabrück, 2014. Online verfügbar unter http://www.bmwi.de/BMWi/Redaktion/PDF/Publikationen/entwicklung-der-energiemaerkte-energiereferenzprognose-endbericht,property=pdf,bereich=bmwi2012,sprache=de,rwb=true.pdf, zuletzt geprüft am 20.01.2016.

Schröter et al. (2009) Schröter, M.; Weißfloch, U.; Buschak, D.: Energieeffizienz in der Produktion - Wunsch oder Wirklichkeit? Fraunhofer-Institut für System- und Innovationsforschung (Hg.). Karlsruhe, 2009. Online verfügbar unter http://publica.fraunhofer.de/starweb/servlet.starweb?path=urn.web&search=urn:nbn:de:0011-n-1180778, zuletzt geprüft am 28.07.2015.

Seefeldt et al. (2007) Seefeldt, F.; Wünsch, M.; Michelsen, C. et al.: Potenziale für Energieeinsparung und Energieeffizienz im Lichte aktueller Preisentwicklungen. Endbericht 18/06. Bundesministerium für Wirtschaft und Technologie (Hg.). Berlin, 2007. Online verfügbar unter http://www.prognos.com/uploads/tx_atwpubdb/070831_Prognos_BMWI_Potenziale_fuer_Energieeinsparung.pdf, zuletzt geprüft am 19.02.2016.

Sollesnes und Helgerud (2009) Sollesnes, G.; Helgerud, H. E.: Potensialstudie for utnyttelse av spillvarme fra norsk industri. Enova (Hg.). Oslo, Gjovik, Bergen, 2009. Online verfügbar unter www2.enova.no/minas27/file.axd?ID=423&rand=ac5dfa3e-a5e3-44d9-bad6-45e1318e29b3, zuletzt geprüft am 21.10.2015.

Sontow et al. (2013) Sontow, K.; Andreas, K.; Jürgen, K. et al.: MES Kompakt. Competence Book Nr. 2. Manufacturing Execution Systems im Zeitalter von Industrie 4.0. NetSkill AG (Hg.). Köln, 2013 (2). Online verfügbar unter http://www.apriso.com/library/Articles/Articles%20in%20German/MES_Competence_Book_de.pdf, zuletzt geprüft am 27.05.2016.

StBA (2015a) Statistisches Bundesamt (Hg.): Energieverbrauch in der Industrie im Jahr 2014 geringfügig gestiegen. Wiesbaden, 2015. Online verfügbar unter https://www.destatis.de/DE/PresseService/Presse/Pressemitteilungen/2015/10/PD15_400_435.html, zuletzt geprüft am 20.01.2016.

StBA (2015b) Statistisches Bundesamt (Hg.): Tabellen. Energieverbrauch des Verarbeitenden Gewerbes nach ausgewählten Wirschaftszweigen 2014. Wiesbaden, 2015. Online verfügbar unter https://www.destatis.de/DE/ZahlenFakten/Wirtschaftsbereiche/Energie/Verwendung/Tabellen/TabellenEnergieverwendungVG.html%20/, zuletzt geprüft am 13.04.2016.

StBA (2015c) Statistisches Bundesamt (Hg.): Volkswirtschaftliche Gesamtrechnungen. Inlandsproduktsberechnung - Lange Reihen ab 1970. Wiesbaden, 2015 (Fachserie 18 Reihe 1.5). Online verfügbar unter https://www.destatis.de/DE/Publikationen/Thematisch/VolkswirtschaftlicheGesamtrechnungen/Inlandsprodukt/InlandsproduktsberechnungLangeReihenPDF_2180150.pdf?__blob=publicationFile, zuletzt geprüft am 24.11.2015.

StBA (2016a) Statistisches Bundesamt (Hg.): Bruttowertschöpfung der Wirtschaft in Deutschland von 1991 bis 2015 (in Milliarden Euro). Wiesbaden, 2016. Online verfügbar unter http://de.statista.com/statistik/daten/studie/161199/umfrage/entwicklung-der-bruttowertschoepfung-der-wirtschaft-in-deutschland/, zuletzt geprüft am 15.04.2016.

StBA (2016b) Statistisches Bundesamt (Hg.): Daten zur Energiepreisentwicklung. Lange Reihen von Januar 2000 bis November 2015. Wiesbaden, 2016. Online verfügbar unter https://www.destatis.de/DE/Publikationen/Thematisch/Preise/Energiepreise/EnergiepreisentwicklungPDF_5619001.pdf?__blob=publicationFile, zuletzt geprüft am 20.01.2016.

StBA (2016c) Statistisches Bundesamt (Hg.): GENESIS-Online. Tabellenaufbau. 42271-0005 Beschäftigte und Umsatz der Betriebe im Verarbeitenden Gewerbe: Deutschland Jahre, Beschäftigengrößenklassen, Wirtschaftszweige (WZ2008 2-/3-/4-Steller). Wiesbaden, 2016. Online verfügbar unter https://www-genesis.destatis.de/genesis/online/data;jsessionid=CE4AEA6C88B1482C5DDC08C5B90D88F2.tomcat_GO_2_2?operation=abruftabelleAbrufen&selectionname=42271-0005&levelindex=0&levelid=1430743709408&index=5, zuletzt geprüft am 13.04.2016.

StBA (2016d) Statistisches Bundesamt (Hg.): Volkswirtschaftliche Gesamtrechnungen. Wichtige Zusammenhänge im Überblick. Wiesbaden, 2016. Online verfügbar unter https://www.destatis.de/DE/Publikationen/Thematisch/VolkswirtschaftlicheGesamtrechnungen/Zusammenhaenge-PDF_0310100.pdf?__blob=publicationFile, zuletzt geprüft am 28.01.2016.

Sterner, M., Stadler, I. (2014) Sterner, M., Stadler, I.: Energiespeicher. Bedarf, Technologien, Integration. Springer Vieweg, Berlin, 2014. ISBN: 978-3642373794.

Topp (2011) Topp, K.: Besseres Licht für mehr Wirtschaftlichkeit, Sicherheit und Wohlbefinden. Potenziale und Trends. Zentralverband Elektrotechnik- und Elektronikindustrie e.V. (Hg.). Frankfurt am Main, 2011. Online verfügbar unter http://www.shgt.de/docs/Vortrag_Dr_Waldorf.pdf, zuletzt geprüft am 29.07.2015.

TÜV Rheinland (2015) TÜV Rheinland (Hg.): EDL-G: ISO 50001 als Alternative zum Energieaudit. Energiedienstleistungsgesetz. 2015. Online verfügbar unter http://www.tuv.com/de/deutschland/aktuelles/energie_2/energiedienstleistungsgesetz/energiedienstleistungsgesetz.html, zuletzt geprüft am 16.10.2015.

UBA (2009) Umweltbundesamt (Hg.): Energieeffizienz bei Elektromotoren. Berlin, 2009. Online verfügbar unter http://www.umweltbundesamt.de/sites/default/files/medien/press/pd09-053_energieeffizienz_bei_elektromotoren.pdf, zuletzt geprüft am 29.07.2015.

UBA (2013) Umweltbundesamt (Hg.): Weltweite Verteilung Energiemanagementsysteme nach ISO 50001:2011. 2013. Online verfügbar unter https://www.umweltbundesamt.de/sites/default/files/medien/419/bilder/wirtschaft-konsum_umwelt-_und_energiemanagement_energiemanagement-system_karte.jpg, zuletzt geprüft am 28.04.2016.

UBA (2014) Umweltbundesamt (Hg.): Entwicklung der Treibhausgasemissionen in Deutschland nach Sektoren. Dessau-Roßlau, 2014. Online verfügbar unter https://www.umweltbundesamt.de/sites/default/files/medien/376/bilder/dateien/entwicklung_der_treibhausgasemissionen_in_deutschland_nach_sektoren_1990bis2012_pi-2014-03_anlage.pdf, zuletzt geprüft am 28.07.2015.

UBA (2015) Umweltbundesamt (Hg.): Energie als Ressource. Dessau-Roßlau, 2015. Online verfügbar unter http://www.umweltbundesamt.de/daten/energie-als-ressource/energieproduktivitaet-intensitaet, zuletzt geprüft am 28.07.2015.

UM BW (2014) Ministerium für Umwelt, Klima und Energiewirtschaft Baden-Württemberg (Hg.): Große Einsparpotenziale bei der Druckluftversorgung. Stuttgart, 2014. Online verfügbar unter http://www.bubw.de/?lvl=188, zuletzt geprüft am 12.02.2016.

vbw (2012) Vereinigung der Bayerischen Wirtschaft e.V. (Hg.): Energieeffizienz in der Industrie. München, 2012. Online verfügbar unter http://www.vbw-bayern.de/Redaktion-%28importiert-aus-CS%29/04_Downloads/Downloads_2012/03_Wirtschaftspolitik/3.5-Energie/Studie-Energieeffizienz-in-der-Industrie.pdf, zuletzt geprüft am 25.01.2016.

VDE (2012) Verband der Elektrotechnik, Elektronik, Informationstechnik e.V. (Hg.): VDE-Studie: Integration erneuerbarer Energien erfordert Paradigmenwechsel im Lastmanagement. Frankfurt am Main, 2012. Online verfügbar unter http://www.dgbmt.de/de/Verband/Pressecenter/Pressemeldungen/Fach-und-Wirtschaftspresse/2012/Seiten/2012-40.aspx, zuletzt geprüft am 31.05.2016.

VDP (2015a) Verband Deutscher Papierfabriken e.V. (Hg.): Papier hoch 7. Bonn, 2015. Online verfügbar unter http://www.vdp-online.de/de/publikationen/angebot.html, zuletzt geprüft am 15.02.2016.

VDP (2015b) Verband Deutscher Papierfabriken e.V. (Hg.): Papierkompass 2015. Bonn, 2015. Online verfügbar unter www.vdp-online.de/de/papierindustrie/statistik.html?eID=dam_frontend_push&docID=2603, zuletzt geprüft am 15.02.2016.

Voß (2012) Voß, W.: Innovationsprozesse in der keramischen Industrie - Möglichkeiten und Grenzen der Mitarbeiterbeteiligung. Industriegewerkschaft Bergbau, Chemie, Energie (Hg.). Hannover, 2012. Online verfügbar unter https://www.igbce.de/vanity/renderDownloadLink/8220/19546, zuletzt geprüft am 28.07.2015.

Wackerbauer (2011) Wackerbauer, J.: Energie-, Material- und Ressourceneffizienz: Zunehmende Bedeutung im Verarbeitenden Gewerbe. 2011. Online verfügbar unter http://www.cesifo-group.de/de/ifoHome/presse/Pressemitteilungen/Pressemitteilungen-Archiv/2011/Q4/press_17007523.html, zuletzt geprüft am 21.10.2015.

Weiß und Otto (2011) Weiß, J.; Otto, S.: Aktiv werden für Energieeffizienz. Institut für Ökologische Wirtschaftsforschung (Hg.). Berlin, 2011. Online verfügbar unter http://www.ioew.de/uploads/tx_ukioewdb/Leitfaden_Aktiv_werden_fuer_Energieeffizienz_01.pdf, zuletzt geprüft am 29.07.2015.

Gebäude

6

Markus Reichart und Alexander Sauer

Im vorangegangenen Kapitel wurden die Energieeffizienzpotenziale für die Industrie dargestellt. Im Folgenden werden Möglichkeiten zur rationellen Energieanwendung in den Sektoren Haushalte und Gewerbe, Handel und Dienstleistungen (GHD) betrachtet. Wie bereits in Kap. 2 erläutert, werden diese Sektoren gemeinsam dargestellt.

6.1 Sektorspezifische Entwicklungen und Einflussgrößen

Im Jahr 2014 verbrauchten die Sektoren Haushalt und GHD insgesamt 3.510 PJ Endenergie. Ausgehend von 2011 wuchs der Bedarf bis 2013 um 13,1 % und sank 2014 wieder etwas unter den Stand von 2011 (3.549 PJ).

Trotz der leichten Schwankungen verteilen sich in Deutschland etwa 40 % der Endenergie auf den kombinierten Bereich Haushalt + GHD. Die Sektoren Industrie und Verkehr weisen eine Nachfrage von jeweils 30 % auf (AGEB 2015c, 2014, 2013, 2012). Im Jahr 2013 machte in den Privathaushalten der gebäudebezogene Verbrauch für Raumwärme, Warmwasser und Beleuchtung 85 % der insgesamt benötigten Endenergie aus, im GHD-Sektor sind dies 70 % (StBA 2013a). Der noch übrige, nicht berücksichtigte Anteil von 15 % entspricht dem Bedarf an mechanischer Energie. Sie wird mitunter für das Betreiben von Maschinen, Fertigungsanlagen, oder ähnlichem benötigt. Die Effizienzpotenziale für mechanische Energie werden in Kap. 5.3.2 Querschnittstechnologien genauer untersucht.

M. Reichart (✉) • A. Sauer
Universität Stuttgart, Institut für Energieeffizienz in der Produktion, Nobelstr. 12, 70569 Stuttgart, Deutschland
E-Mail: Markus.reichart@eep.uni-stuttgart.de; Alexander.sauer@eep.uni-stuttgart.de

A. Sauer, T. Bauernhansl (Hrsg.), *Energieeffizienz in Deutschland – eine Metastudie*,
DOI 10.1007/978-3-662-48883-6_6

Der gebäudespezifische Energieverbrauch hängt von verschiedenen Einflussgrößen und Randbedingungen ab. Die benötigte Heizenergie unterliegt dem Einfluss der Witterung und korreliert in erster Linie mit der Umgebungstemperatur und der energetischen Qualität der Gebäudehülle. Die aufzuwendende Energie für Beleuchtungszwecke hängt dagegen von der Anzahl der Sonnentage im Jahr ab. Bezüglich des gebäudespezifischen Energieverbrauchs sind weitere Einflussgrößen: das Einkommen bzw. Ausgaben für den Konsum im Privathaushalt, die Bruttowertschöpfung und der Umsatz bzw. Wertschöpfung im GHD Sektor, die Bevölkerungszahl im Gebäude, das Verhältnis von Wohn- zu Nichtwohnfläche, die verwendeten Heizungssysteme und deren Effizienz und die Anzahl sowie die energetische Qualität der verwendeten Haushaltsgeräte (Ziesing et al. 2011). Darüber hinaus hängt der Energieverbrauch von den individuellen Gewohnheiten der Gebäudenutzer ab. So schwanken beispielsweise die Anzahl und die Betriebsstunden von Haushaltsgeräten oder die Höhe der Raumtemperatur deutlich. Die Erfassung subjektiver Gewohnheiten gestaltet sich schwierig. Daher kann die Betrachtung unterschiedlicher Anwendungen nur mithilfe von Annahmen durchgeführt werden. (Ziesing et al. 2011)

6.1.1 Haushalte / Wohngebäude

Der Sektor Haushalte liegt 2013 mit einem Endenergieanteil von 27 % knapp hinter der Industrie und dem Verkehr und vor dem GHD (AGEB 2013). Mehr als drei Viertel der eingesetzten Energieträger sind Öl, Gas und Strom. Abb. 6.1 verdeutlicht den Anteil der Energieträger am Endenergieverbrauch der privaten Haushalte.

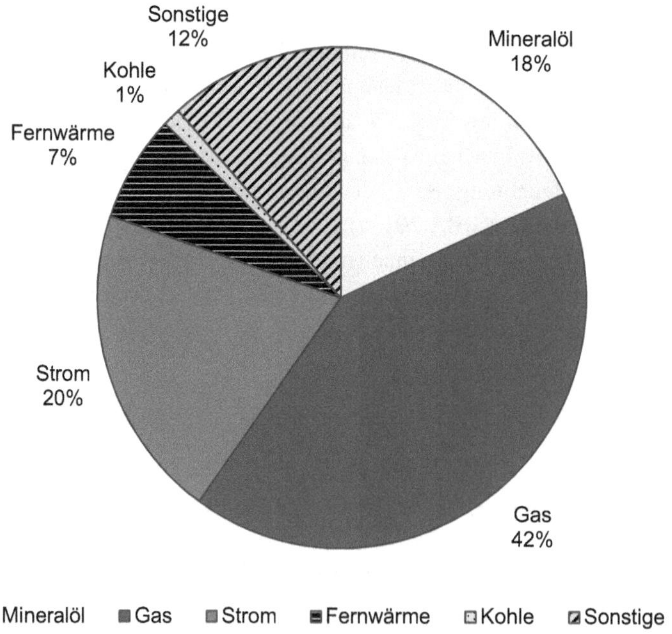

Abb. 6.1 Anteil Energieträger am Endenergieverbrauch der Haushalte im Jahr 2013 (StBA 2013a)

Im Jahr 2013 verbrauchte ein deutscher Durchschnittshaushalt insgesamt 17.780 kWh Endenergie (UBA 2015c; StBA 2016; AGEB 2015b). Im Mittel wohnen in den deutschen Haushalten 2,0 Personen (StBA 2013b). Somit verbrauchte ein Durchschnittsbürger 2013 rund 8.890 kWh Endenergie. In der Langzeitbetrachtung von 1996 bis 2013 entspricht dies insgesamt einem Rückgang des Energiebedarfs von 17,5 %. Im gleichen Zeithorizont stiegen die Ausgaben für Endenergie hingegen signifikant, siehe Abb. 6.2. Im Jahr 1996 gab ein deutscher Haushalt noch durchschnittlich 1.859 Euro pro Jahr aus, wohingegen es 2013 bereits 3.081 Euro waren, was einer Steigerung von 66 % entspricht (UBA 2015c; StBA 2016)

Alleine der Strompreis stieg zwischen den Jahren 2000 und 2013 für Haushaltskunden um knapp 110 %, (BDEW 2014). Im selben Zeitraum steigt der Erdgaspreis für private Haushalte um 80 %, der Endkundenpreis für Fernwärme um 89 % und der Verbraucherpreis von leichtem Heizöl um 102 %. Zum Vergleich: Der Endkundenpreis für Holzprodukte zur Energieerzeugung stieg zwischen 2005 und 2013 um 98 % (StBA 2015). Nachdem 2013 die Energiepreise ihren Höhepunkt erreicht hatten, sind vor allem die Preise für fossile Energieträger seither wieder rückläufig (BMWi 2016c).

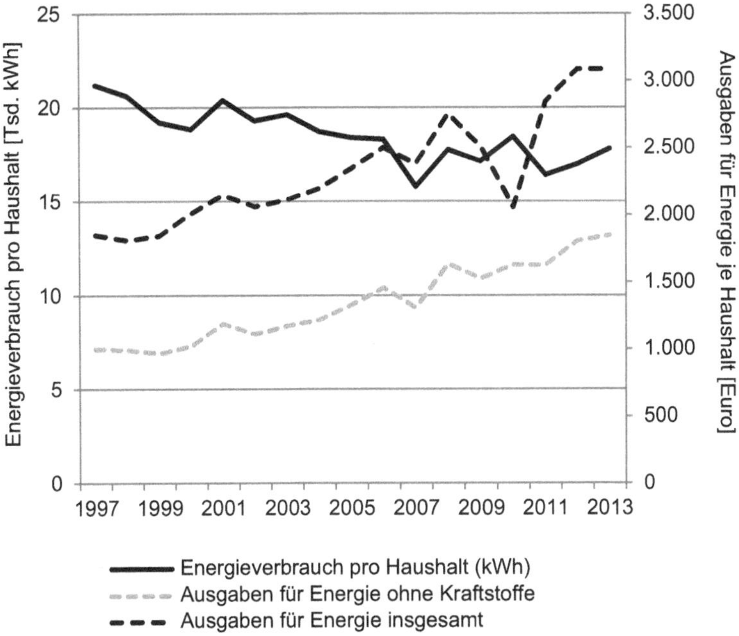

Abb. 6.2 Energieverbrauch und Energiekosten pro Haushalt (AGEB 2015b; StBA 2016)

Der größte Anteil an Endenergie wird in Haushalten für die Erzeugung von Raumwärme verwendet, gefolgt von der Warmwasserbereitstellung. Die Summe aller wärmebezogenen Anwendungen (Raumwärme, Warmwassererzeugung, Kochen, Bügeln und Trocknen) betrug im Jahr 2013 89 % der aufgewandten Endenergie in deutschen Haushalten. Abb. 6.3 verdeutlicht nochmals die Aufteilung in den privaten Haushalten. (StBA 2013a)

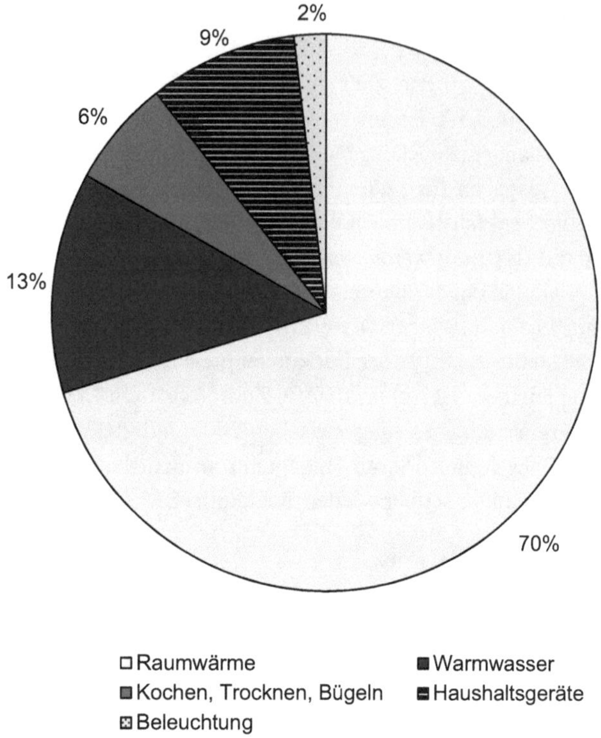

Abb. 6.3 Verwendung der Endenergie in Privathaushalten für das Jahr 2013 (StBA 2013a)

Als Maß für die spezifische Energieeffizienz zur Gebäudebeheizung kann der Energieverbrauch pro Fläche angeführt werden. Das UBA stellte zwischen 1998 und 2007 einen Rückgang des durchschnittlichen temperaturbereinigten Raumwärme-Endenergieverbrauchs von 200 auf 161 kWh/(m^2a) fest (Ziesing et al. 2011). Absolut betrachtet konnte bei privaten Haushalten zwischen 1990 und 2010 eine durchschnittliche jährliche Energieeinsparungen von 1,4 % realisiert werden (RWE 2013). Darüber hinaus ist derzeit eine Verlagerung der verwendeten Energieträger zu beobachten. Zwischen 2005 und 2013 konnte eine deutliche Reduktion von Mineralöl (–29,5 %, temperaturbereinigt) identifiziert werden, während der Verbrauch von Gas mit einer leichten Steigerung von 2,5 % nahezu konstant bleibt. Die Nutzung von Fernwärme nimmt im selben Zeitraum um 12,9 % zu. Der massive Ausbau der erneuerbaren Energien spiegelt sich auch im gestiegenen Verbrauch von 49,2 % wider. Der Absolutanteil der Kohleheizung in Privathaushalten fällt bei einem Verbrauchsanteil von 1 % nicht ins Gewicht. Der Stromverbrauch reduziert sich im Betrachtungszeitraum um 2,2 %. Bezogen auf die Anwendung, wurden zwischen Jahren 2005 und 2013 temperaturbereinigt 6,1 % Raumwärme eingespart. Dem gegenüber stieg der Energiebedarf von verschiedenen Verbrauchern im Haushalt wie folgt: Warmwasser 10,0 %; Kochen, Trocknen, Bügeln 5,5 %; Haushaltsgeräte 5,2 %; Beleuchtung 4,6 %. Da der Großteil der Endenergie zu 70 % für die Raumwärme aufgewendet wird (s. Abb. 6.3), überwiegt in der Gesamtbilanz die dortige Einsparung. Somit nimmt für den Betrachtungszeitraum vom Jahr 2005 bis 2013 der summierte Verbrauch um 4,6 % ab. (StBA 2013a)

Seit der ersten Wärmeschutzverordnung (WSVO 77) im Jahr 1977 war der spezifische Energieverbrauch für Neubauten erstmals gesetzlich auf einen Maximalwert vorgeschrieben. Damals lag der erlaubte Höchstwert bei 250 kWh/(m^2a). Dieser Wert bezog sich jedoch lediglich auf den Wärmebedarf, alleine zur Raumheizung. Verluste zur Wärmebereitstellung wurden hierbei nicht mitberücksichtigt. Die 2002 in Kraft tretende Energieeinsparverordnung mit der Bezeichnung EnEV 2002 löste die bis dahin zweimal novellierte WSVO ab. Neben veränderten Berechnungsverfahren für die energetische Bilanzierung wurde unter anderem auch die Bilanzhülle auf das gesamte Gebäude erweitert. Ebenso wurden die Anforderungen an den maximal zulässigen Energieverbrauch weiter verschärft. Bei der EnEV wird nicht mehr der Heizwärmebedarf, sondern der Primärenergiebedarf bestimmt, wodurch auch Umwandlungs-, Transport- und Leitungsverluste mit berücksichtigt werden. Der maximale Jahresprimärenergiebedarf änderte sich von der EnEV 2002 zur EnEV 2007 nicht, allerdings wurde ein neues Berechnungsverfahren eingeführt (Goris und Hegger 2010; Stolte et al. 2015). Bis Anfang 2014 galt die EnEV 2009, sie wurde am 1. Mai 2014 von der EnEV 2014 abgelöst. Diese schreibt einen maximal zulässigen Energiebedarf für Neubauten in Höhe von 50 kWh/(m^2a) vor. Im Vergleich zu der ersten WSVO wurde in der EnEV 2014 eine Verringerung des erlaubten, maximalen Jahresprimärenergieverbrauchs von umgerechnet ca. 395 kWh/m^2a (1977) auf 50 kWh/m^2a (2014) durchgesetzt, was einer Reduktion auf ein Achtel entspricht (Stolte et al. 2015). Um den Turnus einer Neuauflage für eine angepasste und zeitgemäße EnEV nicht zu kurz zu gestalten, wurde bei der Erstellung der EnEV 2014 eine automatisch inkrafttretende Verschärfung ab 1. Januar 2016 inkludiert. Beispielsweise verringert sich der erlaubte Jahresprimärenergiebedarf nochmals um 25 % (BMWi 2016b; EnEV-online 2016; BMWi 2013). Wenn in der Literatur die „EnEV 2016" genannt wird, bezieht sich diese auf die EnEV 2014 mit den ab 2016 geltenden Regelungen (Stolte et al. 2015; BMWi 2013). In Abb. 6.4 ist der zeitliche Verlauf des maximal zulässigen Jahresprimärenergiebedarfs für Neubauten abgebildet. Durch eine entsprechende Umrechnung beziehen sich die Werte der WSVO ebenfalls auf die Primärenergie und sind dadurch mit der EnEV vergleichbar (Stolte et al. 2015).

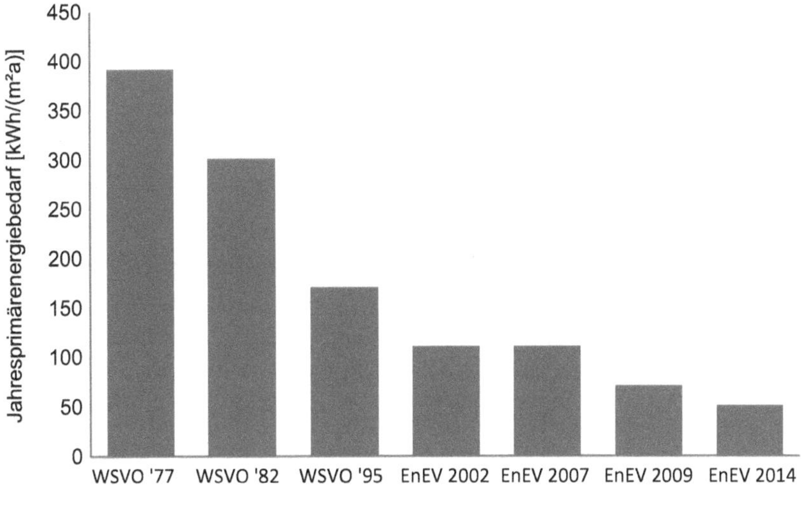

Abb. 6.4 Zulässiger Jahresprimärenergiebedarf nach Verordnung (Stolte et al. 2015; Goris und Hegger 2010)

Das Ziel der Bundesregierung ist es, bis zum Jahr 2050 einen nahezu klimaneutralen Gebäudebestand zu erreichen. Klimaneutrale Gebäude haben einen vergleichsweise geringen Energiebedarf, welcher möglichst vollständig durch erneuerbare Energien gedeckt wird (UBA 2015a). Gebäude mit Energieüberschuss können Objekte mit einer negativen Bilanz, wie etwa denkmalgeschützte Gebäude, in der deutschlandweiten Gesamtbilanz kompensieren (UBA 2014a).

Laut Dena-Gebäudereport 2015 entspricht nur ein Bruchteil des deutschen Gebäudebestands den gesetzlichen Anforderungen der EnEV 2014. Abb. 6.5 verdeutlicht die relative Verteilung des flächenspezifischen Jahresendenergieverbrauchs der deutschen Einzel- und Mehrfamilienhäuser (EZFH und MFH) in Anlehnung an den Dena-Gebäudereport 2015 (Stolte et al. 2015). Der Jahresendenergieverbrauch ist gewichtet durch den anteilmäßigen Endenergieverbrauch der EZFH und MFH mit ca. 63 % und 37 %. Es wird deutlich, dass mehr als 92 % der Bestandsgebäude nicht dem EnEV 2014-Standard entsprechen.

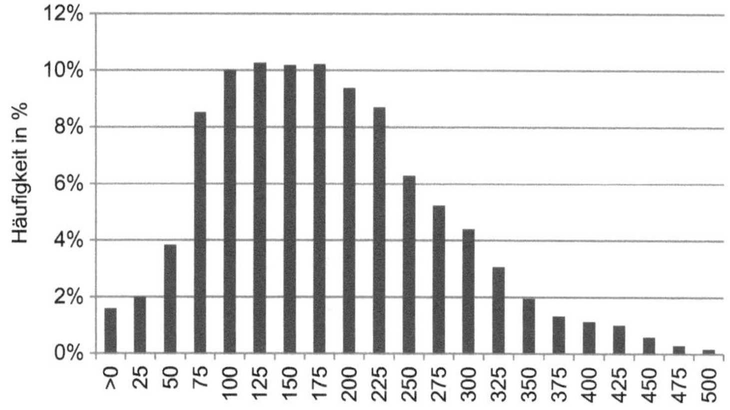

Abb. 6.5 Häufigkeit des flächenspezifischen Jahresenergieverbrauchs in kwh/(m²a) gemittelt über EZFH und MFH und deren gewichteten Anteil am Endenergieverbrauch (Stolte et al. 2015)

Mit einem Anteil von ca. 65 % ist ein Großteil des deutschen Wohngebäudebestands vor der ersten Wärmeschutzverordnung errichtet worden (StBA 2011). Der Anteil dieser Gebäude am Endenergieverbrauch für Wohngebäude beläuft sich auf 70 % (Stolte et al. 2015). Somit entspricht ein Anteil von 35 % des Gebäudebestands aller Mehrfamilienhäuser mindestens den Standards der ersten WSVO. Bei Einfamilienhäusern liegt dieser Anteil bei 25 % (RWE 2013). Tab. 6.1 verdeutlicht die Verteilung der Gebäude nach ihrem Baujahr (StBA 2011).

Tab. 6.1 Anzahl und Verteilung der Gebäude nach Baujahr (StBA 2011)

Baujahr	Anzahl	Verteilung
Vor 1919	2.677.468	14,0 %
1919–1948	2.323.120	12,2 %
1948–1978	7.242.243	38,0 %
1979–1986	1.841.113	9,7 %
1987–1990	741.815	3,9 %
1991–1995	1.161.151	6,1 %
1996–2000	1.444.032	7,6 %
2001–2004	795.431	4,2 %
2005–2008	598.640	3,1 %
2009 und später	235.857	1,2 %
Insgesamt	19.060.870	100,0 %

Im Zuge des konstant wachsenden BIP pro Kopf wurde in den vergangenen Jahren ein Trend zu mehr Wohnfläche bzw. abnehmender Zahl an Personen pro Haushalt in Gebäuden der Nachkriegszeit festgestellt (Stolte et al. 2015). Zwischen 1990 und 2014 wuchs die Gesamtwohnfläche um knapp 40 % (AGEB 2015b), während die Bevölkerung im gleichen Zeitraum nur um 1 % zunahm. Allerdings ist eine Reduktion des Endenergieverbrauchs der Haushalte von gut 33 % festzustellen (1990–2014). Dieser lag je Wohnfläche im Jahr 2014 in den deutschen Wohngebäuden bei 571,8 MJ/m^2 bzw. 158,8 kWh/m^2 (AGEB 2015b).

6.1.2 Gewerbe, Handel und Dienstleistungen (GHD)

Im Zeitraum zwischen 1991 und 2014 nahm die Bruttowertschöpfung im GHD-Sektor um 36 % zu. Trotz eines um 23 % gestiegenen Stromverbrauchs in diesem Sektor, konnte der Gesamtenergieverbrauch im selben Zeitraum um etwa 25 % reduziert werden. Diese Entwicklung ist im Wesentlichen auf den deutlich reduzierten Einsatz von Braunkohle und Mineralöl zurückzuführen (AGEB 2015b).

Wie in Tab. 6.2 dargestellt, ist im Zeitraum von 1991 bis 2014 eine Verbesserung der Energieeffizienz um 50 % festzustellen. In der gleichen Periode stieg die Brennstoffeffizienz um 60 % und die Stromeffizienz um 14 % (AGEB 2015a). In einzelnen Bereichen erhöhte sich der Stromverbrauch, was der Zunahme von Informations- und Kommunikationstechnik (IKT) und der Klimatisierung im GHD-Sektor zu zuschreiben ist (Ziesing et al. 2011). Bezogen auf die reale Bruttowertschöpfung hat sich die Energieeffizienz im GHD-Sektor seit 1991 bis 2014 im Mittel um 2,7 % pro Jahr verbessert (AGEB 2015a).

Die Anwendungsbilanzen der AGEB verdeutlichen, dass Gas, Fernwärme, Kohle und die erneuerbaren Energien fast ausschließlich zur Bereitstellung von Raumwärme, Warmwasser und Prozesswärme genutzt werden. Die Anwendungsgebiete von Mineralöl und Strom sind dagegen vielfältiger. Neben der Erzeugung von Wärme

Tab. 6.2 Entwicklung der Energieeffizienz im GHD-Sektor je Einheit reale Bruttowertschöpfung (BWS) – 1991 bis 2014 (AGEB 2015a)

		1991	1995	2000	2005	2010	2013	2014
Energieeffizienz	GJ/1.000€ BWS	1,4	1,1	0,9	0,9	0,9	0,8	0,7
Brennstoffeffizienz	GJ/1.000€ BWS	1,0	0,8	0,6	0,6	0,6	0,5	0,4
Stromeffizienz	kWh/1.000€ BWS	92,1	88,6	86,2	81,5	85,4	85,3	78,8

wird Mineralöl in erster Linie zur Bereitstellung mechanischer Energie benötigt. Beleuchtung, mechanische Energie sowie Informations- und Kommunikationstechnik sind die Haupteinsatzgebiete von Strom im GHD-Bereich. (Ziesing 2013)

Dieser Sektor ist geprägt durch eine große Diversität an Unternehmen. Neben den klassischen Dienstleistungsbereichen, wie Banken und Versicherungen, zählen die Land- und Forstwirtschaft, militärische Dienstleistungen, sowie das Baugewerbe in der deutschen Energiebilanz ebenfalls zum GHD- Sektor. Die Mengen und Verwendungszwecke der eingesetzten Endenergie ist daher sehr heterogenen. (Ziesing et al. 2011)

Aufgrund der großen Unterscheidungsmöglichkeiten der Nichtwohngebäude wären, wie im Wohngebäudebereich auch, detaillierte Informationen notwendig, wie etwa: Gebäude- und Flächenbestand, Neubau- und Abrissraten, Gebäudearten, Nutzungskategorien, Baualtersklassen, gebäudetechnische Ausstattungen, energetischer Zustand und Energieverbrauch. Die genannten Informationen liegen derzeit für Nichtwohngebäude noch nicht ausreichend vor (Diefenbach et al. 2013b). Im Rahmen der Energiebilanz Deutschland wird der Sektor GHD als ‚Restgröße' bezeichnet, weshalb in diesem Bereich eine vergleichsweise hohe Datenunsicherheit vorherrscht (Schlomann et al. 2000). Die Datenlage von Nichtwohngebäuden in Deutschland wird von Diefenbach daher als unbefriedigend bezeichnet, da vor den 1990er-Jahren nur sporadisch Daten in diesem Bereich erhoben wurden (Diefenbach et al. 2013b). Eine genauere energetische Betrachtung einzelner Branchen innerhalb des GHD-Sektors ist auf Basis der Energiebilanz daher nicht möglich (Ziesing et al. 2011).

6.2 Energieanalyse des Gebäudesektors

Nachdem in den vorangegangenen Abschnitten die Energieverbrauchssituation und -entwicklung in den Sektoren Haushalt und des GHD beschrieben wurde, soll das folgende Kapitel einen Überblick über relevante wissenschaftliche Studien schaffen, mit dem Ziel zukünftige Trends zu identifizieren. Da der Haushalt- und GHD-Bereich im weiteren Verlauf gemeinsam analysiert werden, erfolgt fortan eine Differenzierung in Wohngebäude (WG) und Nichtwohngebäude (NWG). Bei einer Nutzung der Gesamtnutzfläche eines Gebäudes von mindestens 50 % für Wohnzwecke, gilt das Gebäude per Definition als Wohngebäude. Alle anderen Gebäude sind somit Nicht-Wohngebäude, wie beispielsweise Krankenhäuser, Schulen, Läden, Universitäten, etc. Die Anzahl der Wohngebäude in Deutschland liegt derzeit bei 17,3 Mio. Einheiten. Die Anzahl an Nicht-Wohngebäuden liegt bei 1,5 Mio. Beide Kategorien haben jedoch nahezu denselben Anteil an der Gesamtnutzfläche. Demnach machen Nicht-Wohngebäude 49,5 % und Wohngebäude 50,5 % der gesamten Gebäudefläche aus (s. Tab. 6.3). Während sich dies im Wohnbereich nahezu ausschließlich auf Gebäude mit ein bis sechs Wohneinheiten verteilt, machen Industrie (10 %), Lager (12 %) und sonstige NWG (11 %) den Großteil der Nicht-Wohngebäude aus (Kaup 2009). Wie in Tab. 6.3 dargestellt, ist der Gebäudeenergieverbrauch für NWG geringer als bei WG. Es wird in den Studien von Kaup und Kohler nicht darauf eingegangen, ob NWG daher energetisch effizienter sind als WG (s. Tab. 6.3). Da in NWG große Flächen nicht für den Aufenthalt von Personen vorgesehen sind, wie etwa Lager, wäre mit den vorhandenen Zahlen hierüber nur eine verzerrte Aussage möglich.

Tab. 6.3 Energiebedarf verschiedener Gebäudebauarten (Kohler 2012)

<table>
<tr><th>Gebäudetyp</th><th>Anzahl (in Mio.)</th><th>Prozentualer Anteil an Gesamtgebäudefläche</th><th>Anteil am Gebäudeenergieverbrauch</th></tr>
<tr><td>Ein-/Zweifamilienhäuser</td><td>15,4</td><td rowspan="2">50,5 %</td><td>41 %</td></tr>
<tr><td>Mehrfamilienhäuser</td><td>3,2</td><td>24 %</td></tr>
<tr><td>Nicht-Wohngebäude</td><td>2,7</td><td>49,5 %</td><td>35 %</td></tr>
</table>

Im Folgenden werden Technologien, Verlustquellen sowie Einsparpotenzale gebäudespezifischer Anwendungen der Endenergie identifiziert. Zunächst liegt der Fokus auf baulichen Aspekten der Wärmeanwendung, sowie der Wärme- und Kälteerzeugung in Gebäuden. Daraufhin werden grundlegende Tendenzen in den Bereichen Verglasung, Beleuchtung und Haushaltsgeräte identifiziert.

6.2.1 Wärme/ Kälte

Die Erzeugung von Wärme und Kälte ist der mit Abstand größte Anwendungsbereich für Endenergie in privaten Haushalten und im GHD. Die Summe aus Raum- und Prozesswärme, Klima- und Prozesskälte sowie Warmwassererzeugung macht in Haushalten 94 % der Energieanwendung aus, im GHD-Sektor sind es 64 %. (Ziesing 2013)

Effizienzanalysen von Heizungsanlagen bedürfen einer ganzheitlichen Betrachtung aller Komponenten. Innerhalb eines Gebäudes wird unterschieden in die Wärmeerzeugung, -verteilung, -übergabe und -nutzung. Die Höhe des Nutzenergiebedarfs wird durch die Transmissionswärmeverluste (Dämmung) und Lüftungswärmeverluste festgelegt. Die Analyse einer Heizungsanlage aus einer ganzheitlichen Perspektive erfordert grundsätzlich die Betrachtung der Bereiche Wärmeerzeugung, Wärmeverteilung, Brennstoffe und Gebäude-Wärmeschutz. Der folgende Abschnitt stellt innerhalb dieser Bereiche grundlegende Technologien vor und verweist auf potenzielle Entwicklungen. (Adolf und Bräuniger 2011)

Wärmeerzeugung

Die Wärmeerzeugung wird mit einem Marktanteil von 80 % durch Verbrennungstechnologien dominiert. Als Brennstoffe dienen hierbei in erster Linie Öl, Gas und Holz. Neben der Verschiebung zwischen und innerhalb der Brennstoffgruppen ist derzeit eine Diversifizierung zu erkennen. Konventionelle Energieträger (Öl, Gas, Kohle, Strom, Fernwärme) machen in Summe knapp 90 % aus. Erneuerbare Energien tragen mit knapp 10 % zur Wärmeerzeugung in Deutschland bei. Das Ziel der Bundesregierung, bis 2020 den Anteil erneuerbarer Energieträger auf 14 % auszubauen, wird gemeinhin als realistisch eingeschätzt. Fossile Energieträger werden jedoch auch in Zukunft führend bleiben. (Adolf und Bräuniger 2011)

Die Erzeugung von Wärme in Gebäuden erfolgt hauptsächlich durch die Verbrennung von Gas und Öl. Darüber hinaus stehen u. a. elektrische Heizungen, Wärmepumpen und Feststofffeuerung (z. B. Holzpellets), Solarthermie und Fernwärme zur Anwendung bereit. Als Heizsystem werden in erster Linie Zentralheizungen verbaut, während Fernwärme, Einzelraum- und Etagenheizungen einen vergleichsweise geringen Anteil ausmachen. Abb. 6.6 und 6.7 verdeutlichen die derzeitige Dominanz von Zentralheizungen sowie von gas- und ölbefeuerten Heizungssystemen in Deutschland. (Statistische Ämter des Bundes und der Länder 2011; Adolf und Bräuniger 2011)

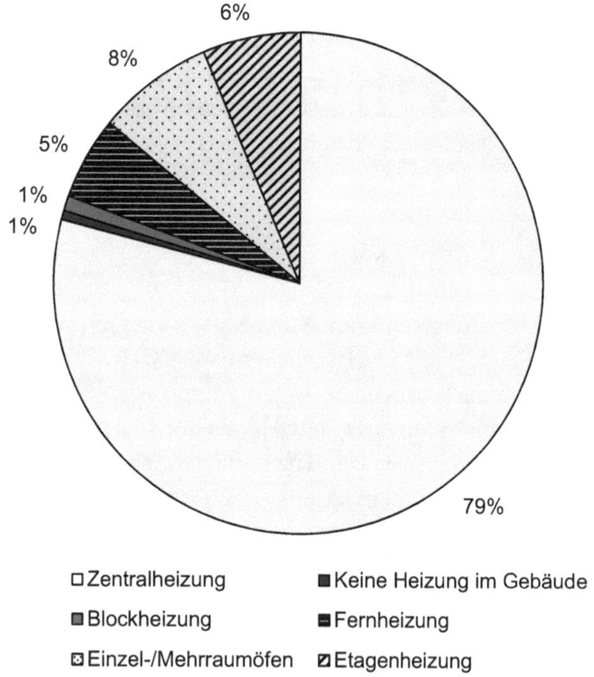

Abb. 6.6 Verteilung der Heizsysteme im Wohngebäudebereich in Deutschland 2011 (StBA 2011)

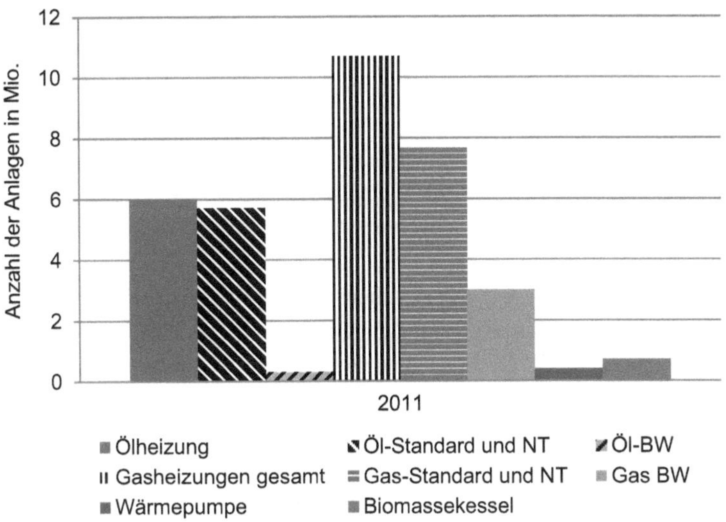

Abb. 6.7 Wärmeerzeugermarkt in Deutschland 2011 (Adolf und Bräuniger 2011)

Gas- und ölbefeuerte Heizungssysteme bestehen grundsätzlich aus den Komponenten Brenner, Kessel, Abgaskanal und zumeist einer Regelung. Die Brenner- und Kesselbauformen unterscheiden sich dabei teilweise erheblich. Zunächst erfolgt im Brenner die Umwandlung der chemischen Brennstoffenergie in thermische Energie. Die Feuerungsbauformen unterscheiden sich signifikant und sind zumeist von dem eingesetzten Brennstoff abhängig. Die Analyse der Potenziale bedarf daher einer gesonderten Betrachtung. Je nach eingesetztem Brennstoff wird zwischen Gas- und Ölbrenner unterschieden. Im Gegensatz zu Öl kann Erdgas aufgrund seiner chemischen Eigenschaften unbehandelt verfeuert werden. Bei Gasbrennern im Gebäudebereich wird zwischen Anlagen mit und ohne aktivem Gebläse unterschieden. Atmosphärenbrenner oder Niederdruckbrenner besitzen Kessel ohne Gebläse und finden typischerweise ihren Einsatz im kleineren Leistungsbereich bis ca. 50 kW. Die Frischluftförderung erfolgt mit Hilfe des Injektorprinzips. Hierbei wird in der Gasarmatur (Primär-)Luft aus der Umgebung durch das einströmende Brenngas mitgerissen. Die aufsteigenden Verbrennungsgase im Feuerungsraum saugen je nach Bauart ebenfalls zusätzlich (Sekundär-)Luft aus der Umgebung für die Verbrennung mit an. Niederdruckbrenner sind deutlich leiser als Geräte mit Gebläse. Durch das Fehlen von beweglichen Teilen sind sie robuster und wartungsfreundlicher. Die fehlende aktive Regelmöglichkeit von Frischluft erlaubt es nicht, die Luftzufuhr optimal an jede Situation einzustellen. Diese Geräte sind somit von den atmosphärischen Bedingungen der Umgebung abhängig. Bei richtiger Abstimmung von Brenner und Kessel erreicht der Atmosphärenbrenner durchaus gute Wirkungsgrade.

In der Praxis sind die Wirkungsgrade jedoch geringer, als bei einer aktiven Luftregelung. Während beim Atmosphärenbrenner nur die Betriebsmodi „an" und „aus" möglich sind, können Gebläsebrenner aufgrund der regelbaren Frischluftzufuhr bedarfsgerecht den aktuellen Wärmebedarf modulieren, was einen höheren Gesamtwirkungsgrad der Anlage bewirkt. Durch das Gebläse wird das Gas-Luftgemisch besser vermischt, was eine effizientere Verbrennung bewirkt. Gebläsebrenner finden sowohl im kleinen Leistungsbereich (Haustechnik bis etwa 50 kW) als auch bis hin zu großen Leistungsbereichen, von bis zu 500 kW und mehr, Anwendung. (IKZ 2004; Volger und Laasch 2013)

Die Konstruktion einer Ölheizung erfordert eine optimale Abstimmung aller Komponenten. Sie wird in erster Linie von der Größe des eingesetzten Kessels, des Brenners sowie der Öldüse beeinflusst. Öl muss in der Regel vorgewärmt und mit Hilfe einer Düse zerstäubt werden, bevor es dem Brenner zugeführt wird. Im niedrigen Leistungsbereich werden vornehmlich Verdampfungsbrenner verbaut, Rotationsbrenner kommen dagegen für größere Leistungen in Frage. Verdampfungsbrenner kommen heutzutage vermehrt in Brennwertkesseln zum Einsatz, da sie eine stufenlose Leistungsmodulation ermöglichen. Die verbreitetste Ölbrennertechnologie für Ein- und Mehrfamilienhäusern ist jedoch der Druckzerstäubungs- bzw. Gebläsebrenner. Dabei wird in Abhängigkeit der Flammenfarbe zwischen Gelb- und Blaubrennern unterschieden. Gelbbrenner gelten generell als preisgünstiger und sind daher führend auf dem Markt, wohingegen Blaubrenner deutlich niedrigere Schadstoffemissionen aufweisen. Durch eine optimale Vermischung der Verbrennungsluft mit dem Öl wird somit nahezu eine vollständige Verbrennung erreicht. (Adolf und Bräuniger 2011)

Eine rasante technologische Entwicklung war in den vergangen Jahren im Bereich der Kessel zu beobachten. Hatten Standard-Kessel bis Ende der 1970er-Jahre noch einen Wirkungsgrad von ca. 65 %, so wurden mit der Einführung des Niedertemperaturkessels bereits Wirkungsgrade bis zu 85 % erreicht. Durch die Ausnutzung der Kondensationsenthalpie des Wasserdampfes im Verbrennungsabgas ermöglichen moderne Brennwertkessel eine nahezu 100 %ige Ausnutzung der eingesetzten Brennstoffenergie. Heutzutage sind auf dem Kessel-Markt ausschließlich Niedertemperatur- und Brennwertkessel erhältlich. Die vergleichsweise höheren Investitionskosten von Brennwertkesseln amortisieren sich relativ schnell durch einen geringeren Brennstoffverbrauch. Daher verzeichnen die ab ca. 1995 verbauten Brennwertkessel derzeit rasante Marktanteilsgewinne (Ziesing et al. 2011). Auch bei Biomasse-Zentralheizungen und Wärmepumpen sind in den vergangenen Jahren deutliche Marktanteilsgewinne feststellbar. Während die Anzahl der abgesetzten Biomassekessel im Betrachtungszeitraum um den Faktor fünf stieg, verachtfachte sich der Absatz von Wärmpumpen. Als Grund dafür kann auch hier der teilweise erhebliche technologische Fortschritt genannt werden (Ziesing et al. 2011). Abb. 6.8 verdeutlicht die Entwicklung des Wärmeerzeugermarktes in Deutschland zwischen 1998 und 2009 nach (Ziesing et al. 2011). Neuere Zahlen sind für diesen Bereich nicht bekannt.

Der absolute Absatz an Heizungssystemen sank in der Zeit von 1998 bis 2009 um ca. 30 %, wenngleich seit 2007 wieder ein leichter Anstieg festzustellen ist. Neben dem

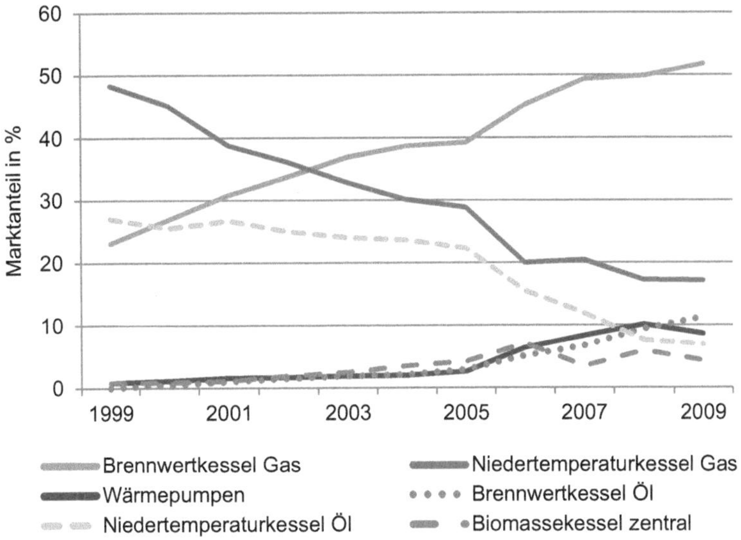

Abb. 6.8 Zeitliche Entwicklung verschiedener Wärmeerzeuger (Ziesing et al. 2011)

natürlichen Modernisierungszyklus ist dies in erster Linie darauf zurückzuführen, dass weniger Neubauten errichtet wurden. Der leichte Aufschwung seit 2007 resultiert wiederum aus finanziell attraktiven Förderbedingungen sowie juristisch stabileren Rahmenbedingungen (Ziesing et al. 2011). Das Marktpotenzial moderner Systeme wird in erster Linie aus der Altersstruktur des derzeitigen Heizungsbestands abgeleitet (Ziesing et al. 2011; Adolf und Bräuniger 2011; ZIV 2014). Im Jahr 2014 belief sich der Anteil von Ölfeuerungsanlagen, die mehr als 23 Jahre alt sind, auf etwa 18,7 %. Etwa 7,5 % der Anlagen waren bereits älter als 31 Jahre. Ungefähr 12,6 % der raumluftabhängigen Gasfeuerungsanlagen haben das Alter von 23 Jahren bereits überschritten und beinahe 4 % sind sogar älter als 31 Jahre. Im Hinblick auf die inzwischen stark weiterentwickelte Feuerungs- und Heiztechnik zeichnet sich aus diesen Zahlen ein erheblicher Erneuerungsbedarf ab (ZIV 2014).

Die Wirkungsgrade moderner Öl- und Gasheizkessel liegen bei über 98 %. Dieser Effizienzbereich wird derzeit allerdings nur von einem Bruchteil der installierten Kessel erreicht. Abb. 6.9 verdeutlicht die zeitliche Entwicklung der Altersstruktur und Kesselwirkungsgrade (Ziesing et al. 2011). Neuere Zahlen sind für diesen Bereich nicht bekannt.

Abb. 6.9 stellt den zunehmend wachsenden Anteil von Brennwertkesseln mit einem Wirkungsgrad von mehr als 85 % dar, welche ab ca. 1995 installiert werden. Den größten Anteil machen derzeit die Niedertemperaturkessel mit einem Wirkungsgrad zwischen 65 und 85 % aus. Auf die bis Ende der 1970er-Jahre verbauten Standard- oder Konstant-Temperaturkessel, mit Wirkungsgraden unter 65 %, entfällt nur noch ein geringer Anteil des Heizungsbestands.

Von besonderem Interesse sind seit einigen Jahren Wärmepumpenheizungen. Die Absatzzahlen dieser Systeme weisen derzeit einen nahezu exponentiellen Anstieg auf (Platt et al. 2014). Allein im Jahr 2014 wurden in Deutschland 58.000 neue

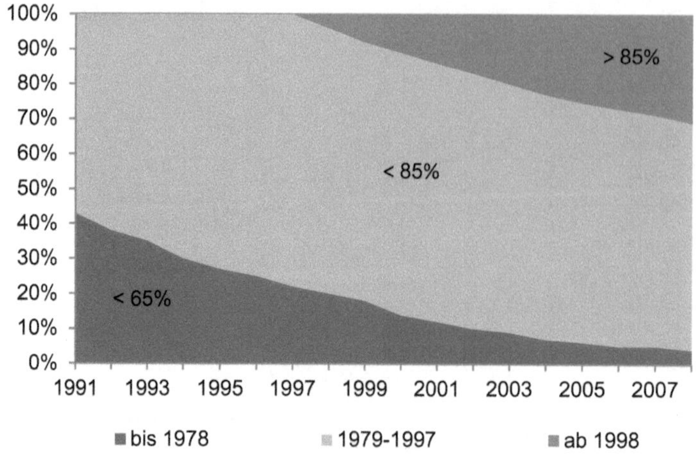

Abb. 6.9 Altersstruktur und Kesselwirkungsgrade den Jahren 1991 bis 2008 (Ziesing et al. 2011)

Heizungswärmepumpen installiert. Hinzu kommen 13.400 verkaufte Warmwasserwärmepumpen, womit insgesamt über 70.000 Wärmepumpen (WP) verkauft wurden (BWP 2014). Insgesamt wurde der Bestand an Wärmepumpen in Deutschland im Jahr 2013 auf 760.000 geschätzt. (Platt et al. 2014). In Anlehnung an Platt et al. verdeutlicht Abb. 6.10 den steigenden Absatz an Wärmepumpen zwischen 1990 und 2008 und prognostiziert die Entwicklung bis 2020 (Platt et al. 2014). Deutlich werden der nahezu exponentielle Anstieg der Verkaufszahlen seit 1990, sowie die zunehmende Bedeutung der Luft-Wasser-Wärmepumpe.

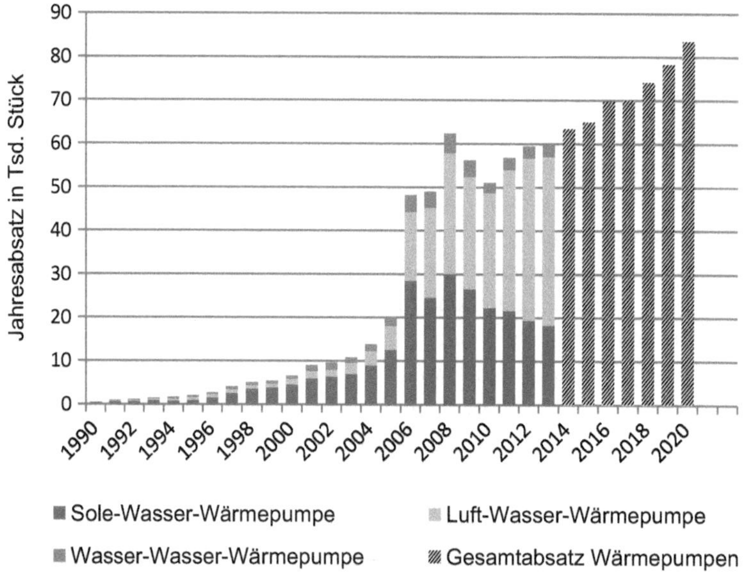

Abb. 6.10 Absatz an Heizungswärmepumpen in Deutschland zwischen den Jahren 1990 und 2020 (Platt et al. 2014)

Durch die Ausnutzung der thermodynamischen Eigenschaft, dass sich Gas bei einer adiabaten Kompression erwärmt, lässt sich ein Arbeitsgas von einem niedrigen Temperaturniveau durch Verdichtung auf eine Nutztemperatur hoch „pumpen". Je niedriger die gewünschte Endtemperatur ist, desto geringer ist der erforderliche Temperaturhub bzw. die notwendige Verdichterleistung und desto effizienter arbeitet die Wärmepumpe. Nachdem das Arbeitsgas die Wärme an eine Wärmesenke, wie etwa das Gebäude-Heizungssystem, abgegeben hat, erfolgt mittels einer Drossel die Entspannung des komprimierten Gases. Hierdurch kühlt sich das Arbeitsgas ab. Da als Wärmequelle typischerweise kostenlose Umgebungswärme genutzt wird, erwärmt sich das kalte Arbeitsgas wieder auf Umgebungstemperatur und durchläuft anschließend erneut den Verdichtungsprozess. Bei Anlagen mit Kältebedarf dient als Wärmesenke beispielsweise ein Kühlschrank oder eine Klimaanlage. (Baehr 2013)

Die Wärmepumpentechnik lässt sich bezüglich des Verdichtungsmechanismus in zwei Bereiche gliedern. Bei Kompressionswärmepumpen wird die Verdichterleistung durch einen mechanischen Kompressor aufgebracht. Thermisch angetriebene Absorptionskälteanlagen besitzen eine deutlich höhere Laufruhe, da kein Kompressor für die Verdichtungsarbeit des Arbeitsgases aufkommt. Die Kompressionsleistung erfolgt hierbei durch einen thermischen Verdichter. In einer Lösung (z. B. H_20/LiBr oder NH_3/H_20) ist ein Arbeitsgas (H_20 oder NH_3) gelöst. Durch Zuführung von thermischer Leistung in einem Austreiber wird das Arbeitsgas aus dem Sorptionsmittel ausgekocht, was in einem abgeschlossenen Volumen eine Druck- und Temperaturerhöhung des Arbeitsgases bewirkt. Da im Austreiber stets ausreichend gesättigte Lösung vorhanden sein muss, versorgt die Lösungsmittelpumpe den Austreiber konstant mit frischer Lösung aus dem Absorber, wo das ausgekochte Sorptionsmittel wieder mit dem entspannten und erwärmten Arbeitsgas angereichert wird. Die thermisch betriebene Adsorptionstechnik hat sich im Wärmepumpenbetrieb in den Größenordnungen für Gebäude unter 20 kW bisher noch nicht durchsetzen können und befinden sich noch im Entwicklungsstadium. Mittelfristig wird ihnen jedoch Marktreife und -potenzial bescheinigt. Im Industriebereich haben sich solche Anlagen bereits etabliert, um beispielsweise anfallende Prozessabwärme für Kälteprozesse zu veredeln, oder aber auch im Hotelbereich werden Kleinstanlagen häufig in geräuschlosen Minibars für Hotelzimmer verwendet. (Bonin 2012; Eicker 2011; Baehr 2013)

Kompressionswärmepumpen für die Gebäudeheizung werden bezüglich der Wärmequelle weiter unterschieden in Wasser-Wasser-, Sole-Wasser- und Luft-Wasser-Wärmepumpen. Bei der Wasser-Wasser und Sole-Wasser-WP wird die nahezu ganzjährig konstante Temperatur des Erdreiches ausgenutzt, eine Luft-Wasser-Anlage hat hier im direkten Vergleich eine deutlich kleinere Jahresarbeitszahl. Die Jahresarbeitszahl bzw. Leistungszahl (engl.: COP – coefficient of performance) ist die über das Jahr gemittelte Heizleistung der WP-Anlage, im Verhältnis zur jährlichen gemittelten elektrischen Leistungsaufnahme des Verdichters. Eine Anlage mit einem COP von 4,1 liefert pro kWh elektrische Antriebsleistung folglich 4,1 kWh thermische Heizleistung. In Jahreszeiten mit hohem Wärmebedarf ist die Umgebungsluft kälter als das Erdreich, weshalb die Jahresarbeitszahlen von Sole-Wasser und

Wasser-Wasser-WP deutlich höher, bzw. besser sind als die einer Luft-Wasser-WP. Der Vorteil von Letzterer ist, dass sie auf Grund ihrer einfachen und robusten Konstruktion vergleichsweise geringe Investitionskosten hat und somit auch häufig Verwendung findet. Dient das Erdreich als Wärmequelle, müssen entweder Erdsonden gebohrt oder Erdkollektoren verlegt werden. Für die Umgebungsluft hingegen genügt ein Luft-Wärmeübertrager im Freien.

Unabhängig vom Wärmepumpentyp steigt die Jahresarbeitszahl mit einer niedrigen Heizungs-Vorlauftemperatur, weshalb solche Anlagen in Kombination mit Flächenheizungen, wie etwa im Fußboden, am effektivsten arbeiten. Die Effektivität einer Wärmepumpenanlage hängt von verschiedenen Faktoren ab, welche für jeden Anwendungsfall individuell beurteilt werden müssen. (Quaschning 2013; Adolf und Bräuniger 2011)

Gemäß des europäischen Wärmepumpenverbandes EHPA werden basierend auf dem Stand der Technik aus dem Jahr 2012 folgende Richtgrößen für verschiedene Wärmepumpenanlagen vorgeschlagen (Quaschning 2013):

- Wasser-Wasser: 4,5
- Sole-Wasser: 4,0
- Luft-Wasser: 3,5

Um beispielsweise von der BAFA die volle Zusatzförderung für Wärmepumpen in Neubauten zu bekommen, wird bei einer elektrischen Luft-WP eine Jahresarbeitszahl von mehr als 3,5 gefordert Bei allen anderen elektrischen WP wird ein Wert von mehr als 3,8 gefordert (BAFA 2015).

Mittelfristig wird von weiteren Marktanteilsgewinnen der Wärmepumpenkonzepte innerhalb der nächsten Dekaden ausgegangen. Derzeit wird knapp die Hälfte der jährlich installierten Wärmepumpen bei Sanierungsmaßnahmen verbaut, während im Jahr 1990 noch über 70 % bei Neubauprojekten installiert wurden. Eine stärkere Verbreitung wird in Zukunft die Luft-Wasser-Wärmepumpe finden, die vornehmlich in Verbundsystemen mit einem Spitzenlastkessel zum Einsatz kommt. Es wird geschätzt, dass ihr Anteil am Gesamtbestand von 30 % im Jahr 2008 auf 50 % in 2020 steigt. Sole-Wasser- und Wasser-Wasser-Wärmepumpen wird eine ähnliche Entwicklung vorhergesagt. Ein Anstieg wird ebenso beim Gesamtabsatz erwartet. Von 70.000 neu installierten Anlagen im Jahr 2012, soll der Absatz im Jahr 2020 bereits einen Wert von etwa 106.100 Anlagen erreichen. Insgesamt wird von einer Wärmepumpen-Anlagen-Anzahl in Höhe von 1,4 Mio. Stück im Jahr 2020 ausgegangen. Wärmepumpen werden bei Neubauten nahezu ausschließlich in Wohngebäuden (97 %) verbaut. Die Installation in Nichtwohngebäuden findet praktisch kaum statt. (Platt et al. 2014; Adolf und Bräuniger 2011)

Wärmepumpensysteme arbeiten nahezu ausschließlich mit dem entflammbaren Propan (R290) oder mit den umweltwirksamen, synthetisch erzeugten Kältemitteln R134a oder R407C. Allerdings ist der Einsatz von CO_2 (R744) als Kältemittel ebenfalls denkbar. Neben Effizienzsteigerungen bietet CO_2 ökonomische, ökologische und sicherheitstechnische Vorteile, da es u. a. preisgünstig und nicht entflammbar ist. Andererseits erfordert es erhöhte Qualitätseigenschaften an Komponenten aufgrund deutlich höherer Drücke auf der

Verdichterseite von bis zu 100 bar. Dessen ungeachtet wird von einem enormen Marktpotenzial von CO_2-Wärmepumpen ausgegangen. Insbesondere im Vergleich zu Öl- und Gas-Kesseln sowie vergleichbaren WP mit dem Arbeitsmittel R134a ermöglichen diese Systeme hohe Primärenergie- sowie CO_2-Einsparpotenziale (Kosowski et al. 2008). Vereinzelt existieren bereits CO_2-Luft-Wasser-Wärmepumpen und werden kommerziell vertrieben.

Die Dezentralisierung von Strom- und Wärmeerzeugung ermöglicht eine erhebliche Reduktion an Kraftwerkskapazität. Wärmepumpen gelten als elementarer Bestandteil des zukünftigen Lastmanagements im Strommarkt. Das Demand-Side-Management-Potenzial kann jedoch nur durch eine Steigerung des Ausbaus von Wärmepumpen voll ausgeschöpft werden. Zur Vorbeugung von Sättigungseffekten besteht daher eine außerordentliche Notwendigkeit zur Erhöhung der Fördermaßnahmen. Der externe Zugriff von Lieferanten auf die Anlagen von Kunden erfordert zudem die Anpassung gesetzlicher Vorschriften und regulatorische Eingriffe. (Nabe et al. 2011)

Die Bundesregierung fördert explizit den Einbau von Wärmepumpen sowie Hybridheizungen. Seit dem Jahr 2008 erhält der Bauherr eine Basisförderung bei der Installation einer WP, in Abhängigkeit der Leistungsklasse und Größe des Pufferspeichers. Bei einem Nachweis entsprechender, zusätzlicher Kriterien wird darüber hinaus einmalig ein Kombinations- und Effizienzbonus gewährt. Eine leistungsgeregelte und/ oder monovalente elektrische Luft-Wasser-Wärmepumpe mit einer Heizleistung von 15 kW mit einer größeren Jahresarbeitszahl als 3,5 und einem Speichervolumen von mehr als 30 l/kW, in Kombination mit einer förderfähigen Solaranlage, erhielt beispielsweise im Jahr 2013 noch eine Förderung von 4400 Euro. Seit dem 11. März 2015 gilt eine neue Wärmepumpe- Basis- und Bonusförderung, weshalb für die gleiche Konfiguration nur noch eine Förderung von 2500 Euro gewährt wird. (BAFA 2015, 2012)

Eine in Deutschland sehr beliebte Methode der Wärmeerzeugung ist die Feststofffeuerung. Während in der Vergangenheit oftmals Kohle verfeuert wurde, dominiert heutzutage Holz als Energieträger. Grundsätzlich kann hierbei zwischen der Heizung eines einzigen Raums (Einzelfeuerstätte) oder eines gesamten Gebäudes (Holzzentralheizung) unterschieden werden. Die in Verbindung mit einem Pufferspeicher installierten Zentralheizungskonzepte nutzen Scheit- bzw. Stückholz, Holzpellets oder Hackschnitzel als Brennstoffe. Scheit- und Stückholzheizungen ermöglichen zwar ein nahezu optimales Verbrennen des Energieträgers und somit einen geringen Ascheanfall, können allerdings nicht kontinuierlich betrieben werden. Holzpelletanlagen sind dagegen kontinuierlich in einem weiten Leistungsbereich einsetzbar. Zur Wärmeversorgung größerer Gebäude werden oftmals Hackschnitzelanlagen installiert. Seit den 1980er-Jahren stieg der Wirkungsgrad von Holzheizungen um bis zu 30 %. (Adolf und Bräuniger 2011)

Neben Holzheizungen gewinnt Solarthermie zunehmend an Bedeutung. Die oftmals gemeinsam verbauten Konzepte ergänzen sich gut zu einer ressourcen- und klimaschonenden Hybridanlage. Aufgrund ihrer Witterungsabhängigkeit sind Solaranlagen meist nicht in der Lage, den gesamten Wärmebedarf eines Gebäudes zu decken. Sie werden daher vornehmlich zur Warmwassererzeugung verwendet.

Elektrische Heizungssysteme stellen Wärme direkt in einem Wohnraum bereit, entweder durch die Nutzung der erzeugten Wärme bei einem Stromfluss durch einen Widerstand

(Stromdirektheizung) oder der Speicherung von Wärme in thermisch isoliertem Material, z. B. in Gestein, die bei Bedarf jederzeit abgegeben werden kann (Speicherheizung). Beide Heizungsformen sind sehr günstig einzubauen und wartungsarm (Adolf und Bräuniger 2011). Nachteilig sind jedoch die höheren Betriebskosten. Aus physikalischer Perspektive findet hier eine signifikante Entwertung von Energie statt. Elektrischer Strom, als sehr hochwertige Energieform, sollte daher vornehmlich zum Betrieb elektrischer Geräte oder Motoren, statt für Heizzwecken verwendet werden (Frey et al. 2007). Die Anzahl der elektrischen Heizsysteme ist in Deutschland rückläufig (Adolf und Bräuniger 2011).

Fernwärme bezeichnet ein System, in dem die Wärme in einer gewissen Entfernung vom Ort der Anwendung erzeugt wird und über ein Transportmedium, meist Wasser, an den Ort der Anwendung transportiert wird. Die Entfernung ist dabei ausschlaggebend für die Bezeichnung. Nahwärme bezieht sich auf eine lokale Erzeugung, z. B. innerhalb eines Stadtteils, wohingegen Fernwärme über längere Strecken transportiert wird. Die Fernwärme hat gegenüber der Nahwärme deutlich höhere Transportverluste, bis zu 10 %. Knapp 9 % der Haushalte im Westen und ca. 30 % im Osten Deutschlands haben Zugang zu Fern- bzw. Nahwärme. Die Klimarelevanz dieses Konzepts wird in erster Linie vom Brennstoffmix der Erzeugung beeinflusst. 2011 betrug in Deutschland für die Nah- und Fernwärmeversorgung eine Anschlussleistung von 57.000 MW, bei einer Gesamttrassenlänge für Heißwasserleitungen von knapp 100.000 km. Durch eine Verdichtung und Erweiterung von bestehenden Netzen wird weiterhin Zuwachspotenzial gesehen. Zunehmend besser isolierte Gebäude und der demografische Wandel wirken sich wahrscheinlich nachteilig auf die Entwicklung des leitungsgebundenen Fernwärmepotenzials aus. Der Großteil der Wärmeleistung wurde im Jahr 2009 mit 83 % von KWK-Anlagen in Heizkraftwerken bereitgestellt. 16 % entstammte aus Heizwerken und lediglich 1 % wurde durch industrielle Abwärme bereitgestellt. (Adolf und Bräuniger 2011)

Bei der Bereitstellung von Elektrizität in zentralen Großkraftwerken ist die Einspeisung von Kraftwerksabwärme in ein Fernwärmenetz wirtschaftlich unrentabel, da die Leitungsverluste oft zu groß für einen rentablen Betrieb sind. Die Kraftwerksabwärme wird ungenutzt an die Umgebung abgeführt. (Allelein et al. 2012)

Bei einer Kraft-Wärme-Kopplungs-Anlage (KWK) wird die Kraftwerksabwärme weiterverwendet. In einer Verbrennungskraftmaschine wird chemische Energie eines Brennstoffs in mechanische Energie umgewandelt. Durch einen angeflanschten Generator an der Antriebswelle erfolgt die Bereitstellung von Elektrizität. Der Unterschied zu einem Großkraftwerk ist die Dezentralität von KWK-Anlagen, was lokal die wirtschaftliche Nutzung der thermischen Abgasleistung erlaubt. So ist die Einspeisung in ein Nah- oder Fernwärmenetz möglich. Kleinere KWK-Anlagen finden Verwendung im Heizungssystem von Gebäuden oder Gebäudekomplexen und werden aufgrund ihrer kompakten Bauweise auch als Blockheizkraftwerk (BHKW) bezeichnet. Als BHKW werden KWK-Anlagen mit einer elektrischen Leistung bis zu 10 MW bezeichnet. Die Kogeneration von Wärme und elektrischer Leistung ist sehr effizient und ermöglicht einen Brennstoffnutzungsgrad von bis zu 99 % (Allelein et al. 2012; Wesselak et al. 2013). Auch die Politik hat die Vorteile der Kraft-Wärme-Kopplung erkannt und garantiert seit April 2002 mit der Einführung des ersten KWK-Gesetzes für KWK-Anlagen abhängig von der Anlagengröße verschiedene Einspeisevergütungsmodelle.

Das ursprüngliche Ziel der Bundesregierung war es, den Anteil des insgesamt erzeugten Stroms durch KWK-Anlagen bis zum Jahr 2020 auf einen Anteil von 25 % zu steigern. Als Bezugsgröße war die regelbare Nettostromerzeugung angedacht. Durch die absehbare Abschaltung von fossilen Kraftwerken und Kernreaktoren wurde befürchtet, dass das Ausbauziel so bereits ohne Neuauflage des KWKG erreicht worden wäre und somit Anreize zum weiteren Ausbau verloren gehen. Stattdessen soll im KWKG 2016 der Nettostromanteil aus KWK-Anlagen bis zum Jahr 2020 auf 110 TWh und bis zum Jahr 2025 auf 120 TWh ausgebaut werden (Schneider et al. 2015).

Das KWK-Gesetz wurde seit 2002 mehrmals novelliert und löste am 01.01.2016 mit dem KWKG 2016 das bisher gültige KWKG 2012 ab. Gemäß Informationen der BAFA wurden zum Erscheinungszeitpunkt dieser Auflage noch keine Zulassungs- bzw. Vorbescheide für KWK-Anlagen und Netz- bzw. Speicherprojekte ausgestellt, welche den Vorschriften des KWKG 2016 unterfallen würden. Der Grund hierfür ist, dass das KWKG 2016 erst wirksam angewandt werden darf, wenn die Gesetzesnovelle durch die EU-Kommission notifiziert wurde (MASLATON 2016), was zum Fertigstellungszeitpunkt dieses Buches noch nicht der Fall war.

Mit dem KWKG 2016 wird das KWKG 2014 in mehreren Punkten überarbeitet. So verringert sich die Einspeisevergütung für neue Anlagen gemäß Tab. 6.4 Anlagen der öffentlichen Versorgung, wie etwa Stadtwerke, bekommen hingegen einen leicht erhöhten Fördersatz. Mit Ausnahme auf kleinere KWK-Anlagen bis 100 kW ist die Vergütung für den selbst erzeugten und verbrauchten Strom mit Inkrafttreten des KWKG 2016 gestrichen. Eine weitere Änderung im neuen Gesetz ist, dass nur noch in Ausnahmefällen selbst verbrauchter Strom gefördert wird, der nicht in ein öffentliches Netz eingespeist wird. Dies gilt fortan nur noch für KWK-Anlagen mit einer elektrischen Leistung von bis zu 100 kW oder Anlagen, welche in stromkostenintensiven Unternehmen Strom einspeisen. Detaillierte Informationen zu den verschiedenen Neuerungen des KWKG 2016 sind entsprechend weiterführender und spezialisierter Literatur zu entnehmen ((BMWi 2015e); (BHKW jetzt 2015); (Schneider et al. 2015)).

Tab. 6.4 Förderung von neuen Projekten (FfE 2015)

	Zuschlag für Eigenverbrauch (Ct/kWh)	
Leistungsgröße der Anlage	KWKG 2012	KWKG 2016
<50 kW	5,41	4
50 kW bis 100 kW	5,41	3
ETS-Anlagen	zzgl. 0,3	0

Da der Bestand an installierter KWK-Leistung deutschlandweit nicht einheitlich erfasst wird, ist eine verlässliche Aussage über dessen Entwicklung nicht eindeutig möglich. Im Jahr 2010 betrug die in Deutschland installierte KWK-Leistung 28,5 GWel. Abb. 6.11 stellt den Verlauf des erzeugten KWK-Stroms in Deutschland von 2003 bis 2011 dar. Für diesen Zeitraum ist eine Zunahme der Nettostromerzeugung um 20 % von 75,6 TWh auf 91 TWh festzustellen. (UBA 2014b)

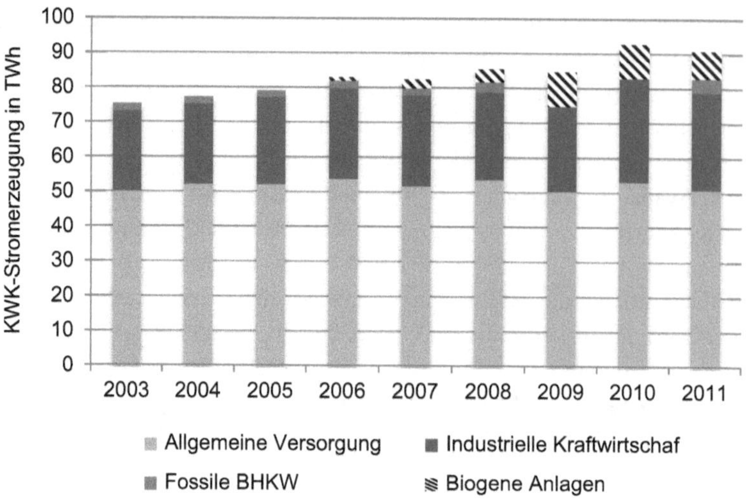

Abb. 6.11 Entwicklung der KWK-Stromerzeugung 2003–2011 (UBA 2014b)

Wärmeverteilung

Anlagen zur Wärmeverteilung werden nach dem Transportmedium grob unterteilt in Warmwasser- und Luftheizungen. Für Wohngebäude werden in Deutschland nahezu ausschließlich Warmwasserheizungen eingesetzt, während für Industriegebäude teilweise auch Luftheizungen verbaut werden. Das aufgeheizte Wasser wird im Haushalt entweder aufgrund des Dichteunterschieds (Schwerkraftkonzept) oder mit Hilfe von elektrisch betriebener Umwälzpumpen (Pumpenkonzept) zum Ort der Verwendung transportiert. Schwerkraftheizungen benötigen Rohre mit sehr großem Durchmesser. Sie sind vergleichsweise korrosionsanfällig und stellen Wärme auf verhältnismäßig ineffiziente Weise zur Verfügung. Bei einem unsauberen hydraulischen Abgleich der Heizungsanlage kann es ferner leicht zu einer ungleichmäßigen Heizung der Räume kommen, da sich Wasser generell den Weg des geringsten Widerstands sucht und so beispielsweise Heizkörper ungleich mit Warmwasser versorgt werden. Die Zahl an Schwerkraftheizungen ist daher seit Jahren rückläufig. Mit ca. 42 Millionen Heizungsumwälzpumpen hat sich zur Wärmeverteilung in Gebäuden das Pumpkonzept in Deutschland durchgesetzt. Die Mehrzahl der Pumpen sind jedoch veraltet und im Mittel zwei- bis dreifach überdimensioniert, wodurch die Pumpen permanent im ineffizienten Teillastwirkungsgradbereich betrieben werden. Zusätzlich sind 85 % der verbauten Heizungspumpen ungeregelt, was nochmals eine deutliche Effizienzeinbuße bedeutet (Adolf und Bräuniger 2011). Durch die Modernisierung aller Heizungspumpen ließe sich in Deutschland der Strombedarf für Umwälzpumpen von 17,5 TWh/a (Kunz 2011) um 70–80 % reduzieren. Dies würde eine Einsparung von 7,5–8,5 Mio. Tonnen CO_2 pro Jahr bedeuten. Das entspräche ungefähr dem jährlichen CO_2-Ausstoß von vier Kohlekraftwerken (Kunz 2011).

Eine alte, ungeregelte Heizungspumpe verursacht im Jahr Kosten von ca. 160–220 Euro. Bei einer geregelten Pumpe reduzieren sich die jährlichen Stromkosten auf 70–140 Euro.

Beim Austausch durch eine Hocheffizienzpumpe fallen hingegen nur noch 3–10 Euro Energiekosten pro Jahr an. Eine jährliche Stromkosteneinsparung von über 200 Euro ist somit durch eine Modernisierung an dieser Stelle möglich. (BDEW 2013b)

Pumpenspezifische Einsparpotenziale werden ausführlich in Kap. 5.3.2 diskutiert. Luftheizungen verteilen die Wärme über Luftkanäle anstatt über Heizkörper. Sie sind schnell regelbar, besitzen allerdings einen komplexen Aufbau und sind aufgrund hoher Anforderungen an die Durchlüftung der Gebäude mit deutlich höheren Investitionskosten verbunden. Des Weiteren ist der Wärmetransport über die Luft weniger effizient als mit Wasser. (Adolf und Bräuniger 2011)

Wärmedämmung/ -schutz

Die Energieeinsparverordnung (EnEV) bildet die gesetzliche Grundlage für den Mindestwärmeschutz nach DIN 4108–2. Dieser ist definiert als „Maßnahme, die an jeder Stelle der Innenoberfläche der Systemgrenze bei ausreichender Beheizung und Lüftung unter Zugrundelegung üblicher Nutzung ein hygienisches Raumklima sicherstellt, so dass Tauwasserfreiheit und Schimmelpilzfreiheit an Innenoberflächen von Außenbauteilen im Ganzen und in Ecken gegeben ist." (DIN 4108, Blatt 2, Abs. 3.1.2) Hierbei wird jedoch vorausgesetzt, dass die betroffenen Räume bei der Nutzung genügend beheizt und belüftet werden (20 °C Raumlufttemperatur und 50 % relative Luftfeuchte), um ein hygienisches Raumklima zu garantieren. Unter den genannten Voraussetzungen ist zu erwarten, dass bei den gegebenen Klimaverhältnissen in Deutschland ein dauerhafter Schutz der Gebäude gegen feuchtigkeitsbedingte Schäden gesichert wird. Der Mindestwärmeschutz ist somit im Winter aber auch im Sommer notwendig und beispielsweise durch eine adäquate Dämmung realisierbar. Ferner sind auch Maßnahmen zur Vermeidung von Wärmebrücken oder zur Gewährleistung der Luftdichtheit von Bauteilen beschrieben. (Willems und Schild 2013; Mönnig und Bach 2013; Lohmeyer et al. 2015)

Weiterhin wird in der EnEV der energiesparende Wärmeschutz als „Maßnahme, die den Heizenergiebedarf in einem Gebäude oder einer beheizten Zone bei entsprechender Nutzung nach vorgegebenen Anforderungen begrenzt" definiert (Willems und Schild 2013; Richter et al. 2008).

Hierbei wird der maximal zulässige Primärenergiebedarf für die Bereitstellung von thermischer Energie in Gebäuden festgelegt. Die vielschichtigen Anforderungen und Nachweisverfahren für den energiesparenden Wärmeschutz werden beispielsweise in dem Werk „Energie-Effizienzbewertung von Gebäuden: Anforderungen und Nachweisverfahren gemäß EnEV 2009" (Schild et al. 2010) ausführlich dargestellt.

Vereinzelt gibt es Quellen, welche besagen, dass bei der Sanierung von Gebäuden mittels Dämmung sich die energetische Gesamtbilanz des Gebäudes auf viele Jahre deutlich verschlechtert, sofern der energetische Aufwand zur Herstellung der Dämmstoffe mit berücksichtigt wird (Haimann 2016). Dies wird jedoch von Becker entkräftet, da in einer Kurzstudie u. a. genau diese Behauptung untersucht wurde und so der energetische Aufwand zur Herstellung der Dämmung durch die Einsparung, je nach verwendeten Dämmmaterialien, zwischen wenigen Monaten und ca drei Jahre betragen kann (Becker 2014).

Die Notwendigkeit, den maximalen Primärenergiebedarf von Gebäuden in Heizperioden auf ein Minimum zu reduzieren, ist unbestritten. Die gegenwärtige Rechtsprechung sagt, dass pro Jahr die Innenlufttemperatur in Arbeitsräumen nur an 10 % der Nutzungsstunden die Marke von 26 °C überschreiten darf. Um während der Sommermonate die Raumtemperatur auf ein erträgliches Maß zu begrenzen, werden in der EnEV Anforderungen an den sommerlichen Wärmeschutz definiert. Dieser hängt von mehreren Faktoren ab (Willems und Schild 2013):

- Gesamtenergiedurchlassgrad der transparenten Außenbauteile
- Sonnenschutz der transparenten Außenbauteile
- Flächenanteil der transparenten Außenbauteile
- Orientierung (Himmelsrichtung) der transparenten Außenbauteile
- Neigungswinkel zur Senkrechten der transparenten Außenbauteile
- Art und Intensität der Raumlüftung
- Wärmespeicherfähigkeit der raumumschließenden Bauteile
- Raumgeometrie

Ein effizient verwendeter Sonnenschutz leistet einen wichtigen Beitrag, um den Energiebedarf für die notwendige Kühlleistung zur Klimatisierung von Gebäuden zu reduzieren. Dies ist jedoch nur möglich, wenn der Nutzer den sommerlichen Wärmeschutz auch ordnungsgemäß verwendet.(Willems und Schild 2013).

Grundsätzlich reduziert die Dämmung eines Gebäudes den Wärmedurchgang. Die Wärmeübertragung zwischen dem Gebäudeinneren und -äußeren erfolgt aus einer Kombination von Wärmeleitung, Wärmestrahlung und Wärmekonvektion. Dämmstoffe reduzieren den Wärmeaustausch mit der Umgebung, indem sie durch den Einschluss von Luft in Poren den konvektiven Wärmeübergang weitestgehend verhindern. Wärmetransport ist somit primär nur noch über die Wärmeleitung im Festkörper und der Füllgase der Dämmung, sowie der Wärmestrahlung möglich. Wärmedämmung ist in erster Linie dafür verantwortlich, eine gewünschte Temperatur im Gebäudeinneren aufrechtzuerhalten. Eine effiziente Dämmung minimiert den Heizwärmebedarf von Gebäuden im Winter und den Kühlungsbedarf im Sommer. (Adolf und Bräuniger 2011)

Bezüglich der Dämmung wird im Allgemeinen unterschieden zwischen der Außenwand, dem Dach bzw. der Obergeschossdecke (OGD) sowie dem Fußboden bzw. der Kellerdecke. Derzeit besitzen knapp 42 % aller Wohngebäude eine Außenwanddämmung. Eine Dämmung von Dach und OGD haben 76 %, eine Fußbodendämmung findet sich in 37 % der Bestandsgebäude. In Tab. 6.5 sind die gedämmten Gebäudeteile dargestellt mit dem gewichteten Anteil der tatsächlich gedämmten Flächen. Bei Betrachtung des real gedämmten Flächenanteils sinken die eben erwähnten Werte nochmals ab. Für die Außenwand ergibt dies beispielsweise 42,1 % x 84,9 % = 35,8 %. Der Anteil der gedämmten Außenwände aller Wohngebäude (gedämmt und ungedämmt) in Deutschland beläuft sich auf knapp 36 %, während es für Dach- und OGD 71 % und für Fußböden 34 % sind. (Diefenbach et al. 2010)

Tab. 6.5 Verdeutlichung des Stands der Wohngebäudedämmung in Deutschland nach (Diefenbach et al. 2010)

	Außenwand	Dach / OGD	Fußboden/Kellerdecke
	Gebäude mit Dämmung des jeweiligen Bauteils		
Alle Wohngebäude	42,1 % +/– 1,2 %	76,4 % +/– 1,0 %	37,1 % +/– 1,2 %
Altbau mit Baujahr bis 1978	35,7 % +/– 1,4 %	68,2 % +/– 1,3 %	23,3 % +/– 1,1 %
Baujahr 1979–2004	53,2 % +/– 1,9 %	92,1 % +/– 0,8 %	62,1 % +/– 2,0 %
Neubau ab 2005	66,0 % +/– 3,6 %	98,5 % +/– 0,5 %	87,3 % +/– 3,0 %
	gedämmte Flächenanteile (falls Dämmung vorhanden)		
Alle Wohngebäude	84,9 % +/– 0,7 %	93,2 % +/– 0,4 %	91,3 % +/– 0,6 %
Altbau mit Baujahr bis 1978	77,8 % +/– 1,1 %	90,7 % +/– 0,5 %	85,4 % +/– 1,0 %
Baujahr 1979–2004	93,4 % +/– 0,8 %	96,6 % +/– 0,4 %	95,4 % +/– 0,5 %
Neubau ab 2005	97,0 % +/– 1,0 %	99,7 % +/– 0,2 %	97,6 % +/– 0,6 %
	gedämmte Bauteilfläche (Gebäude gewichtet mit Flächenanteil)		
Alle Wohngebäude	35,8 % +/– 1,0 %	71,2 % +/– 0,9 %	33,8 % +/– 1,1 %
Altbau mit Baujahr bis 1978	27,8 % +/– 1,2 %	61,9 % +/– 1,2 %	19,9 % +/– 1,0 %
Baujahr 1979–2004	49,7 % +/– 1,8 %	88,9 % +/– 0,9 %	59,2 % +/– 2,0 %
Neubau ab 2005	64,0 % +/– 3,6 %	98,2 % +/– 0,6 %	85,3 % +/– 3,0 %

Die Werte von Wohngebäuden der Baujahre 1979 bis 2004 und vor allem von Neubauten (ab 2005) übertreffen die des Gesamtbestands bei weitem. Altbauten vor 1978 sind weitaus geringer gedämmt. Wie in Abb. 6.12 dargestellt, wird das Potenzial der Dämmung durch einen Vergleich zwischen den Dämmungsanteilen von Alt- und Neubauten verdeutlicht. Die Flächenanteile der Dämmung von Neubauten liegen in jeder Kategorie weit über denen des Altbaus. Während die gedämmten Außenwandflächen von Altbauten sich auf lediglich 28 % belaufen, findet sich dieser Dämmungstyp an 64 % der Außenwandfläche von Neubauten. Dach-/OGD- und Fußböden von Neubauten sind zu über 98 % bzw. 85 % gedämmt. Bei Altbauten werden in diesen Kategorien Werte von 62 % bzw. 20 % erreicht. (Diefenbach et al. 2010)

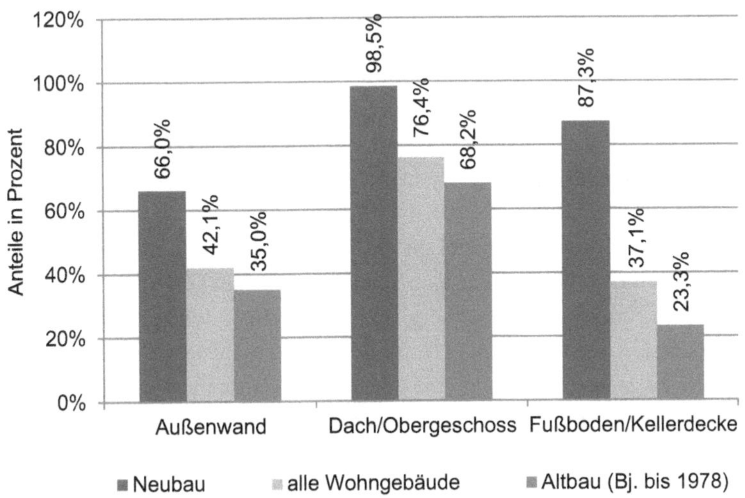

Abb. 6.12 Anteil der Gebäude mit Wärmedämmung in Deutschland 2008 (Diefenbach et al. 2010)

Traditionell gilt die Dämmstoffdicke als Maß für den Grad der Dämmung. Abb. 6.13 vergleicht die Dämmstoffdicken von Außenwand, Dach-/OGD- und Fußböden deutscher Wohngebäude. Vereinfacht kann festgehalten werden, dass sich der Wärmeverlust mit zunehmender Dicke reduziert. Dämmstoffdicken sind stark vom Baualter abhängig. Generell ist für Neubauten ein klarer Trend zu höheren Dicken erkennbar. So beläuft sich die durchschnittliche Dämmstoffdicke der Außenwände von Altbauten auf 8,4 cm, Neubauten erreichen hingegen einen Wert von 14,1 cm. Die Dämmstoffdicke des Gesamtbestands beläuft sich auf durchschnittlich 9,4 cm. Die Dämmstoffdicken vom Dach und der Obergeschossdecke sind generell etwas stärker als die Maße der Außenwände. Im gesamtdeutschen Durchschnitt liegt die Dicke bei 13,3 cm. Altbauten erreichen im Mittel 12,2 cm, Neubauten hingegen haben im Schnitt 18,7 cm. Fußboden und Kellerdecken sind mit 8,1 cm im gesamtdeutschen Mittel vergleichsweise gering gedämmt. Altbauten erreichen 6,8 cm, Neubauten 11,9 cm. (Diefenbach et al. 2010)

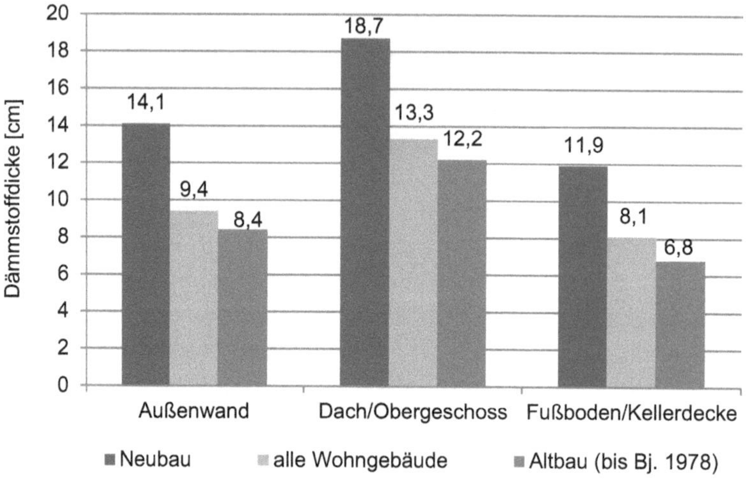

Abb. 6.13 Durchschnittliche Dämmstoffdicken deutscher Wohngebäude 2008 (Diefenbach et al. 2010)

In diesem Zusammenhang muss auf die zunehmende Bedeutung von monolithischen Dämmkonzepten, z. B. durch Tonsteine mit Luftkammern, hingewiesen werden. Für Außenwände lassen sich auf diese Weise sehr gute U-Werte erreichen, obwohl im herkömmlichen Sinne keine Dämmung verbaut wird.

Ein Konzept der Dämmung, welches derzeit wenig Verbreitung im Gebäudesektor findet, ist die Vakuumdämmung. Dieser Dämmungstyp unterscheidet sich stark von den derzeit zur Anwendung kommenden Stoffen. Im Vergleich zur herkömmlichen Dämmung wird bei der Vakuumdämmung die Luft aus einem in dünne Folien eingeschlossenen, porosierten Stützkern (z. B. pyrogene Kieselsäure) abgesaugt. Somit kann dem Wärmetransport über das Gas weitestgehend unterbunden werden. Gegenüber dem herkömmlichen Prinzip der Dämmung ermöglichen diese Systeme eine bis zu 10fache Dämmwirkung. Neben der echten Vakuumdämmung, die auf die Unterbindung der Wärmeleitung über Gasmoleküle ausgelegt ist, existieren relevante Ansätze zur Verhinderung der Konvektion über Vakuumkollektoren oder Stahlmantelrohre.

Obwohl Vakuumdämmplatten in den letzten Jahren vermehrte Anwendung im Bausektor fanden, hält sich die real verbaute Anzahl dieser Bauteile weiterhin in Grenzen. Im Vergleich zu herkömmlichen Dämmstoffen erreichen diese Systeme erst als Gesamtelement ihre volle Funktionsfähigkeit. Zudem macht das Risiko der Beschädigung der relativ dünnen Hüllfolie die Planung eines solchen Dämmungssystems schwierig. Auch seine geringe Flexibilität erschwert die Anwendung. Vakuumdämmplatten müssen, wie Fenster, exakt zugeschnitten sein und erlauben keine nachträgliche Bearbeitung vor Ort. Außerdem dringen während der Betriebsphase Wasserdampf und Luft in die Vakuumplatten ein und reduzieren somit die Dämmleistung. Zusätzlich erschweren die derzeit vergleichsweise hohen Preise eine stärkere Verbreitung dieser Systeme. Nichts desto trotz kommen Vakuumdämmkonzepte für Sonderanwendungen auch in der Sanierung zum Einsatz. (Reuther und Weber 2008)

Ein effektiver Wärmeschutz kann für Neubauten relativ einfach realisiert werden. Jede Art von Sonnenschutz, als sommerlicher Wärmeschutz, in Form von beispielsweise Jalousien können das Gebäude und Räume effektiv vor Überhitzung schützen. Eine weitere effektive Form ist die Nachtkühlung. Durch gezieltes Lüften in den Nachstunden kann so das tagsüber aufgeheizte Gebäude energiesparend abgekühlt werden. Für die genannten Maßnahmen ist jedoch ein richtiges Nutzerverhalten vorausgesetzt. (Willems und Schild 2013; Kolb 2008)

Mit zunehmender Energieeffizienz eines Gebäudes steigt die Bedeutung des Nutzerverhaltens. Bisher findet der erhebliche individuelle Einfluss der Bewohner auf den Energieverbrauch jedoch kaum Beachtung. Oftmals fallen daher Bedarfsberechnung bei Neubauten nicht korrekt aus. (Adolf und Bräuniger 2011)

Zwischen 2000 und 2004 überstiegen die jährlichen Sanierungsraten die der Periode von 2005 bis 2008 in jeder Kategorie (Außenwand, Keller, etc.). Sanierungsraten beschreiben ausschließlich den nachträglichen Einbau von Dämmungen, nicht also Dämmung bei Neubauten. Die Modernisierungsraten für das Dach und OGD liegen derzeit deutlich über denen der Außenwände. Der Dämmung von Fußboden und Kellerdecke wird dagegen die geringste Beachtung geschenkt. Bei Altbauten liegen die Sanierungsraten in der Regel deutlich über denen des Gesamtbestands. Dies ist in erster Linie auf den durchschnittlich höheren Anteil an veralteten Heizsystemen in Altbauten zurückzuführen. Da im Regelfall nicht die gesamte Fläche eines Gebäudes gedämmt wird, ist die flächengewichtete Modernisierungsrate generell etwas niedriger. Beispielsweise wurden zwischen 2000 und 2004 pro Jahr im Durchschnitt an 1,28 % der Altbauten Modernisierungsmaßnahmen an der Außenwanddämmung durchgeführt, bezogen auf die Fläche ergibt sich jedoch lediglich ein Wert in Höhe von 1,01 %. Ein Vergleich der beiden Betrachtungsperioden zeigt einen merklichen Rückgang der Modernisierungsrate. (Diefenbach et al. 2010)

Bezogen auf den Gebäudebestand von 2009 wird als Trendwert der energetischen Modernisierungsrate ein Wert von 0,8 % pro Jahr ermittelt. Für den Zeitraum 2013 bis 2020 sollte der Sanierungsfahrplan eine Modernisierungsrate von 1,6–2,0 %/a erreichen. Wird diese Rate bis 2020 erreicht und bis 2050 gehalten, würde damit ein energetischer Modernisierungsfortschritt von 48–60 % bei den Bestandsgebäuden (Baujahr bis 2009) erreicht. Werden hierauf die von 2013–2020 sanierten Gebäude aufsummiert, ergibt sich bis 2050 ein rechnerischer Modernisierungsfortschritt von 82–97 %, bezogen auf den Gebäudebestand bis 2009. (Diefenbach et al. 2013a)

Wärmerückgewinnung

Lüftungswärmeverluste machen bis zu 38 % der gesamten Wärmeverluste in einem Gebäude aus. Eine in diesem Zusammenhang weitere Möglichkeit der Verbesserung der ganzheitlichen Energieeffizienz eines Gebäudes stellt die Wärmerückgewinnung dar. Gegenüber einer natürlichen Lüftung können mit ihrer Hilfe erhebliche Einsparpotenziale in Wohn- und Nicht-Wohngebäuden gehoben werden. Allgemein beschreibt die Wärmerückgewinnung (WRG) die Wiederverwendung eines thermischen Energiestromes, welcher die Bilanzhülle verlässt. Voraussetzung hierfür ist das Vorhandensein von mindestens zwei Masseströmen auf unterschiedlichen Temperaturniveaus. Kaup und Kampeis unterscheiden bei der zurückgewonnenen Wärme zwischen der Lufttemperierung (WRG aus Ursprungsprozess) und der mehrfachfunktionalen Nutzung (WRG aus anderen Prozessen). Diese Technologien finden zwar vermehrt Anwendung in Nicht-Wohngebäuden, können allerdings in beiden Bauarten zum Einsatz kommen. (Kaup und Kampeis 2013)

Seit Inkrafttreten der EnEV 2009, welche 2014 diesbezüglich unverändert blieb, gehören Technologien zur Wärmerückgewinnung zum Stand der Technik und müssen bei Neubauten ab einer Luftleistung von über 4.000 m^3/h oder einer Kälteleistung von 12 kW Berücksichtigung in vorgegebener Qualität finden (Kaup 2014). Unter der Voraussetzung einer luftdichten Gebäudehülle, kommen als Technologien zur Nutzung der Abwärme beispielsweise Wärmepumpen infrage. Schätzungen zufolge sind rund 24 % der Wohngebäude in Europa mit einer mechanischen Lüftung ausgestattet, Wärmerückgewinnungstechnologien nutzen jedoch nur 1,5 %. Alleine diese Menge realisierte im Jahr 2010 jedoch eine Netto-Primärenergieeinsparung in Höhe von 88 PJ bzw. rund 7 Mio. t CO_2. In diesem Zusammenhang rechnet die Europäische Union mit einem gesamten Netto-Primärenergieeinsparpotenzial von ca. 360 PJ/a oder rund 20 Mio. t CO_2 bis 2025 (Kaup und Kampeis 2013).

Die weitaus größeren Einsparpotenziale werden jedoch in Nicht-Wohngebäuden prognostiziert. Kaup und Kampeis beziffern den Anteil der Nicht-Wohngebäude mit mechanischer Lüftung im Jahr 2013 auf 40 % sowie die Nutzung von WRG-Systemen auf 7 %. Für das Jahr 2010 wird eine effektive Einsparung von 1.678 PJ bzw. knapp 100 Mio. t CO_2 geschätzt. Im Jahr 2025 wird mit einem zusätzlichen Netto-Primärenergieeinsparpotenzial von ungefähr 950 PJ kalkuliert. Dies entspräche gegenüber dem Jahr 2010 einer zusätzlichen Reduzierung von rund 50 Mio. t CO_2. (Kaup und Kampeis 2013)

In den vergangenen Jahren konnte bereits ein signifikanter Anstieg der Nutzung von Wärmerückgewinnungstechnologien bei RLT-Geräten festgestellt werden. Abb. 6.14 verdeutlicht den Trend von 2006 bis 2013. Waren im Jahr 2006 beispielsweise lediglich knapp 30 % aller RLT-Geräte mit einer Technologie zur Wärmerückgewinnung ausgestattet, belief sich deren Anteil im Jahr 2013 bereits auf über 78 %. Kaup stellt jedoch fest, dass nicht alle RLT-Geräte mit Wärmerückgewinnungstechnologien ausgestattet werden können, da gut 13 % der RLT-Geräte, lediglich Zuluft und knapp 6 % nur Abluft fördern. Bei diesen Anlagen ist die Verwendung eines WRG-Systems nicht möglich, da hier der zweite Luftmassenstrom zum Wärmeaustausch fehlt. Somit ist bei maximal 80,8 % aller verbauten RLT-Anlagen die Wiederverwendung der Abwärme im Altluftmassenstrom möglich. Wie Abb. 6.14 zeigt, ist die Tendenz der verkauften RLT-Geräte mit Wärmerückgewinnung steigend. (Kaup 2014)

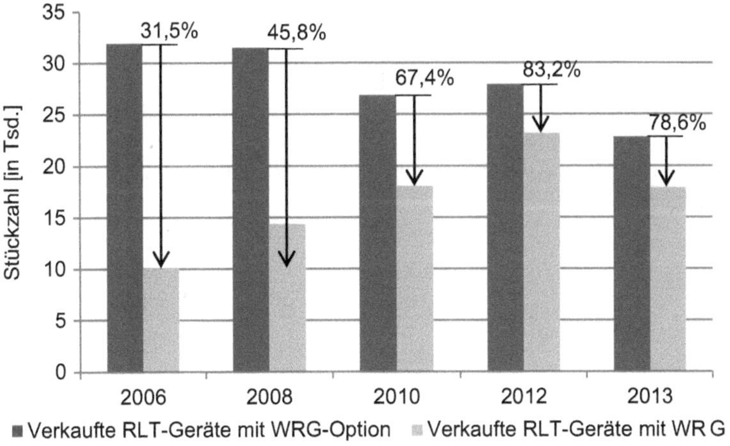

Abb. 6.14 Jährlich verkauften RLT-Geräte, welche die Abwärmenutzung ermöglichen (Zuluft-Abluft-Geräte) im Vergleich zu den Geräten, welche tatsächlich mit einem WRG-System verkauft wurden (Kaup 2014)

Bezogen auf das Jahr 2010 wird das Gesamteinsparpotenzial an Primärenergie durch Wärmerückgewinnung in der Europäischen Union bis zum Jahr 2025 auf mindestens 3.560 PJ geschätzt (Kaup und Kampeis 2013).

Verglasung

Fenster weisen deutlich ungünstigere Wärmedämmwerte als das Dach oder die Außenwände auf. Der durchschnittliche Anteil des Wärmeverlusts über die Verglasung eines Gebäudes beträgt 25 bis 30 % (Hensler et al. 2012). Fenster können nach fünf Verglasungsarten unterschieden werden: Einfachverglasung, unbeschichtete Isolierverglasung, Verbund- und Kastenfenster, Zweifach-Wärmedämmverglasung sowie wärmegedämmte Fenster mit Dreifachverglasung. Die im Jahr 2013 deutschlandweit verbaute Anzahl an Fenstereinheiten wird mit 595 Mio. Stück beziffert. 49 % davon sind die vorwiegend bis 1978 verbauten, einfachverglasten Verbund- und Kastenfenster, sowie die von 1978–1995 installierten Fenster mit Zweischeiben-Wärmedämmglas. Durch eine Reihe an Sanierungsmaßnahmen im Gebäudesektor existiert im Jahr 2013 ein Restbestand an einfachverglasten sowie Verbund- und Kastenfenster von etwa 69 Mio. Stück. Ebenso besteht noch ein Restbestand von 220 Mio. Stück an Fenstern mit unbeschichtetem Isolierglas aus den Jahren 1978 bis 1995. Allein durch den Austausch der 21 Mio. einfachverglasten Fenstereinheiten ließen sich rund 10 TWh Energie und damit knapp 2,5 Mio. t CO_2 pro Jahr einsparen. (VFF und BF 2014)

Als Maß für den Wärmeverlust eines Fensters gilt der U_W-Wert in W/(m^{2}K). Dieser erfasst den Wärmeverlust pro m^2. Ein gut dämmendes Fenster besitzt einen möglichst niedrigen U_W-Wert. Neben dem U_W-Wert gilt der g-Wert als das zentrale Maß der energetischen

Eigenschaften eines Fensters. Der g-Wert gibt die durchschnittliche solare Energiegewinnung in % an. Tab. 6.6 verdeutlicht die Unterschiede in der Energieeffizienz der verschiedenen Bauarten auf dem Fenstermarkt. (Hensler et al. 2012)

Tab. 6.6 Reduktionspotenzial der Wärmeverluste beim Fenstertausch durch ein modernes Fenster mit Dreifachverglasung (Hensler et al. 2012)

Fenstertyp	verbaut von…bis	U_W [W/(m²K)]	Reduzierung der Wärmeverluste bei Ersatz durch Fenster mit Drei-Scheiben-Verglasung
Fenster mit Einfachverglasung	bis 1978	5,8	88 %
Fenster mit unbeschichteter Isolierverglasung	1978–1995	2,8	75 %
Verbund- und Kastenfenster	bis 1978	2,5	72 %
Fenster mit Zweifach-Wärmedämmverglasung	seit 1978	1,2–1,5	42 %
Wärmegedämmte Fenster mit Drei-Scheiben-Verglasung	seit 2004	0,7–0,8	-

Abb. 6.15 veranschaulicht die Effizienzgewinne, welche durch moderne Fenstertypen möglich sind. Energiesparfenster mit einer 3-Scheiben-Verglasung ermöglichen eine Reduktion des Energieverlusts um bis zu knapp 90 % gegenüber herkömmlichen Fenstern mit Einfachverglasung. Die energetischen Eigenschaften eines Fensters sind jedoch nicht ausschließlich von der Verglasung abhängig. Ein weiterer Bewertungsaspekt ist der Fensterrahmen. Daher werden U-Werte getrennt für die Verglasung und den Rahmen berechnet, woraus ein einheitlicher Mittelwert gebildet wird. Insgesamt konnte der mittlere U-Wert aller Fenster in Deutschland nach DIN EN ISO 10 077 Teil 1 von 3,7 W/(m²K) in den Jahren 1971 bis 1978 auf etwa 1,3 W/(m²K) (Stand 2014) gedrittelt werden. Auch Fenster mit nur einer unbeschichteten Isolierverglasung bieten ein vergleichsweise hohes Einsparpotenzial (vgl. Tab. 6.6). Der Austausch einer Fenstereinheit führt beispielsweise zu einer Reduktion des Wärmebedarfs von umgerechnet knapp 22 m³ Erdgas pro Jahr. Der Austausch von Fenstern mit zweifacher Wärmeschutzverglasung bringt keine signifikanten Einsparungen mit sich. Eine interessante Option für Gebäudebesitzer bietet auch die Substitution von Fenstern der Baujahre vor 1995. Sofern der Rahmen und die Dichtungen sich in entsprechendem Zustand befinden, amortisiert sich das Ersetzen von unbeschichtetem Isolierglas durch modernes Low-E-Wärmedämmglas bereits nach kurzer Zeit. (VFF und BF 2014)

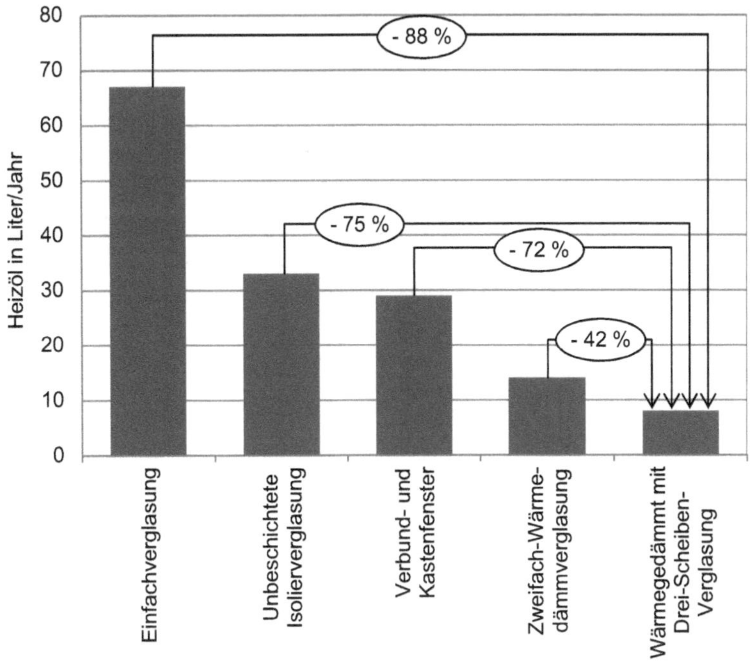

Abb. 6.15 Jährlicher Wärmeverlust pro Quadratmeter Fensterfläche für unterschiedliche Fenstertypen, umgerechnet in Liter Heizöl (Hensler et al. 2012)

Zwischenfazit

Aussagen über Effizienzgewinne durch Gegenüberstellung einzelner Heizungssysteme sind generell schwer zu treffen, da für den Einzelfall eine Vielzahl von Einflussgrößen beachtet werden müssen. Unter Betrachtung der Vollkosten identifiziert das RWE „Factbook Energieeffizienz" folgende Einflussfaktoren (RWE 2013):

- Heizwärmebedarf bzw. energetischer Stand des Hauses
- Haustyp (Einfamilien- oder Mehrfamilienhaus) und Bauweise
- Projekttyp (Neubau oder Bestandserneuerung)
- Energiekostenentwicklung über den Betrachtungszeitraum
- Investitionskosten und Abschreibungsdauer
- Höhe des Kalkulationszinssatzes

Im Zuge des Trends zu Hybridheizsystemen sind oftmals auf den ersten Blick nachteilige Konzepte in einem Zusammenschluss die bessere Alternative. Diese sind jedoch, unter Berücksichtigung der lokalen Gegebenheiten, projektbezogen zu treffen. Beispielsweise eignen sich besonders Solarthermie und Luft-Wasser-Wärmepumpen, auch für bereits fertiggestellte Gebäude als Komponenten eines Hybridkonzeptes. Eine zusätzliche Wärmequelle zum Ausgleich von Leistungsschwankungen bzw. Lastspitzen kann in einem umweltfreundlichen Konzept beispielsweise eine Holzpellet-Heizung und in einem kostenoptimalen Konzept ein Gas-Brennwertkessel sein.

Treibhausgasarme Konzepte sind Hybridheizungen aus mindestens zwei der folgenden Komponenten: Solaranlage, Wärmepumpe, Kraftwärmekopplung, Scheitholz- oder Pelletkessel. Ferner erzeugt regenerative Fernwärme geringe Emissionen. Trotz enormer Fortschritte bleiben öl- oder gasbefeuerte Niedertemperatur- und Brennwertkessel die klimarelevantesten Technologien. (Bettgenhäuser und Boermans 2011)

Abb. 6.16 zeigt qualitativ das technische Potenzial zur Reduktion der Transmissionswärmeverluste am Beispiel eines ca. 1950 errichteten unsanierten Einfamilienhauses. In diesem Fall bietet die Modernisierung der Fassade das größte Einsparpotenzial. In einem anderen Fall kann sich die Verteilung des Einsparpotenzials jedoch deutlich unterschiedlich darstellen.

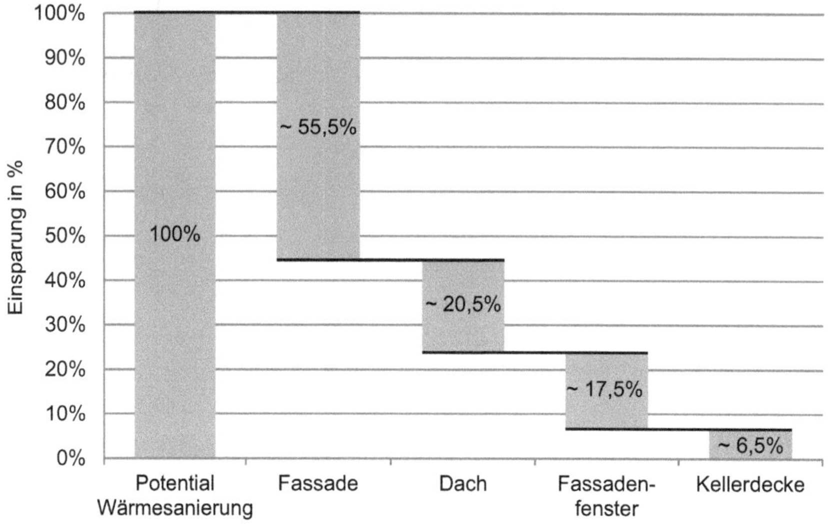

Abb. 6.16 Technisches Potenzial zur Reduktion der Transmissionswärmeverluste (RWE 2013)

Das reale Potenzial der Energieeffizienz im Haushaltssektor ergibt sich in der Regel aus der Altersstruktur, der energetischen Qualität des Gebäudebestands und der Neubaurate. Wie bereits diskutiert, kann in Deutschland von einem Erneuerungsbedarf bei Heizungssystemen von 2,9 Mio. Anlagen ausgegangen werden (ZIV 2014). Hinzu kommt die schlechte energetische Qualität eines Großteils des Bestands. In erster Linie fallen darunter Gebäude, welche vor dem Jahr 1979 errichtet wurden und im Jahr 2014 64 % des Bestands ausmachen (BMWi 2014b).

In der Literatur werden für die Modernisierung von Gebäuden oftmals sogenannte Sanierungszyklen angegeben. Damit wird auf Zeiträume zwischen zwei Sanierungen verwiesen. In der Literatur oftmals angeführte Zeiträume für einen Sanierungszyklus belaufen sich auf 30 bis 40 Jahre (Henger und Voigtländer 2012). Nachdem noch ein erhebliches Modernisierungspotenzial in Deutschland identifiziert werden konnte, sind laut Stolte et al. innerhalb der kommenden 20 Jahre bei etwa der Hälfte aller Wohngebäude eine Sanierung erforderlich (Stolte et al. 2012).

Mit einem summierten Energieverbrauch von knapp 40 % Endenergie entfällt auf den Gebäudesektor eine erhebliche Bringschuld für die Zielerreichung im Rahmen des Energiekonzepts der Bundesregierung. Es sieht vor, die Sanierungsrate von derzeit ca. 0,8 % bis 2020 um mehr als das Doppelte auf 2 % zu steigern. Ausgehend von 2012 entspräche dies einer mittleren Steigerungsrate von 1,3 % (Diefenbach et al. 2013b). Für den Bestand an Ein- und Zweifamilienhäusern gehen Weiß und Dunkelberg von einer theoretisch erreichbaren Austauschrate bei Heizsystemen von 5 % aus, sowie einer theoretischen Sanierungsrate der Gebäudehülle von 2,5 % (Weiß und Dunkelberg 2010).

Sanierungsmaßnahmen zielen jedoch nicht zwangsläufig auf die Optimierung der energetischen Qualität eines Gebäudes ab. Weitere Gründe für eine Sanierung können beispielsweise auch Instandhaltungsmaßnahmen sein. Energetische Sanierungen machen derzeit ca. ein Drittel aller Sanierungen in Deutschland aus (Amelung et al. 2012; IW Köln 2013). Neben der Steigerung der Modernisierungsrate ist daher die Bedeutung der Förderung und effektiven Kommunikation energetischer Sanierungen hervorzuheben.

6.2.2 Beleuchtung

Mit dem Klima- und Energiepaket soll sichergestellt werden, dass die EU ihre Klimaziele für 2020 erreicht (European Commission 2012). Das Klima- und Energiepaket der Europäischen Kommission wurde durch das Europäische Parlament im Dezember 2008 ratifiziert. Es werden folgende drei Ziele angestrebt: Reduktion der Treibhausgasemissionen um 20 % (ausgehenden vom Jahr 1990); Senkung des Primärenergieverbrauchs um 20 % gegenüber dem „Business-As-Usual“ (BAU)-Szenario und Erhöhung des Anteils der erneuerbaren Energieträger auf 20 % (UBA 2013). Dies soll durch eine umweltgerechte Gestaltung von Elektrogeräten unterstützt werden. Bereits im Jahr 2005 wurde hierzu die Ökodesign-Richtlinie 2005/32/EG erlassen. Im Jahr 2009 erfolgte eine weitere Verschärfung der Vorgaben durch die Nachfolge-Richtlinie 2009/125/EG.

Die Beleuchtung macht im Sektor GHD 15 % des Endenergieverbrauchs aus, bei Haushalten sind es 2 % (Ziesing 2013). Im Industriebereich kann der Anteil an den Stromkosten je nach Branche 2 % bis mehr als 20 % betragen. Die Beleuchtung ist vor allem im GHD-Bereich ein großer Kostenpunkt. So kann im Dienstleistungssektor der Energiebedarf für die Beleuchtung bis zu 50 % und im Groß- und Einzelhandel bis zu 70 % der Stromrechnung ausmachen. Hier sind Kosten- und Energieeinsparpotenziale im Beleuchtungssektor von bis zu 60 % denkbar. (EnergieAgentur.NRW 2010) Im Jahr 2014 betrug der deutschlandweite Endenergiebedarf 8.648 PJ, wovon 3 % (259 PJ) auf die Beleuchtung fielen (BMWi 2016a). Ganzheitliche und sektorübergreifende Studien zum deutschlandweiten Einsparpotenzial im Beleuchtungsbereich sind nicht bekannt. Im Jahr 2006 schätzte der ZVEI, dass 75 % der damaligen Beleuchtungssysteme ineffizient sind. Das Fraunhofer ISI ermittelte in einer Studie für die Enquete-Kommission des Deutschen Bundestags ein technisches Einsparpotenzial von 78 % und ein wirtschaftliches Einsparpotenzial von 56 % (Baake et al. 2008). In einer vom UBA in Auftrag gegebenen Studie wurde basierend auf dem Jahr 2003 ermittelt, dass 2015 durch das Ersetzen von ineffizienter Beleuchtung und einer optimierten Handhabung der Lichttechnik der Stromverbrauch um rund 4 $TWh_{Industrie}$ + 10 TWh_{GHD} + 2 TWh_{Privat} = 16 TWh (57,6 PJ) reduziert werden könnte (Morziol et al. 2009; E.ON AG 2006). Der deutschlandweite Gesamtenergiebedarf für Licht betrug 2003 insgesamt 254,5 PJ (E.ON AG 2006). Im Gegenteil ist aber tatsächlich der Bedarf in 2014 geringfügig gestiegen. Der Zentralverband Elektrotechnik- und Elektronikindustrie (ZVEI) schätzt, dass ca. 11 Mrd. kWh (39,6 PJ) in der Industrie-, Gewerbe und Bürogebäuden durch eine energieeffiziente Beleuchtung eingespart werden könnte (Heyde 2012). Auf die Ursachen des gestiegenen Strombedarfs wird in den betrachteten Quellen nicht eingegangen. Denkbar wäre beispielsweise ein Rebound-Effekt, durch einen längeren Betrieb sowie den Einsatz von deutlich mehr Leuchtmitteln.

Die Europäische Union sieht ein stufenweises Herstellungs- und Vertriebsverbot von Glühlampen mit geringer Energieeffizienz vor. Die Verordnung (EG) 244/2009 vom April 2009 machte zunächst Vorgaben für die Effizienz von Glühlampen. Dies führte letztendlich, gestaffelt in mehrere Etappen, zu einer vollständigen Substitution durch Kompaktleuchtstofflampen bis Ende 2012. Kompaktleuchtstofflampen erlauben eine durchschnittliche Stromeinsparung von ca. 80 % gegenüber einer herkömmlichen Glühlampe. Für Hochvolt- und Niedervolt- bzw. Halogenglühlampen ist eine weitere Verschärfung der gesetzlichen Effizienzanforderung für das Jahr 2016 geplant. Diese Lampenbauweise ermöglicht bisher eine durchschnittliche Einsparung um 25 % gegenüber der Standard-Glühbirne. Eine noch sparsamere Alternative als Kompaktleuchtstofflampen bieten LED-Lampen (Licht Emittierende Diode). (UBA 2011)

Seit einigen Jahren ist die LED-Technik zunehmend auf dem Vormarsch. Die Preisentwicklung der vergangenen Jahre begünstigt zunehmend die Durchsetzung dieser Beleuchtungstechnologie. So hat sich der Preis für eine LED von 2012 bis 2014 nahezu halbiert, mit einer weiterhin fallenden Tendenz. (Rohde et al. 2014) Der finanzielle Mehraufwand für die LED-Technik lohnt sich. Die bis um das Fünffache niedrigeren Energiekosten bewirken, dass sich bei der LED die hohen Anschaffungskosten bereits in gut einem Jahr rechnen können (Stroh und Roscher 2014).

Der ZVEI ermittelte die jährlichen Einsparpotenziale an CO_2 und Energie, welche durch die konsequente Verwendung der LED-Technik, basierend auf den Ausgangszustand des Jahres 2012, erreichbar wären. So sind neben der Industrie in den Privathaushalten (Beleuchtung) die größten Einsparpotenziale mit 7,5 Mio. kWh/a und 4,5 Mio. t CO_2 vorhanden, vgl. Tab. 6.7 (Pepler et al. 2013).

Tab. 6.7 Einsparpotenziale der Beleuchtung in Deutschland pro Jahr nach Schätzungen des Zentralverbandes der Elektrotechnik und Elektronikindustrie (Leuchtdauer nicht bekannt) (Pepler et al. 2013)

	Energieeinsparung [in Mrd. kWh]	CO_2 – Einsparung [in Mio. Tonnen]	Kosteneinsparung [in Mio. Euro]
Straßenbeleuchtung	2,7	1,6	400
Bürobeleuchtung	3,2	1,9	475
Industriebeleuchtung	8,3	5,0	1,2
Private Beleuchtung	7,5	4,5	1,1

6.2.3 Haushaltsgeräte

Haushaltsgeräte im Bereich Kochen, Trocknen und Bügeln machen mit 15 % der Energieanwendung im Privathaushalt einen signifikanten Anteil des Verbrauchs aus (StBA 2013a). Da dieses Kapitel nahezu ausschließlich Relevanz für den Haushaltssektor besitzt, ist es trotz des vergleichsweise hohen Anteils am Endenergieverbrauch an letzter Stelle der Energieanwendung in diesem Kapitel angeordnet.

Abgesehen vom Teilbereich Kochen, findet bei den eingesetzten Haushaltsgeräten nahezu ausschließlich Strom Anwendung. Die Literatur unterscheidet dabei häufig zwischen Weißer (Kochen, Bügeln, Trocknen, etc.) und Brauner Ware (Unterhaltungsgeräte). Seit Mitte der 1990er-Jahre ist in beiden Geräteklassen ein teilweise erheblicher Anstieg des Gerätebestands festzustellen (Ziesing et al. 2011). Der Anstieg des Bestands wird im Wesentlichen auf die zunehmende Zahl an Haushalten zurückgeführt. Dies erklärt den konstant hohen Ausstattungsgrad, welcher als Versorgung mit Geräten pro Haushalt definiert ist.

Einen vergleichsweise hohen Energieverbrauch weisen vor allem Geräte der Kategorie Weiße Ware auf. Dies sind im Haushaltsbereich in erster Linie Kühlschränke, Gefriergeräte, Kühl- und Gefrierkombinationen, Waschmaschinen und Geschirrspüler. In den vergangenen Jahren konnten in diesem Bereich erhebliche Effizienzgewinne, u. a. bedingt durch die Zertifizierung des Energieverbrauchs, realisiert werden. So ist in nahezu jeder Kategorie von Großgeräten ein abnehmender gerätespezifischer Energieverbrauch zu verzeichnen. (Ziesing et al. 2011)

Laut UBA kann alleine durch die Kennzeichnung von Waschmaschinen im Jahr 2020 europaweit eine Reduktion des Energieverbrauchs um rund 1,5 TWh und des Wasserverbrauchs um 83 Mio. Kubikmeter Wasser realisiert werden. Mittelfristig wird von einer Ausdehnung der Verpflichtung auch für Braune Ware (Unterhaltungselektronik) ausgegangen. (Oehme und Halatsch 2009)

Gleichzeitig kristallisiert sich ein Trend zu immer größeren Geräten heraus. Die erzielten Energieeinsparungen werden so teilweise neutralisiert. Der durchschnittliche Verbrauchswert von Fernsehern stieg beispielsweise zwischen den Jahren 2005 und 2008 von knapp 162 kWh/a auf 171 kWh/a an (Ziesing et al. 2011). In diesem Zusammenhang verweisen verschiedene Studien, etwa von Greening et al. und der IEA, auf den Rebound-Effekt (Greening et al. 2000; IEA 2012).

Seit der Einführung einer EU-weit gültigen Energieverbrauchskennzeichnungsrichtlinie (92/75/EWG) ist insbesondere für Produkte der Weißen Ware (speziell Haushaltsgeräte) und für Raumklimageräte eine einheitliche Gerätekennzeichnung vorgeschrieben und festgelegt. Das Etikett mit verschiedenfarbigen Effizienzskalen macht den

Energieverbrauch der Geräte direkt sichtbar und erleichtert es dem Kunden europaweit, energieeffiziente Produkte zu wählen. Für das Jahr 2016 gilt die EU-Rahmenrichtlinie 2010/30/EU. Sie erweitert die 1998 von der 92/75/EWG erstmals eingeführte Effizienzklassifizierung von A bis G um den Bereich für sehr energiesparende Geräte bis zu A+++. Um die EU-Verbraucherkennzeichnung auch für die Zukunft zu rüsten, verabschiedeten am 26. November 2015 die EU-Energieminister eine Reform der EU-Energielabel-Verordnung. Durch die Novellierung soll auch in Zukunft die Verwendbarkeit des Labels für den Verbraucher gewährleistet sein. Das bisher bekannte Label soll hierbei neu skaliert werden. So soll wieder die Klassifizierung nur von A bis G eingeführt werden, wobei die effizientesten Geräte mit einer A+++ Klassifizierung dann im neuen Standard der Energieeffizienzklasse B entsprechen sollen. (BMUB 2015; BMWi 2015c; EU 2010)

Die Erfolge dieser Politik sind unübersehbar. Zwischen 2005 und 2010 konnte der durchschnittliche Energieverbrauch der kennzeichnungspflichtigen Geräte um ca. 9 % reduziert werden (UBA 2015b). Zwischen den Jahren 1995 und 2011 wird für die verkauften Haushalts- und Gefriergeräte in Deutschland eine Verbesserung der Energieeffizienz um 73 % ermittelt. Die Effizienz von Geschirrspül- und Waschmaschinen konnte in demselben Zeitraum um knapp 50 % erhöht werden (Lindloff 2012). Auch die Verkaufszahlen in Deutschland verdeutlichen den Trend zu immer effizienteren Haushaltsgeräten. Abb. 6.17 stellt in diesem Zusammenhang beispielhaft den Absatz von Haushaltskühlgeräten nach Effizienzklassen dar.

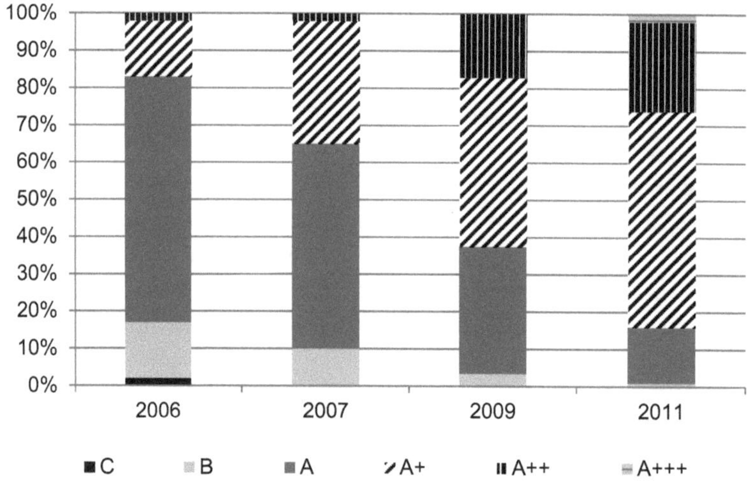

Abb. 6.17 Absatz an Haushaltskühlgeräten in Deutschland nach Energieeffizienzklassen 2006–2011 (Lindloff 2012)

Im Bereich der Haushaltsgeräte wird weiterhin von einem signifikanten Stromeinsparpotenzial ausgegangen. Im Jahr 2008 verbrauchte ein durchschnittlicher Kühlschrank beispielsweise etwa 290 kWh pro Jahr, so liegt der mittlere Wert eines vergleichbaren A++ Gerätes bei knapp 130 kWh/a. Bei einem Bestand von etwa 38,5 Mio. Geräten. Für das Jahr 2008 wurde für Kühlschränke ein theoretisches, technisches Einsparpotenzial von rund 6,3 TWh/a ermittelt (s. Kap. 4.1.2). Ein ähnliches theoretisches Potenzial besteht bei Gefriergeräten. Der Austausch aller Bestandsgeräte, die nicht den A++ Anforderungen entsprechen, würde für das gleiche Jahr Einsparungen von 5,3 TWh/a bedeuten. Basierend auf dem Ist-Stand von 2008 besteht theoretisch alleine durch diese Maßnahmen die Möglichkeit, den gesamten Stromverbrauch der Haushalte um knapp 10 % zu reduzieren. Unter wirtschaftlichen Gesichtspunkten lohnt sich die höhere Investition in A++ Geräte im Vergleich zu A+ Geräten über die gesamte Lebensdauer eines Gerätes nahezu immer. (Bürger 2009)

6.3 Energieeffizienzpotenziale

Im Energiekonzept der Bundesregierung wird bis zum Jahr 2050 ein nahezu klimaneutraler Gebäudebestand angestrebt. Um dies zur erreichen, ist im Gebäudebereich eine Primärenergieeinsparung um 80 % erforderlich (Dunkelber und Weiß 2015). Für Wohngebäude entspricht dies ungefähr einer Reduktion des Wärmebedarfs um 60 % (Holm und Sprengard 2015). Während im Stromsektor bereits viel Engagement zu spüren ist, verzeichnete die Energiewende im Wärmesektor nur langsam Erfolge. Um die hoch gesteckten Ziele des Energiekonzeptes zu erreichen, müssten nahezu im gesamten Gebäudebestand energetische Modernisierungsmaßnahmen an der Gebäudehülle und der Heizungsanlage durchgeführt werden, sofern diese nicht schon in der Vergangenheit durchgeführt wurden (Dunkelber und Weiß 2015).

40 % des deutschen Gesamtenergieverbrauchs fällt auf die energetische Gebäudeversorgung. Knapp ein Drittel des deutschen Gebäudebestands wurde vor der ersten Wärmeschutzverordnung gebaut. (Stolte et al. 2015) Es besteht somit noch ein großes Potenzial bezüglich der Sanierungsmöglichkeiten von Bestandsgebäuden. Durch eine fachkundige Gebäudesanierung kann der Gebäudeenergiebedarf teilweise um bis zu 80 % reduziert werden. Aufgrund dieses bisher ungenutzten Potenzials ist die energetische Gebäudesanierung das Herzstück der Bundesregierung zur Energieeinsparung. Durch verschiedene Maßnahmen soll sich die Sanierungsrate verdoppeln (Die Bundesregierung 2015). Verfügbare Zahlen bzgl. der Sanierungsrate liefert das IWU und das BEI mit ca. 1 %. (Diefenbach et al. 2010).

6.3.1 Nichtwohngebäude

In Nichtwohngebäuden des GHD ist Strom der dominierende Faktor der Energiekosten. Zu den relevanten Verbrauchern zählen die Beleuchtung, Informations- und Telekommunikationstechnik, Klimatisierung, Aufzüge oder Küchen (Voss 2014). Schätzungsweise ein Siebtel der gesamten CO_2-Emissionen Deutschlands entfallen auf die Beheizung, Warmwassererzeugung, Klimatisierung und Beleuchtung von Nichtwohngebäuden (Hörner 2015). In größeren Gebäuden ist die Stromeffizienz von Lüftungsanlagen immer noch eine große Herausforderung. Ausgedehnte Luftkanal-Netze führen zu beachtlichen Druckverlusten und somit zu hohen erforderlichen Luftförderleistungen. In der Praxis führt dies zu einem Zielkonflikt zwischen der Druckverlustminimierung einerseits und der Kosten durch den Platzbedarf der Technik andererseits (Voss 2014).

Neben der Anwendung neuer und effizienter Technologien zur Reduktion des Strombedarfs in Nichtwohngebäuden ist beispielsweise die Wärmerückgewinnung eine Möglichkeit, die Energieeffizienz in diesem Bereich zu verbessern. Von 2008 bis 2010 waren im Jahresdurchschnitt deutschlandweit 55,3 % aller ausstattungsfähigen zentralen RLT-Anlagen mit einem Wärmerückgewinnungs (WRG)-System ausgerüstet (Kaup 2012) (Kaup 2009). Hierbei wurde bereits berücksichtigt, dass lediglich 80,5 % aller RLT- mit einer WRG ausgestattet werden können, da ein Teil der verbauten Anlagen reine Zuluft- oder Abluftgeräte sind (Kaup 2012). Da in Deutschland beim Verkauf eines raumlufttechnischen Gerätes mit einem kleineren Luftvolumenstrom von 4.000 m^3/h kein Wärmerückgewinnungssystem vorgeschrieben ist, sind nach Stückzahlen in etwa knapp 40 % ohne WRG ausgestattet (Kaup 2009). Speziell in den knapp 3 Mio. Nichtwohngebäuden sind bis zu 420.000 RLT-Anlagen mit einer Kühlmöglichkeit installiert. Das Durchschnittsalter wird auf knapp 30 Jahre geschätzt. Durch Optimierungsmaßnahmen (Austausch von Ventilatoren, bedarfsgerechte Volumenstromregelung, Optimierung der Regelungstechnik) wird eine Einsparung des Stromverbrauchs von über 20 % geschätzt, was einer jährlichen Primärenergieeinsparung von knapp 200 PJ entspricht (BMWi 2015d).

Wie in Abschn. 6.1.2 erwähnt, sind aufgrund einer bislang unzureichenden Datengrundlage im Nichtwohngebäudebereich verlässliche Prognosen in diesem Bereich noch nicht möglich (Diefenbach et al. 2013b; Ziesing 2011; BMWi 2015d).

6.3.2 Wohngebäude

Mit 85 % ist der Großteil der 18,6 Mio. Wohngebäude größtenteils in privater Hand. Der Gesamtwohnungsbestand teilt sich auf in 83 % Ein-/Zweifamilienhäuser (EZFH) und in 17 % Mehrfamilienhäuser (MFH). Ein besonderer Fokus für Modernisierungsanreize muss daher auf das Wohneigentum von Privatpersonen gelegt werden (Stolte et al. 2015; Dunkelber und Weiß 2015). Zahlreiche Restriktionen stehen einer energetischen Gebäudesanierung entgegen, wie beispielsweise bauliche, technische oder rechtliche Hemmnisse und ökonomische Limitierungen. Aber auch die fehlende Kreditfähigkeit oder der fehlende Wille zur Kreditaufnahme können ein Hemmnis sein, ebenso wie der mangelnde

Zugang zu verlässlichen Informationen, sowie die Angst vor Dreck, Stress und eventuelle Bauschäden (Stieß et al. 2010; Dunkelber und Weiß 2015).

Je nach Sanierungsszenario sind unterschiedliche Einsparpotenziale im Wohngebäudebereich denkbar. Bei einer Sanierung der Gebäude, die bis zum Jahr 1993 gebaut wurden, wäre bei einer Modernisierung nach den Kriterien der EnEV 2014 (vor der Verschärfung am 01.01.2016) eine Einsparung von ca. 64 % des Gesamtenergiebedarfs für Raumwärme denkbar. Bei Szenarien im noch höheren Sanierungsstandard wären sogar Einsparungen bis zu 80 % denkbar. (Holm und Sprengard 2015)

Wenn aus den oben genannten Gründen eine Gebäudesanierung nicht durchgeführt wird, so ist oftmals durch eine veränderte Gebäude-Betriebsführung oder durch andere geringintensive Maßnahmen eine Reduktion des Strom- und Wärmeverbrauchs um 10 – bis 20 % möglich. Maßnahmen sind hierbei unter anderem ein effektives Energie-und Mängelmanagement. Aber auch die Gebäudenutzer können durch fachgerechte Schulungen und ein geändertes Nutzungsverhalten den Energiebedarf beeinflussen. Die für solche Maßnahmen eher gering anfallenden Kosten amortisieren sich oftmals innerhalb von drei Jahren. (Plesser und Fisch 2010)

6.3.3 Smart Meter

Im Gesetzesentwurf zur Digitalisierung der Energiewende vom 06.11.2015 sieht die Bundesregierung den verpflichtenden Einbau von sogenannten „Smart Metern" für Endverbraucher vor, welche einen Jahresstromverbrauch von mehr als 6.000 kWh/a aufweisen oder einspeisende erneuerbaren Energien-Anlagen bzw. KWK-Anlagen mit einer installierten Leistung von mehr als 7 kW besitzen. (Die Bundesregierung 2015; Ernst und Young 2013)

Der Ausbau der erneuerbaren Energien einhergehend mit der zunehmenden Volatilität im Stromnetz macht es erforderlich, die Verbrauchs- und Erzeugerseite miteinander zu verknüpfen. Um beide Seiten optimal miteinander zu koppeln, sind entsprechend entwickelte Informations- und Kommunikationstechnologien notwendig. (BMWi 2016d)

Durch den Austausch der bisher überwiegend verbauten elektromechanischen Ferraris-Stromzähler durch intelligente Messsysteme – dem „Smart Meter", welche den Stromverbrauch zeitlich aufgelöst und in Echtzeit digital zur Verfügung stellen – hat der Endverbraucher erweiterte Möglichkeiten, am Strommarkt teilzunehmen. Durch die Fähigkeit, Verbrauchsdaten zu übertragen, ist der Einsatz von weitere Automatisierungstechnik denkbar, etwa bei der Steuerung und Schaltung von Geräten (BMWi 2016d). Durch eine echtzeitnahe Energieverbrauchstransparenz kann dem Kunden mit entsprechenden Stromtarifen die Möglichkeit angeboten werden, aktiv am Energiemarkt teilzunehmen, indem er Geräte bei hoher Stromverfügbarkeit und niedrigen Preisen anschaltet, bzw. bei Zeiten von hochpreisiger Stromknappheit ausgeschaltet lässt (Ernst und Young 2013; BMWi 2016d).

Voraussetzung für die Einführung von Smart Metern ist ein hoher Standard an Datensicherheit. So könnten intelligente Messsysteme in der Zukunft die technische Grundlage sein für die Kommunikationsplattform eines intelligenten Netzes (engl.: „Smart Grid“). (Ernst und Young 2013; BMWi 2016d)

Mit einem Smart Meter kann ein energetisch ineffizientes Verhalten des Verbrauchers aufgedeckt werden, was sich letztlich in einer Verbrauchsreduzierung bemerkbar macht. Ein weiterer Vorteil eines intelligenten Zählers ist die Möglichkeit der Lastverschiebung. Bei entsprechenden Tarifen ließe sich so der Betrieb von elektrischen Verbrauchern in Zeiten von günstigen Strompreisen verschieben. In Spitzenlastzeiten wird das deutschlandweite Lastverschiebungspotenzial auf bis zu 30 % geschätzt. In der Arbeit von Ernst & Young (s. Tab. 6.8) wird in Abhängigkeit des Jahresstromverbrauchs das Stromeinsparpotenzial sowie das Verlagerungspotenzial der elektrischen Verbraucher identifiziert. Sie kommen zu dem Ergebnis, dass auch Verbraucherklassen von weniger als 6.000 kWh/a von Smart Metern profitieren können und einen wirtschaftlichen Beitrag zur Erhöhung der Energieeffizienz leisten können. (Ernst und Young 2013)

Tab. 6.8 Einsparpotenziale Stromverbrauch und Stromkosten durch intelligente Messsysteme (Ernst und Young 2013)

Verbrauchsklasse	Einsparpotenzial in %	Verlagerungs-potenzial in %	Kosteneinsparung in Euro p.a. und Zähler (gerundete Werte)	
			Mittelwert	Maximal
<2000 kWh/a	−0,5	0,25–5	2,50	4,50
2000–3000 kWh/a	−1,0	0,5–10	10,-	17,-
3000–4000 kWh/a	−1,5	0,75–15	20,-	35,-
4000–6000 kWh/a	−2,0	1–20	39,-	66,-
>6000 kWh/a	−2,5	1,25–25	75,-	130,-

Die Möglichkeit der Lastverschiebung erfordert bei einer deutschlandweiten Verbreitung von Smart Metern eine Neuausrichtung der Kraftwerksplanung. Eine Reduktion der Spitzenlast bedeutet auch eine Reduktion der in Deutschland vorzuhaltenden Kraftwerksleistung. Bis 2032 könnte so alleine der Haushalts- und GHD-Bereich die bis dahin erforderliche Kraftwerksgesamtleistung um insgesamt 4,1 GW (Haushalt) + 2,0 GW (GHD) = 6,1 GW reduzieren. (Ernst und Young 2013)

6.4 Management der Umsetzung von Energieeffizienzpotenzialen

Das folgende Kapitel erhebt keinen Anspruch auf eine vollständige Auflistung aller vorhandenen Förderprogramme. Auf verschiedenen Ebenen sind verschiedenste Förderprogramme und Anreize zur Modernisierung oder beim Neubau von Gebäuden vorhanden.

Durch Verordnungen wie beispielsweise der EnEV soll der Energiestandard von Neubauten sukzessive bis zum Niedrigstenergiehaus verbessert werden. Damit es im Gebäudebereich verstärkt zur Verwendung von erneuerbarer Energien und Maßnahmen zur Steigerung der Energieeffizienz kommt, bedarf es einer soliden Förderung von energieeffizienten Baumaßnahmen. Zur merklichen Erhöhung der Sanierungsrate sind ferner passende Instrumente nötig, welche die bestehenden Markthemmnisse reduzieren. (Stolte et al. 2015)

Die Bundesregierung legt in ihrem Energiekonzept den Fokus unter anderem auf die Förderung von energieeffizienten Gebäuden. Neben Zuschüssen und Förderprogrammen wurden in der Vergangenheit beispielsweise auch steuerliche Vorteile für Energieeffizienzmaßnahmen in Gebäuden diskutiert. (Stolte et al. 2015; Agricola et al. 2012; DUH 2015; BMWi 2014a) Dies wurde jedoch nicht weiter verfolgt. Als Alternative hierzu hat die Bundesregierung das Anreizprogramm Energieeffizienz (APEE) mit den Förderkomponenten „Heizungs- und Lüftungspaket" beschlossen. (BMWi 2016f, 2015a) Mit dem APEE sollen neue Innovations- und Investitionsimpulse für die Wärmewende in Heizungssystemen gesetzt werden, wofür ab 2016 für drei Jahre 165 Mio. Euro/a für Zinsverbilligungen und -zuschüsse zur Verfügung stehen (BMWi 2015a).

Um den Einstig in ein Sanierungsvorhaben zu erleichtern, haben Gebäudebesitzer oder Mieter die Möglichkeit, eine vom BAFA geförderte Vor-Ort-Beratung durch einen Experten in Anspruch zu nehmen. (Stolte et al. 2015)

Im Jahr 2001 wurde das KfW-CO_2-Gebäudesanierungsprogramm beschlossen. Um im Gebäudebereich den CO_2-Ausstoß merklich zu mindern, fördert die KfW bauliche Maßnahmen, welche dem Klimaschutz und der Energieeinsparung dienlich sind. Maßnahmen, welche besser sind als es die EnEV vorschreibt, werden gefördert. Mit einer steigenden Effizienzklasse des Gebäudes steigt auch die Förderung. Diese kann sowohl ein zinsvergünstigter Kredit oder/ und ein nicht rückzahlbarer Zuschuss sein. (Stolte et al. 2015; BMWi 2016e)

Von 2006 bis Mai 2015 wurden im Rahmen des CO_2-Gebäudesanierungsprogramms 3,9 Mio. Wohnungen neu gebaut oder energetisch modernisiert. Zusätzlich wurden im selben Zeitraum 2.200 kommunale Gebäude energetisch saniert. In Summe wurden somit Investitionen von 204 Mrd. Euro in die Energieeffizienz von Gebäuden getätigt. Durch die bisherigen Maßnahmen hat sich der jährliche Ausstoß von CO_2 um 7,8 Mio. Tonnen reduziert (BMWi 2016e). Das CO_2-Gebäudesanierungsprogramm kann somit als Zugpferd der Energiewende bezeichnet werden (BMWi 2016f).

Das KfW-CO_2-Gebäudesanierungsprogramm gliedert sich in mehrere themenspezifische Unterprogramme, welche in Abb. 6.18 dargestellt sind (BMWi 2014a; Stolte et al. 2015).

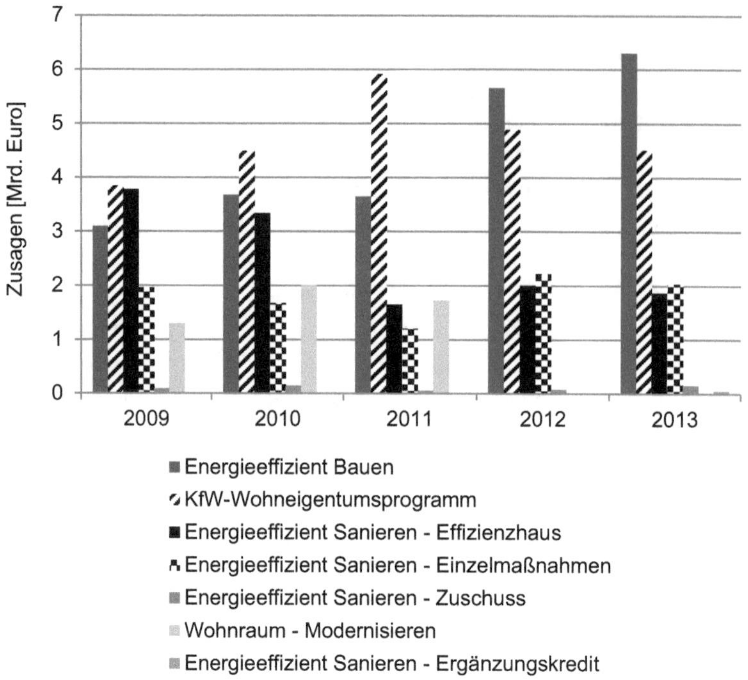

Abb. 6.18 Förderzusagen KfW-Programme im Bereich Wohnen (Stolte et al. 2015)

Das wohnungswirtschaftliche Programm „Energieeffizient Bauen" weist einen deutlichen Nachfragezuwachs auf. Seit 2009 haben sich die finanziellen Zusagen verdoppelt. Seit 2011 ist das „KfW-Wohneigentumsprogramm" rückläufig. Trotz sehr guter Förderkonditionen, einer Vereinfachung der Programmstruktur und sehr niedriger Zinsen (Zeitweise 1,0 % effektiv), zeigt das Fördervolumen „Energieeffizient Sanieren" eine fallende Tendenz. Das Programm „Wohnraum Modernisieren", welches für die Förderung von nicht energetischen Maßnahmen vorgesehen war, wurde Ende 2011 eingestellt. (Stolte et al. 2015)

6.5 Trends und Prognosen

Auf Basis der Referenzprognose und des Trendszenarios von Schlesinger et al. stellt Abb. 6.19 einen qualitativen Verlauf der Zielerreichung im Bereich der Energieeffizienz der privaten Haushalte sowie des Sektors GHD dar (Schlesinger et al. 2014).

Im Jahr 2020 sollte der jährliche Endenergieverbrauch der privaten Haushalte 163 PJ unterhalb des Niveaus von 2011 liegen. Bis 2050 beläuft sich die prognostizierte Einsparung auf knapp 900 PJ. Die Einsparziele für thermische Energie belaufen sich bis 2020 auf 120 PJ und bis 2050 auf ca. 750 PJ. Elektrische Energie sollte bis 2020 um gut 40 PJ und bis 2050 um ca. 110 PJ rationalisiert werden. (Schlesinger et al. 2014)

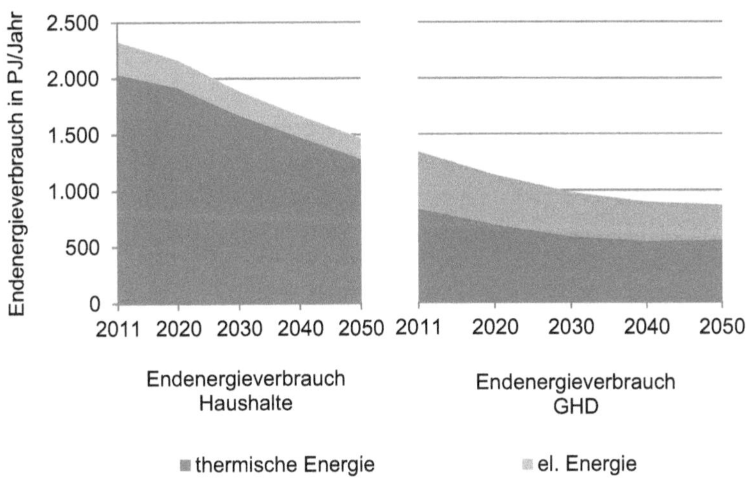

Abb. 6.19 Erforderlicher Endenergieverbrauch der privaten Haushalte und des Sektors GHD bis 2050 im Rahmen der Prognosen von (Schlesinger et al. 2014)

Im Sektor GHD müssten im Rahmen der betrachteten Szenarien bis 2020 gut 210 PJ Endenergie eingespart werden, bis 2050 beläuft sich die erforderliche Einsparung auf rund 480 PJ. Die Einsparziele bei thermischer Energie belaufen sich bis 2020 auf knapp 150 PJ und 285 PJ bis 2050. Der Verbrauch an elektrischer Energie sollte bis 2020 um 64 PJ und im Jahr 2050 um 195 PJ unterhalb des Niveaus von 2011 liegen. (Schlesinger et al. 2014)

Im Folgenden werden verschiedene Studien verglichen, welche die Entwicklung des Energieverbrauchs im Haushalt und GHD-Bereich betrachten. Die in der ersten Auflage dieses Werkes verwendete Studie von Schlesinger et al. 2010 wurde zwischenzeitlich aktualisiert (Schlesinger et al. 2014). Die Studie von 2010 verwendet als Bezugsjahr für die verschiedenen Prognosen das Jahr 2008. Das gleiche Referenzjahr wird in den weiteren Prognosequellen zur Gegenüberstellung herangezogen. Die aktualisierte Studie hingegen verwendet das Bezugsjahr 2011, wodurch ein direkter Vergleich bezüglich der Energieeinsparung zu den weiteren Studien nicht mehr möglich ist. Um eine Vergleichbarkeit zu einem einheitlichen Bezugsjahr (2008) zu schaffen, wird daher lediglich bei den prognostizierten Endenergieeinsparpotenzialen von Schlesinger et al. 2014 die Differenz des thermischen und elektrischen Energieverbrauchs der Bezugsjahre 2008 und 2011 aus den zwei Studien berechnet und auf die prognostizierten Endenergieeinsparung hinzu addiert → „Referenzprognose*". Dieses Vorgehen erhebt jedoch nicht den Anspruch, die neuere Studie in wissenschaftlicher Qualität auf das Bezugsjahr 2008 umzurechnen. Lediglich soll eine angemessene Vergleichbarkeit der Werte von Schlesinger et al. 2014 zu den Quellen Schlesinger et al. 2010, Pehnt et al. und Agricola et al. ermöglicht werden. (Schlesinger et al. 2014, 2010; Pehnt et al. 2011; Agricola et al. 2012)

6.5.1 Prognosen bis 2020

Die Entwicklung des Energieverbrauchs in Deutschland hängt von einer Vielzahl potenzieller Einflussfaktoren ab. Prognosen, die den Energieverbrauch bzw. die Energieeinsparung in der Zukunft ermitteln, variieren daher teilweise erheblich. Im Folgenden werden jeweils die Einsparpotenziale, die sich aus unterschiedlichen Prognosen ergeben, in den Bereichen Haushalt sowie GHD anhand von ausgewählten Studien miteinander verglichen.

Private Haushalte

Abb. 6.20 stellt den Energieverbrauch des Referenzjahres 2008 einer Auswahl von Szenarien für das Zieljahr 2020 gegenüber. Deutlich wird dabei die Streuung der Ergebniswerte. Ebenso fällt auf, dass im Jahr 2014 teilweise schon die prognostizierten Endenergieverbräuche für das Jahr 2020 erreicht wurden.

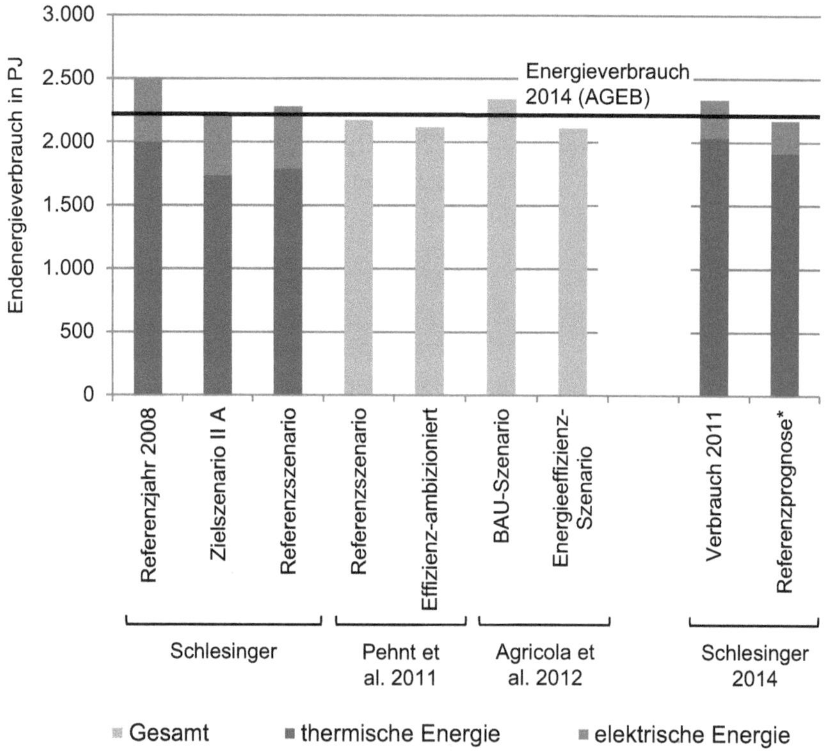

Abb. 6.20 Prognostizierter Energieverbrauch der Haushalte im Rahmen verschiedener Szenarien für das Jahr 2020 im Vergleich zu 2008 (Pehnt et al. 2011; Agricola et al. 2012; AGEB 2015b; Schlesinger et al. 2014, 2010)

Der Zielwert des Energieverbrauchs der privaten Haushalte im Jahr 2020 liegt knapp 225 PJ unterhalb des Niveaus von 2008. Im Vergleich zum Referenzszenario, welches die Fortführung der rot-grünen Energiepolitik der Schröder-Administration darstellt, werden im Zielszenario II A zusätzlich knapp 70 PJ rationalisiert. Schlesinger et al. 2010 identifizieren das weitaus größte Einsparpotenzial im Bereich der thermischen Energie (Schlesinger et al. 2010). Während die Energieziele für die Haushalte im BAU-Szenario (Agricola et al. 2012) bei weitem verfehlt werden, werden diese im Rahmen der Dena-Effizienzszenarien sowie beider Szenarien von Pehnt et al. übertroffen (Pehnt et al. 2011) (s. Kap. 4.1.1). Die Dena-Sanierungsstudie beziffert das maximale Einsparpotenzial bis 2020 auf 20 % im Wärme- und gut 6 % im Strombereich. Dies entspräche alleine im Jahr 2020 einer Kosteneinsparung von 11 Mrd. Euro (Agricola et al. 2012).

Während sich von 2008 auf das Jahr 2011 der Bezugswert der beiden Studien von Schlesinger et al. um knapp 170 PJ reduziert hat, bleibt die Prognose auf das Jahr 2020 in etwa gleich. Die aktualisierte Studie reduziert den Endenergieverbrauch bezüglich des Zielszenarios II A um knapp 40 PJ auf 2.170 PJ. (Schlesinger et al. 2014, 2010)

Im Folgenden werden, bezogen auf das Bezugsjahr 2008, beispielhaft Einsparpotenziale bis 2020 für thermische und elektrische Energie anhand der Zielvorgaben und verschiedener Szenarien diskutiert. Abb. 6.21 vergleicht die Einsparziele des Endenergieverbrauchs im Bereich der privaten Haushalte bis 2020. Die auf 2008 korrigierte Prognose von Schlesinger et al. 2014 reduziert den Endenergieverbrauch bezüglich des Zielszenarios II A um knapp 40 PJ auf eine prognostizierte Einsparung von 332 PJ (Schlesinger et al. 2014, 2010).

Bis 2020 werden die vorgegebenen Einsparziele, abgesehen vom BAU-Szenario der Dena-Sanierungsstudie, in allen Szenarien erreicht. Im Rahmen des BAU-Szenarios können bis 2020 im Wärmebereich rund 200 PJ im Vergleich zu 2008 rationalisiert werden. Eine beschleunigte Entwicklung unter der Prämisse der Wirtschaftlichkeit (Effizienzszenario) ermöglicht dagegen eine mögliche Einsparung von 430 PJ (Agricola et al. 2012) (s. Kap. 4.1.1). Der Bereich Wärme umfasst in diesem Fall die Raumwärme und die Warmwassererzeugung. Unter der Annahme einer konstanten Sanierungsrate von 1 % können bei gleichbleibenden Rahmenbedingungen im Bereich der Raumwärme 11 % sowie 2 % bei Warmwasser an Endenergie eingespart werden. Während die Einsparungen im Warmwasserbereich vornehmlich auf die abnehmende Bevölkerungszahl zurückzuführen sind, ergeben sich die raumwärmespezifischen Einsparungen im Wesentlichen durch die energetische Sanierung des Gebäudebestands sowie dem Neubau von Wohngebäuden. Trotz einer sinkenden Bevölkerungszahl, wirkten sich die zunehmende gesamte Wohnfläche sowie die steigende Anzahl an Ein-Personen-Haushalten nachteilig auf den Gesamtenergieverbrauch aus. (Agricola et al. 2012)

Gegenüber dem BAU-Szenario können im Effizienzszenario zusätzliche Einsparpotenziale in Höhe von 230 PJ realisiert werden. Dies wäre möglich durch eine Steigerung der Sanierungsrate auf 2 % und der Sanierungseffizienz um 50 %, einer erhöhten Austauschrate von Heizungsanlagen sowie einer optimierten Wärmespeicherung und -verteilung.

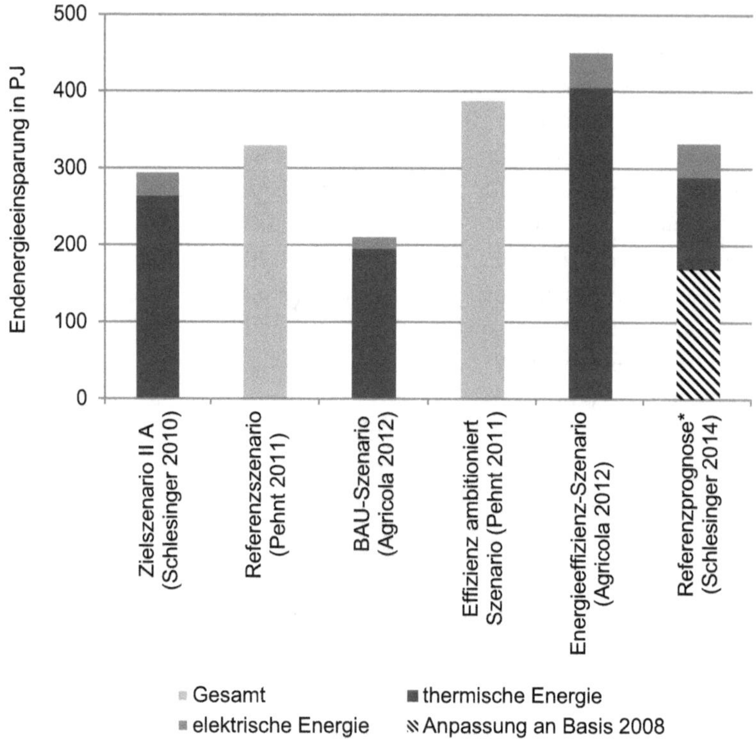

Abb. 6.21 Ziele, Entwicklungen und Potenziale für Endenergieeinsparungen der Haushalte bis 2020 (Schlesinger et al. 2010; Agricola et al. 2012; Pehnt et al. 2011; Schlesinger et al. 2014)

Die Einsparungen setzen sich in erster Linie zusammen aus zusätzlichen 11 % bei raumwärmebezogenen Leistungen und 4 % bei der Warmwassererzeugung. Im Vergleich zum BAU-Szenario errechnet die Dena-Sanierungsstudie eine hierfür benötigte Steigerung der Investitionen auf jährlich insgesamt 5 Mrd. Euro. (Agricola et al. 2012)

Auch im Bereich der elektrischen Energie wird der abgeleitete Zielwert bei einer Fortführung des BAU-Szenarios klar verfehlt. Der seit Jahren sinkende spezifische Verbrauch von Wasch- und Kühlgeräten wird im BAU-Szenario durch den Anstieg des Stromverbrauchs aufgrund des zunehmenden Anteils von Wärmepumpen sowie der steigenden Anzahl an IKT-Geräten aufgezehrt. Bei Fortsetzung der Bedingungen von 2008 (BAU) wird in diesem Bereich eine Verbrauchszunahme um 7 % bis 2020 erwartet. Es ist hierbei aus der Quelle nicht eindeutig, ob der Stand 2012 oder 2008 als Bezug verwendet wird. Während im Bereich Beleuchtung mit knapp 15 % bis 2020 das größte, spezifische Einsparpotenzial identifiziert wird, kommen Kühlen, Gefrieren, Waschen Trocknen sowie Spülen gemeinsam auf eine kumulierte Einsparung von 4 % (Agricola et al. 2012). Insgesamt werden im BAU-Szenario statt dem Einsparziel von knapp 30 PJ lediglich 9 PJ bis 2020 eingespart. Im Bereich Storm ist gegenüber dem Stand von 2008 mit einem Verbrauch von ca. 490 PJ in einem Effizienzszenario bis 2020 eine

Einsparung auf ca. 455 PJ um 7 % möglich, sofern gängige Energieeffizienztechnologien unter wirtschaftlich realisierbaren Rahmenbedingungen Anwendung in den privaten Haushalten finden (Agricola et al. 2012). Die größten Erfolgsaussichten bieten sich auch hier bei der Beleuchtung. Beim Austausch von Halogenlampen durch energieeffiziente Halogenlampen oder LED-Lampen können gegenüber dem BAU-Szenario nochmals 20 % Einsparung (10 PJ) erreicht werden. Weitere Rationalisierungen werden durch die zunehmende Verdrängung von Desktop-PCs, durch energetisch günstigere Laptops, dem technischen Fortschritt und der stärkeren Nachfrage nach energieeffizienten Fernsehern und Monitoren erreicht. Der zunehmende Anteil von Wärmepumpen führt jedoch bis 2020 zu einem Anstieg des Stromverbrauchs (ca. 5 PJ). (Agricola et al. 2012)

In den Szenarien von Pehnt et al. (Referenz und Effizienz-Ambitioniert s. Kap. 4.1.1), lassen sich im Bereich der privaten Haushalte rund 330 bzw. 388 PJ Endenergie bis 2020 einsparen (Pehnt et al. 2011). Dabei werden für die privaten Haushalte sechs übergeordnete Maßnahmenpakte unterschieden:

1. Gebäudesanierung und Erneuerung Heizungssysteme,
2. hocheffizienter Gebäudeneubau,
3. effiziente Beleuchtung,
4. effiziente Kühlschränke, Kühl-Gefrier-Geräte, Gefriergeräte,
5. effiziente Waschmaschinen, Waschtrockner, Wäschetrockner und
6. effiziente Informations- und Kommunikations-Geräte.

Dominiert wird das Gesamtpotenzial von der Raumwärme, die in beiden Fällen 80 % der Einsparungen ausmacht. Dies wird in erster Linie durch die Gebäudesanierung und den Neubau sichergestellt. In beiden Szenarien werden alleine durch diese Maßnahmenpakete 88 % der Einsparungen (298 bzw. 342 PJ) bis 2020 realisiert. Das weitere Einsparpotenzial verteilt sich auf die Bereiche Beleuchtung, Kühl- und Gefriergeräte, Waschen und Trocknen und IKT-Geräte (Pehnt et al. 2011). Der Fortschrittsbericht 2015 der Bundesregierung bestätigt die Abschätzungen von (Pehnt et al. 2011). Der Endenergieverbrauch für den Gebäudewärmebedarf betrug 3.148 PJ im Jahr 2011. Das prognostizierte Ziel bis 2020 ist eine Verbrauchsreduktion auf 2.761 PJ und entspricht einer Reduktion von 387 PJ (Pehnt et al. 2011; BMWi 2015b). Dies deckt sich mit den Abschätzungen von (Pehnt et al. 2011).

Gewerbe, Handel und Dienstleistungen

Aufgrund der geringfügig höheren jährlichen Sanierungsrate im Vergleich zum Haushaltssektor, sowie dem wesentlich häufigeren Neubau energieeffizienter Gebäude, leistet der Sektor Gewerbe, Handel und Dienstleistungen einen deutlich höheren Beitrag zu Endenergieeinsparungen im Gebäudebereich. Effizienzgewinne bei Prozesswärme- und Warmwasserbereitstellung aufgrund von Prozessoptimierungen und Abwärmenutzung werden hingegen vom erwarteten Strukturwandel in diesem Sektor kompensiert (Agricola et al. 2012).

Abb. 6.22 stellt den Energieverbrauch des Referenzjahres 2008 einer Auswahl von Szenarien, wie oben beschrieben, für das Zieljahr 2020 im Sektor GHD gegenüber. Deutlich wird dabei abermals die Streuung der Ergebniswerte.

Schlesinger et al. errechnen im GHD-Sektor zur Erreichung der Energieziele bis 2020 einen Einsparrichtwert von knapp 260 PJ (Schlesinger et al. 2010). Als Ausgangsbasis wird der Stand von 2008 mit 1.404 PJ verwendet. Im Vergleich zum Referenzszenario (2020: 1.245 PJ) werden zusätzlich ca. 100 PJ rationalisiert (Zielszenario II A, 2020: 1144 PJ). Auch in diesem Sektor identifizieren Schlesinger et al. das weitaus größte Einsparpotenzial im Bereich der thermischen Energie (Schlesinger et al. 2010). Der Vergleich mit den übrigen Szenarien zeigt, dass die Einsparziele, selbst bei einer beschleunigten Entwicklung bis 2020 verfehlt werden (Pehnt et al. 2011; Agricola et al. 2012). Zur Verwirklichung des Ziels der Bundesregierung wäre bis 2020 eine Reduktion des Endenergieverbrauchs um 230 PJ notwendig, dieser Wert ließe sich jedoch einzig im Szenario „Effizienz-Ambitioniert" annähernd erreichen (Pehnt et al. 2011).

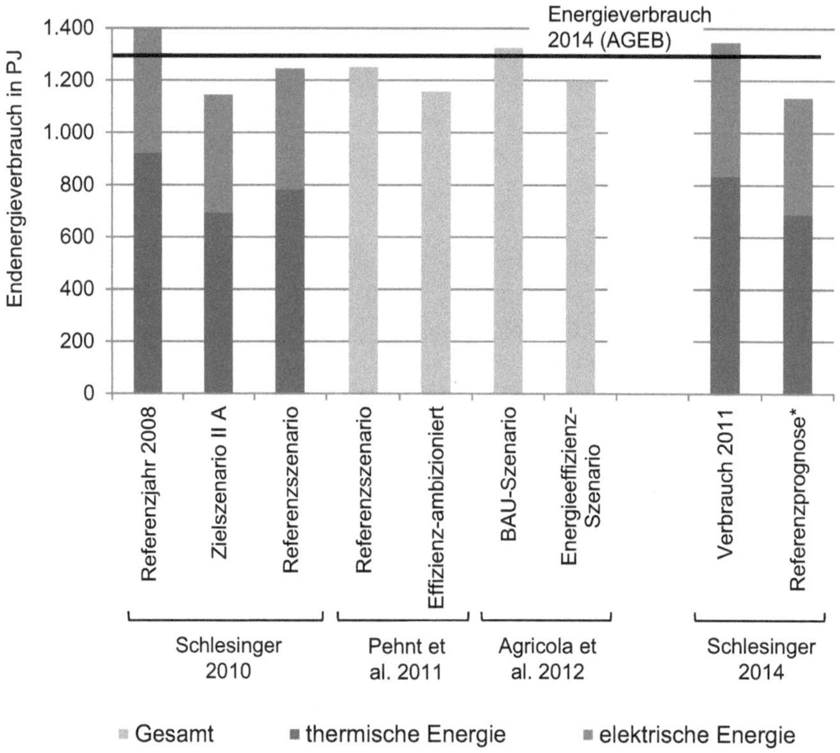

Abb. 6.22 Prognostizierter Energieverbrauch des Sektors GHD im Rahmen verschiedener Szenarien für das Jahr 2020 (Schlesinger et al. 2014, 2010; Pehnt et al. 2011; Agricola et al. 2012; AGEB 2015b)

Im direkten Vergleich von Schlesinger et al. 2014 zu Schlesinger et al. 2010 ist festzustellen, dass der prognostizierte Verbrauch bis 2020 in der aktuelleren Studie mit 1.133 PJ bezüglich des Zielszenarios II A nochmals um über 110 PJ reduziert wurde. (Schlesinger et al. 2014, 2010)

Die Dena-Sanierungsstudie beziffert das wirtschaftlich erschließbare Einsparpotenzial einer beschleunigten Entwicklung (Effizienzszenario) gegenüber 2008 im Sektor GHD auf maximal 17 % im Jahr 2020 (Agricola et al. 2012). Wobei unter dem wirtschaftlichen Einsparpotenzial der Anteil des technischen Potenzials verstanden wird, der unter Einbeziehung definierter ökonomischer Rahmenbedingungen (Zinssatz, Rückflusszeit, usw.) und der Lebensdauer einer Technologie gegenüber den in Nutzung befindlichen Anwendungen wirtschaftliche Vorteile aufweist. (Agricola et al. 2012)

Im Folgenden werden beispielhaft Einsparpotenziale bis 2020 in den Bereichen thermische und elektrische Energie anhand der Zielvorgaben und verschiedener Szenarien diskutiert. Abb. 6.23 vergleicht die Einsparziele im Bereich des Endenergieverbrauchs im GHD-Sektor bis 2020, im Sinne des Zielszenarios II A (Schlesinger et al. 2010) mit Einsparpotenzialen identifiziert von Pehnt et al. und Agricola et al. (Pehnt et al. 2011; Agricola et al. 2012).

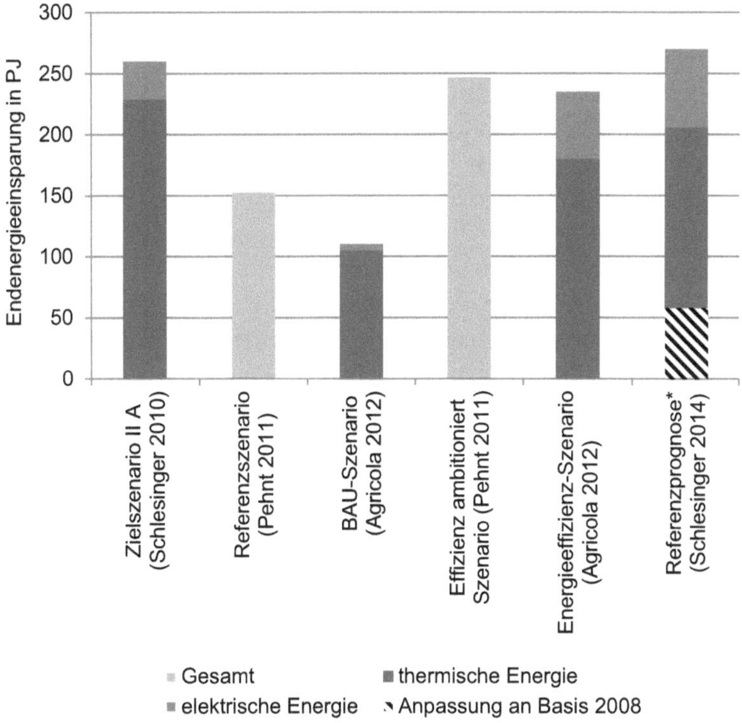

Abb. 6.23 Ziele, Entwicklungen und Potenziale für Endenergieeinsparungen des Sektors GHD bis 2020 (Schlesinger et al. 2010; Agricola et al. 2012; Pehnt et al. 2011; Schlesinger et al. 2014)

Zu den aufgezählten Szenarien wurden hierbei folgende Annahmen gemacht. Weitere Details zu den spezifischen Annahmen und Randbedingungen der nachfolgenden Studien sind in Kap. 4.1.1 aufgeführt:

- Referenzprognose* (Schlesinger et al. 2014):
  Wie beschrieben, handelt es sich bei der Referenzprognose* um eine angepasste Datenbasis, damit die aktualisierte Studie von Schlesinger et al. 2014 mit dem Referenzjahr 2011 mit den übrigen Studien vergleichbar ist, da diese als Bezugszeitpunkt das Jahr 2008 verwenden.
- Zielszenario II A (Schlesinger et al. 2010):
  Ausgehend vom Jahr 2008 treffen Schlesinger et al. für das Zielszenario II A verschiedene Annahmen, welche Ziele bis zum Jahr 2020 erreicht werden: Treibhausgasreduktion um 40 %; Laufzeitverlängerung der Kernenergie um 12 Jahre; Steigerung der Energieeffizienz 2,3–2,5 p.a.; Anteil der Erneuerbaren Energien am Bruttostromverbrauch ist größer als 18 %. (Schlesinger et al. 2010)
- Referenzszenario (Pehnt et al. 2011):
  Ausgehend vom Jahr 2008 wird hier die Entwicklung dargestellt, wenn die bisher geplanten politischen Rahmenbedingungen in gleicher Weise weiter gelten. Es wird jedoch nicht angenommen, dass die Politik auf dem Ausgangszustand verharrt, sondern auch in Zukunft Anpassungen vornehmen wird, welche den in der Vergangenheit beobachteten Trend fortsetzen. (Pehnt et al. 2011)
- BAU-Szenario (Agricola et al. 2012):
  Das „Busines-As-Usual"-Szenario beschreibt die Entwicklung bis 2020 unter Betrachtung der zu erwartenden, wirtschaftlichen Entwicklungen in Deutschland. Es orientiert sich hierbei an dem Referenzszenario von Schlesinger et al. (Agricola et al. 2012; Schlesinger et al. 2010)
- Effizienz-Ambitioniert Szenario (Pehnt et al. 2011):
  Im Vergleich zum Referenzszenario aus 2008 von Pehnt et al. geht dieses neuere Szenario von einer erhöhten Geschwindigkeit bei der Umsetzung von Effizienzmaßnahmen aus, unter der Voraussetzung optimaler politischer Rahmenbedingungen, ohne jedoch ökonomisch und auch betriebswirtschaftlich irrational zu handeln. (Pehnt et al. 2011)
- Energieeffizienzszenario (Agricola et al. 2012):
  Dieses Szenario basiert auf einer Metaanalyse vorhandener Studien zu den technischen und wirtschaftlichen Energieeffizienzpotenzialen und den Einschätzungen von Experten der Deutschen Energieagentur. Als Referenz dient das Referenzszenario aus 2008 von Pehnt et al. Um die zusätzlichen Potenziale im Energieeffizienzszenario abschätzen zu können werden folgende Annahmen getroffen: Ambitionierte, politische Rahmenbedingungen; beschleunigte Umsetzung einzelner Maßnahmen; beschleunigte Marktdurchdringung der effizientesten Technologien bei einer gleichbleibenden Annahme der wirtschaftlichen Rahmenbedingungen. Die Energiepreise wurden jedoch als steigend angenommen. (Agricola et al. 2012; Pehnt et al. 2011)

Im direkten Vergleich der Referenzprognose* mit dem Zielszenario II A ist festzustellen, dass sich die Prognose in der Studie von 2014 nochmals um 10 PJ auf 270 PJ reduziert hat (Schlesinger et al. 2014, 2010). Die prognostizierten Einsparungen an elektrischer Energie haben im Vergleich zu Schlesinger et al. 2010 etwas zugenommen (Schlesinger et al. 2014, 2010). Dem Einsparrichtwert von 257 PJ (Schlesinger et al. 2010) bis 2020 stehen vergleichsweise geringe Reduktionen des Endenergieverbrauchs in den weiteren Szenarien gegenüber. Die maximalen Einsparungen unter derzeitigen Rahmenbedingungen (BAU bzw. Referenz) belaufen sich auf 110 bzw. 153 PJ, während im Rahmen einer beschleunigten Entwicklung (Effizienz und Effizienz-Ambitioniert) Reduktionen um 235 bzw. 247 PJ erreicht werden. Die weitaus größten Potenziale existieren, wie im Haushaltssektor, im Bereich der Wärmeanwendungen. Laut Agricola et al. (2012) ließen sich alleine hier 95 % (BAU) bzw. 77 % (Effizienz) der Gesamteinsparungen realisieren. Drei Viertel der im Effizienzszenario zusätzlich eingesparten Endenergie werden darüber hinaus ebenfalls im Raumwärmebereich erzielt. Die zusätzliche Optimierung von technischen Maßnahmen führt zu weiteren Effizienzsteigerungen bei der Gebäudesanierung um knapp 8 %. Hinzu kommt eine Effizienzsteigerung bei Prozesswärme- und Warmwassererzeugung um 10 %. Diese wird in erster Linie durch Prozessoptimierungen sowie der konsequenten Nutzung von Abwärme generiert. Weitere wesentliche Potenziale existieren im Bereich der Prozesswärme. Hier werden im Fall der beschleunigten Entwicklung (Effizienz) zusätzliche Potenziale von 5 % durch optimierte Anbauverfahren und Effizienzgewinne bei mittelschweren bis schweren Fahrzeugen der Branchen Baugewerbe und Landwirtschaft realisiert. Als optimierte Anbauverfahren werden beispielsweise eine konservierende Bodenbearbeitung und die Direktsaat verstanden, als Alternative zur pflügenden Bearbeitung. (Agricola et al. 2012)

Im Bereich der elektrischen Energieanwendung identifiziert die Dena-Sanierungsstudie im Rahmen der derzeitigen Entwicklung (BAU) eine Einsparung von 5 PJ bis 2020, während unter verschärften Bedingungen (Effizienz) ein Potenzial von bis zu 5 PJ (2008→BAU) + 50 PJ (BAU→Effizienz) = 55 PJ (11 %) denkbar wäre. Das abgeleitete Ziel von 30 PJ erfordert also verstärkte Anstrengungen. (Schlesinger et al. 2010; Agricola et al. 2012)

Der Stromverbrauch im GHD-Sektor wird mit ca. 40 % von der Beleuchtung dominiert. Hier ergibt sich im BAU-Szenario das weitaus größte Einsparpotenzial. Bei Fortführung des BAU-Szenarios können gegenüber 2008 rund 9 % aufgrund der deutlich erhöhten Energieeffizienz von Leuchtmitteln eingespart werden. Ergänzt wird die technologische Entwicklung durch die verstärkte Nutzung von Tageslicht und der Kombination von Lampen mit elektrischen Vorschaltgeräten. Unter der Annahme eines nahezu konstanten Energieverbrauchs der IKT-Geräte, kommt es im BAU-Szenario zu einer deutlichen Zunahme des Stromverbrauchs (15 %) bis 2020. Zu dem Anstieg des Stromverbrauchs der IKT kommt eine Erhöhung des Stromverbrauchs im Bereich der Raumlufttechnik, vor allem aufgrund der standardmäßigen Ausstattung von Neubauten und der zunehmenden Nachrüstung von Bestandsgebäuden, basierend auf dem zunehmenden Komfortbedarf. Effiziente Lüftungstechnik sowie eine optimierte Betriebsführung wirken diesem Trend partiell entgegen. Absolut wird der Stromverbrauch der Raumlufttechnik bis 2020 jedoch um 11 % ansteigen. Die zunehmende Verwendung von Regelungstechnik, energieeffizienter Elektromotoren, Pumpen sowie Drucklufterzeugung und -versorgung ermöglichen weitere Rationalisierungen. Somit kann der Verbrauch an mechanischer Energie um knapp 5 % reduziert werden. Einsparungen bei der Straßenbeleuchtung und von Prozesskälte fallen aufgrund des marginalen Anteils am Gesamtverbrauch kaum ins Gewicht. (Agricola et al. 2012)

Auch bei einer Ausweitung der Anstrengungen (Effizienzszenario) werden die weitaus größten Einsparungen im Bereich der Beleuchtung erzielt. Der Einsatz hocheffizienter Beleuchtungstechniken und der Marktdurchdringung hocheffizienter Natriumdampflampen sowie signifikanter Marktanteilsgewinne der LED-Technik ermöglichen weitere Einsparungen von 30 PJ (15 %). Auch in den Bereichen IKT und RLT können weitere erhebliche Potenziale realisiert werden, aufgrund der gesteigerten Energieeffizienz von Prozessoren und Servern in Rechenzentren. Neben einer bedarfsgerechten Dimensionierung wird mit Hilfe einer zunehmend effizienteren Drehzahlregelung für Pumpen und Ventilatoren und einer steigenden Anzahl von Wärmerückgewinnungsanlagen eine Einsparung von 10 PJ bei RLT-Anlagen gegenüber dem BAU-Szenario erreicht. Zudem können in den Bereichen Prozess-, Raumwärme und Warmwasser, mechanische Energie und Prozesskälte weitere Einsparungen von knapp 5 PJ erzielt werden. (Agricola et al. 2012)

In den Szenarien von Pehnt et al. (Referenz und Effizienz-Ambitioniert) lassen sich im GHD-Sektor rund 153 bzw. 247 PJ Endenergie bis 2020 einsparen. Dabei werden folgende sieben übergeordnete Maßnahmenpakte untersucht (Pehnt et al. 2011):

1. Gebäudesanierung und Erneuerung Heizungssysteme,
2. effiziente Beleuchtung,
3. Optimierung von RLT-Systemen,
4. Optimierung von Kühl- und Gefriersystemen,
5. effiziente Bürogeräte,
6. LED Ampelanlagen und
7. effiziente Straßenbeleuchtung.

Ähnlich dem Haushalts-Sektor können auch hier die größten Einsparungen im Bereich der Gebäudesanierung erzielt werden. Darüber hinaus ergeben sich hohe Potenziale zur Reduktion des Endenergieverbrauchs im Bereich effizienter Beleuchtung, bedingt durch den großen Anteil der Beleuchtung am Gesamt-Endenergieverbrauch des Sektors. Der Energieverbrauch im Bereich RLT-Systeme (Kühlen, Lüften, Klimatisieren) wird, trotz erheblicher Steigerung der Geräteeffizienz, infolge einer starken Ausweitung von klimatisierten Büro- und Verkaufsflächen ansteigen. (Pehnt et al. 2011)

6.5.2 Prognosen bis 2030

Nachdem im vorangegangenen Abschnitt Prognosen zur Reduzierung des Endenergieverbrauchs in den Sektoren Haushalte sowie GHD für das Jahr 2020 anhand verschiedener Szenarien aus der Literatur diskutiert wurden, erfolgt in diesem Abschnitt eine

Ausweitung der Betrachtung auf das Zieljahr 2030. Dazu werden jeweils die dem Energiekonzept zugrunde liegenden Richtwerte nach Schlesinger et al. mit Szenarien von Pehnt et al. verglichen (Schlesinger et al. 2010; Pehnt et al. 2011).

Private Haushalte

Abb. 6.24 stellt den Energieverbrauch des Referenzjahres 2008 einer Auswahl von Szenarien für das Zieljahr 2030 gegenüber.

Im Jahr 2030 müsste die jährliche Endenergienachfrage der Haushalte um knapp 570 PJ geringer ausfallen als dies noch im Jahr 2008 der Fall war (Schlesinger et al. 2010). Dabei werden im Vergleich zum Referenzszenario im Zielszenario II A zusätzliche 200 PJ rationalisiert (Schlesinger et al. 2010). Die aktuellere Referenzprognose* korrigiert diesen Wert nochmals um 44 PJ auf 1891 PJ (Schlesinger et al. 2014). Es wird von einem wirtschaftlich erschließbaren Einsparpotenzial in Höhe von 662 PJ ausgegangen (Effizienz-Ambitioniert), während im Referenzszenario die Energieziele um ca. 40 PJ verfehlt werden. Die mit Abstand größten Potenziale bieten sich mit rund 85 % durch Neubau, Gebäudesanierung und die Erneuerung von Heizungssystemen. (Pehnt et al. 2011)

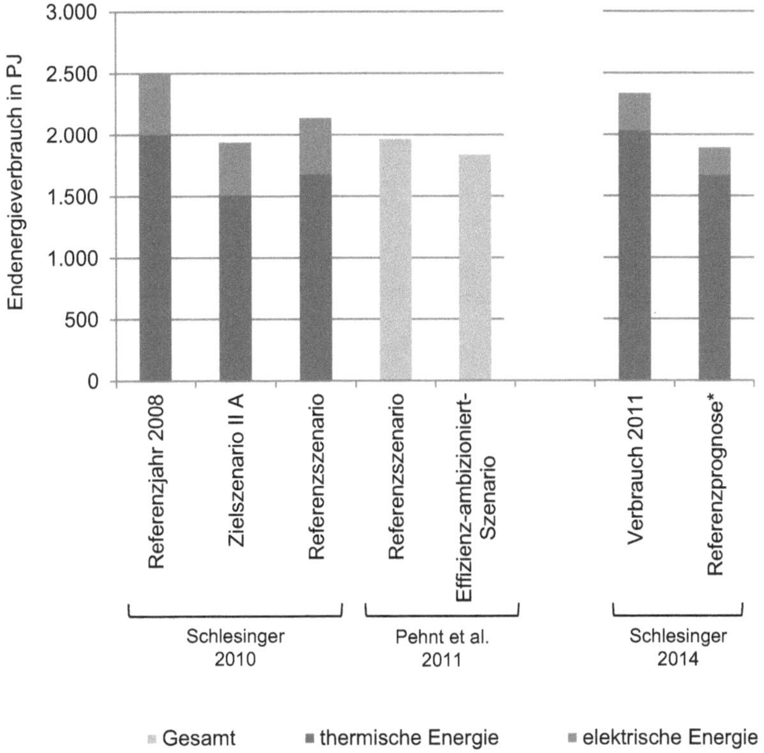

Abb. 6.24 Prognostizierter Endenergieverbrauch der Haushalte verschiedener Szenarien im Jahr 2030 im Vergleich zu 2008 (Schlesinger et al. 2010; Pehnt et al. 2011; Schlesinger et al. 2014)

Gewerbe, Handel und Dienstleistungen

Abb. 6.25 stellt den Energieverbrauch des Referenzjahres 2008 einer Auswahl von Szenarien für das Zieljahr 2030 gegenüber.

Im Jahr 2030 müsste die jährliche Endenergienachfrage des Sektors GHD um 476 PJ geringer ausfallen, als dies noch im Jahr 2008 der Fall war. Dabei werden im Vergleich zum Referenzszenario im Zielszenario II A ebenfalls zusätzliche 198 PJ rationalisiert. (Schlesinger et al. 2010)

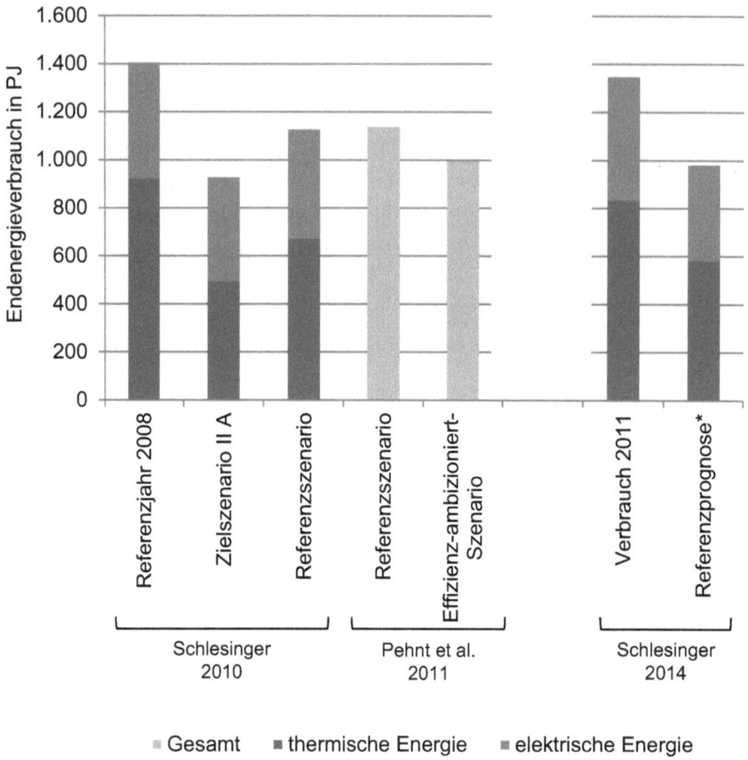

Abb. 6.25 Prognostizierter Endenergieverbrauch des GHD verschiedener Szenarien im Jahr 2030 im Vergleich zu 2008 (Schlesinger et al. 2010; Pehnt et al. 2011; Schlesinger et al. 2014)

Bezüglich der Referenzentwicklung, welche die technische und politische Entwicklung von 2008 weiterschreibt, wären zusätzliche attraktive Einsparungen um weitere 141 PJ möglich. Mehr als 57 % (81 PJ) könnten hiervon durch Sanierungsmaßnahmen und Erneuerungen der Heizungssysteme erfolgen. Weitere 25 PJ sind durch eine effizientere Beleuchtung realisierbar. (Pehnt et al. 2011)

Die aktuellere Studie zeigt bezüglich des Referenzszenarios bzw. -prognose* ein leicht optimistischeres Bild, bei einem prognostizierten Endenergieverbrauch von 981 PJ (Schlesinger et al. 2014).

6.6 Fazit

Die Analyse zeigt neben einem erheblichen Modernisierungspotenzial im Raumwärmebereich von Haushalten sowie im Sektor GHD, einen Trend zur Hybridisierung durch Nutzung mehrerer Wärmeerzeuger. Zudem gewinnen alternative Technologien, wie beispielsweise die Wärmepumpe, die Solarthermie und die Holzfeuerung aber auch der bauliche Wärmeschutz, zunehmend an Bedeutung.

Unter den im Jahr 2015 vorherrschenden Rahmenbedingungen ist das Erreichen des Effizienzziels für Deutschland unrealistisch. Gleiches gilt für die EU (RWE 2013). Um die Effizienzziele zu erreichen, müssen die Sanierungsraten steigen. Von der politischen bis zur individuellen Ebene muss hier noch nachgebessert werden. Eine signifikante Reduktion des Energieverbrauchs wird nicht durch Neubauten, sondern vielmehr über die Sanierung des Bestands erreicht, wo noch ein hohes Potenzial gesehen wird. Im Austausch veralteter Heizungsanlagen wird ein großer Hebel gesehen, um die thermische Energieversorgung von Gebäuden effizienter zu gestalten. Die Renovationsrate ist jedoch tendenziell eher rückläufig (Adolf und Bräuniger 2011; BDEW 2013a). Wurden 2006 und 2008 noch 2–3 % der Anlagen modernisiert, waren es 2011 lediglich noch 1 % (Donnerbauer 2012). Wurden im Jahr 2002 noch ca. 800.000 Heizungsanlagen erneuert, waren es 2012 nur noch 673.500. Dies entspricht einem Rückgang der Modernisierungsrate um 15,8 %. Um jedoch bis zum Jahr 2020 alle 17,8 Mio. Anlagen in Deutschland auf eine hinreichende energetische Effizienz zu modernisieren, müsste die Sanierungsrate der Wärmeerzeuger pro Jahr in etwa verdoppelt werden (BDEW 2013a; RWE 2013). Es existiert eine Vielzahl an wirtschaftlich anwendbaren Technologien zur Umsetzung von Einsparmöglichkeiten. Derzeitige technologische und wirtschaftliche Möglichkeiten übertreffen die gesetzlichen Gebäudestandards bei weitem. Energieeinsparungen bei Altbauten bieten den bei weitem effektivsten Ansatzpunkt im Gebäudebereich. Gleichermaßen sollte aber über die Ausweitung und verstärkte Kommunikation von Fördermöglichkeiten und Anreizsystemen, z. B. die Möglichkeit steuerlicher Abschreibungen, nachgedacht werden. RWE identifiziert fehlende Kenntnisse und unstete Fördermittel als Hauptgründe für die schleppende Modernisierung älterer Gebäude (RWE 2013).

Literatur

Adolf und Bräuniger (2011) Adolf, J.; Bräuniger, M.: Shell Hauswärme Studie. Nachhaltige Wärmeerzeugung für Wohngebäude, Fakten, Trend und Perspektiven. Shell Deutschland Oil GmbH (Hg.). Hamburg, 2011. Online verfügbar unter http://s05.static-shell.com/content/dam/shell-new/local/country/deu/downloads/pdf/shell-hauswaermestudie-2011.pdf, zuletzt geprüft am 05.08.2015.

AGEB (2012) AG Energiebilanzen e.V. (Hg.): Energieflussbild 2011 für die Bundesrepublik Deutschland in Petajoule. 2012. Online verfügbar unter http://www.ag-energiebilanzen.de/index.php?article_id=29&fileName=energieflussbild_2011_pj_kurz.pdf, zuletzt geprüft am 21.04.2016.

AGEB (2013) AG Energiebilanzen e.V. (Hg.): Energieflussbild 2012 für die Bundesrepublik Deutschland in Petajoule. 2013. Online verfügbar unter http://www.ag-energiebilanzen.de/index.php?article_id=29&fileName=energieflussbild-2012-pj_kurz_20130910.pdf, zuletzt geprüft am 05.08.2015.

AGEB (2014) AG Energiebilanzen e.V. (Hg.): Energieflussbild 2013 für die Bundesrepublik Deutschland in Petajoule. 2014. Online verfügbar unter http://www.ag-energiebilanzen.de/9-0-Energieflussbilder.html, zuletzt geprüft am 20.04.2016.

AGEB (2015a) AG Energiebilanzen e.V. (Hg.): Ausgewählte Effizienzindikatoren zur Energiebilanz Deutschland. Daten für die Jahre von 1990 bis 2014. Berlin, 2015. Online verfügbar unter http://www.ag-energiebilanzen.de/index.php?article_id=29&fileName=eefa-ageb-effizienzindikatoren_zur_energiebilanz_orange_2015_24082015_vg.pdf, zuletzt geprüft am 21.04.2016.

AGEB (2015b) AG Energiebilanzen e.V. (Hg.): Auswertungstabellen zur Energiebilanz Deutschland 1990 bis 2014. 2015. Online verfügbar unter http://www.ag-energiebilanzen.de/index.php?article_id=29&fileName=ausw_25082015_ov.pdf, zuletzt geprüft am 21.04.2016.

AGEB (2015c) AG Energiebilanzen e.V. (Hg.): Energieflussbild 2014 für die Bundesrepublik Deutschland in Petajoule. 2015. Online verfügbar unter http://www.ag-energiebilanzen.de/9-0-Energieflussbilder.html, zuletzt geprüft am 11.01.2016.

Agricola et al. (2012) Agricola, A. C.; Joest, S.; Czernie, M. et al.: Steigerung der Energieeffizienz mit Hilfe von Energieeffizienz-Verpflichtungssystemen. Deutsche Energieagentur GmbH (Hg.). 2012. Online verfügbar unter http://www.dena.de/fileadmin/user_upload/Presse/studien_umfragen/Energieeffizienz-Verpflichtungssysteme/Studie_Energieeffizienz-Verpflichtungssysteme_EnEffVSys.pdf, zuletzt geprüft am 05.08.2015.

Allelein et al. (2012) Allelein, H. J.; Zahoransky, R.; Bollin, E. et al.: Energietechnik: Systeme zur Energieumwandlung. Kompaktwissen für Studium und Beruf. Springer Fachmedien Wiesbaden, 2012. ISBN: 9783834822796 (SpringerLink : Bücher), zuletzt geprüft am 21.04.2016.

Amelung et al. (2012) Amelung, A.; Arentz, O.; Jänsch, J. et al.: Die Auswirkungen staatlicher Eingriffe zur Förderung der Gebäudesanierung auf die Akteure des Immobilienmarkts. Otto-Wolff-Institut für Wirtschaftsordnung (Hg.). Otto-Wolff-Institut für Wirtschaftsordnung Discussion Paper, 2012. Online verfügbar unter http://www.otto-wolff-institut.de/Publikationen/DiskussionPapers/OWIWO_DP_03_2012.pdf, zuletzt geprüft am 05.08.2015.

Baake et al. (2008) Baake, E.; Doppelbauer, M.; Drubel, O. et al.: Effizienz- und Einsparpotenziale elektrischer Energie in Deutschland. Perspektive bis 2025 und Handlungsbedarf. Verband der Elektrotechnik Elektronik Informationstechnik e.V. (Hg.). Frankfurt am Main, 2008. Online verfügbar unter http://files.vogel.de/vogelonline/vogelonline/files/691.pdf, zuletzt geprüft am 08.02.2016.

Baehr (2013) Baehr, H. D.: Thermodynamik: Grundlagen und technische Anwendungen. Springer Berlin Heidelberg, 2013. ISBN: 9783662105184 (Springer-Lehrbuch), zuletzt geprüft am 21.04.2016.

BAFA (2012) Bundesamt für Wirtschaft und Ausfuhrkontrolle (Hg.): Wärmepumpe – Basis- und Bonusförderung, Stand: ab dem 15.08.2012. 2012. Online verfügbar unter http://www.bw-energy.de/fileadmin/media/Header-Bilder/Produkte/Waermepumpen/energie_ee_wp_uebersicht.pdf, zuletzt geprüft am 21.04.2016.

BAFA (2015) Bundesamt für Wirtschaft und Ausfuhrkontrolle (Hg.): Wärmepumpe Förderübersicht Stand 09.2015. 2015. Online verfügbar unter http://www.bafa.de/bafa/de/energie/erneuerbare_energien/waermepumpen/publikationen/wp_foerd_uebersicht.pdf, zuletzt geprüft am 21.04.2016.

BDEW (2013a) Bundesverband der Energie- und Wasserwirtschaft e.V. (Hg.): Das CO2-Minderungspotenzial im Wärmemarkt. 2013. Online verfügbar unter https://www.bdew.de/internet.nsf/res/A400E95B1CB6B68CC1257BCC004CA02B/$file/BDEW-13-00025_Erdgas_Kapitel_2.pdf, zuletzt geprüft am 03.02.2016.

BDEW (2013b) Bundesverband der Energie- und Wasserwirtschaft e.V. (Hg.): Energie-Info: Stromverbrauch im Haushalt. 2013. Online verfügbar unter https://www.bdew.de/internet.nsf/

id/6FE5E98B43647E00C1257C0F003314E5/$file/708-2_Beiblatt_zu%20BDEW-Charts%20 Stromverbrauch%20im%20Haushalt_2013-10-23.pdf, zuletzt geprüft am 21.04.2016.

BDEW (2014) Bundesverband der Energie- und Wasserwirtschaft e.V. (Hg.): BDEW-Strompreisanalyse Juni 2014. 2014. Online verfügbar unter https://www.bdew.de/internet.nsf/id/20140702-pi-steuern-und-abgaben-am-strompreis-steigen-weiter-de/$file/140702%20BDEW%20Strompreisanalyse%20 2014%20Chartsatz.pdf, zuletzt geprüft am 07.08.2015.

Becker (2014) Becker, N.: Ressourceneffizienz der Dämmstoffe im Hochbau. Kurzanalyse Nr. 7. VDI Zentrum Ressourceneffizienz GmbH (Hg.). Berlin, 2014. Online verfügbar unter http://www.ressource-deutschland.de/fileadmin/user_upload/downloads/kurzanalysen/2014-Kurzanalyse-07-Ressourceneffizienz-der-Daemmstoffe-im-Hochbau.pdf.

Bettgenhäuser und Boermans (2011) Bettgenhäuser, K.; Boermans, T.: Umweltwirkung von Heizungssystemen in Deutschland. Ecofys Germany GmbH: Umweltbundesamt (Hg.). 2011. Online verfügbar unter https://www.umweltbundesamt.de/publikationen/umweltwirkung-von-heizungssystemen-in-deutschland, zuletzt geprüft am 05.08.2015.

BHKW jetzt (2015) BHKW jetzt (Hg.): Übersicht: Das Kraft-Wärme-Kopplungsgesetz (KWK-G). 2015. Online verfügbar unter http://www.bhkw-jetzt.de/politik-recht/kwk-gesetz/, zuletzt geprüft am 21.04.2016.

BMUB (2015) Bundesministerium für Umwelt, Naturschutz, Bau und Reaktorsicherheit (Hg.): Energieverbrauchskennzeichnung. 2015. Online verfügbar unter http://www.bmub.bund.de/themen/wirtschaft-produkte-ressourcen/produkte-und-umwelt/energieverbrauchs-kennzeichnung/, zuletzt geprüft am 03.02.2016.

BMWi (2013) Bundesministerium für Wirtschaft und Energie (Hg.): Energieeinsparverordnung. Nichtamtliche Lesefassung. zur Zweiten Verordnung zur Änderung der Energieeinsparverordnung vom 18. November 2013. 2013. Online verfügbar unter https://www.bmwi.de/BMWi/Redaktion/PDF/E/enev-nichtamtliche-lesefassung-zur-zweiten-verordnung-zur-aenderung-derenergieeinsparverordnung,property=pdf,bereich=bmwi2012,sprache=de,rwb=true.pdf, zuletzt geprüft am 09.02.2016.

BMWi (2014a) Bundesministerium für Wirtschaft und Energie (Hg.): Nationaler Aktionsplan Energieeffizienz. Ein gutes Stück Arbeit. Mehr aus Energie machen. Berlin, 2014. Online verfügbar unter http://www.bmwi.de/DE/Mediathek/publikationen,did=672756.html, zuletzt geprüft am 21.04.2016.

BMWi (2014b) Bundesministerium für Wirtschaft und Energie (Hg.): Sanierungsbedarf im Gebäudebestand. Ein Beitrag zur Energieeffizienzstrategie Gebäude. 2014. Online verfügbar unter http://www.bmwi.de/BMWi/Redaktion/PDF/E/sanierungsbedarf-im-gebaeudebestand,property=pdf,bereich=bmwi2012,sprache=de,rwb=true.pdf, zuletzt geprüft am 03.02.2016.

BMWi (2015a) Bundesministerium für Wirtschaft und Energie (BMWi): Anreizprogramm Energieeffizienz ist Startschuss für umfassende Modernisierungsoffensive im Heizungskeller. 2015. Online verfügbar unter http://www.bmwi.de/DE/Presse/pressemitteilungen,did=747546.html, zuletzt geprüft am 04.02.2016.

BMWi (2015b) Bundesministerium für Wirtschaft und Energie (Hg.): Die Energie der Zukunft. Ein gutes Stück Arbeit – Vierter Monitoring-Bericht zur Energiewende. 2015. Online verfügbar unter http://www.bmwi.de/BMWi/Redaktion/PDF/V/vierter-monitoring-bericht-energie-der-zukunft,property=pdf,bereich=bmwi2012,sprache=de,rwb=true.pdf, zuletzt geprüft am 03.02.2016.

BMWi (2015c) Bundesministerium für Wirtschaft und Energie (Hg.): Energieeffizienz von Produkten. Energieverbrauchskennzeichnung von neuen Produkten. 2015. Online verfügbar unter http://www.bmwi.de/DE/Themen/Energie/Energieeffizienz/energieverbrauchskennzeichnung-von-produkten.html, zuletzt geprüft am 03.02.2016.

BMWi (2015d) Bundesministerium für Wirtschaft und Energie (Hg.): Energieeffizienzstrategie Gebäude. Wege zu einem nahezu klimaneutralen Gebäudebestand. 2015. Online verfügbar unter http://www.bmwi.de/DE/Mediathek/publikationen,did=752700.html, zuletzt geprüft am 21.04.2016.

BMWi (2015e) Bundesministerium für Wirtschaft und Energie (Hg.): Moderne Kraftwerkstechnologien. 2015. Online verfügbar unter http://www.bmwi.de/DE/Themen/Energie/Strommarkt-der-Zukunft/moderne-kraftwerkstechnologien.html, zuletzt geprüft am 21.04.2016.

BMWi (2016a) Bundesministerium für Wirtschaft und Energie (Hg.): Energiedaten: Gesamtausgabe. 2016. Online verfügbar unter http://www.bmwi.de/DE/Themen/Energie/Energiedaten-und-analysen/Energiedaten/gesamtausgabe,did=476134.%20html, zuletzt geprüft am 08.02.2016.

BMWi (2016b) Bundesministerium für Wirtschaft und Energie (Hg.): Energieeinsparrecht. 2016. Online verfügbar unter http://www.bmwi.de/DE/Themen/Energie/Energiewende-im-Gebaeudebereich/energieeinsparrecht.html, zuletzt geprüft am 21.04.2016.

BMWi (2016c) Bundesministerium für Wirtschaft und Energie (Hg.): Energiepreise und Energiekosten. 2016. Online verfügbar unter http://www.bmwi.de/DE/Themen/Energie/Energiedaten-und-analysen/Energiedaten/energiepreise-energiekosten.html, zuletzt geprüft am 21.04.2016.

BMWi (2016d) Bundesministerium für Wirtschaft und Energie (Hg.): Intelligente Messsysteme. Gesetz zur Digitalisierung der Energiewende. 2016. Online verfügbar unter http://www.bmwi.de/DE/Themen/Energie/Netze-und-Netzausbau/intelligente-messsysteme.html, zuletzt geprüft am 03.02.2016.

BMWi (2016e) Bundesministerium für Wirtschaft und Energie (Hg.): KfW-Programme. 2016. Online verfügbar unter http://www.bmwi.de/DE/Themen/Energie/Energiewende-im-Gebaeudebereich/kfw-programme.html, zuletzt geprüft am 04.02.2016.

BMWi (2016f) Bundesministerium für Wirtschaft und Energie (Hg.): NAPE-Meter. 2016. Online verfügbar unter http://www.bmwi.de/DE/Themen/Energie/Energieeffizienz/NAPE/infografik-nape.html, zuletzt geprüft am 04.02.2016.

Bonin (2012) Bonin, J.: Handbuch Wärmepumpen. Beuth, [S.l.], 2012. ISBN: 9783410221302 (Technische Gebäudeausrüstung).

Bürger (2009) Bürger, V.: Identifikation, Quantifizierung und Systematisierung technischer und verhaltensbedingter Stromeinsparpotenziale privater Haushalte. Öko Institut e.V. (Hg.). 2009. Online verfügbar unter http://www.uni-muenster.de/imperia/md/content/transpose/publikationen/buerger_working_paper_3.pdf, zuletzt geprüft am 21.04.2016.

BWP (2014) Bundesverband Wärmepumpe e.V. (Hg.): Absatzzahlen 2014 – Pressemitteilung. 2014. Online verfügbar unter http://www.waermepumpe.de/presse/pressemitteilungen/details/details/waermepumpen-absatz-2014-leicht-ruecklaeufig/, zuletzt geprüft am 07.08.2015.

Die Bundesregierung (2015) Die Bundesregierung: Entwurf eines Gesetzes zur Digitalisierung der Energiewende. Die Bundesregierung. Online verfügbar unter http://www.bmwi.de/BMWi/Redaktion/PDF/E/entwurf-eines-gesetzes-zur-digitalisierung-der-energiewende,property=pdf,bereich=bmwi2012,sprache=de,rwb=true.pdf, zuletzt geprüft am 03.02.2016.

Diefenbach et al. (2010) Diefenbach, N.; Cischinsky, H.; Rodenfels, M. et al.: Datenbasis Gebäudebestand. Datenerhebung zur energetischen Qualität und zu den Modernisierungstrends im deutschen Wohngebäudebestand. Bremer Energie Institut; Institut Wohnen und Umwelt GmbH (Hg.). 2010. Online verfügbar unter http://datenbasis.iwu.de/dl/Endbericht_Datenbasis.pdf, zuletzt geprüft am 05.08.2015.

Diefenbach et al. (2013a) Diefenbach, N.; Enseling, A.; von Malottki, C. et al.: Kurzgutachten zu einem Sanierungsfahrplan im Wohngebäudebestand. Institut Wohnen und Umwelt GmbH (Hg.). 2013. Online verfügbar unter http://www.iwu.de/fileadmin/user_upload/dateien/energie/sonstiges/Kurzgutachten_Sanierungsfahrplan.pdf, zuletzt geprüft am 28.01.2016.

Diefenbach et al. (2013b) Diefenbach, N.; Enseling, A.; Renner, A. et al.: Maßnahmen zur Umsetzung der Ziele des Energiekonzepts im Gebäudebereich. Zielszenario. Bundesministerium für Verkehr, Bau und Stadtentwicklung (Hg.). 2013. Online verfügbar unter http://www.bbsr.bund.de/BBSR/DE/Veroeffentlichungen/BMVBS/Online/2013/DL_ON032013.pdf?__blob=publicationFile&v=5, zuletzt geprüft am 21.04.2016.

Donnerbauer (2012) Donnerbauer, R.: Modernisierungsrate immer noch viel zu gering. Interview mit Ulrich Schmidt. Heizungsjournal, 2012. Online verfügbar unter http://www.heizungsjournal.de/themenarchiv/HZJ-1-2-2012-Interview-Bosch.pdf, zuletzt geprüft am 03.02.2016.

DUH (2015) Deutsche Umwelthilfe e.V. (Hg.): Energieeffizienz: Bundesrat muss steuerlicher Abschreibung der Gebäudesanierung zustimmen. 2015. Online verfügbar unter http://www.duh.de/pressemitteilung.html?&tx_ttnews%5Btt_news%5D=3463, zuletzt geprüft am 21.04.2016.

Dunkelber und Weiß (2015) Dunkelber, E.; Weiß, J.: Energetischer Zustand von Wohngebäuden in zwei Regionen mit unterschiedlicher Wachstumsdynamik. Gebäudeeigenschaften, Sanierungszustand und Energieverbrauch von Wohngebäuden in den Regionen Lausitz-Spreewald und Potsdam/Potsdam-Mittelmark. 2015. Online verfügbar unter http://www.gebaeude-energiewende.de/uploads/media/I%C3%96W_2015_GEW_Arbeitspapier_3_Wohngeb%C3%A4udebestand.pdf, zuletzt geprüft am 21.04.2016.

E.ON AG (2006) E.ON AG (Hg.): Option und Potenziale für Endenergieeffizienz und Endenergiedienstleistungen. Wuppertal, 2006. Online verfügbar unter http://www.energieverbraucher.de/files_db/dl_mg_1173199384.pdf, zuletzt geprüft am 08.02.2016.

Eicker (2011) Eicker, U.: Solare Technologien für Gebäude: Grundlagen und Praxisbeispiele. Vieweg + Teubner Verlag, 2011. ISBN: 9783834882370.

EnergieAgentur.NRW (2010) EnergieAgentur.NRW (Hg.): Beleuchtung. Potenziale zur Energieeinsparung. Düsseldorf, 2010. Online verfügbar unter http://www.gymnasium-wuerselen.de/wp-content/uploads/2015/02/ea-nrw-beleuchtung.pdf, zuletzt geprüft am 08.02.2016.

EnEV-online (2016) EnEV-online (Hg.): EnEV ab 2016: Wie ändert sich der maximale Primärenergiebedarf für neue Wohngebäude? EnEV erhöht den Neubau-Standard ab 2016. 2016. Online verfügbar unter http://www.enev-online.com/enev_praxishilfen/vergleich_enev_2016_enev_2014_neubau_wohnbau_3_primaerenergiebedarf_15.07.20.htm, zuletzt geprüft am 21.04.2016.

Ernst & Young (2013) Ernst & Young (Hg.): Kosten-Nutzen-Analyse für einen flächendeckenden Einsatz intelligenter Zähler. 2013. Online verfügbar unter http://www.bmwi.de/DE/Mediathek/publikationen,did=586064.html, zuletzt geprüft am 21.04.2016.

EU (2010) Europäische Union: Richtlinie 2010/30/EU des Europäischen Parlaments und des Rates vom 19. Mai 2010 über die Angabe des Verbrauchs an Energie und anderen Ressourcen durch energieverbrauchsrelevante Produkte mittels einheitlicher Etiketten und Produktinformationen. EU. Europäische Union. Online verfügbar unter http://www.bmwi.de/BMWi/Redaktion/PDF/E/eu-richtlinie-energieverbrauchskennzeichung,property=pdf,bereich=bmwi2012,sprache=de,rwb=true.pdf, zuletzt geprüft am 21.04.2016.

European Commission (2012) European Commission (Hg.): Commission Staff Working Paper. Analysis of options beyond 20 % GHG emission reductions: Member State results. Brüssel, 2012. Online verfügbar unter http://ec.europa.eu/clima/policies/strategies/2020/docs/swd_2012_5_en.pdf, zuletzt geprüft am 03.02.2016.

FfE (2015) Forschungsstelle für Energiewirtschaft e.V. (Hg.): Novellierung des KWK-Gesetzes (Okt. 2015) Novellierung des KWK-Gesetzes. Entwurf eines Gesetzes zur Neuregelung des Kraft-Wärme-Kopplungsgesetz (KWK-G). 2015. Online verfügbar unter https://www.ffegmbh.de/aktuelles/nuetzliche-gesetze/548-novellierung-kwkg-2016, zuletzt geprüft am 21.04.2016.

Frey et al. (2007) Frey, G.; Schulz, W.; Horst, J. et al.: Studie zu den Energieeffizienzpotenzialen durch Ersatz von elektrischem Strom im Raumwärmebereich. Institut für ZukunftsEnergieSysteme GmbH: Bundesumweltministerium (Hg.). 2007. Online verfügbar unter http://www.bmub.bund.de/fileadmin/bmu-import/files/pdfs/allgemein/application/pdf/studie_stromheizungen.pdf, zuletzt geprüft am 05.08.2015.

Goris und Hegger (2010) Goris, A.; Hegger, J.: Stahlbetonbau aktuell 2010: Praxishandbuch. Beuth Verlag GmbH, 2010. ISBN: 9783410215356.

Greening et al. (2000) Greening, L.; Greene, D.; Difiglio, C.: Energy efficiency and consumption – the rebound effect – a survey. 2000. Online verfügbar unter http://www.sciencedirect.com/science/article/pii/S0301421500000215, zuletzt geprüft am 21.04.2016.

Haimann (2016) Haimann, R.: Die große Lüge von der Wärmedämmung. Die Kosten der Sanierung übersteigen die Einsparungen deutlich. WeltN25 GmbH (Hg.). 2016. Online verfügbar unter http://www.welt.de/print/die_welt/wirtschaft/article114884474/Die-grosse-Luege-von-der-Waermedaemmung.html, zuletzt geprüft am 21.04.2016.

Henger und Voigtländer (2012) Henger, R.; Voigtländer, M.: Energetische Modernisierung des Gebäudebestandes: Herausforderungen für private Eigentümer. Institut der deutschen Wirtschaft Köln (Hg.). 2012. Online verfügbar unter http://www.gdi-daemmstoffe.de/tl_files/download_neu/Gutachten-Energetische_Modernisierung_Haus%20und%20Grund.pdf, zuletzt geprüft am 05.08.2015.

Hensler et al. (2012) Hensler, G.; Schneider, M.; Theenhaus, A. et al.: UmweltWissen: Energiesparfenster mit 3 Scheiben – Heizkosten senken und Lärm vermindern. Bayerisches Landesamt für Umwelt (Hg.). 2012. Online verfügbar unter http://www.lfu.bayern.de/umweltwissen/doc/uw_102_energiesparfenster.pdf, zuletzt geprüft am 05.08.2015.

Heyde (2012) Heyde, S.: Energieeffizienz bei der Beleuchtung. Ein Merkblatt der Industrie- und Handelskammer Projekte Hannover GmbH. Industrie- und Handelskammer Hannover (Hg.). Hannover, 2012. Online verfügbar unter http://www.hannover.ihk.de/fileadmin/data/Dokumente/Themen/Energie/Energie-Merkblaetter/120524__Merkblatt_Beleuchtung_.pdf, zuletzt geprüft am 08.02.2016.

Holm und Sprengard (2015) Holm, A. H.; Sprengard, C.: CO2 Einsparpotenzial im Wohngebäudebestand durch energetische Sanierung der Gebäudehülle. Gesamtverband Dämmstoffindustrie GDI e.V. (Hg.). Gräfelfing,, 2015. Online verfügbar unter http://www.fiw-muenchen.de/media/pdf/2015-06-15_gdi_co2_einsparpotential_durch_sanierung_der_gebaeudehuelle.pdf, zuletzt geprüft am 05.02.2016.

Hörner (2015) Hörner, M.: Typologische Kenngrößen von Nichtwohngebäuden im Bestand. Institut Wohnen und Umwelt GmbH: 2015. Online verfügbar unter http://www.enob.info/fileadmin/media/Publikationen/EnOB/Analysen/Querschnittsanalyse_TEK_x.pdf, zuletzt geprüft am 21.04.2016.

IEA (2012) International Energy Agency (Hg.): World Energy Outlook 2012. 2012. Online verfügbar unter http://www.worldenergyoutlook.org/weo2012/, zuletzt geprüft am 07.08.2015.

IKZ (2004) IKZ (Hg.): IKZ Praxis 01/2014 Was ist eigentlich der Unterschied zwischen einem atmosphärischen Brenner und einem Gas- oder Öl-Gebläsebrenner. 2004. Online verfügbar unter http://www.ikz.de/ikz-praxis-archiv/p0401/040103.php, zuletzt geprüft am 21.04.2016.

IW Köln (2013) Institut der deutschen Wirtschaft Köln e.V. (Hg.): Gebäudesanierung - Teurer Klimaschutz. 2013. Online verfügbar unter http://www.iwkoeln.de/infodienste/iwd/archiv/beitrag/gebaeudesanierung-teurer-klimaschutz-87722, zuletzt geprüft am 21.04.2016.

Kaup (2009) Kaup, C.: Potenzial der Wärmerückgewinnung. In: TGA Fachplaner. Online verfügbar unter http://www.umwelt-campus.de/ucb/fileadmin/users/156_c.kaup/dokumente/TGA_WRG_POT.pdf, zuletzt geprüft am 05.08.2015.

Kaup (2012) Kaup, C.: RLT-Geräte – Energiebedarf und Einsparpotenzial in Europa. Online verfügbar unter http://www.umwelt-campus.de/ucb/fileadmin/users/156_c.kaup/dokumente/TGAFP_KAUP_0212.pdf, zuletzt geprüft am 05.08.2015.

Kaup (2014) Kaup, C.: So bedeutend ist die RLT-WRG. 2014. Online verfügbar unter http://www.umwelt-campus.de/ucb/fileadmin/users/156_c.kaup/dokumente/CCI_08_2014.pdf, zuletzt geprüft am 21.04.2016.

Kaup und Kampeis (2013) Kaup, C.; Kampeis, P.: Studie zum Beitrag und zum Anteil der Wärmerückgewinnung aus zentralen Raumluft-technischen Anlagen (RLT-Anlagen) in Nicht-Wohngebäuden. Umwelt-Campus Birkenfeld (Hg.). 2013. Online verfügbar unter http://www.downloads.fgk.de/130610_Studie_WRG_NWG_Umwelt-Campus-Birkenfeld.pdf, zuletzt geprüft am 05.08.2015.

Kohler (2012) Kohler, S.: Energieeffizienz und erneuerbare Energien - martkpotenziale und Herausforderungen der Energiewende. Deutsche Energieagentur GmbH (Hg.). 2012. Online verfügbar unter http://www.dena.de/fileadmin/user_upload/Veranstaltungen/Vortraege_GF/sk/120927_SK_Jahrestagung_Zement_des_Vereins_Deutscher_Zementwerke_vdz_Duesseldorf_Energieeffizienz_und_erneuerbare_Energien_-_Marktpotenziale_und_Herausforderungen_der_Energiewende.pdf, zuletzt geprüft am 21.04.2016.

Kolb (2008) Kolb, J.: Holzbau mit System: Tragkonstruktion und Schichtaufbau der Bauteile. Birkhäuser Basel, 2008. ISBN: 9783764388232.

Kosowski et al. (2008) Kosowski, K.; Kühl, L.; Tegethoff, W. et al.: CO2-Wärmepumpe zur Wärmeversorgung von Wohngebäuden mit verbessertem Wärmeschutz. Deutscher Kälte- und Klimatechnischer Verein e.V. (Hg.). Deutsche Kälte-Klima Tagung 2007 Hannover, 2008. Online verfügbar unter http://www.dkv.org/index.php?id=93, zuletzt geprüft am 21.04.2016.

Kunz (2011) Kunz, U.: Stromeinsparung durch Einsatz von Hocheffizienzpumpen. Bundesindustrieverband Deutschland Haus-, Energie- und Umwelttechnik e.V. (Hg.). 2011. Online verfügbar unter http://ish2011.bdh-koeln.de/pdf/vortrag107_bdh_hocheffizienzpumpen.pdf, zuletzt geprüft am 28.01.2016.

Lindloff (2012) Lindloff, K.: EU-Label - Energieeffizienzsteigerung durch Energieverbrauchskennzeichnung... Deutsche Energieagentur GmbH (Hg.). 2012. Online verfügbar unter http://www.dena.de/fileadmin/user_upload/Nachrichten/2012/Factsheet_EU_Label.pdf, zuletzt geprüft am 05.08.2015.

Lohmeyer et al. (2015) Lohmeyer, G.; Post, M.; Bergmann, H.: Praktische Bauphysik: Eine Einführung mit Berechnungsbeispielen. Vieweg + Teubner Verlag, 2015. ISBN: 9783322938787.

MASLATON (2016) MASLATON Rechtsanwaltsgesellschaft mbH (Hg.): BAFA informiert zum KWKG 2016. 2016. Online verfügbar unter https://www.maslaton.de/news/BAFA-informiert-zum-KWKG-2016--n425, zuletzt geprüft am 28.04.2016.

Mönnig und Bach (2013) Mönnig, H. U.; Bach, P.: Risikomanagement für Architekten/Ingenieure. Verlag Versicherungswirtschaft, 2013. ISBN: 9783862982820 (VIP Versicherungsrecht in der Praxis).

Morziol et al. (2009) Morziol, C.; Oehme, I.; Schnepel, C.: Beleuchtungstechnik mit geringerer Umweltbelastung. Umweltbundesamt (Hg.). 2009. Online verfügbar unter https://www.umweltbundesamt.de/sites/default/files/medien/pdfs/UBA_Licht_Ausgabe_03.pdf, zuletzt geprüft am 08.02.2016.

Nabe et al. (2011) Nabe, C.; Hasche, B.; Offermann, M. et al.: Potenziale der Wärmepumpe zum Lastmanagement im Strommarkt und zur Netzintegration erneuerbarer Energien. Ecofys Germany GmbH; Prognos AG (Hg.). 2011. Online verfügbar unter http://www.ecofys.com/files/files/ecofys_2011_potenziale_der_waermepumpe.pdf, zuletzt geprüft am 05.08.2015.

Oehme und Halatsch (2009) Oehme, I.; Halatsch, A.: Hintergrundpapier: Neue Ökodesign-Anforderungen und Energieverbrauchskennzeichnung für Kühl- und Gefriergeräte sowie Waschmaschinen. Umweltbundesamt (Hg.). 2009. Online verfügbar unter http://www.umweltbundesamt.de/sites/default/files/medien/publikation/long/3618.pdf, zuletzt geprüft am 05.08.2015.

Pehnt et al. (2011) Pehnt, M.; Arens, M.; Duscha, M. et al.: Energieeffizienz: Potenziale, volkswirtschaftliche Effekte und innovative Handlungs- und Förderfelder für die Nationale Klimaschutzinitiative. „Wissenschaftliche Begleitforschung“ zu übergreifenden technischen, ökologischen, ökonomischen und strategischen Aspekten des nationalen Teils der Klimaschutzinitiative. Heidelberg, Karlsruhe, Berlin, Osnabrück, Freiburg, 2011. Online verfügbar unter http://www.ifeu.de/energie/pdf/NKI_Endbericht_2011.pdf, zuletzt geprüft am 05.08.2015.

Pepler et al. (2013) Pepler, W.; Schiller, C.; Khanh, T.Q.: Kommunen in neuem Licht. Praxiserfahrungen zur LED in der kommunalen Beleuchtung. Technische Universität Darmstadt (Hg.). Düsseldorf, 2013. Online verfügbar unter https://www.bmbf.de/files/KinL_Abschlussbericht_korr2013-06_bf_abA7.pdf, zuletzt geprüft am 11.02.2016.

Platt et al. (2014) Platt, M.; Exner, S.; Bracke, R.: Analyse des deutschen Wärmepumpenmarktes - Bestandsaufnahme und Trends. Geothermiezentrum Bochum (Hg.). 2014. Online verfügbar unter http://www.geothermie-zentrum.de/fileadmin/media/geothermiezentrum/GeothermieCampus_Bochum/

Forschung_und_Projekte/Analyse_des_deutschen_Waermepumpenmarktes/WP-StudieII_GZB_2014.pdf, zuletzt geprüft am 11.08.2015.

Plesser und Fisch (2010) Plesser, S.; Fisch, M. Norbert: Gebäude energieeffizient betreiben. Den Anspruch der Planung einlösen. BINE-Informationsdienst (Hg.). 2010. Online verfügbar unter http://www.bine.info/fileadmin/content/Publikationen/Themen-Infos/I_2010/TI_0110_internetx.pdf, zuletzt geprüft am 21.04.2016.

Quaschning (2013) Quaschning, V.: Erneuerbare Energien und Klimaschutz: Hintergründe - Techniken und Planung - Ökonomie und Ökologie - Energiewende. Carl Hanser Verlag GmbH & Company KG, 2013. ISBN: 9783446437371.

Reuther und Weber (2008) Reuther, S.; Weber, C.: Energetische Modernisierung von Wohngebäuden. Eine Chance für Veränderung. 2008. Online verfügbar unter http://www.iwu.de/fileadmin/user_upload/dateien/energie/hofheim/HW_Planungshandbuch_Endfassung_08-11-10.pdf, zuletzt geprüft am 05.08.2015.

Richter et al. (2008) Richter, E.; Fischer, H. M.; Jenisch, R. et al.: Lehrbuch der Bauphysik: Schall - Wärme - Feuchte - Licht - Brand - Klima. Vieweg + Teubner Verlag, 2008. ISBN: 9783834894670.

Rohde et al. (2014) Rohde, C.; Hirzel, S.; Aydemir, A.: Kurzstudie zur Prüfung der weiterführenden Förderung von Beleuchtungssystemen, die auf LED-Technik basieren im Rahmen des Förderprogrammes. Investitionszuschüsse zum Einsatz hocheffizienter Querschnittstechnologien im Mittelstand. Bundesamt für Wirtschaft und Ausfuhrkontrolle (Hg.). Karlsruhe, 2014. Online verfügbar unter http://www.bafa.de/bafa/de/energie/querschnittstechnologien/publikationen/bericht_final_20141127.pdf, zuletzt geprüft am 11.02.2016.

RWE (2013) RWE Effizienz GmbH (Hg.): Factbook Energieeffizienz. 2013. Online verfügbar unter https://www.energiewelt.de/web/cms/mediablob/de/1628716/data/1773346/4/energieberatung/wir-ueber-uns/Factbook-Energieeffizienz.pdf, zuletzt geprüft am 05.08.2015.

Schild et al. (2010) Schild, K.; Willems, W. M.; Brück, H.: Energie-Effizienzbewertung von Gebäuden: Anforderungen und Nachweisverfahren gemäß EnEV 2009. Vieweg + Teubner Verlag, 2010. ISBN: 9783834897497 (Detailwissen Bauphysik).

Schlesinger et al. (2010) Schlesinger, M.; Lindenberger, D.; Lutz, C.: Energieszenarien für ein Energiekonzept der Bundesregierung. 2010. Online verfügbar unter http://www.ewi.uni-koeln.de/fileadmin/user_upload/Publikationen/Studien/Politik_und_Gesellschaft/2010/EWI_2010-08-30_Energieszenarien-Studie.pdf, zuletzt geprüft am 21.04.2016.

Schlesinger et al. (2014) Schlesinger, M.; Lindenberger, D.; Lutz, C.: Entwicklung der Energiemärkte - Energiereferenzprognose. Prognos AG, EWI, GWS (Hg.). 2014. Online verfügbar unter http://www.bmwi.de/BMWi/Redaktion/PDF/Publikationen/entwicklung-der-energiemaerkte-energiereferenzprognose-endbericht,property=pdf,bereich=bmwi2012,sprache=de,rwb=true.pdf, zuletzt geprüft am 27.04.2016.

Schlomann et al. (2000) Schlomann, B.; Ziesing, H.-J.; Geiger, B.: Erarbeitung kostengünstiger Erhebungsformen zur Erfassung des effektiven Energieverbrauchs im Bereich Haushalte und Kleinverbraucher. Fraunhofer-Institut für System- und Innovationsforschung ISI; Deutsches Institut für Wirtschaftsforschung; Technische Universität München (Hg.). 2000. Online verfügbar unter http://www.isi.fraunhofer.de/isi-wAssets/docs/e/de/publikationen/e-statistik/Energiestatistik-kurz-de.pdf, zuletzt geprüft am 30.10.2015.

Schneider et al. (2015) Schneider, C.; Asmus Nebel, J.; Glöckner, A.: Das Kraft-Wärme-Kopplungsgesetz 2016 – Überblick über die wesentlichen Neuregelungen. Online verfügbar unter https://www.goerg.de/de/aktuelles/legal_updates/das_kraft_warme_kopplungsgesetz_2016_ueberblick_uber_die_wesentlichen_neuregelungen.43943.html, zuletzt geprüft am 28.01.2016.

StBA (2011) Statistische Ämter des Bundes und der Länder (Hg.): Gebäude mit Wohnraum nach Heizungsart. 2011. Online verfügbar unter https://ergebnisse.zensus2011.de/#StaticContent:00,GWZ_11_9, zuletzt geprüft am 30.10.2015.

StBA (2011) Statistisches Bundesamt (Hg.): Gebäude und Wohnungen – Bundesrepublik Deutschland am 9. Mai 2011. Ergebnisse zum Stand Mai 2013. 2011. Online verfügbar unter https://www.destatis.de/DE/PresseService/Presse/Pressekonferenzen/2013/Zensus2011/gwz_zensus2011.pdf?__blob=publicationFile, zuletzt geprüft am 05.08.2015.

StBA (2013a) Statistisches Bundesamt (Hg.): Energie, Rohstoffe, Emissionen - Energieverbrauch der privaten Haushalte für Wohnen (temperaturbereinigt). 2013. Online verfügbar unter https://www.destatis.de/DE/ZahlenFakten/GesamtwirtschaftUmwelt/Umwelt/UmweltoekonomischeGesamtrechnungen/MaterialEnergiefluesse/Tabellen/EnergieverbrauchHaushalte.html, zuletzt geprüft am 21.04.2016.

StBA (2013b) Statistisches Bundesamt (Hg.): Wirtschaftsrechnungen Einkommens- und Verbraucherstichprobe 2013. Ausstattung privater Haushalte mit ausgewählten Gebrauchsgütern. 2013. Online verfügbar unter https://www.destatis.de/DE/Publikationen/Thematisch/EinkommenKonsumLebensbedingungen/AusstattungGebrauchsgueter/EVS_AusstattungprivaterHaushalte2152601139004.pdf?__blob=publicationFile, zuletzt geprüft am 21.04.2016.

StBA (2015) Statistisches Bundesamt (Hg.): Daten zur Energiepreisentwicklung - Lange Reihen von Januar 2000 bis März 2015. 2015. Online verfügbar unter https://www.destatis.de/DE/Publikationen/Thematisch/Preise/Energiepreise/EnergiepreisentwicklungPDF_5619001.pdf?__blob=publicationFile, zuletzt geprüft am 20.05.2015.

StBA (2016) Statistisches Bundesamt (Hg.): Bevölkerung. 2016. Online verfügbar unter https://www.destatis.de/DE/ZahlenFakten/Indikatoren/LangeReihen/Bevoelkerung/lrbev05.html, zuletzt geprüft am 21.04.2016.

Stieß et al. (2010) Stieß, I.; van der Land, Victoria; Birzle-Harder, B. et al.: Handlungsmotive, –hemmnisse und Zielgruppen für eine energetische Gebäudesanierung. Ergebnisse einer standardisierten Befragung von Eigenheimsanierern. Energieeffiziente Sanierung von Eigenheimen (Hg.). 2010. Online verfügbar unter http://www.enef-haus.de/fileadmin/ENEFH/redaktion/PDF/Befragung_EnefHaus.pdf, zuletzt geprüft am 21.04.2016.

Stolte et al. (2012) Stolte, C.; Marcinek, H.; Discher, H. et al.: dena-Sanierungsstudie. Teil 2: Wirtschaftlichkeit energetischer Modernisierung in selbst genutzten Wohngebäuden… Begleitforschung zum dena-Projekt „Niedrigenergiehaus im Bestand". Deutsche Energieagentur GmbH (Hg.). 2012. Online verfügbar unter http://www.dena.de/fileadmin/user_upload/Presse/Meldungen/2012/12-03-26_dena-Sanierungsstudie_Einfamilienhaeuser.pdf, zuletzt geprüft am 05.08.2015.

Stolte et al. (2015) Stolte, C.; Discher, H.; Lukas, H. et al.: Der dena-Gebäudereport 2015. Statistiken und Analysen zur Energieeffizienz im Gebäudebestand. Deutsche Energie-Agentur GmbH (Hg.). 2015. Online verfügbar unter https://shop.dena.de/sortiment/detail/produkt/broschuere-dena-gebaeudereport-2015-komplett-paket/, zuletzt geprüft am 27.05.2016.

Stroh und Roscher (2014) Stroh, K.; Roscher, E.: Energiesparlampe und LED: Energieeffiziente Beleuchtung. Bayerisches Landesamt für Umwelt (Hg.). 2014. Online verfügbar unter http://www.lfu.bayern.de/umweltwissen/doc/uw_122_energieeffiziente_beleuchtung.pdf, zuletzt geprüft am 11.02.2016.

UBA (2011) Umweltbundesamt (Hg.): Energiesparlampen in der Diskussion. 2011. Online verfügbar unter http://www.umweltbundesamt.de/sites/default/files/medien/publikation/long/3964.pdf, zuletzt geprüft am 05.08.2015.

UBA (2013) Umweltbundesamt (Hg.): Energie in Europa. 2013. Online verfügbar unter http://www.umweltbundesamt.at/umweltsituation/energie/energie_eu/, zuletzt geprüft am 21.04.2016.

UBA (2014a) Umweltbundesamt (Hg.): Der Weg zum klimaneutralen Gebäudebestand. 2014. Online verfügbar unter https://www.umweltbundesamt.de/sites/default/files/medien/378/publikationen/hgp_gebaeudesanierung_final_04.11.2014.pdf, zuletzt geprüft am 21.01.2016.

UBA (2014b) Umweltbundesamt (Hg.): KWK-Ausbau: Entwicklung, Prognose, Wirksamkeit der Anreize im KWK-Gesetz unter Berücksichtigung von Emissionshandel, Erneuerbare-Energien-Gesetz und anderen Instrumenten. 2014. Online verfügbar unter https://www.umweltbundesamt.

de/sites/default/files/medien/378/publikationen/climate_change_02_2014_kwk-ausbau_entwicklung_prognose_wirksamkeit_der_anreize_im_kwk-gesetz_0.pdf, zuletzt geprüft am 20.04.2016.

UBA (2015a) Umweltbundesamt (Hg.): Deutschlands Gebäudebestand bis 2050 klimaneutral machen. 2015. Online verfügbar unter https://www.umweltbundesamt.de/themen/deutschlands-gebaeudebestand-bis-2050-klimaneutral, zuletzt geprüft am 09.02.2016.

UBA (2015b) Umweltbundesamt (Hg.): Die EU-Energieverbrauchskennzeichnung informiert über Energieeffizienz und Energieverbrauch von Geräten… 2015. Online verfügbar unter https://www.umweltbundesamt.de/themen/klima-energie/energiesparen/energieverbrauchskennzeichnung, zuletzt geprüft am 20.10.2015.

UBA (2015c) Umweltbundesamt (Hg.): Energieverbrauch nach Energieträgern und Sektoren. 2015. Online verfügbar unter https://www.umweltbundesamt.de/daten/energiebereitstellung-verbrauch/energieverbrauch-nach-energietraegern-sektoren, zuletzt geprüft am 12.02.2016.

VFF und BF (2014) Verband Fenster + Fassade; Bundesverband Flachglas e.V. (Hg.): Mehr Energie sparen mit neuen Fenstern. 2014. Online verfügbar unter http://www.fensterratgeber.de/fileadmin/redaktion_ratgeber/img/03-2014_Studie_Mehr_Energie_sparen_mit_neuen_Fenstern.pdf, zuletzt geprüft am 21.04.2016.

Volger und Laasch (2013) Volger, K.; Laasch, E.: Haustechnik: Grundlagen Planung Ausführung. Vieweg + Teubner Verlag, 2013. ISBN: 9783322928139.

Voss (2014) Voss, K.: Gebäudetechnik für die Energiewende. 2014. Online verfügbar unter www.enob.info/fileadmin/media/Veranstaltungen/Dateien/xia_88_Voss_Gebaeudetechnik_fuer_die_Energiewende.pdf, zuletzt geprüft am 21.04.2016.

Weiß und Dunkelberg (2010) Weiß, J.; Dunkelberg, E.: Erschließbare Energieeinsparpotenziale im Ein- und Zweifamilienhausbestand. 2010. Online verfügbar unter http://www.ioew.de/uploads/tx_ukioewdb/Wei%C3%9F_Dunkelberg_2010_Potenzialanalyse_02.pdf, zuletzt geprüft am 05.08.2015.

Wesselak et al. (2013) Wesselak, V.; Schabbach, T.; Link, T. et al.: Regenerative Energietechnik. Springer Berlin Heidelberg, 2013. ISBN: 9783642241659.

Willems und Schild (2013) Willems, W. M.; Schild, K.: Wärmeschutz: Grundlagen - Berechnung - Bewertung. Springer Fachmedien Wiesbaden, 2013. ISBN: 9783658025717 (Detailwissen Bauphysik).

Ziesing (2011) Ziesing, H.-J.: Anwendungsbilanzen für die Endenergiesektoren in Deutschland in den Jahren 2009 und 2010. Bundesministerium für Wirtschaft und Technologie: AG Energiebilanzen e.V. (Hg.). Berlin, 2011. Online verfügbar unter http://www.bmwi.de/Dateien/BMWi/PDF/studie-anwendungsbilanz-2009-2010,property=pdf,bereich=bmwi2012,sprache=de,rwb=true.pdf, zuletzt geprüft am 05.08.2015.

Ziesing et al. (2011) Ziesing, H.-J.; Schlomann, B.; Fleiter, T. et al.: Umweltbundesamt 2011 Energieeffizienz in Zahlen. Umweltbundesamt (Hg.). Dessau-Roßlau, 2011. Online verfügbar unter https://www.umweltbundesamt.de/sites/default/files/medien/461/publikationen/4136.pdf=RdXBVdfHJu2O7QbcyY54, zuletzt geprüft am 05.08.2015.

Ziesing (2013) Ziesing, H.-J.: Anwendungsbilanzen für die Endenergiesektoren in Deutschland in den Jahren 2011 und 2012 mit Zeitreihen von 2008 bis 2012. Bundesministerium für Wirtschaft und Technologie: AG Energiebilanzen e.V. (Hg.). Berlin, 2013. Online verfügbar unter www.ag-energiebilanzen.de/index.php?article_id=29&fileName=ageb_endbericht_anwendungsbilanzen_2011-2012_endg.pdf, zuletzt geprüft am 21.04.2016.

ZIV (2014) Bundesverband des Schornsteinfegerhandwerks - Zentralinnungsverband (Hg.): Erhebungen des Schornsteinfegerhandwerks für 2014. 2014. Online verfügbar unter http://www.schornsteinfeger.de/bilder_ziv/files/erhebungen2014.pdf, zuletzt geprüft am 11.08.2015.

Verkehr

7

Martin Reisinger, Ekrem Köse und Alexander Sauer

In diesem Kapitel werden Publikationen zur Energieeffizienz im Verkehrssektor aggregiert dargestellt. Ziel dieses Kapitels ist es, die sektorspezifische Entwicklung der Energieeffizienz aufzuzeigen, Effizienzpotenziale darzustellen und die aktuellen Energieszenarien übersichtlich zusammenzufassen.

7.1 Sektorspezifische Entwicklungen und Einflussgrößen

Die in diesem Kapitel zusammengefassten Publikationen sind großteils nicht primär auf das Thema Energieeffizienz fokussiert. Unter dem Postulat der Klimaeffizienz wird die Effizienz des Verkehrssystems oftmals mit der Zielgröße CO_2-Äquivalente (CO_2e) bewertet.

Verkehrsbezogene CO_2-Emissionen sind im Wesentlichen von drei Faktoren abhängig (s. Abb. 7.1).

Durch die vielfältigen Einflussgrößen auf die Faktoren würde die Fokussierung dieses Kapitels, beispielsweise auf die Verringerung des spezifischen Energieverbrauchs von Verkehrsmitteln durch technischen Fortschritt, Aussagen über das Gesamtsystem des Sektors erschweren. Denn der spezifische Energieverbrauch kann beispielsweise auch durch die Verlagerung, d. h. einen Wechsel des Verkehrsmittels, erreicht werden (BMUB 2015c; IEA 2014a). Ziel ist es, den Entwicklungs- und Kenntnisstand der Energieeffizienz im Sektor Verkehr darzustellen. Dies ist aufgrund der Vielzahl der in Abb. 7.1 gezeigten beeinflussenden Größen eine Herausforderung.

M. Reisinger (✉) • E. Köse • A. Sauer
Universität Stuttgart, Institut für Energieeffizienz in der Produktion, Nobelstr. 12, 70569 Stuttgart, Deutschland
E-Mail: Martin.reisinger@eep.uni-stuttgart.de; Ekrem.koese@eep.uni-stuttgart.de; Alexander.sauer@eep.uni-stuttgart.de

A. Sauer, T. Bauernhansl (Hrsg.), *Energieeffizienz in Deutschland – eine Metastudie*,
DOI 10.1007/978-3-662-48883-6_7

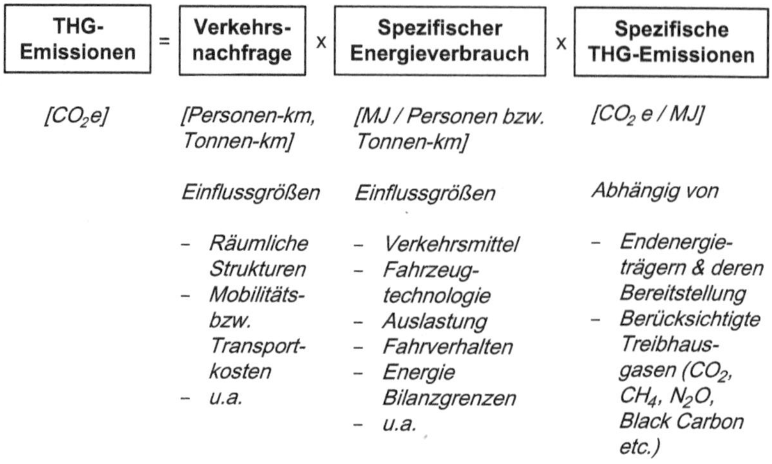

Abb. 7.1 Wesentliche Faktoren der verkehrsbezogene CO_2-Emissionen und deren Einflussgrößen in Anlehnung an (Creutzig und Edenhofer 2010)

Auch die unterschiedliche Definition und Verwendung des Begriffs Energieeffizienz in Publikationen und in politischen Strategiepapieren erschwert die Zusammenfassung des Entwicklungs- und Kenntnisstands (Kuder et al. 2013). Die im Rahmen dieser Metastudie im Sektor Verkehr analysierten Publikationen verwenden den Begriff Energieeffizienz uneinheitlich oder definieren ihn gar nicht. Dieses Kapitel gibt einen Überblick über die gesamte Bandbreite des Themenkomplexes Energieeffizienz im Sektor Verkehr.

Folgende Einflussgrößen auf die Energieeffizienz des Sektors liegen jedoch außerhalb des Betrachtungsraums dieser Metastudie:

- Die Reduzierung der sich lokal auswirkenden verkehrsbedingten Schadstoffemissionen ist ein zentrales Forschungsfeld sowie ein technologisches und regulatorisches Handlungsfeld. Es können gegenläufige Wirkungszusammenhänge zur Energieeffizienz bestehen.
- Außerhalb der Energiebilanzgrenze liegt der Energieverbrauch, welcher für den Bau, Betrieb und Rückbau der Verkehrsinfrastruktur notwendig ist (Stock und Bernecker 2014).
- Der von der Infrastruktur abhängige Energieverbrauch, welcher von der staatlichen Raumordnung und Entwicklungsplanung (Siedentop et al. 2005) und der individuellen Wahl von Gebäudestandorten abhängt (Merkblatt SIA 2039), wird nicht weiter betrachtet.

Die vom Umweltbundesamt dargestellte durchschnittliche Klimabilanz eines deutschen Bürgers beläuft sich auf 10,67 Tonnen CO_2 im Jahr. Durch die Mobilität entstehen jährlich 2,46 Tonnen CO_2-Emissionen. Damit stellt die Mobilität nach den konsumbedingten und haushaltsbedingten (Heizung und Strom) Emissionen den drittgrößten Anteil dar (UBA 2014c). Abb. 7.2 zeigt die CO_2-Emissionen pro Kopf in Deutschland im Jahr 2013. Verkehrsbedingte Emissionen sind daher ein entscheidender Stellhebel, sowohl für die Verbesserung der individuellen als auch der Gesamtklimabilanz Deutschlands.

Abb. 7.2 CO_2-Emissionen pro Kopf in Deutschland im Jahr 2013 (UBA 2014c)

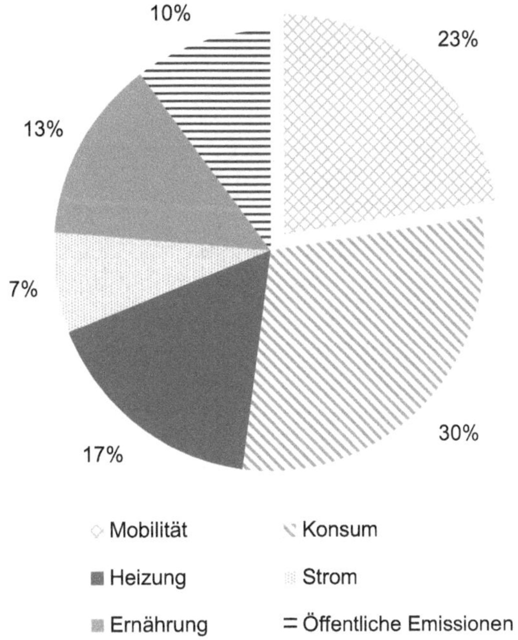

Der Verkehrssektor wird nach Graichen et al. (2011) zunächst unterteilt in Personen- und Güterverkehr. Innerhalb dieser Verkehrsklassen wird zwischen den Verkehrsträgern Straße, Schiene, Luft und Wasser differenziert.

Im Personenverkehr wird zusätzlich noch zwischen motorisiertem Individualverkehr (MIV) und öffentlichem Personenverkehr unterschieden. Unter dem MIV werden private Beförderungen durch Pkw, motorisierte Zweiräder und Kombinationswagen subsumiert (Graichen et al. 2011).

Eine ähnliche Kategorisierung erfolgt auch für den Güterverkehr, wobei im Güterverkehr eine zusätzliche Unterteilung des Wasserverkehrs in Seeverkehr und Binnenschiffverkehr sinnvoll ist. Abb. 7.3 illustriert die einzelnen Klassifizierungen zusammenfassend. Diese Differenzierung ist für den weiteren Verlauf essentiell, da sich innerhalb der definierten Klassen Technologien, Verbräuche und Entwicklungen stark voneinander unterscheiden können.

Für eine nachhaltige Senkung und Dekarbonisierung des verkehrsbedingten Treibstoffverbrauchs ist der Einbezug aller Verkehrsträger erforderlich. Gleichzeitig ist das Spektrum der Akteure für die einzelnen Verkehrsträger sehr breit. Neben einer Vielzahl von Fahrzeug- oder Komponentenherstellern, Produzenten konventioneller und alternativer Energieträger, Betreibern von Energieinfrastrukturen sowie Verkehrsdienstleistern, müssen insbesondere auch Verwaltungen auf Bundes-, Landes- und EU-Ebene miteinander kooperieren. (Dena 2012)

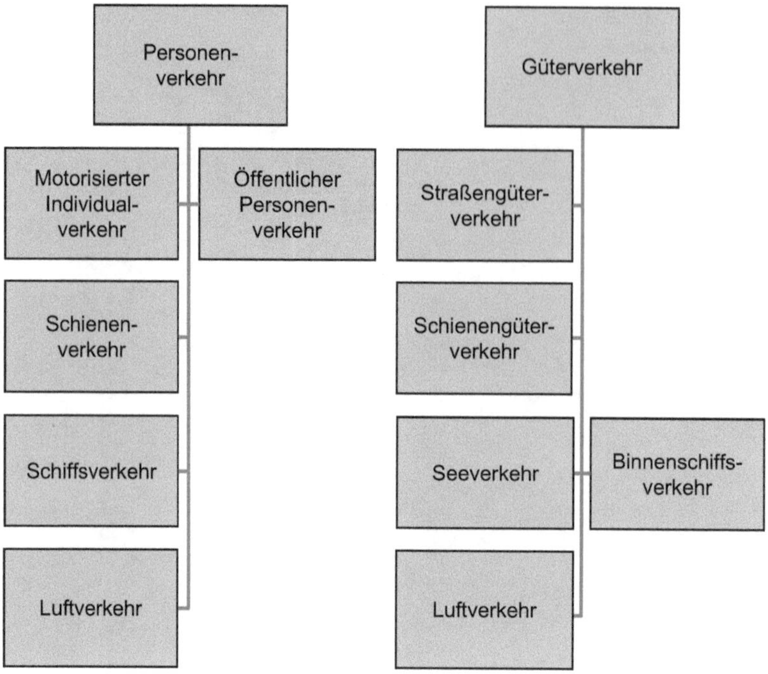

Abb. 7.3 Aufgliederung in Personen- und Güteverkehr (Graichen et al. 2011)

Eine zentrale Herausforderung ist es, den Verkehrssektor stärker als bisher in die Energiewende einzubeziehen. Zum einen gilt es, Kraftstoffverbrauch und CO_2-Emissionen weiter zu reduzieren, trotz absehbarer steigender Verkehrsleistung. Somit muss im Verkehr die Entkopplung von Energieverbrauch und Verkehrsleistung verstärkt angestrebt werden. Gleichzeitig ist die Antriebs- und Kraftstoffbasis so zu diversifizieren, dass die Versorgungssicherheit gewahrt wird und Energieressourcen für den Verkehr auch unter Berücksichtigung nötiger Investitionen weiterhin bezahlbar bleiben. Zum anderen hält der Verkehrssektor aber auch Lösungen für die Energiewende bereit, die bisher noch zu wenig Beachtung finden. Beispiele hierfür sind etwa die Potenziale der Elektro-, Erdgas- und Wasserstoffmobilität. (Dena 2013a)

7.2 Energieanalyse

Im Jahr 2014 verbrauchte der Verkehrssektor rund 30 % der gesamtdeutschen Endenergie (AGEB 2015b). Damit weist der Verkehrssektor erstmalig seit dem Jahr 2009 erneut den größten Anteil am Endenergieverbrauch auf (AGEB 2015b). Abb. 7.4 verdeutlicht die Entwicklung des Endenergieverbrauchs nach Energieträgern im Verkehrssektor Deutschlands von 1960 bis 2014. Ausgehend von 1960 hat sich der Endenergieverbrauch bis 1999 mehr als verdoppelt. Die darauf folgende Phase eines leichten Rückgangs wurde seit 2008 von einer mehrjährigen leichten Wachstumsphase abgelöst.

Der Verkehrssektor ist in hohem Maße von fossilen Energieträgern abhängig. Hauptsächlich werden Kraftstoffe auf Mineralölbasis als Energieträger eingesetzt. Während Benzin seit 1990 konstant an Bedeutung verliert, verzeichnet Diesel im Betrachtungszeitraum ein stetiges Wachstum. Die Relevanz von Strom stagniert bis 2011 weitestgehend bei

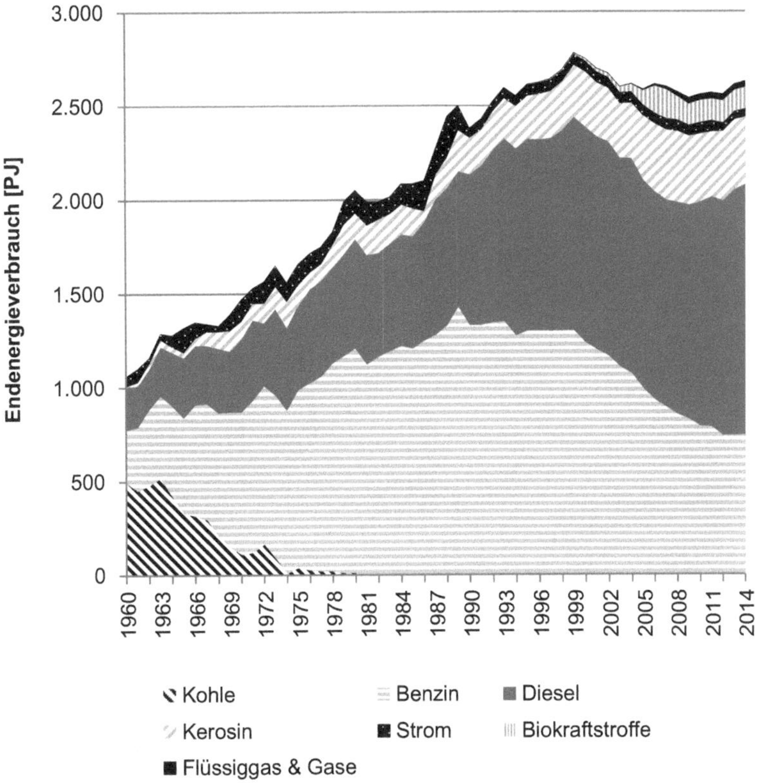

Abb. 7.4 Entwicklung des Endenergieverbrauchs nach Energieträgern von 1960 bis 2014. In Anlehnung an (ifeu 2012) und (BMWi 2016c)

knapp 60 PJ (2,3 %) und fällt in den darauffolgenden Jahren auf 42 PJ. Hier ist der Schienenverkehr dominierend. Der Endenergieverbrauch der Pkw-Elektromobilität ist mit 0,05 PJ in 2012 noch sehr gering (Schott et al. 2014). Der statistisch erfasste Einsatz von erneuerbaren Energien in Form von Biokraftstoffen erfolgte ab 1995 und nahm bis 2007 zu. Seitdem geht der Einsatz von Biokraftstoffen zurück. Im Vergleich zu den anderen Sektoren weist der Sektor Verkehr damit die geringste Nutzung von erneuerbaren Energien auf (AGEB 2015b).

Der verkehrsträgerspezifische Endenergieverbrauch wird in Abb. 7.5 dargestellt. Zwischen 1960 und 1999 war der größte Treiber des Endenergieverbrauchs die Massenmotorisierung im Personen-Individualverkehr auf der Straße. Seit 1999 verzeichnet der Luftverkehr die größten Wachstumsraten. Weiterhin ist aber der Verkehrsträger Straße ist mit rund 80 % des gesamten Endenergieverbrauchs sowie der CO_2-Emissionen der dominierende Faktor sowohl im Personen- als auch im Güterverkehr (ifeu 2012). Über die Hälfte des Endenergieverbrauchs entfällt auf die über 44 Mio. Pkw in Deutschland (KBA 2015). Die Pkw-Käufer und -Nutzer sind demnach bei einem signifikanten Anteil der Entscheidungen zur rationellen Energienutzung im Verkehrssektor die Handelnden.

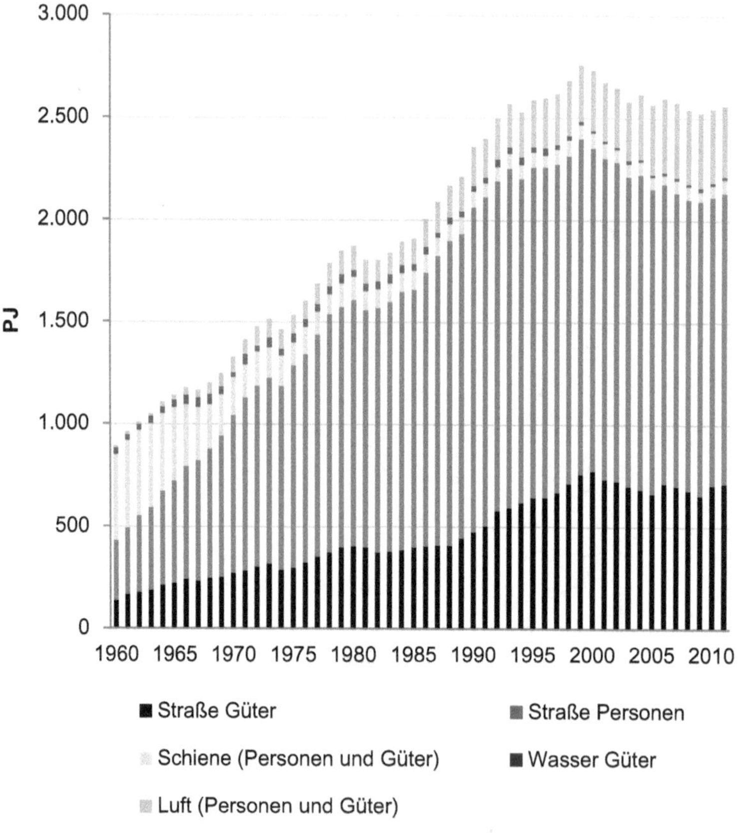

Abb. 7.5 Endenergieverbrauch nach Verkehrsträgern von 1960 bis 2011 (BMVBS 2013)

Da die Beförderung von Personen und Gütern grundsätzlich unterschiedliche Transportvorgänge sind, wird die Verkehrsleistungen nach Personen- und Güterverkehr getrennt erfasst (Graichen et al. 2011). Die Verkehrsleistung wird entweder in Personen-Kilometern (Pkm) oder Tonnen-Kilometern (tkm) angegeben. Die Verkehrsleistung bezieht sich auf die im Bundesgebiet zurückgelegte Entfernung (BMVI 2014).

In der Bundesrepublik ist seit 1960 ein signifikanter Anstieg der Verkehrsleistung zu beobachten. In den vergangenen fünfzig Jahren stieg das Verkehrsaufkommen im Personenverkehr um den Faktor vier (Öko-Institut 2012a; Dena 2011). Diese Steigerung war maßgeblich durch die Zunahme des motorisierten Individualverkehrs geprägt. Dies wird durch die Betrachtung der Pkw-Dichte deutlich. Die Pkw-Dichte erhöhte sich seit 1960 von 71 Pkw je 1.000 Einwohner auf 672 Pkw pro 1.000 Einwohner im Jahr 2016 (Dena 2011; Öko-Institut 2012a; KBA 2016). Zukünftig wird, insbesondere international, mit einer Fortführung dieser Entwicklung gerechnet. Existierten im Jahr 2010 weltweit etwa 1 Mrd. Fahrzeuge, werden es im Jahr 2050 rund 2 Mrd. sein (BMUB 2014b). Auch die Digitalisierung des Handels mit einer weiter Zunahme des Online Handels könnte zu weiter steigenden Verkehrsleistung führen (Laghaei et al. 2015).

In Abb. 7.6 werden die Entwicklungen der Verkehrsleistung im Personen- und Güterverkehr und des Endenergieverbrauchs zwischen 1990 und 2014 dargestellt. Die Verkehrsleistung des Güterverkehrs, welche derzeit etwa knapp 26 % des verkehrsbezogenen Energieverbrauchs einnehmen, ist seit 1990 um 120 % gestiegen. Die stärkste Zunahme verzeichnet hierbei der Straßen- und Schienengüterverkehr. Im selben Zeitraum nahm die Verkehrsleistung des Personenverkehrs um etwa 55 % zu (BMWi 2013). Den stärksten Zuwachs im Personenverkehr haben der Schienen-, Flug- und motorisierte Individualverkehr zu verzeichnen, während der öffentliche Straßenpersonenverkehr als einzige Verkehrsart einen Rückgang der Verkehrsleistung verzeichnet (Dena 2012).

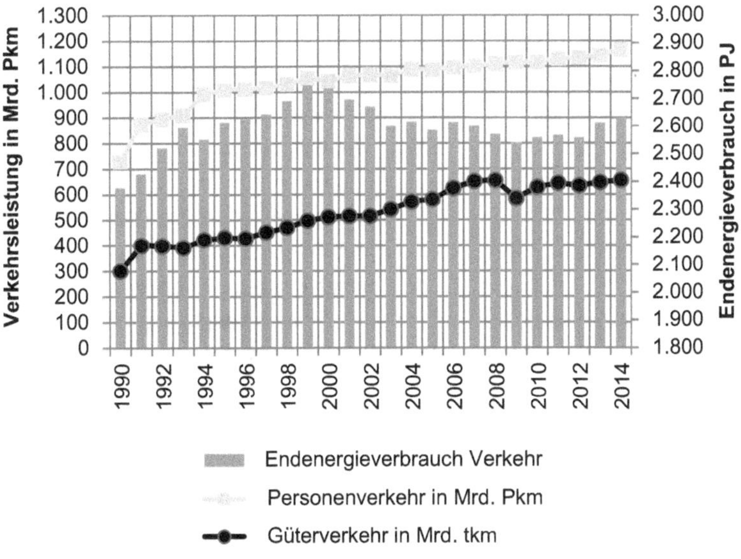

Abb. 7.6 Verkehrsleistung von 1990 bis 2014 (BMWi 2016a)

Als statistisches Maß für die Energieeffizienz werden Energieintensitätsindikatoren verwendet. Für den Sektor Verkehr werden diese auf Basis des Energieverbrauchs und der damit erbrachten Verkehrsleistung erhoben (IEA 2014a). Basierend auf der in Abb. 7.7 dargestellten Indikatoren-Reihe ist ersichtlich, dass der Indikator im Zeitraum von 1990 bis 2008 im gleitenden Durchschnitt gesunken ist und demnach eine Steigerung der Energieeffizienz im Sektor stattgefunden hat. Die Wirtschaftskrise 2008/2009 wirkte sich negativ auf die Indikatorentwicklung aus. Seit dem Jahr 2008 fand gemäß dem Indikator praktisch keine Energieeffizienzsteigerung mehr statt.

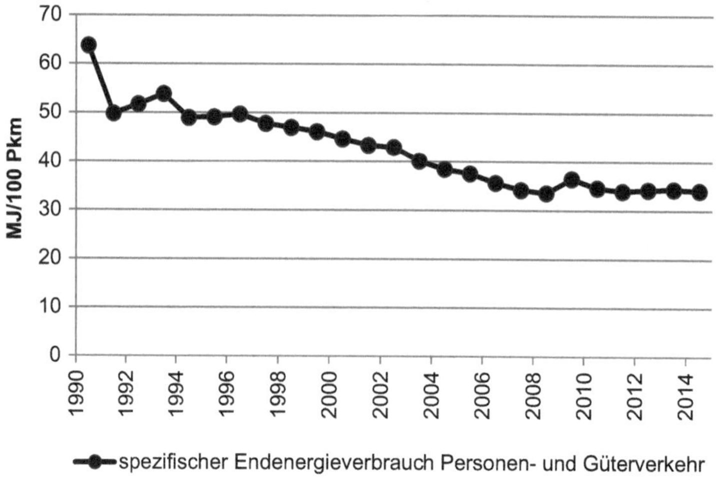

Abb. 7.7 Spezifischer Endenergieverbrauch Personen- und Güterverkehr von 1990 bis 2014 basiernd auf Daten aus (BMWi 2016a) und Umrechnungsfaktor 1 tkm = 10 Pkm aus (AGEB 2015a)

Die Stagnation der Energieeffizienz seit der Wirtschaftskrise führt dazu, dass der durch das leichte Wirtschaftswachstum induzierte Anstieg der Verkehrsnachfrage den Endenergieverbrauch des Sektors seit dem Jahr 2010 wieder steigen lässt. Die Abhängigkeit der Steigerung der Verkehrsnachfrage vom Wirtschaftswachstum ist in Abb. 7.8 in Form eines Scatterplots dargestellt. Im Jahr 2014 wurde durch den Anstieg des Bruttoinlandsprodukts (BIP) gegenüber dem Jahr 2013 um 1,6 % für jeden zusätzliche Euro im BIP 2,5 Kilometer neue Verkehrsnachfrage ausgelöst. Pro Kopf erhöhte sich dadurch die jährliche Verkehrsnachfrage um etwa 1.350 Personen-Kilometer auf insgesamt 94.994 Personen-Kilometer. Der dadurch zusätzlich entstandene Endenergieverbrauch konnte nicht durch die Steigerung der Energieeffizienz kompensiert werden. In der Abbildung ist auch deutlich erkennbar, dass die Wirtschaftskrise 2008/2009 zu „einem deutlichen Einbruch" der Verkehrsnachfrage (Schade et al. 2014) führte. Um den Endenergieverbrauch im Sektor Verkehr deutlich zu senken, könnte demnach neben der weiteren Steigerung der Energieeffizienz auch eine Entkopplung des Wirtschaftswachstums von der Verkehrsnachfrage zielführend sein.

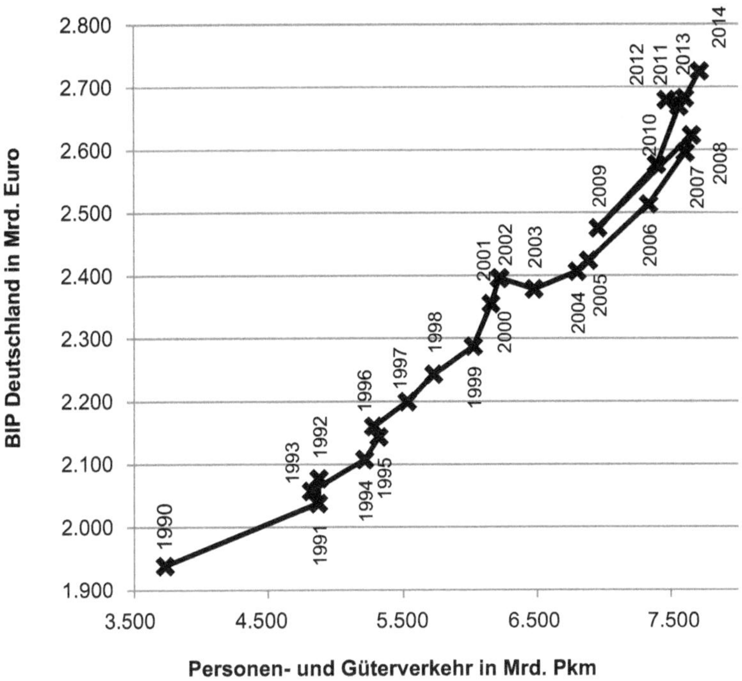

Abb. 7.8 Scatterplot Vergleich Verkehrsleistung der zum BIP in Deutschland von 1990 bis 2014 basierend auf Daten von (BMWi 2016a) und Umrechnungsfaktor 1 tkm = 10 Pkm aus (AGEB 2015a)

Insgesamt ist, basierend auf den dargestellten Indikatoren, in dieser Energieanalyse ein Trend zur Entkopplung von Energieverbrauch und Verkehrsleistung erkennbar. Weiterhin besteht aber aus Sicht der Bundesregierung das Problem, dass die auf der technologiebasierten Steigerung der Energieeffizienz basierenden Einspareffekte durch den zusätzlichen Energieverbrauch aufgrund des Verkehrswachstums, insbesonderer im Bereich des schweren Straßengüterfern- und Luftverkehr, überlagert werden (BMVBS 2013).

Die Bilanzgrenze dieser Indikatoren ist der Energieverbrauch, welcher sich während der Nutzungsphase von Verkehrsmitteln ergibt. Hierfür ist die Datenlage am umfassendsten, da diese der angewandten Bilanzgrenze der amtlichen Informationen der Bundesrepublik Deutschland entspricht. Der Energieverbrauch der der Nutzungsphase vor- und nachgelagerten Phasen liegt außerhalb dieser Bilanzgrenze. Diese sogenannte graue Energie wird bei einem Fahrzeug beispielsweise für die Herstellung, Wartung und Entsorgung aufgewandt (Gerlach et al. 2015). Auch der internationale Handel mit grauer Energie, d. h. der Import und Export von Gütern zur Fahrzeugproduktion bzw. von Fahrzeugen selbst, ist bisher nicht in den dargestellten Energieverbrauchsindikatoren (Mayer 2015) und Emissionsindikatoren (Peters et al. 2011b; StBA 2015) abgebildet.

Weiter wird der Energieverbrauch des internationalen Flugverkehrs und Seetransports nicht in die Indikatoren mit einbezogen. Dieser außerhalb der Bilanzgrenze induzierte Energieverbrauch, wird nur teilweise statistisch in Form der sog. Bunkerung bei der inländischen Abgabe von Treibstoffen für den internationalen See- und Luftverkehr ausgewiesen (AGEB 2010). Die dadurch entstehenden CO_2-Emissionen sind bisher nicht Bestandteil eines multilateralen Umweltabkommens zum Klimaschutz (UNFCC 2015, 1998; UBA 2016), obwohl die CO_2-Emissionen des internationalen Flugverkehrs und Seetransports weiter steigen (UBA 2016). Beispielsweise ist allein der durch den internationalen Handel der Bundesrepublik Deutschland außerhalb der nationalen Grenzen entstehende verkehrsbedingte Energieverbrauch größer als der gesamte Energieverbrauch des inländischen Güterverkehrs (Schoer et al. 2007). Ein wesentlicher Teil des Energieverbrauchs des Verkehrssektors im global vernetzten Wirtschaftssystem der Bundesrepublik Deutschland liegt also außerhalb der amtlichen Bilanzgrenze. Ein signifikanter Teil des transportbezogenen Energieverbrauchs der globalisierten Wirtschaft ist demnach in den analysierten sektorspezifischen amtlichen Statistiken nicht operationalisierbar. Demzufolge ist davon auszugehen, dass der Energieverbrauch des Transportsektors der deutschen Volkswirtschaft noch deutlich weiter von einem nachhaltigen Entwicklungspfad entfernt ist, als die amtlichen Indikatoren es ausweisen.

Die eindimensionale Fokussierung von Analysen und der darauf aufbauenden politischen Strategien auf den Faktor Energie führt dazu, dass nicht alle notwendigen Ressourcen zur Bereitstellung von technischen Lösungen berücksichtigt werden (Kuder et al. 2013). Indikatoren im Verkehrssektor sollten die Ressourceneffizienz mit einbeziehen, um die nachhaltige Entwicklung der Wirtschafts- und der Lebensmodelle zu unterstützen (Kuder et al. 2013).

7.2.1 Personenverkehr

Betrachtet man als Energieintensitätsindikator den gesamten spezifischen Endenergieverbrauch des Personenverkehrs, so lässt sich eine deutliche Zunahme der Energieeffizienz gegenüber 1995 feststellen. Um eine genaue Aussage über die einzelnen Verkehrsträger innerhalb des Personenverkehrs zu erhalten, wird in Abb. 7.9 die Entwicklung der verkehrsträgerspezifischen Energieintensität dargestellt.

Gemäß den vorliegenden Daten hat sich die Nutzung eines Pkw oder Flugzeuges als Transportmittel die größte Energieintensität. Ein Personenkilometer eines Reisebusses weist die geringste Energieintensität auf. Die stärkste Senkung der Energieintensität wurde zwischen 1995 und 2013 im Zug-Nahverkehr erreicht. Die größten absoluten Energieeinsparungen im Personenverkehr sind jedoch in erster Linie auf Verbrauchsreduktionen bei Pkw zurückzuführen. Der Datenquelle ist nicht zu entnehmen, mit welcher Auslastung der Verkehrsmittel die Energieintensität berechnet wurde.

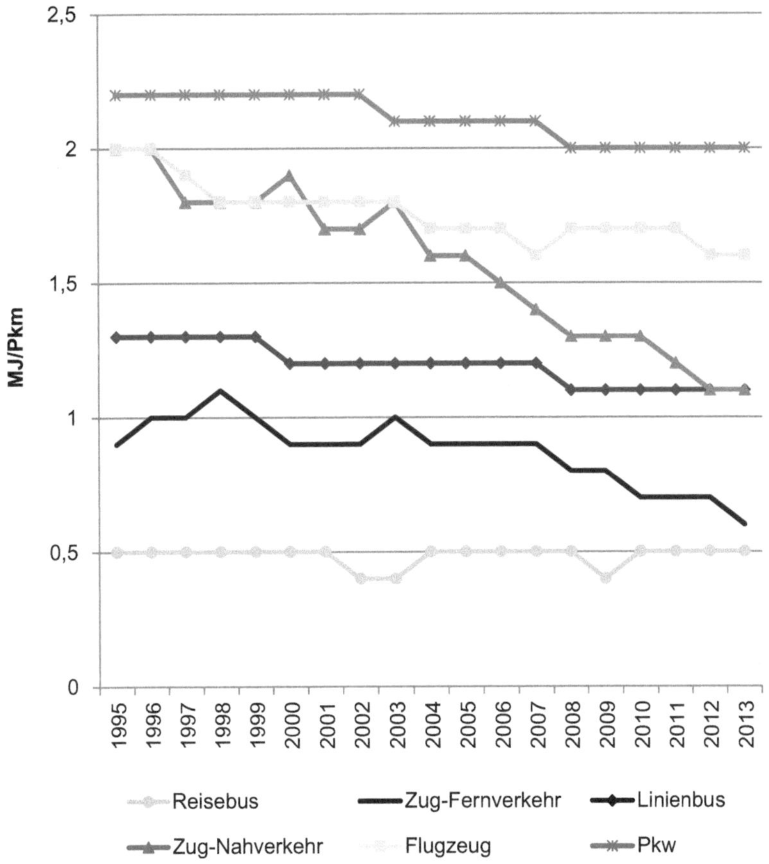

Abb. 7.9 Entwicklung des spezifischen Energieverbrauchs im Personenverkehr 1995 bis 2013 (UBA 2014b)

7.2.2 Güterverkehr

Als Folge des in den letzten Jahren stark angestiegenen Güteraufkommens muss es innerhalb des Güterverkehrs das vordringlichste Ziel sein, das Wachstum in Form der gestiegenen Verkehrsleistung und die CO_2-Emissionen zu entkoppeln (Spielmann et al. 2011). Die Gütertransportleistung belief sich 2010 auf über 600 Mrd. tkm. Gegenüber 1992 bedeutet dies eine Steigerung um 60 %. Dabei werden über 70 % der Gütertransportleistung auf dem Verkehrsträger Straße erbracht. Der Straßengüterverkehr nahm dabei um mehr als 70 % gegenüber 1992 zu (Dena 2013a).

Auch beim Energieverbrauch innerhalb des Güterverkehrs zeigt sich die Dominanz der Straße mit einem Anteil von über 80 %. Mit großem Abstand folgt die Luftfahrt mit knapp 15 %, Schiene mit rund 2 % und Binnenschifffahrt (1 %) (Thomas 2012; Ickert et al. 2007). Insgesamt ist der Energieverbrauch im gleichen Zeitraum deutlich weniger gestiegen als die Verkehrsleistung. Somit lässt sich schlussfolgern, dass sich die Energieeffizienz im Güterverkehr über den zeitlichen Verlauf erhöht hat, jedoch neutralisiert das Wachstum auch hier die erzielten Effizienzgewinne. Die spezifischen Energieverbräuche konnten zwischen 1995 und 2013 reduziert werden. Durch die Darstellung der Differenzierung der Energieintensität der einzelnen Verkehrsträger in Abb. 7.10 wird die Entwicklung innerhalb des Güterverkehrs deutlich. Den größten spezifischen Energieverbrauch weist der Luftverkehr mit knapp 9,4 MJ/tkm auf. Durch die aktuell niedrigen Ölpreise ist zwischenzeitlich der Einsatz älterer und damit nicht so energieeffizienter Frachtflugzeuge wieder wirtschaftlich (The Economist 2016). Dies könnte sich ab 2014 auf die Indikatorenentwicklung auswirken.

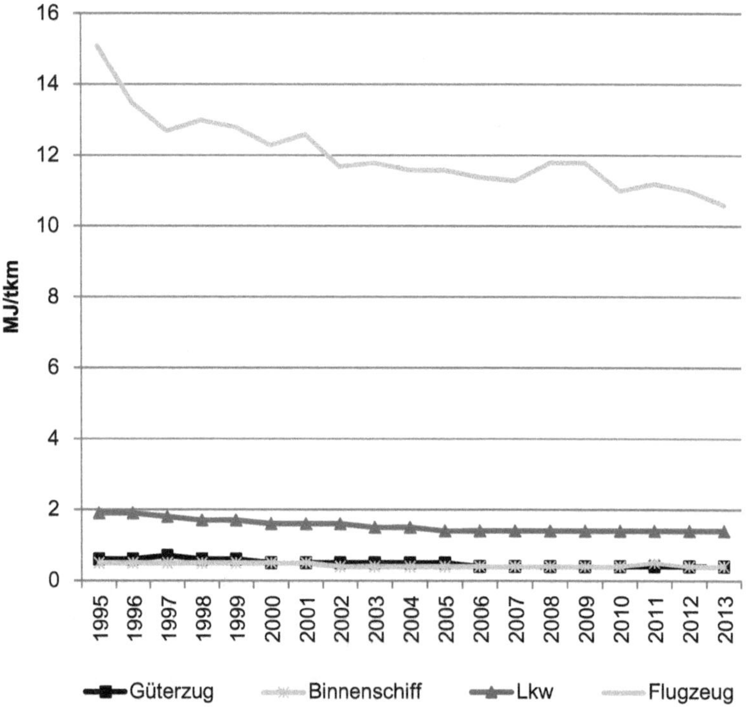

Abb. 7.10 Entwicklung des spezifischen Energieverbrauchs im Güteverkehr nach Verkehrsträgern von 1995 bis 2013 (UBA 2014a)

7.2.3 CO_2-Emissionen

Neben dem spezifischen Energieverbrauch ist die Entwicklung der CO_2-Emissionen ebenfalls ein wichtiger Indikator für die Energieeffizienz im Verkehrssektor. Insbesondere durch den vermehrten Einsatz spezifischer Energieträger können innerhalb einzelner Verkehrsträger sehr unterschiedliche CO_2-Bilanzen existieren. Hinsichtlich der CO_2-Emissionen im Verkehrssektor werden unterschiedliche Angaben gemacht. Dies wird beim Vergleich der in diesem Kapitel aufgeführten Daten deutlich. Da die Modellannahmen in den in diesem Kapitel dargestellten Szenarien nicht umfassend in den Veröffentlichungen dargestellt sind, ist davon auszugehen, dass die Unterschiede beispielsweise aus der Verwendung unterschiedlicher Emissionsfaktoren oder Bilanzierungsgrenzen des nationalen bzw. internationalen Verkehrsanteils resultieren. Die Trends der Szenarien sind jedoch vergleichbar.

Das BMWi seitig verwendete CO_2-Modell geht von CO_2-Emissionen von 155 Mio. t im Jahr 2012 aus (BMWi 2013; BMVI 2014). 1990 lagen die Emissionen bei 165 Mio. t, was gegenüber 2012 einer Senkung von etwa 7 % entspricht. Seit 2007 stagnieren die CO_2-Emissionen und es wurde zuletzt 2013 wieder ein leichter Anstieg der Emissionen verzeichnet. Der Gesamtverlauf zwischen 1990 und 2014 wird in Abb. 7.11 zusammengefasst.

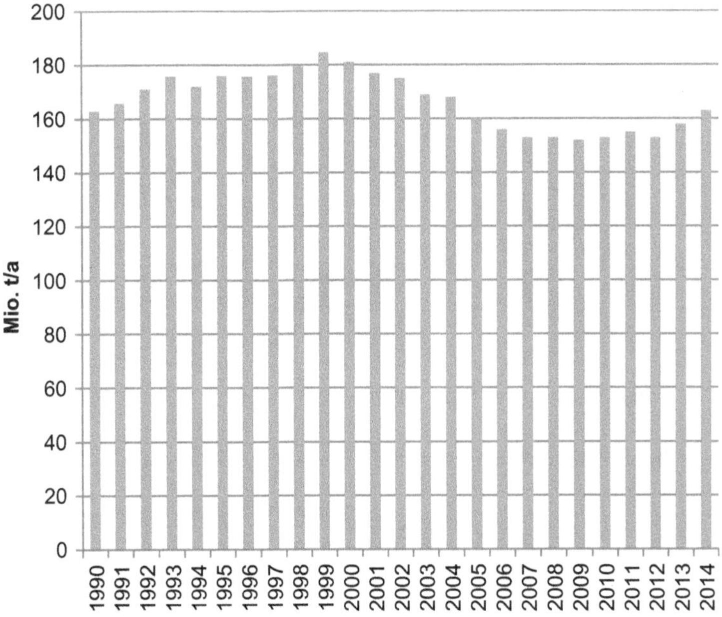

Abb. 7.11 CO_2-Emissionsentwicklung nach UBA (UBA 2015)

Demgegenüber steht das TREMOD, Transport Emission Model, welches zusätzlich direkte Emissionen am Fahrzeug, Verdunstungsemissionen und Gesamtemissionen inklusive der energetischen Vorketten differenziert (ifeu 2012). Die Analyse der Dena basiert auf dem TREMOD-Modell und geht davon aus, dass zwischen 1992 und 2010 die CO_2-Emissionen leicht gestiegen sind (Dena 2012; ifeu 2012). Während der Endenergieverbrauch 2010 wieder auf das Niveau von 1992 gesunken ist, befinden sich die CO_2-Emissionen 2010 noch leicht über dem Niveau von 1992. Lagen die CO_2-Emissionen 1992 bei etwa 212 Mio. t wurde 2010 nach Dena eine Menge von 223 Mio. t CO_2 emittiert. Zurückzuführen ist dies auf die starke Steigerung der Emissionen im Straßengüter- und Luftverkehr. Der Straßengüterverkehr verzeichnet mit 16 Mio. t zwischen 1992 und 2010 den größten absoluten Emissionsanstieg, was einer Steigerung um etwa 47 % entspricht. Die Emissionen des Luftverkehrs stiegen ebenfalls deutlich um knapp 14 Mio. t. Dies entspricht einer Steigerung von knapp 82 %. Abb. 7.12 zeigt zusammenfassend den Verlauf der verkehrsträgerspezifischen CO_2-Emissionen nach Dena (Dena 2012).

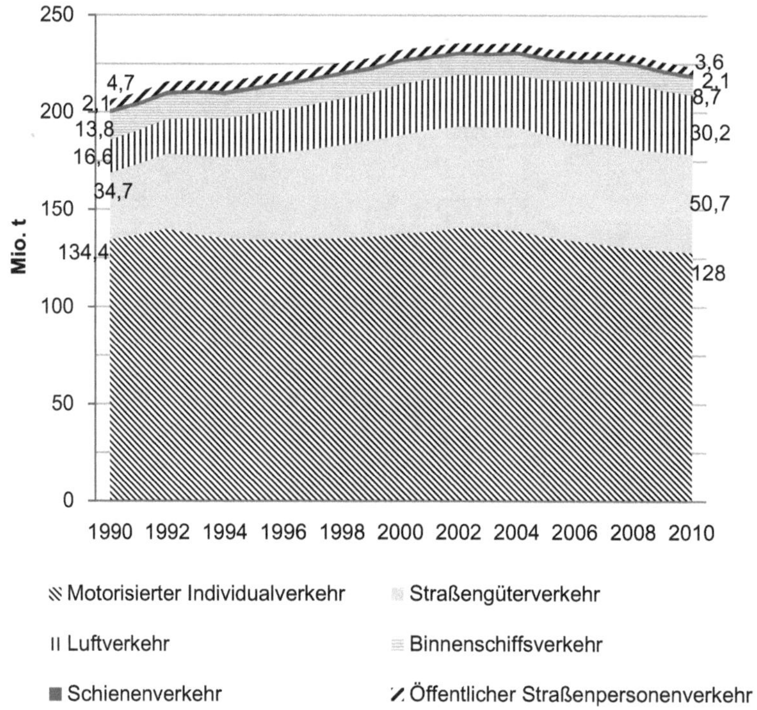

Abb. 7.12 Verlauf der verkehrsträgerspezifischen CO_2-Emissionen (Dena 2012)

7.3 Effizienzpotenziale

Effizienzpotenziale in diesem Sektor sind stark von den Verkehrsträgern und deren spezifischen Technologien abhängig. Daher werden im Rahmen dieses Kapitels die verkehrsträgerspezifischen (Straße, Luft, Schiene und Wasser) sowie verkehrsträgerübergreifenden Konzepte gesondert betrachtet.

Grundsätzlich stehen drei Stellhebel zur Steigerung der Energieeffizienz im Verkehrssektor zur Verfügung. Erstens sind dies technologiebezogene Maßnahmen bei Verkehrsmitteln, insbesondere im Bereich der Antriebstechnologien (IEA 2014b). Zweitens ist dies die Steigerung der Systemeffizienz, beispielsweise durch die Verringerung des motorisierten Individualverkehr durch die Nutzung von Mobilitätsdienstleistungen (IEA 2014b). Der dritte Stellhebel ergänzt die Energieeffizienz im Verkehrssektor in Form der Vermeidung der Verkehrsnachfrage (Korte 2015). Dieser dritte Stellhebel liegt außerhalb des Untersuchungsrahmens dieses Kapitels.

Die Herausforderung bei der Zusammenführung der Potenzialberechnungen aus verschiedenen Studien besteht darin, dass die den Potenzialberechnung zugrundeliegenden Verkehrsprognosen uneinheitlich sind.

Abb. 7.13 verdeutlicht die zeitliche Entwicklung des Endenergieverbrauchs seit 1990 und stellt dieser die Ziele der Bundesregierung gegenüber (BMWi 2013). Die Ziele können als Indikator für die aggregierten Effizienzpotentiale gesehen werden. Bis zum Jahr 2020 soll der Endenergieverbrauch im Vergleich zum Jahr 2005 um 10 % gedrosselt werden. Darüber hinaus soll bis 2050 eine Reduktion um 40 % realisiert werden (BMWi und BMUB 2010).

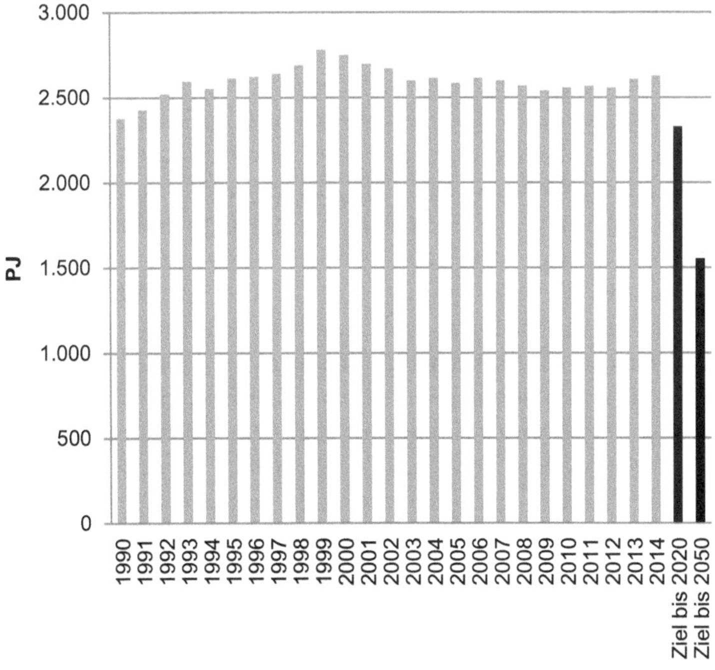

Abb. 7.13 Endenergieverbrauch des Sektors Verkehr und Ziele der Bundesregierung in Anlehnung an (BMWi 2013, 2015b)

Den Zielen der Bundesregierung steht bis 2030 eine zu erwartende starke Zunahme der Verkehrsleistung im Personen- und Güterverkehr gegenüber. Fahl et al. rechnen in diesem Zusammenhang alleine mit einer Steigerung der Güterverkehrsleistung auf 880 Mrd. tkm im Jahr 2030 (Fahl et al. 2010). Gegenüber 2007 bedeutet dies eine Zunahme um rund 55 %. Andere Studien kommen zu ähnlichen Ergebnissen. Laut ifeu entwickelt sich die Leistung der einzelnen Verkehrsträger im Personen- und Güterverkehr bis 2030 wie in Tab. 7.1 dargestellt (ifeu 2012). Dabei wird von einer Zunahme der Personenverkehrsleistung um 31 % gegenüber 2010 ausgegangen. Die Zunahme der Güterverkehrsleistung beläuft sich im selben Zeitraum auf 77 %. Besonders ins Gewicht fallen dabei die Anteile der Flug- und Straßenverkehrsleistung.

Tab. 7.1 Entwicklung der Personen- und Güterverkehrsleistung zwischen 2010 und 2030 (ifeu 2012)

	Personenverkehrsleistung			Güterverkehrsleistung		
	Mrd. Pkm		%	Mrd. Tkm		%
	2010	2030		2010	2030	
Straße	989	1122	+13	434	809	+86
Schiene	100	110	+10	110	170	+55
Wasser	-	-	-	62	86	+39
Luft	194	451	+133	11	26	+136
Gesamt	1283	1683	+31	617	1091	+77

Mit einer Zunahme wird in diesem Zusammenhang auch bei der Anzahl der Fahrzeuge gerechnet. Langfristig können die Ziele der Bundesregierung also nur durch Entkopplung von Energieverbrauch und Verkehrsleistung erreicht werden.

Der verkehrsträgerspezifische Energieverbrauch ist in hohem Maße von Rahmenbedingungen wie der eingesetzten Motorentechnik und individuellen Nutzungsgewohnheiten abhängig. Die Nutzung öffentlicher Verkehrsmittel, wie Bus und Bahn, führt in der Regel zu relativen Energieeinsparungen von 50 bis 70 % gegenüber einem Pkw. Dabei ist der öffentliche Fernverkehr aufgrund der vergleichsweise geringen Haltestellendichte weniger energieintensiv als der Nahverkehr. Luftfahrt gehört hingegen zu den energieintensivsten Fortbewegungsmitteln. (Dena 2013b)

Wie oben dargestellt, kommt dem Verkehr eine hohe Bedeutung bei der Umsetzung der Energieziele im Rahmen des Nachhaltigkeitskonzeptes zu. Zentrale Stellgröße der Politik ist dabei, anders als in den Sektoren Industrie und Gebäude, die Klimabilanz eines Verkehrsträgers. Fahl et al. errechnen für die Jahre 2020 bzw. 2030 eine 6 %ige bzw. 23 %ige Reduktion des Treibhausgasausstoßes des Verkehrssektors, verweisen in diesem Kontext jedoch auf die Nicht-Beachtung der Emissionen des Flugverkehrs im Rahmen des Kyoto-Protokolls. Bei zusätzlicher Beachtung dieser Emissionen gehen Fahl et al. von einer Steigerung der Treibhausgase des Verkehrssektors um 28 Mio. t im Jahr 2020 und 32 Mio. t im Jahr 2030 aus. (Fahl et al. 2010)

Erhöhtes Interesse erfahren seit geraumer Zeit zudem ganzheitliche verkehrsflussstimulierende Konzepte. Tab. 7.2 gibt einen Überblick über Anwendung und Entwicklung verschiedener Technologien und Konzepte im Sektor Verkehr in Anlehnung an das BMWi (BMWi 2010).

Tab. 7.2 Übersicht energieeffizienter Techniken/Technologien nach Verkehrsträgern (BMWi 2010)

Alternative Treibstoffe	□	●	□	●	□
Leichtbau			●	●	●
Hydrodynamik		●			
Aerodynamik	●		●	●	●
Brems-/Wärmeenergierückgewinnung	●		●	●	
Alternative Antriebstechnologien	●				
Diesel-Direkteinspritzung	●	●	●	●	
Hybridtechnologie			●	●	
Brennstoffzelle	□	●	□	●	□
Effiziente Kapazitätssteigerung	●		●	●	
Geschwindigkeitsoptimierung	●		□	●	●
Ladungsoptimierung	●	●	●	●	●
Fahrerschulung			●	●	
Optimierte logistische Prozesse	●		●	●	●
Optimierte Infrastruktur	●		●	●	●
Intelligente Telematik	●		●	●	●
	● Kommerzielle Umsetzung □ In der Entwicklung				

Neben alternativen Antriebskonzepten wie Brennstoffzellen, Elektromotoren oder Hybridtechnologien, kommen in den letzten Jahren vermehrt Leichtbau, optimierte Aerodynamik und Energierückgewinnungstechnologien zum Einsatz. Auf diese Weise konnte die Energieeffizienz im Verkehr teilweise bereits erheblich gesteigert werden. Eine vergleichsweise hohe Anwendungsdichte alternativer Technologien und Konzepte ist in den Bereichen Straße und Schiene zu erkennen. Diese übernehmen innerhalb des Verkehrssektors somit eine Vorreiterrolle. Vor dem Hintergrund des erheblichen luftfahrtbedingten Einflusses auf den Klimawandel kommt der Entwicklung energieeffizienter sowie emissionsarmer Flugzeuge eine entscheidende Bedeutung zu. (BMWi 2010)

Weiterhin war bei allen Verkehrsträgern von 1990 bis 2007 ein Trend zu einer verstärkten Nutzung von Kraftstoffen aus erneuerbaren Energien zu beobachten. Abb. 7.14 verdeutlicht die Nutzung von Kraftstoffen aus erneuerbaren Energien zwischen 1990 und 2015.

Biodiesel findet dabei die weitaus größte Anwendung. Die Europäische Union strebt bis 2020 einen Anteil erneuerbarer Kraftstoffe von 10 % im Verkehrssektor an (EU 2009). Ihr Anteil am Energiemix des Verkehrs in Deutschland konnte bis 2007 bereits signifikant gesteigert werden, verfiel daraufhin allerdings durch die Teilbesteuerung in einen gegenläufigen Trend.

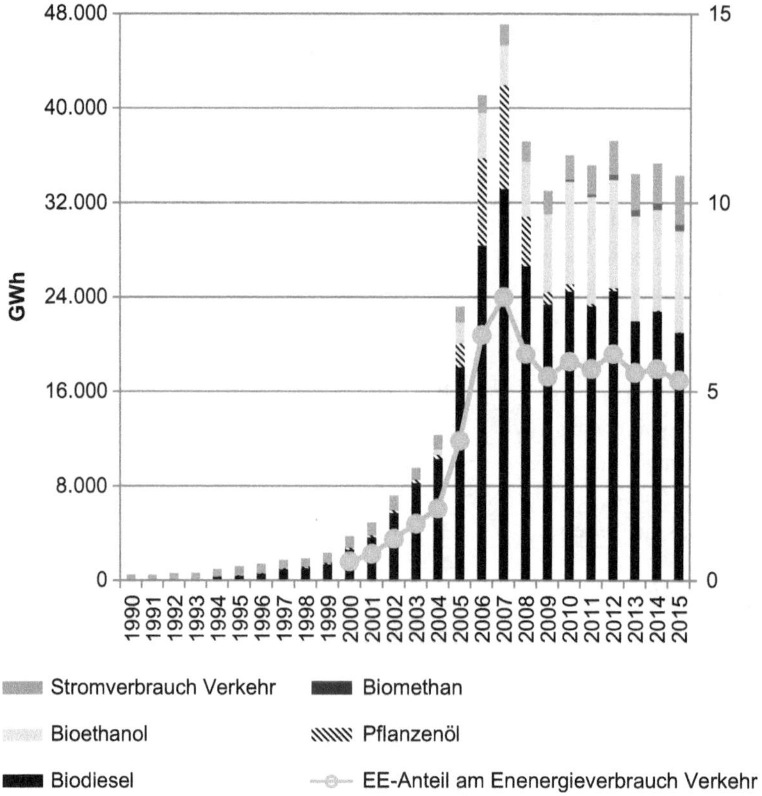

Abb. 7.14 Entwicklung der Erzeugung von Kraftstoffen aus erneuerbaren Energien von 1990 bis 2015 (BMWi 2016b)

Das UBA listet verschiedene Maßnahmen zur Steigerung der Energieeffizienz im Verkehr, vor allem auf politischer Ebene, auf. In Tab. 7.3 wird eine Übersicht verschiedener Maßnahmen und deren CO_2-Einsparpotenzial für die Jahre 2020 und 2030 dargestellt. Das UBA verweist darauf, dass die Einzelmaßnahmen nicht beliebig addierbar sind.

Tab. 7.3 Übersicht über verschiedene Maßnahmen zur Steigerung der Energieeffizienz im Verkehr (Rodt et al. 2010)

Maßnahme	Einsparpotenzial 2020	Einsparpotenzial 2030
	Mio. t CO_2	Mio. t CO_2
Verkehrsvermeidende Siedlungs- und Verkehrsplanung		
Minderungspotenzial der verkehrsvermeidenden Maßnahmen	10,2	13,8
Abkehr vom Straßenneubau	1,8	2,3
Förderung regionaler Wirtschaftskreisläufe	3,4	3,2

(*Fortsetzung*)

Tab. 7.3 (Fortsetzung)

Maßnahme	Einsparpotenzial 2020	Einsparpotenzial 2030
	Mio. t CO_2	Mio. t CO_2
Förderung umweltgerechter Verkehrsträger		
Güterschienenverkehr	2,1	1,7
Schienenpersonenverkehr	1,9	3,2
ÖPNV	2,6	1,9
Fahrrad- und Fußverkehr	5,0	4,0
Carsharing	k.A.	k.A.
Abgaben und ökonomische Maßnahmen		
Markorientierte Instrumente im Flugverkehr	15,6	20,1
Ausweitung u. Weiterentwicklung Lkw-Maut	4,5	4,2
Erhöhung der Energiesteuer auf Kraftstoffe	9,5	17,9
Einführung einer „reinen" CO_2-bezogenen Kfz-Steuer	2,8	4,8
Abschaffung der Entfernungspauschale	4,3	4,9
Besteuerung der privaten Nutzung von Dienstwagen	3,7	2,8
Gesetzgebung zur Verbesserung der Fahrzeugeffizienz		
CO_2-Gesetzgebung für Pkw durch Verordnung 443/2009	5,6	10,8
CO_2-Grenzwert Gesetzgebung für Nutzfahrzeuge	2,8	3,4
Verwendung von Leichtlaufölen	4,5	4,2
Verwendung von Leichtlaufreifen	6,0	7,1
Mehr und „bessere" Biokraftstoffe nutzen	10,1 (2,1)**	k.A.
Verbrauchminderung bei Bahnen	0,2	0,3
Verbraucher- und Fahrverhalten		
Verbraucherinformation zur Fahrzeugbeschaffung („Label")	4,1	6,7
Kraftstoffsparendes Fahren im Straßenverkehr (Pkw)	4,7	3,7
Kraftstoffsparendes Fahren im Straßenverkehr (Nfz)	1,7	1,7
Tempolimit 120 km/h für Pkw auf BAB	3,2	2,9

Aus den vorliegenden Maßnahmen stellt das Umweltbundesamt Pakete in verschiedenen Kombinationen zusammen und kalkuliert das Kosten-Nutzen-Verhältnis und den Zeithorizont. Es werden diese Maßnahmen bevorzugt, die das günstigste Kosten-Nutzen-Verhältnis aufweisen. (Rodt et al. 2010)

In den nachfolgenden Kapiteln werden verkehrsträgerspezifische von verkehrsträgerübergreifenden Effizienzpotenzialen getrennt untersucht. Einzelne in der Tabelle dargestellte Maßnahmen werden in den entsprechenden Kapiteln wieder aufgegriffen und erläutert.

7.3.1 Verkehrsträgerspezifische Effizienzpotenziale

In diesem Abschnitt werden die verkehrsträgerspezifischen Effizienzpotenziale gesondert für die Bereiche Straße, Luft, Schiene und Wasser untersucht.

Straße

Zwischen 1960 und 2011 hat sich der Gesamtenergieverbrauch des Verkehrsträgers Straße verfünffacht (BMVBS 2013). Besonders der Straßengüterverkehr verzeichnet seit Anfang der 1990er-Jahre enorme Zuwächse. So erhöhte sich die Verkehrsleistung in diesem Bereich um knapp 85 % von 246 Mrd. tkm (1991) auf 453 Mrd. tkm (2013) (StBA 2014).

Die technologischen Lösungsszenarien der Automobilindustrie für energieeffiziente Mobilität sind die Diversifizierung der Antriebskonzepte und der verwendeten Materialien sowie die durch die Digitalisierung ermöglichten neuen Mobilitätskonzepte (Schade et al. 2014).

Zentrale regulatorische Steuergröße ist dabei die Klimabilanz der Fahrzeuge in der Nutzungsphase. Im Jahr 2010 betrug der durchschnittliche CO_2-Ausstoß der Pkw-Fahrzeugflotte in Europa 140,5 g CO_2/km. In Deutschland liegt der mittlere CO_2-Wert mit 151,2 g CO_2/km jedoch weiterhin über dem europäischen Durchschnitt. Als Begründung wird in erster Linie das überdurchschnittliche hohe Gewicht der deutschen Fahrzeugflotte angeführt. Hohe CO_2-Emittenten sind vor allem Fahrzeuge der Ober- und Luxusklasse sowie Sport- und Geländefahrzeuge. Für Pkw Neuwagenflotte strebt die EU beispielsweise ab dem Jahr 2015 eine schrittweise Reduktion des Grenzwertes ausgehend von 130 g CO_2/km an. Bis 2020 soll dieser auf 95 g CO_2/km abgesenkt werden. (EU und EUR-Lex 2015)

Zwischen 1990 und 2010 wurde der durchschnittliche Kraftstoffverbrauch von Dieselfahrzeugen um knapp einen Liter pro 100 km gesenkt. Bei Benzinfahrzeugen gelang in demselben Zeitraum eine Reduktion um 1,8 Liter pro 100 Kilometer (BMWi 2013).

Abb. 7.15 verdeutlicht die Entwicklung des Kraftstoffverbrauchs von Pkw verschiedener Kraftstoffarten zwischen den Jahren 1990 und 2013 (BMWi 2013).

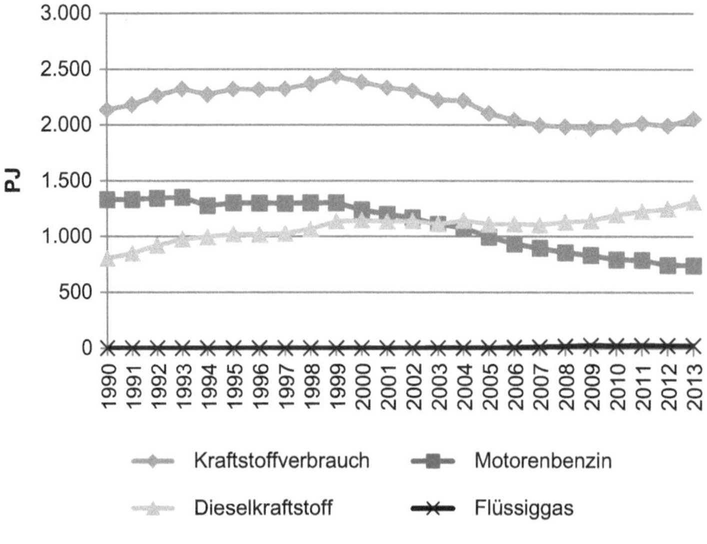

Abb. 7.15 Entwicklung der Energieeffizienz im Verkehrssektor (Pkw) von 1990 bis 2013 (BMWi 2013)

Eine Alternative zu den herkömmlichen Treibstoffen Benzin und Diesel stellt seit geraumer Zeit Gas dar. Autogas kann in herkömmlichen Otto-Motoren als Substitut für Benzin eingesetzt werden. Verschiedenste Anbieter ermöglichen einen relativ einfachen Umbau. Da die herkömmliche Otto-Motorenbauweise allerdings nicht an die Besonderheiten des Energieträgers Gas angepasst ist, wird absolut mehr Gas als Benzin verbraucht. Die Klimabilanz einer Gasumrüstung ist somit, unter Berücksichtigung direkter und indirekter Emissionen, in den wenigsten Fällen besser als die eines Benzinmotors. Weitaus effizienter ist eine anfängliche Auslegung des Motors auf den Energieträger Gas, z. B. durch die Generierung eines entsprechenden Druckniveaus. Gasmotoren, die ebenfalls auf dem Otto-Prozess aufbauen, ermöglichen relativ geringe Emissionen bei dieselähnlichen Verbräuchen (BMWi 2010). Derzeit bilden Fahrzeuge mit Gasantrieb mit knapp 500.000 Fahrzeugen ca. 1 % des Gesamtbestands in Deutschland (Helms et al. 2011).

Elektromotoren stellen eine weitere Möglichkeit zur Realisierung energieeffizienter Antriebskonzepte dar (BMWi 2010). Die Antriebsenergie wird in diesem Konzept über elektrische Energiespeicher bezogen. Neben der geringeren Komplexität der Elektromotoren und Getriebe wird die verbesserte Umweltverträglichkeit gegenüber herkömmlichen Verbrennungsmaschinen hervorgehoben (Helms et al. 2011; BMWi 2010). Verglichen mit herkömmlichen fossilen Brennstoffen schneidet das rein elektrisch-betriebene Auto wesentlich besser ab (s. Abb. 7.16). Im Vergleich mit diesel-betriebenen Fahrzeugen reduziert sich der Primärenergiebedarf „Well-to-Wheel" (WTW) von Elektroautos (mit dem EU-Strommix zu Grunde gelegt) um 55 MJ/100 km. Bei der WTW Betrachtung umfasst die Energie Bilanzgrenze die Gewinnung der Antriebsenergie, beispielsweise das Rohöl aus dem Bohrloch („Well") bis hin zur Umwandlung in kinetische Energie durch das Rad am Auto („Wheel").

Der derzeitige Stand der Technik erlaubt bisher jedoch keine großflächigen Marktanteilsgewinne. Die aktuell mangelnde Akzeptanz dieses Konzepts auf den Absatzmärkten ist in erster Linie auf die vergleichsweise geringen Reichweiten, lange Ladezeiten sowie hohe Batterieherstellkosten zurückzuführen. Da 95 % der bundesweit zurückgelegten Strecken nicht länger als fünfzig Kilometer sind (BMVBS 2011) und ein Pkw im Mittel nur etwa eine Stunde pro Tag in Betrieb ist (Mühlenhoff 2010), können zumindest geringe Reichweiten und lange Ladezeiten als Argumente entkräftet werden.

Trotz derzeit geringer Verkaufszahlen ist dieser im Bereich der Fahrzeug- und Motorentechnik immer bedeutsamere Ansatz essentieller Bestandteil der Energieziele der Bundesregierung. Bis 2020 sollen 1 Mio. elektrisch betriebene Fahrzeuge in Deutschland gemeldet sein. In der darauffolgenden Dekade soll ihre Anzahl auf 5 Mio. gesteigert werden. Im Jahr 2050 soll der städtische Straßenverkehr in der Bundesrepublik nahezu ausschließlich auf alternativen Antriebstechnologien basieren. (Die Bundesregierung 2009)

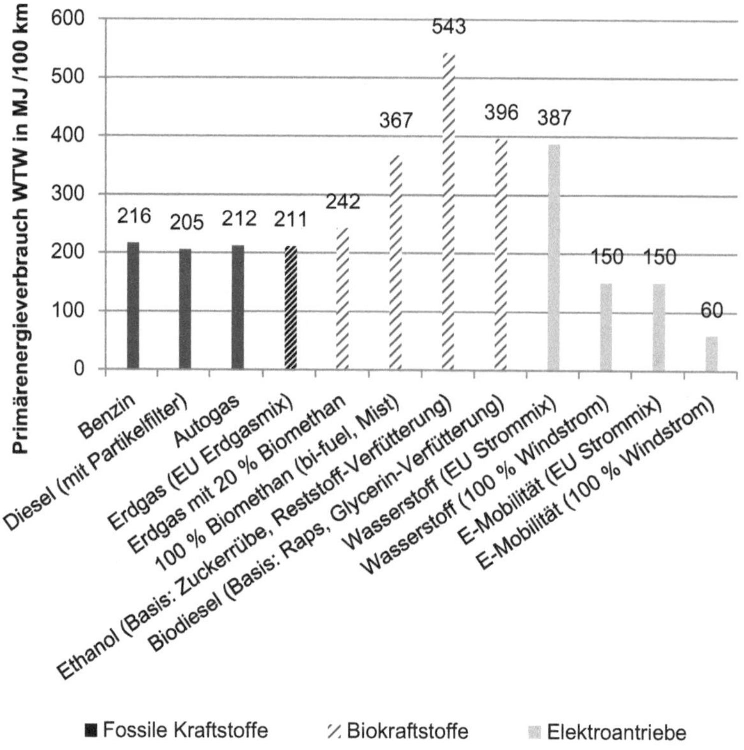

Abb. 7.16 Primärenergiebedarf WTW in MJ/100 km (Peters et al. 2011a)

Entscheidend für die Klimarelevanz eines elektrischen Vehikels ist der jeweilige Energiemix der Stromerzeugung. Problematisch gestaltet sich dabei, dass die zusätzliche Stromnachfrage aufgrund des Ausbaus der Elektromobilität bis 2020 bzw. 2030 nicht ausschließlich durch erneuerbare Energien abgedeckt werden kann. Es muss daher auf konventioneller Basis zusätzlich Elektrizität erzeugt werden, deren Klimarelevanz weit über der des durchschnittlichen Energiemix der Bundesrepublik liegt. Realistisch ist die Erreichung der Millionenmarke an elektrischen Vehikeln bis 2022. Perspektivisch könnten bis 2030 knapp 6 Mio. Fahrzeuge angemeldet sein. Im Ergebnis würde dies lediglich eine Einsparung der Pkw-bedingten CO_2-Emissionen um 0,6 % bis 2020 bzw. 6 % bis 2030 bedeuten. Effizienzsteigerungen bei herkömmlichen Verbrennungsmotoren in Verbindung mit entsprechenden ordnungspolitischen Maßnahmen könnten bis 2030 hingegen zu einer Pkw-bedingten CO_2-Einsparung i. H. v. 25 % führen. (Öko-Institut 2012b)

Perspektivisch gilt auch der Einsatz von Brennstoffzellen als zukunftsweisend. Wasserstoff-Brennstoffzellen ermöglichen, abgesehen von den indirekten Emissionen der Produktion, einen vollständig emissionsfreien Betrieb von Fahrzeugen. In diesem Konzept wird Antriebsenergie aus der Verbrennung von Sauerstoff und Wasserstoff generiert.

(BMWi 2010) Derzeit zeichnen sich jedoch nur geringe Chancen auf eine baldige Marktreife dieser Fahrzeugbauform ab (Helms et al. 2011). Für die Bereiche Straßengüterverkehr und öffentlicher Personenverkehr verweist die Dena auf die fehlende Zahlungsbereitschaft für wasserstoffbetriebene Konzepte (Dena 2012).

Darüber hinaus ist die Nutzung von Biokraftstoffen essentieller Bestandteil des Energiekonzepts der Bundesregierung. Aufgrund einer Betriebsdauer bei Pkws von durchschnittlich knapp zwölf Jahren (Dena 2013a) durchdringen Effizienzverbesserungen bei Neufahrzeugen den Bestand nur relativ langsam. Vor diesem Hintergrund bieten Biokraftstoffe eine Alternative, da eine vergleichsweise unkomplizierte Nutzung bei älteren Fahrzeugen möglich ist und CO_2-Minderungen ermöglicht werden. Alleine für Bioethanol auf Basis von Reststoffen und degradierten Flächen errechnet Shell weltweit ein Potenzial von 100 bis 200 EJ. Langfristig könnte damit der gesamte globale Kraftstoffbedarf gedeckt werden (Shell 2012). Derzeit sparen die in Deutschland genutzten Biokraftstoffe etwa 50 % Treibhausgase ein, daher spielt eine verstärkte Nutzung von Biokraftstoffen im Energiekonzept der Bundesregierung eine zentrale Rolle (Shell 2012). Heutige Kraftstoffe werden bereits zu Teilen mit Ethanol gemischt. Der Biokraftstoffeinsatz ist in Deutschland per Mindestquoten gesetzlich vorgeschrieben (Fahl et al. 2010). Für die Jahre 2010 bis 2014 beträgt die vorgegebene, kumulierte Mindestbeimischungsquote für Biokraftstoffe in Diesel- und Ottokraftstoffen 6,25 % (Fahl et al. 2010). Ab dem Jahr 2015 werden als Referenz, anstelle des Energiegehalts, die Treibhausgaseinsparungen herangezogen (Fahl et al. 2010). Bis 2020 bzw. 2030 soll der Anteil von Biokraftstoffen am Gesamtabsatz auf 10,5 % für Otto- und Dieselfahrzeuge angehoben werden. Dies wird laut ifeu allerdings größtenteils im Rahmen von Beimischungen zu herkömmlichen Treibstoffen realisiert, während reine Biokraftstoffe ab 2015 nahezu keine Rolle mehr spielen (ifeu 2012), weil die Nutzung von Biokraftstoffen mit technischen Schwierigkeiten verbunden ist. Bei benzinbetriebenen Fahrzeugen kann Ethanol zu Korrosion von Bauteilen aus Aluminium führen und Dichtungen angreifen. Der technische Mehraufwand für Fahrzeughersteller bei einer Anhebung des Ethanol-Anteils im Treibstoff auf bis zu 25 % ist jedoch vergleichsweise gering. (Dena 2013a) Dieselbetriebene Fahrzeuge können mit Biodiesel betrieben werden. Gegenüber fossilem Diesel erhöht dies jedoch die Anforderungen an treibstoffführende Teile, da aufgrund seiner größeren Zähflüssigkeit die Einspritztechnik beeinträchtigt werden kann. Darüber hinaus werden der Nutzung von Biodiesel aufgrund vergleichsweise hoher Stickoxidemissionen im Rahmen kommender EU-Abgasnormen (derzeit Euro 6, ab 2017 Euro 7) enge Grenzen auferlegt. Biodiesel führt aufgrund seiner höheren Aschebildung zu erhöhten Aschereinigungsintervallen des Partikelfilters. In jedem Fall führt die verstärkte Nutzung von Biodiesel und Ethanol zu einem Mehrverbrauch aufgrund geringerer Dichte und Heizwert gegenüber herkömmlichen Treibstoffen. (Dena 2013a) Die Abb. 7.17 veranschaulicht diesen Sachverhalt in Anlehnung an Shell (Shell 2012).

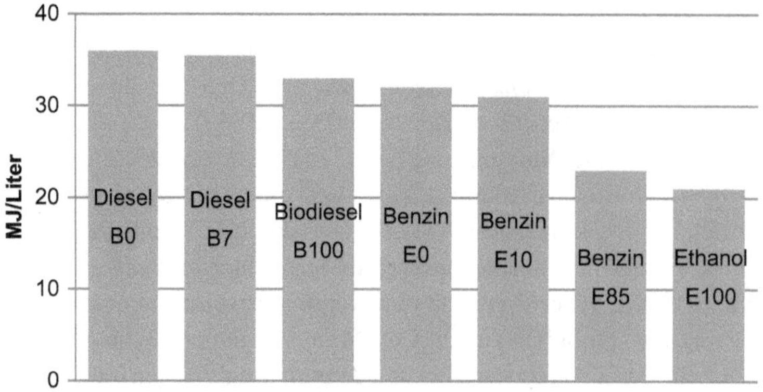

Abb. 7.17 Energiegehalt von Biokraftstoffen (Shell 2012)

Bei der Industrie stößt Biodiesel bisher auf geringes Interesse. Aber es existiert in diesem Bereich mit Biokraftstoffen der zweiten Generation eine qualitativ hochwertige Alternative. Während Biokraftstoffe der ersten Generation vornehmlich aus Feldfrüchten gewonnen werden, sind Reststoffe, Holz oder Gräser die Basis für Biokraftstoffe der zweiten Generation. Als Beispiele dienen hier hydrierte Pflanzenöle und -fette (HVO) oder Biomass to Liquid (BtL), die als reine Kohlenwasserstoffe ohnehin Teil fossilen Diesels sind. Negative Auswirkungen bei der Beimischung zu herkömmlichen Diesel können daher ausgeschlossen werden. Weiterhin wird an der zweiten Generation von Biokraftstoffen auf Basis von Bioraffinerien und Algen geforscht. Aktuell machen jedoch Biokraftstoffe der ersten Generation weltweit mit über 99 % der produzierten Menge den weitaus größten Anteil aus. (Shell 2012)

In Anlehnung an Dena (Dena 2013a) verdeutlicht Tab. 7.4 antriebsspezifische Beimischungsgrenzen verschiedener Kraftstoffe im Fahrzeug. Neben Ethanol und Biodiesel der

Tab. 7.4 Antriebsspezifische Beimischungsgrenzen verschiedener öko-effizienter Kraftstoffe im Fahrzeug in Anlehnung an (Dena 2013a)

Öko-effizienter Treibstoff	Beimischungsgrenze
Ethanol, Ethyltertbutylether (ETBE)	20–25 %
Ethanol in FlexFuel-Fahrzeugen	85 %
Methan (regenerativ erzeugt)	100 %
Biodiesel	7 %
Hydrierte Pflanzenöle und –fette (HVO)	100 %
Biomass to Liquid (BtL)	100 %
Strom (regenerativ erzeugt)	100 %
Wasserstoff (regenerativ erzeugt)	100 %

ersten und zweiten Generation gelten regenerativ erzeugter Wasserstoff, Strom und Methan als Alternativtreibstoffe.

Im Jahr 2007 bezifferte die Bundesregierung das Biokraftstoffziel für 2020 auf 17 % des Gesamtkraftstoffverbrauchs. Nach einer leichten Korrektur im Jahr 2008 gilt heute das Ziel von 12 bis 15 %. Shell verweist in diesem Zusammenhang auf das langfristige Potenzial von Biokraftstoffen in Deutschland. Bis zum Jahr 2030 wären heimische Biokraftstoffe in der Lage, 20 %, bis 2050 sogar 70 %, des gesamten Kraftstoffbedarfs zu decken. Dennoch wird die verstärkte Nutzung von Biokraftstoffen der ersten Generation immer wieder kritisiert. Neben den oben beschriebenen technischen Schwierigkeiten fällt hier das Thema Nutzungskonkurrenz besonders ins Gewicht. Global wird der Großteil der Fläche für den Anbau von Futter- und Nahrungsmitteln genutzt. Die Nutzungskonkurrenz kann zu Preissteigerungen und -schwankungen für Agrarprodukte führen.

Luft

Der Luftverkehr zählt, gemessen am spezifischen CO_2-Ausstoß, zu einem der Haupttreiber des Klimawandels. Zudem werden in der Literatur verstärkt die nicht auf dem CO_2-Ausstoß basierenden Beeinflussungen von lokalen und globalen Temperaturen sowie Wetterphänomenen diskutiert (Kollmuss et al. 2009; Sausen et al. 2005). Die Energieverbräuche und CO_2-Emissionen des Flugverkehrs in Deutschland werden nach dem Standortprinzip bestimmt, d. h. es wird die Verkehrsleistung von deutschen Flughäfen bis zur ersten Zwischenlandung erfasst (ifeu 2012). Wird dabei der Energieverbrauch auf die Transportleistung wie Personenkilometer oder Tonnenkilometer bezogen, umfasst dieser den Verbrauch vom Abflugterminal bis zum Ankunftsterminal und somit auch die Bodenbewegungen (Kharina und Rutherford 2015). Seit 2005 macht der Endenergieverbrauch des Luftverkehrs grob 4 % des Gesamtverbrauchs der Bundesrepublik aus. Im Jahr 2011 belief sich dieser absolut auf 346 PJ.

Wie in Abb. 7.18 dargestellt, verzeichnet der Flugverkehr seit Jahren ein enormes Wachstum. Während sich die Personenverkehrsleistung zwischen 1990 und 2011 verdreifachte, vervierfachte sich die Güterverkehrsleistung (ifeu 2012). Auch in Zukunft wird global mit durchschnittlichen Zuwachsraten der Verkehrsleistung in Höhe von 5 % im Personen- und 7 % im Gütertransport gerechnet (BMWi 2010). Zwischen den Jahren 1990 und 2008 stieg der Energieverbrauch dieses Verkehrsträgers um 94 %. Seitdem ist jedoch ein leicht rückläufiger Trend zu beobachten. Bis 2011 sank der Energieverbrauch des Flugverkehrs um 9 % (ifeu 2012).

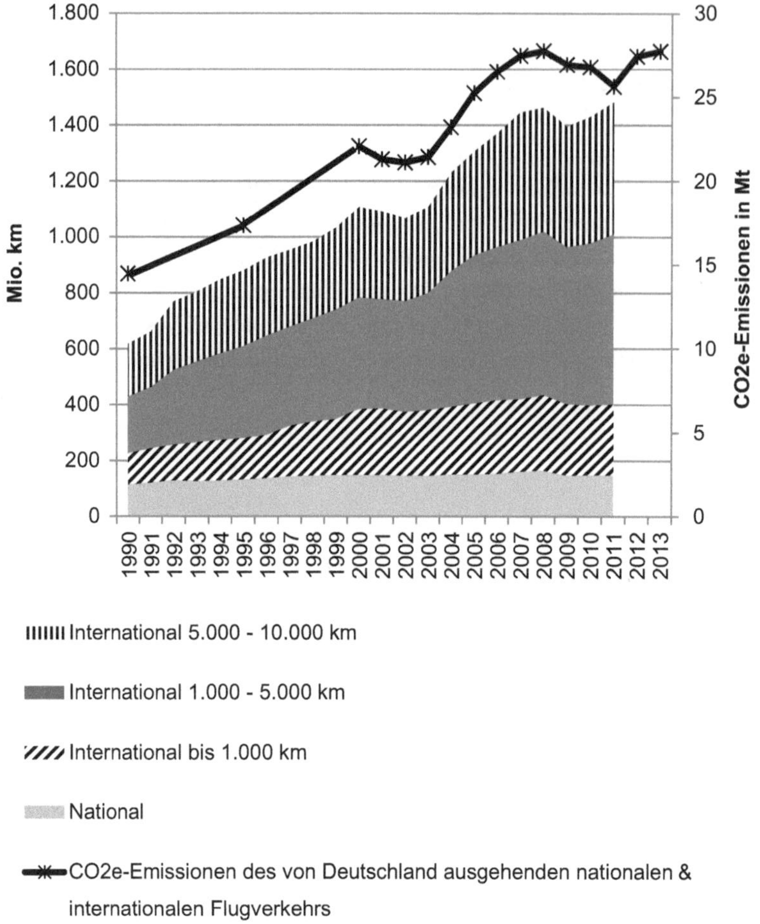

Abb. 7.18 Entwicklung der deutschen Flugzeugkilometer von 1990 bis 2011 in Anlehnung an (ifeu 2012) und CO_2e-Emissionen von1990 bis 2013 in Anlehnung an (ifeu 2012; BMVBS 2012a; UBA 2016)

Demgegenüber steht ein erheblicher technologischer Fortschritt. Flugweite und Kapazität der Flugzeuge wurden im Betrachtungszeitraum deutlich erhöht. Damit einher geht eine erhebliche Reduktion des spezifischen Energieverbrauchs um knapp 50 % im Kurzstrecken- und 25 % im Langstreckenbereich (ifeu 2012). Der spezifische Energieverbrauch von Kurzstrecken bleibt jedoch, aufgrund der vergleichsweise energieintensiven Start- und Landephasen, am höchsten. Abb. 7.19 und 7.20 verdeutlichen die Entwicklung der spezifischen Energieverbräuche im Personen- und Güterverkehr von 1990 bis 2011 (ifeu 2012).

Die Energieziele der Bundesregierung erfordern eine detaillierte Auseinandersetzung mit dem Luftverkehr. Weitere Verbesserungen der Energieeffizienz in diesem Bereich sind dafür essentiell (BMWi 2010). In diesem Zusammenhang hat die Luftverkehrswirtschaft einen 4-Säulen-Strategieplan erstellt. Dieser dient der Erreichung von Effizienzzielen unter Berücksichtigung von technischen und operativen Faktoren. Neben innovativen Flugzeugen, Antriebstechniken, Materialien und Kraftstoffen kommen also auch Faktoren wie Flugplanung und

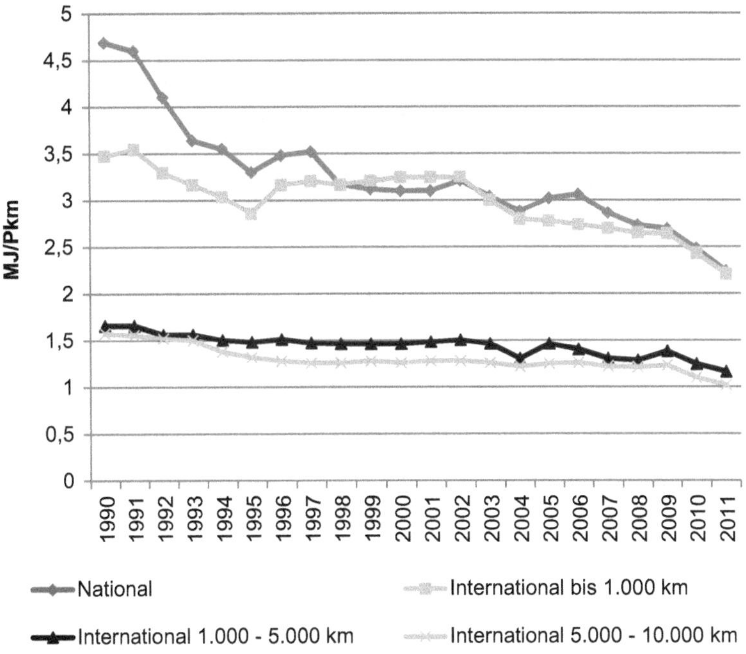

Abb. 7.19 Entwicklung des spezifischen Energieverbrauchs im Personenverkehr 1990 bis 2011 (ifeu 2012)

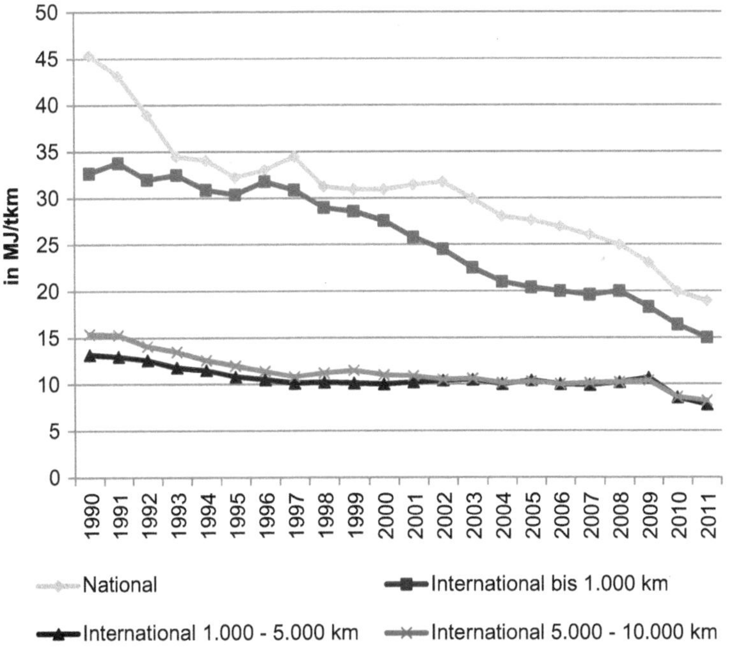

Abb. 7.20 Entwicklung des spezifischen Energieverbrauchs im Güterverkehr 1990 bis 2011 (ifeu 2012)

-verfahren zur Geltung (BDL 2015). Die Luftverkehrswirtschaft strebt bis zum Jahr 2020 im Rahmen einer von der internationalen Zivilluftfahrtorganisation imitierten Selbstverpflichtung eine durchschnittliche Verbesserung der Treibstoffeffizienz von 1,5 % pro Jahr an (ICAO 2011). Ab dem Jahr 2020 soll das Wachstum der Branche ohne zusätzliche Treibhausgasemissionen erfolgen. Bis zum Jahr 2050 sollen die Emissionen des Referenzjahres 2005 halbiert werden (IATA 2015). Mit der Umsetzung aller bereits verfügbaren technologiebezogenen, betriebsbezogenen und infrastrukturbezogenen Maßnahmen kann nach Einschätzung der Luftverkehrswirtschaft bis zum Jahr 2050 voraussichtlich bereits die Hälfte der geplanten Einsparungen realisiert werden. Demnach sind aber noch umfangreiche Entwicklungen im Technologie- und Biokraftstoffbereich erforderlich, um die Ziele vollständig zu erreichen (ATAG 2013). Setzt sich die aktuelle Entwicklung bei der Treibstoffeffizienz fort, so liegen die Hersteller gemäß der Darstellung der unabhängige Organisation International Council on Clean Transportation bereits etwa 12 Jahre hinter ihren Zielen aus der Selbstverpflichtung (Kharina und Rutherford 2015). Aktuell arbeitet ein Komitee der internationalen Organisation an einem Zertifizierungsstandard für die CO_2-Emissionen von Flugzeugen (IATA 2015). Durch eine stringente Implementierung dieses Standards könnte die weitere Steigerung der Treibstoffeffizienz realisiert werden (Kharina und Rutherford 2015). Die Bundesregierung schätzt einen weltweiten Emissionshandel als „derzeit wirkungsvollste und energieeffizienteste Klimaschutzinstrument" ein (BMVBS 2013).

Aktuell ist kein marktfähiges und energieeffizientes Substitut für Kerosin verfügbar (BMWi 2010). Flugzeughersteller konzentrieren sich daher vornehmlich auf einen effizienteren Treibstoffgebrauch, z.B. durch die verstärkte Verwendung von kohlenstofffaserverstärktem Kunststoff (CFK) (BDL 2015). Beispielsweise besteht die Zelle des Airbus A350 zu 53 % aus CFK. Auf diese Weise wird pro Sitzplatz 25 % Treibstoff eingespart (BMWi 2010). Seit 1990 wurde der Kerosinverbrauch pro Passagier und 100 km von 6,3 auf 3,64 Liter gesenkt. Aufgrund der vergleichsweise hohen Qualitätsansprüche an den Brennstoff existieren derzeit nur geringe Chancen für den Einsatz erneuerbarer Energien im Flugverkehr. Ein mögliches Einsatzgebiet, das derzeit verstärkt von der Europäischen Union gefördert wird, ist die Nutzung von Solarenergie als Antriebstechnologie (BDL 2015).

Ein weiterer Ansatzpunkt für die Steigerung der Energieeffizienz ist die Aerodynamik. Beispielsweise ermöglichen sogenannte Winglets bzw. adaptive Flügel erhebliche Treibstoffeinsparungen aufgrund verbesserter Auftriebs- und Widerstandsverhältnisse (BMWi 2010; ATAG 2010). Winglets ermöglichen in Abhängigkeit von Flugzeugtyp und -länge Treibstoffeinsparungen in Höhe von 3 bis 5 %. Schräge Flügelspitzen eröffnen ähnliche Einsparmöglichkeiten (ATAG 2010). Maßnahmen zur effizienteren Treibstoffnutzung sind zudem durch Riblets bzw. Rillenstrukturen der Flügel gegeben. Dabei wird eine Folie, ähnlich der Struktur der Haut eines Haifisches, auf dem Flügel befestigt. Diese fein gerippte Oberflächengeometrie vermindert den Reibungswiderstand und ermöglicht Kraftstoffeinsparungen von bis zu 3 % (BMWi 2010; Reithmeier et al. 2011). Auch mit Hilfe von Verbundwerkstoffen ist ein ähnlicher Effekt zu erzielen. Auf diese Weise können Wölbungen auf dem Flügel erzeugt werden. Diese minimieren Verwirbelungen des Luftstroms und reduzieren damit den Luftwiderstand.

Neben der zunehmenden Bedeutung von Leichtbau in der Flugzeugkonstruktion eröffnet die Gewichtsreduktion von Frachtcontainern zusätzliche Kraftstoffeinsparpotenziale (BDL

2015). Mit Hilfe von Verbundwerkstoffen werden hier Gewichtsreduzierungen von knapp 15 % erreicht. Es wird angenommen, dass aufgrund der bereits genutzten leichteren Container globale Kerosineinsparungen in zweistelliger Millionenhöhe erzielt werden (BMWi 2010).

Verbesserte Triebwerke ermöglichen zusätzliche Einsparungen. Moderne Bauweisen konventioneller Triebwerke benötigen zwischen 10 und 15 % weniger Treibstoff als die Vorgängergeneration. Diese erheblichen Einsparungen werden z. B. durch Verbesserung des thermischen oder Vortriebs-Wirkungsgrades und/oder Optimierung einzelner Komponenten realisiert (Mönig 2008). Durch optimierte Drehzahlanpassung der Turbinenstufen können, mit Hilfe eines ergänzenden Getriebes, weitere Effizienzpotenziale freigesetzt werden (BMWi 2010). Ein alternatives Konzept zur Steigerung der Effizienz ist das Open-Rotor-Prinzip auf Basis nicht ummantelter, gegenläufiger Rotoren. Nachteilig wirken sich in diesem Konzept jedoch stärkere Lärmentwicklung und geringere Geschwindigkeiten aus.

Gewichts- und somit Verbrauchsreduktionen können ebenfalls mit Hilfe einer wechselseitigen Kopplung und Koordination der Bordsysteme erfolgen. Perspektivisch kommt die Umrüstung auf Auxiliary Power Units, die auf Basis einer Brennstoffzelle betrieben werden, in Betracht (BMWi 2010).

Sonstige Einsparpotenziale eröffnen sich in der Flugphase. In Anlehnung an den BDL zeigt Abb. 7.21 eine Möglichkeit des alternativen, erheblich effizienteren Sinkfluges, den Continuous Descent Operations (CDO) im Vergleich mit einem herkömmlichen Landeanflug (BDL 2015). Ein möglichst kontinuierlicher Sinkflug ohne Horizontalflugphasen ermöglicht im Idealfall einen Landeanflug im Leerlauf. Auf diese Weise ließe sich der Treibstoffverbrauch auf den letzten 45 km um bis zu 40 % senken (ATAG 2010). Die im Rahmen eines Best-Practices ermittelten Einsparungen belaufen sich auf 138 Liter Kerosin pro Anflug (BMVBS 2012a). Zudem wird der Fluglärm reduziert. Das zumeist hohe Verkehrsaufkommen in der Nähe von Flughäfen sowie der nicht zu vernachlässigende Einfluss der Witterung erschweren jedoch die

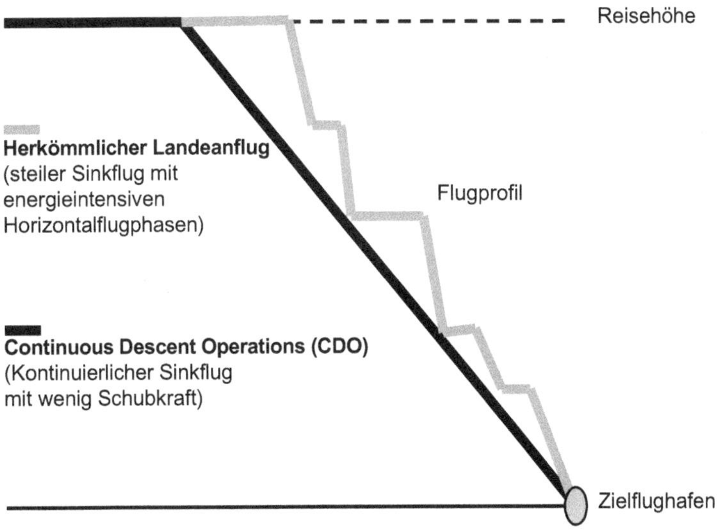

Abb. 7.21 Kraftstoffsparen durch kontinuierlichen Sinkflug (Continuous Descent Operations (CDO)) in Anlehnung an (BDL 2015)

Anwendung dieses Sinkflugkonzeptes. Das Sinkflugkonzept wird stufenweise an den deutschen Flughäfen eingeführt (BMVBS 2012a). Ähnliches gilt für den Steigflug. Mit Hilfe eines kontinuierlichen Aufstiegs ließen sich gegenüber dem konventionellen, stufenweisen Ansatz erhebliche Effizienzpotenziale realisieren (ATAG 2010).

Schiene

Der Verkehrsträger Schiene ist durch eine vergleichsweise gute Energie- und Klimabilanz gekennzeichnet. Trotz einer relativ hohen Verkehrsleistung ist der Endenergieverbrauch dieses Bereichs mit 2 % der Gesamtnachfrage im Verkehr vergleichsweise gering (ifeu 2012). Die Verkehrsleistung im Eisenbahnverkehr weist ebenso wie der bisher diskutierten Verkehrsträger eine erhebliche Zunahme auf. So kam es speziell im Personenverkehr zu einer Zunahme um rund 16 % von 77 Mrd. Pkm im Jahr 2005 auf 89 Mrd. Pkm im Jahr 2012. Im Schienengüterverkehr erhöhte sich die Beförderungsleistung im selben Betrachtungszeitraum um knapp 16 % von 95 auf 110 Mrd. tkm (StBA 2014).

Von den knapp über 2 % Endenergieverbrauch des Verkehrsträgers Schiene werden rund zwei Drittel elektrisch erzeugt (Dena 2011). Trotz vergleichsweise geringer Relevanz für den Bereich Energieeffizienz existiert eine Reihe von Technologien zur Rationalisierung des Energieverbrauchs. Diese sind für Unternehmen in erster Linie interessant, um durch Energieeinsparungen die Ausgaben zu senken.

Dabei ist im Wesentlichen die Rückgewinnung und Speicherung von kinetischer Energie zu nennen. Bei diesen Konzepten wird der aus der Bremsenergie erzeugte Strom in einem Akku zwischengespeichert und beim Anfahren als Antrieb eingesetzt. Auf diese Weise können Kraftstoffverbrauch und CO_2-Emissionen um etwa 20 bis 30 % rationalisiert werden (BMVBS 2011). Darüber hinaus ermöglicht die Abwärmenutzung aus dem Kühlwasser des Dieselmotors mit Hilfe von Latentwärmespeichern die Erwärmung des Motors auf Starttemperatur (BMWi 2010).

Zusätzlich zur Betrachtung der Prozesswärmerückgewinnung sind auch konstruktive Maßnahmen am Schienenfahrzeug selbst möglich, um die Energieeffizienz zu steigern. Dabei nehmen aerodynamische Aspekte und der Faktor Gewicht eine hervorgehobene Rolle ein. Durch die Reduzierung des Gewichts um etwa 15 % in Kombination mit einer hohen Energierückgewinnung, ließe sich eine Senkung des Energieverbrauchs um ca. 30 % verwirklichen (BMWi 2010).

In der Regel ist der Luftwiderstand für rund 70 % des Energieverbrauchs von Fernverkehr- sowie Hochgeschwindigkeitszügen verantwortlich. Die Reduktion von Verwirbelungen mit Hilfe fortschrittlicher Oberflächentechnologie ermöglicht, ähnlich wie in der Luftfahrt, eine Reduzierung des Fahrwiderstandes. (BMWi 2010)

Auch das Zusammenspiel zwischen Technik und Mensch ist hinsichtlich eventueller Energieeinsparpotenziale zu untersuchen. In diesem Zusammenhang ist die Unterstützung der Lokführer durch Fahrerassistenzsysteme ein wichtiges Element. In Schulungen lernen die Mitarbeiter den richtigen Umgang mit Fahrerassistenzsystemen. Aus den erhaltenen Informationen beispielsweise über Streckensteigungen, Signalstellungen, Betriebszustand des Zuges, Geschwindigkeitsbegrenzungen oder aktuellem Energieverbrauch, wird es dem Fahrzeugführer möglich, den Zug entsprechend den aktuellen Gegebenheiten energieeffizienter und schonender zu steuern. (BMWi 2010)

Wasser

Sowohl die Binnenschifffahrt als auch die Seeschifffahrt gelten als eine der effizientesten Verkehrsträger (BMVBS 2011). Bezogen auf die transportierte Gütermenge und die zurückgelegte Distanz ist der Seeverkehr durch einen vergleichsweise niedrigeren spezifischen Energieverbrauch gekennzeichnet. So wickelt die Seeschifffahrt zwar 90 % des interkontinentalen Gütertransports ab, emittiert dabei jedoch nur knapp 2,7 % der weltweiten Emissionen (BMWi 2010). Die Abb. 7.22 verdeutlicht die Transportreichweiten einzelner Verkehrsträger pro Gütertonne bei gleichem Energieaufwand. Dabei wird die relative Energieeffizienz der Schifffahrt deutlich.

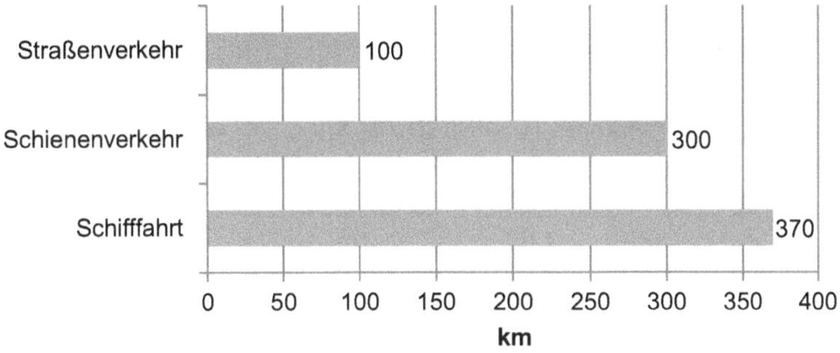

Abb. 7.22 Vergleich der Transportweiten für eine Gütertonne bei jeweils gleichem Energieaufwand (BMWi 2010)

Die Vorteile des Verkehrsträgers Binnenschifffahrt resultieren unter anderem aus der Entlastung der Verkehrsträger Straße und Schiene (BMWi 2010). Zur nachhaltigen Bewältigung zunehmender Güterverkehrsleistungen fordert die Bundesregierung daher eine stärkere Verankerung der Binnenschifffahrt im Transportwesen (BMWi 2011). Auf diese Weise ließen sich Staukosten reduzieren sowie Treibstoff- bzw. Energieverbräuche senken. Trotz allem sollten Maßnahmen der Technologieentwicklung und Technologieoptimierung mit dem Ziel ergriffen werden, ansteigenden Kostenbelastungen vorzubeugen und somit die Wirtschaftlichkeit der Schifffahrt sicherzustellen. (BMWi 2010)

Der Dieselmotor stellt bis heute die maßgebende Antriebslösung im Schiffsverkehr dar. Durch den Einsatz der elektronischen Direkteinspritzung (Common-Rail-Systeme) konnte in der Vergangenheit bereits ein erheblicher Anstieg der Effizienz erreicht werden. (Flecks und HVB 2009) Zusätzlich kann durch Rückgewinnung von Energie aus Abgasen der Kraftstoffverbrauch um etwa 12 % gesenkt werden. (Siemens 2010b)

Als weitere Alternative einer energieeffizienten Antriebstechnologie existiert der (Propeller-Gondel)-POD-Antrieb. Bei diesem Antriebstyp befindet sich der Schiffsantrieb nicht im Schiffsrumpf, sondern in einer Art Gondel. Gegenüber konventionellen Wellenantrieben ist dabei kein zusätzliches Steuerruder erforderlich (BMWi 2010; Siemens 2010a).

Durch den dieselelektrischen Antrieb ist bei diesem Konzept die optimale Anpassung an wechselnde Ladungen und unterschiedliche Geschwindigkeiten möglich. Bei diesem System wird mit einer Senkung des Treibstoffbedarfs um bis zu 15 % gerechnet. (BMWi 2010)

Mittelfristig gilt auch die Brennstoffzellentechnologie als geeignete Substitution der fossilen Energieträger (BMWi 2010). Exemplarisch sei hier das sogenannte Zemship (Zero Emission Ship) erwähnt, dessen Hauptantrieb ein Hybridsystem, bestehend aus zwei 48-kW-Brennstoffzellen-systemen und einer Blei-Gel-Batterie, ist. Mittels der Brennstoffzellentechnologie gelingt es in diesem konkreten Beispiel, 73 t CO_2-Emissionen im Jahr zu vermeiden. (BMWi 2010)

Zusätzlich zum Energieträger Wasserstoff werden in Deutschland auch alternative Formen wie Biokraftstoffe und Erdgas auf ihre Einsatzmöglichkeiten bzw. ihre Einsatztauglichkeit für den Schiffsverkehr analysiert. Verflüssigtes Erdgas (LNG) bietet in diesem Zusammenhang erhebliche Potenziale. Zum Einsatz kommt es bereits in Gastankern als Kraftstoff für Dual-Fuel-Motoren (BMWi 2010). Mit LNG verbundene positive Effekte sind neben knapp um 100 bzw. um etwa 90 % verringerten SO_x- bzw. NO_x-Emissionen und die Reduzierung des CO_2-Ausstoßes um etwa 20 %. Höhere Investitionskosten werden in der Regel über den Schiffslebenszyklus u. a. durch geringere Treibstoffkosten und einen niedrigeren Kraftstoffbedarf überkompensiert.

Eine weiteres großes Themengebiet, das in den letzten Jahren als Antriebsmethode bzw. zur Energiegewinnung wieder verstärkt aufkommt, ist die Nutzung erneuerbarer Energien, wie Wind- oder Sonnenenergie (BMWi 2010). Eine Möglichkeit der Windenergienutzung besteht in der Installation von Zugdrachensystemen. Durch deren Einsatz lässt sich, abhängig von Wetter- bzw. Windverhältnissen, der Treibstoffbedarf um bis zu 35 % verringern (BMWi 2010).

Mit der Entwicklung und Erprobung eines Flettner-Rotor-betriebenen Schiffes können darüber hinaus Treibstoffeinsparungen zwischen 30 und 50 % erreicht werden (Flecks und HVB 2009). Für die Einsparung von Energie sind dabei nicht ausschließlich die Optimierung der Antriebs- und Ruderanlage entscheidend, sondern auch die Schiffsform oder das Verhältnis von eingetauchtem Schiffsrumpf und Wasserstraßenquerschnitt. In erster Linie eignen sich dafür Großmotorgüterschiffe, die über 1.500 Tragfähigkeitstonnen bei einer Länge zwischen 95 und 110 Metern aufweisen. Hier können Verbrauchssenkungen von 9 % erreicht werden. (BMWi 2010)

Gleichwohl ist es möglich, durch konstruktive Verbesserungen an Ruder und Propeller, den Wasserwiderstand zu minimieren. Dieser kann auch durch einen Antifouling-Farbanstrich reduziert werden (Hollenbach und Friesch 2007). Letztlich kann somit eine Senkung des Kraftstoffbedarfs um bis zu 6 % erreicht werden (BMWi 2010).

Vielversprechend sind auch Air Cavity Systems (ACS). In diesem Konzept wird Luft in Kanäle gepresst, die sich auf der Unterseite des flachen Rumpfes befinden (Flecks und HVB 2009). Ziel ist es dabei, die Reibungsfläche zwischen Wasser und Schiffsrumpf durch den Aufbau eines Luftpolsters zu reduzieren. Dieses Konzept verspricht eine Senkung des Treibstoffverbrauchs um bis zu 15 %. (Flecks und HVB 2009)

Eine alternative Option zur Reduzierung des Wasserwiderstandes eröffnet ein Dynamic Trimming Assistant (DTA) zur Berechnung der optimalen Trimmung.

Durch die Berücksichtigung einer Vielzahl von Einflussgrößen, wie Wetter oder Seegang, wird die Schiffstrimmung an die entsprechenden Bedingungen optimal ausgerichtet (BMWi 2010). Hierdurch kann eine Reduzierung des Kraftstoffverbrauchs von bis zu 5 % verwirklicht werden (Flecks und HVB 2009). Neben der Minimierung des Fahrwiderstandes beschäftigen sich Reedereien heutzutage auch mit Aspekten der Ladungsoptimierung und des „Slow Steaming". Letzteres bezeichnet die Geschwindigkeitsreduzierung zur Treibstoffeinsparung. (Faber et al. 2012) So können beispielsweise 25 % der Antriebsenergie eines Schiffes – bezogen auf dessen Nutzungsdauer – eingespart werden, wenn die Geschwindigkeit um 8 % gesenkt wird. Folgekosten der Geschwindigkeitsverringerung werden dennoch überkompensiert. (BMWi 2010). In Tab. 7.5 sind die obenstehend beschriebenen Maßnahmen zusammengefasst.

Tab. 7.5 Übersicht der Maßnahmen für die Schiffsfahrt (BMWi 2010)

Mögliche Maßnahme	Einsparung/Reduzierung
Abgas Rückgewinnung	12 % Treibstoffbedarf
POD-Antrieb	15 % Treibstoffbedarf
Brennstoffzellentechnologie	73 t CO_2/a
Dual-Fuel-Motoren (mit LNG)	CO_2-Ausstoß um 20 %
Wind- und Sonnenenergie	Bis zu 35 % Treibstoffbedarf
Flettner-Rotor	30-50 % Treibstoffbedarf
Optimierung der Schiffsform	9 % Treibstoffbedarf
Optimierung Ruder und Propeller	6 % Treibstoffbedarf
Air Cavity System	15 % Treibstoffbedarf
Dynamic Trimming	5 % Treibstoffbedarf
Ladungsoptimierung/„Slow Steaming"	25 % der Antriebsenergie

7.3.2 Effizienzpotenziale ganzheitlicher Verkehrssysteme

In Deutschland kann die Infrastruktur in den Bereichen Straße, Schiene, Luftverkehr und Wasserwege nur noch begrenzt weiter ausgebaut werden. Um zukünftige Verkehrsprobleme besser bewältigen zu können ist es entscheidend, die bestehende Infrastruktur besser zu nutzen (BMBF 2000a). Eine ganzheitliche Betrachtung von Verkehrssystemen macht in diesem Zusammenhang eine umfassende und vorausschauende Bewertung von Effizienzpotenzialen möglich. Erst die Einbeziehung von direkten und indirekten Beziehungen der Einzelsysteme sowie ganzheitlichen Rahmenbedingungen erschließt weitere Optimierungspotenziale gegenüber der Einzelsystembetrachtung. Der Untersuchungsrahmen dieses Kapitels wird eingeschränkt auf Studien, welche Effizienzpotenziale auf nationaler Ebene adressieren. Auf die vielfältigen Ergebnisse aus regionalen bzw. kommunalen Untersuchungen kann im Rahmen dieser Metastudie nicht eingegangen werden.

Vernetzung des Straßenverkehrs

Telematiksysteme, Systeme zur Informations-, Kommunikations- und Leittechnologie sind bereits im Straßenverkehr weit verbreitet (BMBF 2000b). Hier wurde der spezielle Nutzen erkannt, den Telematik bei der Handhabung der komplexen Systemsteuerung und Unterstützung der Verkehrsteilnehmer haben kann. Zukünftig gilt es, verstärkt die verschiedenen Verkehrsträger, nicht nur im Personenverkehr, miteinander zu vernetzen, um zu ganzheitlichen Verkehrssystemen zu gelangen. Ansätze hierfür liegen in der Optimierung von Fahrerassistenzsystemen, der Entwicklung leistungsstarker Infrastrukturen der Mobilitätsinformation oder dem Angebot von Verkehrsdienstleistungen, z. B. über Smartphones. Ziel einer verkehrsträgerübergreifenden Vernetzung besteht auch darin, die Fahrzeugauslastung zu steigern und damit Leerfahrten zu vermeiden. Entscheidend ist, dass die verkehrsbezogenen Informationen in Echtzeit für jedermann zugänglich sind, um letztlich für jeden Verkehrsteilnehmer bedarfsgerechte Mobilitätsoptionen benutzerfreundlich und innerhalb kurzer Zeit aufzuzeigen. Hierfür ist es auch notwendig, dass die jeweiligen regionalen bzw. örtlichen Systeme und Informationen kompatibel sind (BMBF 2000b). In Abb. 7.23 sind die Stufen der Automatisierung dargelegt. Die unterschiedlichen Automatisierungsstufen beginnen hierbei beim eigenständigen Fahren und reichen bis hin zum komplett automatisierten Fahren (4. Stufe) und darüber hinaus sogar zum „fahrerlosen Fahren".

Um die letzte Stufe erreichen zu können muss allerdings eine komplette Vernetzung des Straßenverkehrs erfolgen.

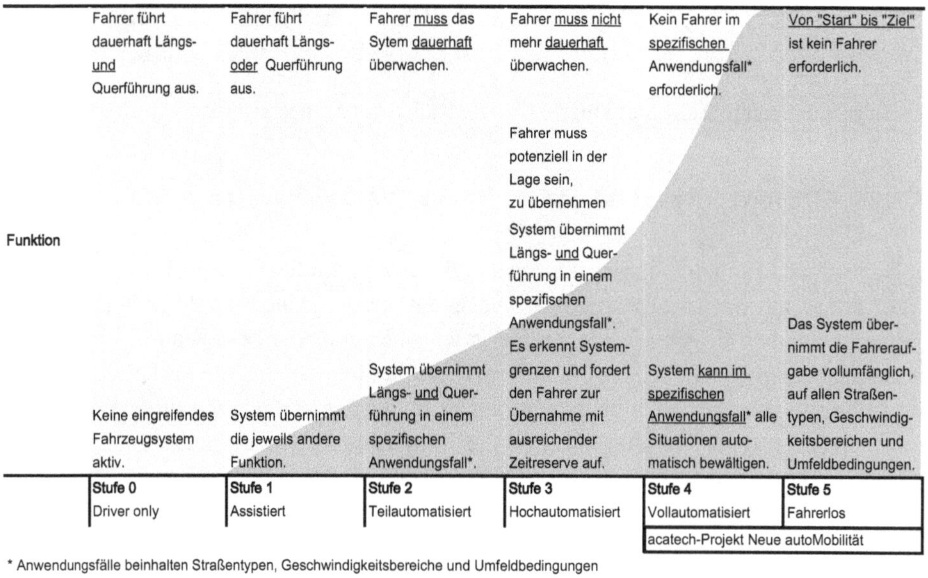

Abb. 7.23 Stufen der Automatisierung in Anlehnung an (acatech 2015)

Vernetzung von Schienenverkehr und öffentlichem Personennahverkehr

Die Stärkung und attraktivere Gestaltung des öffentlichen Personennahverkehrs sowie des Personen- und Güterverkehrs auf der Schiene sind wichtige verkehrspolitische Ziele, damit größere Anteile der künftigen Verkehrsleistung erbracht werden können (BMBF 2000b). Denn durch die intelligente Vernetzung können ungewollte Begleiterscheinungen der Mobilität reduziert und eine Absenkung des Energiebedarfs erreicht werden (acatech 2015). Telematikanwendungen sind ein geeignetes Mittel, diese Ziele zu unterstützen. Ein Forschungsschwerpunkt wird insbesondere die Gestaltung der Schnittstellen zu anderen Verkehrsträgern sein, damit die Übergangswiderstände zur Nutzung dieser Verkehrssysteme verringert werden. Hier werden Forschungs- und Demonstrationsprojekte u. a. die Umsetzung der deutschlandweiten elektronischen Fahrplaninformation (DELFI) unterstützen. Auch Anwendungen zur Komfortverbesserung bei der Nutzung öffentlicher Verkehrsmittel (z. B. automatisierte, elektronische Buchungs- und Zahlungssysteme) stehen im Zentrum der Forschungsaufgaben. Durch die digitale Vernetzung erhöht sich automatisch der Stellenwert vom Schienen- und Personennahverkehr (Canzler und Knie 2015). Informations- und Kommunikationssysteme gehören zu den entscheidenden Schlüsseltechnologien, um die vorhandene Schieneninfrastruktur (z. B. durch „Fahren auf elektrische Sicht") und ihre Fahrzeuge effizienter auszulasten, wirtschaftlicher und sicher zu betreiben und die Akzeptanz der Bahnen zu erhöhen. Sie werden ebenfalls die Verfolgung von Gütertransporten hinsichtlich Ort, Zeit und Frachtzustand ermöglichen (BMBF 2000b). In den meisten Verkehrsbereichen haben sich durch das hohe Entwicklungstempo im Informations- und Kommunikationsbereich vielfach Insellösungen entwickelt, die einen verkehrsträgerübergreifenden Informationsaustausch und darauf aufbauende Planungs- und Dienstleistungsanwendungen erschweren.

Vernetzung der Güterverkehre

Eine besondere Herausforderung stellen die physische Vernetzung sowohl im intramodalen Verkehr (z. B. Spurweiten, Strom-, Signal- und Steuerungssysteme im Schienenverkehr) als auch die intermodale Vernetzung zwischen dem Straßen-, Schienen-, Schiff- und Luftfrachtverkehr dar. Erst hierdurch können die Verkehrsmittel entsprechend ihrer spezifischen Fähigkeiten optimal eingesetzt und miteinander kombiniert werden, so dass bei Minimierung des Gesamtaufwandes zugleich eine verbesserte Wettbewerbsfähigkeit der einzelnen Verkehrsträger erreicht werden kann. (BMBF 2000b)

Ansätze zur Verkehrsentlastung – insbesondere der Straßen – ergeben sich grundsätzlich durch

- Verringerung der Verkehrsleistung durch Optimierung von Routenführung und Betriebslogistik,
- Verringerung der Fahrleistung durch höhere Fahrzeugauslastungen,
- verbesserte Kapazitätsnutzung der Schienen- und Schifffahrtswege.

Diese Potenziale können unter Berücksichtigung der Wirtschaftlichkeit insbesondere durch logistische Optimierung und Kooperationsbildungen mit Unterstützung telematischer Systeme ausgeschöpft werden. Das Innovationsspektrum reicht von der automatisierten Verfolgung von Fahrzeugen und Ladungen bis zur Optimierung von Produktions- und Lieferleistungen auf der Industrie- und Handelsseite. (BMBF 2000b)

Verkehrs- und Mobilitätsmanagement

Angesichts begrenzter natürlicher und finanzieller Ressourcen zum Infrastrukturausbau kommt der intelligenten Nutzung der vorhandenen Verkehrsanlagen und -träger eine besondere Bedeutung zu. Hierbei spielen Verkehrs- und Mobilitätsmanagement eine Rolle. Das Verkehrsmanagement setzt dort an, wo sich die Verkehrsteilnehmer bereits für einen bestimmten Verkehrsträger entschieden haben, während das Mobilitätsmanagement die Verkehrsmittelwahl in Richtung nachhaltiger Verkehrsträger wie ÖPNV oder Fuß- und Radverkehr zu beeinflussen versucht. Insofern ergänzen sich beide Ansätze dergestalt, dass zunächst eine Verhaltensbeeinflussung bei der Wahl des Verkehrsträgers mithilfe des Mobilitätsmanagements angestrebt wird. Nach der Entscheidung für einen bestimmten Verkehrsträger kann dessen Effizienz dann mittels Verkehrsmanagementmaßnahmen gesteigert werden. (Bormann et al. 2009)

City-Maut

Im Zuge des demografischen Wandels und der zunehmenden Verstädterung bietet das Konzept der City-Maut (CM) eine weitere Alternative zur partiellen Steuerung des Energieverbrauchs. Auf diese Weise lassen sich vergleichsweise einfach Obergrenzen für den motorisierten Individual- und Güterverkehr in hochfrequentierten Stadtzentren durchsetzen. Neben dem Einsparen von Energie kann so eine deutliche Erhöhung der Lebensqualität generiert werden. Außerdem können die durch CM-Systeme erzielbaren monetären Einnahmen einen erheblichen Beitrag zur lokalen Finanzierung der Infrastruktur leisten. Beispiele wie London und Stockholm zeigen, dass CM-Systeme nach anfänglichen Widerständen sehr schnell auf eine breite Akzeptanz in der Bevölkerung stoßen. Grundlage für ein lokales CM-System ist die Bereitstellung bzw. der Ausbau eines ausreichenden öffentlichen Nahverkehrssystems, das in vielen deutschen Städten bereits existiert. (Mietsch 2007)

Entwicklungspotenzial des Stadt- und Regionalverkehrs

Von einer Stadt und Region der kurzen Wege kann man sprechen, wenn der Weg zur Arbeit und zur Ausbildung, Versorgungswege sowie den Weg zur Schule und zum Kindergarten in kurzer Zeit bewältigt werden können, ohne auf ein Auto angewiesen zu sein. Die wesentlichen Elemente einer Stadt oder auch einer Region der kurzen Wege sind eine kompakte Siedlungsstruktur, Nutzungsmischung sowie die attraktive Gestaltung der öffentlichen Räume, die zum Aufenthalt einladen. In den letzten Jahrzehnten wurden die täglich zurückgelegten Wege in Deutschland – ob zur Arbeit, zum Einkaufen oder in der Freizeit – immer weiter. Wenn es gelänge, diesen Trend umzukehren, so dass die Wege im Jahr 2020 nur wieder um 10 % kürzer wären, könnten damit 10 Mio. t CO_2 eingespart werden (Rodt et al. 2010). Ein Drittel aller Wege in Deutschland wird bereits heute mit dem Fahrrad oder zu Fuß zurückgelegt. Es gibt jedoch noch ein erhebliches Potenzial, diesen Anteil zu steigern. Knapp die Hälfte aller Pkw-Fahrten sind kürzer als fünf Kilometer. Über 14 Mio. t CO_2 wurden 2005 durch diese Fahrten erzeugt. 2020 werden es trotz sparsamerer Autos immer noch mehr als 11 Mio. t CO_2 sein. Würde in Deutschland bis 2020 die Hälfte der Autofahrten unter fünf Kilometer zum Fahrrad- oder Fußgängerverkehr verlagert, könnten 5,8 Mio. t CO_2 gespart werden. (Rodt et al. 2010)

Entwicklungspotenzial des öffentlichen Personennahverkehrs (ÖPNV)

Bei der Gestaltung der persönlichen Mobilität im Alltag und in der Freizeit kommt dem öffentlichen Personennahverkehr eine herausragende Rolle zu, indem er eine vom privaten Auto unabhängige, zudem umweltgerechtere Mobilität für alle Bevölkerungsgruppen sichert. In den letzten Jahren gewann der öffentliche Personennahverkehr (ÖPNV) dort neue Fahrgäste, wo er ein attraktives Angebot macht. Gemeinsam mit dem nichtmotorisierten Verkehr (Fuß- und Radverkehr) leistet er einen zunehmenden Beitrag zur CO_2-Emissionsminderung (Rodt et al. 2010). Besonders Agglomerationsräume weisen hohe ÖPNV-Nutzungsquoten auf (infas und DIW 2004). Allerdings bedeutet ein wachsender ÖPNV nicht zwangsläufig, dass die CO_2-Emissionen des Verkehrs insgesamt sinken. Dies ist nicht der Fall, wenn z. B. die Fahrgäste zuvor zu Fuß oder mit dem Rad unterwegs waren. Die Verbesserung des ÖPNV sollte daher immer mit Maßnahmen zur Vermeidung des motorisierten Individualverkehrs und zur Förderung des Rad- und Fußgängerverkehrs verknüpft werden. Die finanzielle Förderung des ÖPNV durch den Bund, die Länder und die Kommunen erfolgt bislang meist ohne Wirkungsbezug, d. h. die Gelder sind nicht an Effizienz, Qualität oder Fahrgastzahlen gekoppelt. Die nach wie vor knappen Gelder erschweren die Erreichung des Ziels, den Modal-Split-Anteil des ÖPNV weiter zu erhöhen. Das Umweltbundesamt prognostiziert, dass bis zum Jahr 2020 10 % der innerörtlichen Pkw-Fahrten auf den ÖPNV verlagert werden. Bis zum Jahr 2030 sollen weitere 10 % der innerörtlichen Pkw-Fahrten auf den ÖPNV verlagert werden. Diese Verlagerungen bieten bis 2020 ein CO_2-Einsparpotenzial von 2,6 Mio. t bei gleichzeitiger Reduktion der CO_2-Emissionen des Pkw-Verkehrs innerorts um 26 %. Der Zuwachs an ÖPNV-Nutzern lässt sich nicht vollständig mit den bestehenden Fahrzeugen auffangen – auch wenn diese nur durchschnittlich zu 21 % ausgelastet sind. Beispielsweise wird in Stoßzeiten bereits heute eine volle ÖPNV-Auslastung erreicht. Das Umweltbundesamt geht bei den Berechnungen von einer Erhöhung des Auslastungsgrads bei gleicher Flottengröße von 21 % auf 25 % aus. Tab. 7.6 fasst das CO_2-Emissionsminderungspotenzial durch Verlagerung des innerörtlichen -Verkehrs auf den ÖPNV in den Jahren 2020 und 2030 zusammen (Rodt et al. 2010).

Tab. 7.6 CO_2-Emissionsminderungspotenzial durch Verlagerung des innerörtlichen Pkw-Verkehrs auf den ÖPNV und CO_2-Sparpotenzial in den Jahren 2020 und 2030 (Rodt et al. 2010)

	2005	2020	2030
CO_2-Emissionen des Pkw-Verkehrs innerorts nach TREMOD-Trend	42,0	29,7	24,4
Verschiebung des innerörtlichen Modal Splits vom Pkw auf den ÖPNV durch Maßnahmen (%)	0	10	10
CO_2-Emissionsminderung durch Erhöhung des ÖPNV-Anteils am Modal Split (Mio. t)	0,0	2,6	1,9

Entwicklung des Radverkehrs

Der Radverkehr ist ein „Null-Emissions-Verkehrsträger" (Rodt et al. 2010). Auch unter Einbezug der Herstellung, Wartung und des Recyclings wird im Vergleich zu den anderen Verkehrsträgern durch das Radfahren und zu Fuß gehen mit Abstand am wenigsten Treibhausgase emittiert (Mottschall und Gröger 2012).

Im Jahr 2008 wurden von den Bundesbürgern für 10 % der zurückgelegten Wege das Fahrrad als Verkehrsmittel gewählt. Der Radverkehrsanteil ist damit ausgehend von 2002 um 1 % angestiegen. (BMVBS 2012b) Während im Jahr 2008 der durchschnittliche Weg mit dem Pkw 15 Kilometer lang war, umfassten die Fußwege nur zwei Kilometer und die Radwege vier Kilometer (infas und DLR 2010). Demnach ist ein weiterer Indikator zur Darstellung der aktuellen Entwicklung des Radverkehrs der Anteil des Radverkehrs an der Verkehrsleistung im Personenverkehr. Im Jahr 2012 konnten nur 2,92 % der gesamten Verkehrsleistung des Personenverkehrs dem Radverkehr zugeordnet werden. Der Anteil des Radverkehrs an der Verkehrsleistung ist damit ausgehend von 2002 geringfügig um 0,25 % gestiegen. Der deutlichste Anstieg des Radverkehrs wurde dabei im Berufsverkehr verzeichnet. Hier stieg die Beförderungsleistung mit dem Fahrrad von 4,6 Mrd. Pkm im Jahr 2003 auf 6,0 Mrd. Pkm im Jahr 2013, sprich um knapp 30 % (BMVI 2014). Tendenziell nimmt die Fahrradnutzung in Deutschland demnach weiter zu.

Ziel der Bundesregierung ist es, bis 2020 den Radverkehrsanteil bei den zurückgelegten Wegen von 10 % im Jahr 2008 auf 15 % weiter zu steigern (BMVBS 2012b). Eine weitere Zunahme, insbesondere bei Kurzstrecken mit bis zu fünf Kilometern wird angestrebt, da hier immer noch 40 % aller Fahrten im MIV zurückgelegt werden (BMVBS 2012b). Technologietrends, wie beispielsweise Elektrofahrräder, sowie die Kombination des Fahrrads mit öffentlichen Verkehrsmitteln erleichtern es, auch längere Strecken als fünf Kilometer mit dem Fahrrad zurückzulegen (BMVBS 2012b). Die Marktentwicklung für Elektrofahrräder lässt hier auf eine weiter zunehmende Fahrradnutzung schließen. Seit 2011 wächst der Markt für Elektrofahrräder jährlich um durchschnittlich 15 %. Im Jahr 2014 waren bereits 2,1 Mio. Elektrofahrräder im Einsatz (ZIV 2015). Auch öffentliche Fahrradmietstationen, welche die Vernetzung des Radverkehrs mit den öffentlichen Verkehrsmitteln erleichtern, können ein wichtiges Instrument für die Förderung des Radverkehrs sein (Koska et al. 2014). Zu einem gewissen Grad können beide Verkehrsmittel, der Radverkehr und der öffentliche Personennahverkehr, im Wettbewerb zueinander stehen. Ein Vergleich der Verkehrsmittelanteile des Radverkehrs und des ÖPNV in verschiedenen Städten zeigt, dass ein hoher ÖPNV-Anteil häufig mit einem geringeren Radverkehrsanteil einhergeht und umgekehrt. In vielen Bereichen und insbesondere über längere Entfernungen ergänzen sich Rad und ÖPNV jedoch (Rodt et al. 2010).

Effizienzpotenziale durch die Entwicklung des Radverkehrs gibt es auch im Bereich der Stadt Logisitk. Laut einer von der Europäischen Union finanzierten Studie, könnten mit Lastenfahrrädern über die Hälfte der innerstädtischen motorisierten Gütertransporte auf Kurzstrecken und bis zu einem Transportgewicht von 200 Kilogramm nahezu klimaneutral transportiert werden (Reiter und Wrighton 2014). Die Forschungsergebnisse eines Flottenversuchs mit Elektro-Lastenfahrrädern im Kuriermarkt von deutschen Großstädten hat ergeben, dass „rund 42 % der von Fahrzeugen mit Verbrennungsmotoren durchgeführten Aufträge und 19 % der daraus resultierenden Fahrleistung [...] mit Elektro-Lastenrädern substituiert werden" können. Eine Kurzstudie bestätigt Lastenfahrrädern ein „großes Potenzial" in einem Innenstadtlogistikkonzept für die Stadt Stuttgart, verweist aber auf den notwendigen stadtspezifischen Vergleich des Transportmittels mit anderen in Entwicklung befindlichen innovativen Stadtlogistikkonzepten (Raiber 2015).

Die vorliegenden Potenzialabschätzungen auf nationaler Ebene beziehen sich auf die Verlagerung des MIV auf den Radverkehr. Für seine Prognose bezieht das Umweltbundesamt nur Fahrten kürzer 5 km ein, da dieser Aktionsradius heute 80 % der Radfahrten betrifft und somit eine repräsentative Größe mit hohem Verlagerungspotenzial darstellt (infas und DIW 2004). Basierend auf diesen Annahmen ist eine Verlagerung von 50 % der Pkw-Fahrten kürzer 5 km innerorts für 2020 und 2030 realisierbar. Tab. 7.7 fasst das CO_2-Minderungspotenzial durch Verlagerung von Pkw-Fahrten kleiner 5 km auf den Rad- und Fußverkehr in den Jahren 2020 und 2030 nach UBA zusammen (Rodt et al. 2010).

Tab. 7.7 CO_2-Minderungspotenzial durch Verlagerung von Pkw-Fahrten kleiner 5 km auf den Rad- und Fußverkehr in den Jahren 2020 und 2030 (Rodt et al. 2010)

	2005	2020	2030
CO_2-Emissionen des Pkw-Verkehrs kleiner 5 km nach TREMOD-Trend	13,9	10,0	8,0
Verlagerung von Pkw-Fahrten unter 5 km auf Rad- und Fußverkehr (%)	0	50	50
CO_2-Emissionsminderung (Mio. t)	0,0	5,0	4,0

Die sich aus den Annahmen ergebende durchschnittliche Radverkehrsleistung (etwa 380 km pro Pers./Jahr) steigt um 180 km im Jahr 2020 und um circa 190 km im Jahr 2030 pro Person. Die annähernd gleichen Zuwächse werden für den Fußverkehr (etwa 440 km pro Pers./Jahr) angenommen. Im Jahr 2030 werden somit im Durchschnitt knapp 1.200 km pro Person und Jahr in Deutschland zu Fuß oder mit dem Rad zurückgelegt. Zum Vergleich: in den Niederlanden und Dänemark liegt bereits heute allein die Radverkehrsleistung etwa drei- bis viermal höher als in Deutschland, also bei etwa 1.140 – 1.520 km (Rodt et al. 2010). Damit wird deutlich, dass ein signifikantes Ausbaupotenzial für den Radverkehr besteht.

Shared Mobility

Unter shared mobility wird das gemeinsame Nutzen von Fahrzeugen, Fahrädern und privaten Parkplätzen durch mehrere Personen verstanden (Freese et al. 2014). Diese Angebote können die Effizienzsteigerung bei der Fahrzeugnutzung ermöglichen.

Bei der gemeinsamen Nutzung von Fahrzeugen ist grundsätzlich zu differenzieren zwischen Carsharing-Modellen und dem Bilden von Fahrgemeinschaften (Rodt et al. 2010). Im Rahmen dieser Metastudie werden die Energieeffizienzpotenziale des Carsharing im Folgenden vertieft analysiert.

Carsharing umfasst sowohl das privat oder durch Sharing-Plattformen organisierte Teilen von Autos durch mehrere Haushalte als auch die Angebote kommerzieller Anbieter, die ihren Mitgliedern/Kundinnen und Kunden einen Fuhrpark zur Verfügung stellen. Bei den kommerziellen Anbietern sind zwei Nutzungsformen des Carsharing zu unterscheiden. Beim stationsbasierten Carsharing stehen die Fahrzeuge den Nutzern an genau festgelegten Stationen zur Verfügung. Das stationsunabhängige Carsharing – free floating Carsharing genannt – ermöglicht das flexible Abstellen und Anmieten des Fahrzeugs durch den Nutzer innerhalb eines definierten Geschäftsgebietes. Teilweise gibt es bereits Angebote, welche beide Nutzungsformen kombinieren. (BCS 2015b)

Ausgehend von der positiven Marktentwicklung in der Schweiz hat sich seit der Gründung der ersten deutschen Carsharing-Organisation im Jahr 1988 in Berlin der Markt zuerst langsam entwickelt. Aus Abb. 7.24 ist ersichtlich, dass sich der deutsche Carsharing Markt seit dem Jahr 2008 in einer starken Marktwachstumsphase befindet. In einer Studie der Roland Berger Strategy Consultants GmbH wird von weiterem Marktwachstum von Carsharing in Städten, und damit von einer weiter wachsenden Rolle von neuen Marktakteure im Verkehrssektor ausgegangen (Freese et al. 2014).

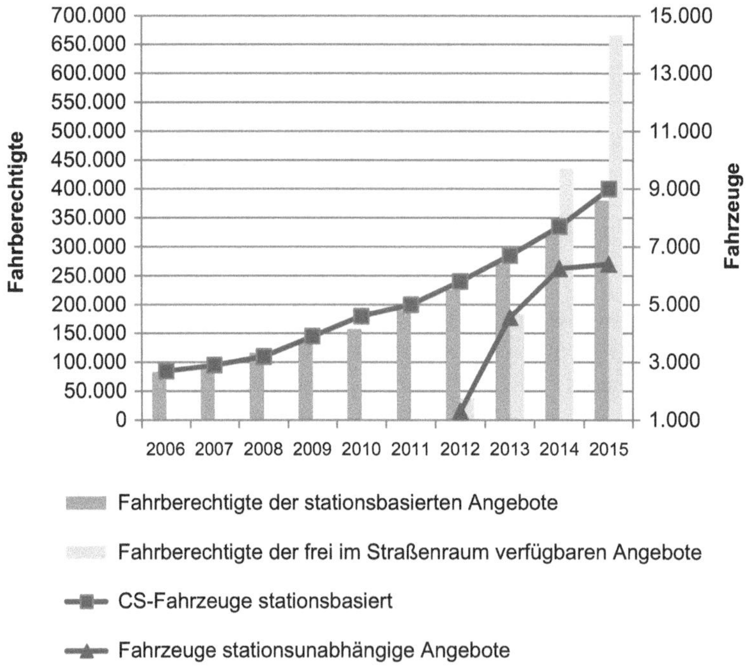

Abb. 7.24 Carsharing-Entwicklung in Deutschland zwischen 2006 und 2015 (BCS 2015a)

Mögliche Energieeffizienzpotenziale und die damit erreichbaren CO_2-Minderungspotenziale durch Carsharing werden mit folgenden Basiseffekten begründet:

1. Das stationsbasierte Carsharing ermöglicht es dem Nutzer, sich innerhalb des Fuhrparks für die gerade notwendige Fahrzeuggröße zu entscheiden. Durch die Preisstaffelung nach Wagengröße wird dieser Lenkungseffekt verstärkt (Rodt et al. 2010).
2. Kommerzielle Carsharing-Flotten besitzen im Vergleich zu Privatwagenflotten effizientere Fahrzeuge. Gemäß einer Studie in der Schweiz liegt der durchschnittliche Norm-Kraftstoffverbrauch von Carsharing-Flotten etwa 15 % unterhalb des Durchschnittsverbrauchs der Neuwagenflotten (Haefeli et al. 2006). Daten zum tatsächlichen Verbrauch wurden in der Studie nicht erfasst. In Deutschland war im August 2015 der Anteil von Elektrofahrzeugen in den Carsharing-Flotten deutlich größer als in Privatwagenflotten (Belter et al. 2015). Damit ermöglichen die Carsharing-Flotten eine effizientere Mobilität.
3. Die gemeinsame Nutzung von Fahrzeugen ist eine Alternative zum Kauf eines eigenen Autos. Denn allein der Besitz eines Autos beeinflusst die individuelle Verkehrsmittelwahl bereits langfristig zu Lasten umweltverträglicherer Alternativen (Rodt et al. 2010).
4. Carsharing-Nutzer müssen für einzelne Fahrt die vollen betrieblichen Kosten der Fahrzeugnutzung bezahlen. Dies ist ein „erheblicher Anreiz, wesentlich weniger mit dem Auto zu fahren als bei Besitz eines Privat-Pkw" (Rodt et al. 2010). Wird davon ausgegangen, dass ein gewisser Teil der Carsharing-Nutzer durch die Mobilitätsdienstleistung sein Auto substituiert, kann durch diese Verhaltensänderung eine Reduzierung der Verkehrsleistung erreicht werden (Wilke et al. 2007).

In Tab. 7.8 werden die im Rahmen eines Forschungsvorhabens ermittelten Emissionsminderungspotenziale des Carsharings dargestellt. Dabei gehen die Autoren des Berichts für das Jahr 2020 von 6,4 Millionen Carsharing Nutzern aus.

Ein Sachstandsbericht des Umweltbundesamtes weist darauf hin, dass das CO_2-Minderungspotenzial des Carsharings primär vom Nutzerverhalten abhängt, schwer abschätzbar ist und als gering eingeschätzt wird (Rodt et al. 2010). Minderungspotenziale durch Carsharing sind „überwiegend erst im Zusammenspiel mit anderen Verkehrsmitteln des Umweltverbundes (ÖPNV, Bahn, Rad- und Fußverkehr)" zu erwarten (Rodt et al. 2010).

Tab. 7.8 Emissionsminderungspotenziale Carsharing (Wilke et al. 2007)

	2005	2020
CO_2-Emissionen des motorisierten Individualverkehrs in Großstädten (Mio. t)	30,3	22,6
Einsparung durch volle Potenzialausschöpfung des Carsharings (%)	0	0,7–3,3
CO_2-Emissionen durch volle Potenzialausschöpfung des Carsharings (Mio. t)	0	0,166–0,752

Die Auswertung von weltweit drei Millionen Fahren in den Berliner free floating Carsharing-Systemen hat ergeben, dass die Nutzer diese Mobilitätsdienstleistung aktuell im hohen Maße für Kurzstrecken nutzen, welche „großteils mit dem öffentlichen Verkehr oder dem Fahrrad zu bewältigen gewesen wären" (civity 2014). Beim free floating Carsharing wirken sich die eingangs beschriebenen Basiseffekte der einer effizienteren Flotte und kleinerer Fahrzeugwahl weniger stark aus (Wilke et al. 2007). Draus lässt sich ableiten, dass mit der Nutzungsform im aktuellen Markthochlaufstatus von free floating Carsharing dieser Mobilitätsdienstleistung keine Energieeffizienzpotenziale realisiert werden.

Basierend auf den im Rahmen dieser Metastudie ausgewerteten Studien kann das aktuell ermittelte Effizienzpotenzial von Carsharing als unbedeutend eingestuft werden. Eine Verbesserung der Datenlage für die Potenzialabschätzung und die Ableitung von politischen Instrumenten zur Optimierung der Energieeffizienzpotenziale der Shared Mobility ist basierend auf den Ergebnissen der aktuell laufenden Forschungsvorhaben zu erwarten (Deutscher Bundestag 2015).

Vision eines nachhaltigen Mobilitätskonzepts für 2050

Insbesondere in urbanen Regionen prognostiziert das Fraunhofer ISI flexible und barrierefreie Kombination und Nutzung unterschiedlicher Verkehrsmittel als Standard für 2050. Demzufolge werden umfangreiche Mobilitätspakete überall verbreitet sein und senken die generell gestiegenen Mobilitätskosten erheblich. Rückgrat der kombinierten Mobilität ist der öffentliche Verkehr, der mit vielen weiteren Verkehrsmitteln und Bausteinen kombiniert werden kann. Im Jahr 2050 funktioniert die Freischaltung und Bezahlung verkehrsmittelübergreifend mit einer Mobilcard oder per Handy mit einer einfachen Rechnung nach dem „Best-Price-Prinzip". Situations- und standortspezifische, mobile Infodienste sind weit verbreitet und über persönliche IKT verfügbar. Intelligente, intermodale Routenplaner in den Handys der neuesten Generation ermitteln sekundenschnell die schnellsten, kostengünstigsten und umweltschonendsten Alternativen und lotsen den Bürger zu den verschiedenen Verkehrsmitteln. Der nächste Carsharing-Pkw, das nächste Leihfahrrad sowie die nächste Tram, Metro oder S-Bahn werden angezeigt und können sofort gebucht beziehungsweise bezahlt werden. Die Bevölkerung ist geprägt von einer Generation der Carsharer und multimodalen Mobilisten. Dadurch ist der Pkw-Besitz auf 250 Pkw pro 1.000 Einwohner zurückgegangen. (Schade et al. 2011)

In den ländlichen, d. h. in nachfrageschwachen Regionen, wird das ÖPNV-Angebot mangels Nachfrage bis 2050 zunehmend ausgedünnt werden. Der Anteil der Haushalte, welcher ein eigenes Auto besitzt, ist hier deutlich höher als in Städten. Für Personen ohne Auto beziehungsweise zur Vermeidung von Autofahrten werden jeweils alternative Mobilitätskonzepte geschaffen. Aufgrund der flexiblen Systeme kann ein verbessertes und gleichzeitig kosteneffizienteres ÖPNV-Angebot realisiert werden. (Schade et al. 2011)

Sektorkopplung

Basierend auf neuen technischen Entwicklungen im Bereich der Elektromobilität und der strombasierten Kraftstoffe (Power-to-Gas, Power-to-Liquid) wird aktuell davon ausgegangen, dass der Verkehrssektor mit dem Stromsektor zunehmend verknüpft werden kann (BMUB 2015d). Diese Verknüpfung stellt einen möglichen Teilbereich der Sektorkopplung dar. Ein weiterer zentraler Teilbereich ist beispielsweise die verstärkte Verknüpfung des Stromsektors mit der gebäudebezogenen und industriellen Prozesswärmebereitstellung.

Ziel der Sektorkopplung ist es, zunehmend fossile Brennstoffe durch erneuerbare Energien zu substituieren. Dabei sollten die erneuerbaren Energien möglichst effizient genützt werden. Nachdem sich abzeichnet, dass die marktverfügbaren Biokraftstoffe nicht die erhofften nachhaltigen Substitutionsbeiträge liefern können (s. Abschn. 7.3.1), wird die Sektorkopplung verstärkt als Alternative hierzu diskutiert. Gleichzeitig kann durch die Sektorkopplung auch ein Beitrag zur Flexibilisierung der Nachfrage im zunehmend von fluktuierenden erneuerbaren Energien geprägten Stromsystem geleistet werden.

Verschiedene Studien gehen von der Erhöhung des Strom-, aber auch Erdgasverbrauchs durch die Sektorkopplung aus (Gerhardt et al. 2015). Der Verbrauch könnte von 17 TWh/a im Jahr 2015 auf 131 TWh/a im Jahr 2050 ansteigen. Diese Entwicklung ist in den aktuellen Energiewendezielen der Bundesregierung bisher nicht abgebildet.

7.4 Management der Umsetzung von Energieeffizienzpotenzialen

Die Darstellung von Anreizen zur Umsetzung der Energieeffizienzpotenziale wird in diesem Kapitel auf bereits implementierte politische Instrumente und Maßnahmen auf Bundesebene eingeschränkt. Als Anreize stehen ordnungsrechtliche Instrumente, Steuern und Abgaben, freiwillige Selbstverpflichtungen und marktwirtschaftliche Instrumente zur Verfügung (Diaz-Bone et al. 2001).

Mit diesen Anreizen werden akteursspezifisch Anreize zur Umsetzung der Energieeffizienzpotenziale adressiert. Die Akteure im Verkehrssektor motorisierter Individualverkehr können in drei Gruppen eingeteilt werden. Die Produzenten (Kraftstoffe und Fahrzeuge), Zwischenhändler (Fahrzeug- und Kraftstoffvertrieb) und Konsumenten (Autokäufer, –fahrer). (Diaz-Bone et al. 2001) Die Verkhersinfrastruktur, bzw. der Rahmen für deren Entwicklung, wird von staatlicher Seite auf Bundes-, Landes-, regionaler und kommunaler Ebene bereitgestellt. Diese Vielschichtigkeit der Akteure bedeutet, dass für politische Instrumente und Maßnahmen zur Umsetzung von Energieeffizienzpotenzialen ein sehr breiter Rahmen existiert, für welchen unterschiedliche Ministerien verantwortlich sind.

Die gesamtwirtschaftliche Bedeutung des Verkehrssektors und die Auswirkungen dieser Instrumente auf die Gesamtwirtschaft erfordern eine umfassende Abwägung. Möglichst geringe Transaktionskosten für den Transport von Gütern und Personen sind grundlegende Erfolgsfaktoren für das Wachstum des Wirtschaftssystems. Die Transaktionskosten beziehen sich dabei auf die monetären Transportkosten und auf die Transportzeiten. Politische Instrumente, welche zur Verringerung der Verkehrsnachfrage und damit des Energieverbrauchs durch eine Erhöhung der Transaktionskosten abzielen, können damit in einem Zielkonflikt zu wirtschaftspolitischen Interessen stehen.

Es gibt kaum Anreize, die eine Umsetzung von Energieeffizienzpotenzialen direkt adressieren, da insbesondere im Verkehrssektor die Reduktion von CO_2-Emissionen im Vordergrund steht. Allerdings tragen einige dieser Anreize gleichzeitig dazu bei, den Energieverbrauch zu senken bzw. die Energieeffizienz zu steigern. In diesem Kapitel werden diese Anreize näher beschrieben.

Die Kraftstoffpreise haben einen wesentlichen Einfluss auf die Kosten des motorisierten Individualverkehrs. Die Preisbildung ist abhängig vom Produktbeschaffungspreis, dem US-Dollar Kurs und von der Besteuerung. Die Energiesteuer für Kraftstoffe wurde letztmalig im Jahr 2003 erhöht, und für Autogas und Erdgas gelten ermäßigte Energiesteuergesetze. Seit den 1980ern verzeichneten diese fossilen Treibstoffe einen rasanten Preisanstieg. Der Preisanstieg hat sich seit dem Jahr 2012 nicht weiter fortgesetzt. Die sinkenden Rohölpreise von Otto- und Dieselkraftstoffen wurden großteils an die Verbraucher weitergereicht (Bukold 2015). Die Abb. 7.25 zeigt die Entwicklung der Kraftstoffpreise seit 1986. Über die Berücksichtigung der Inflation liegen keine Informationen vor.

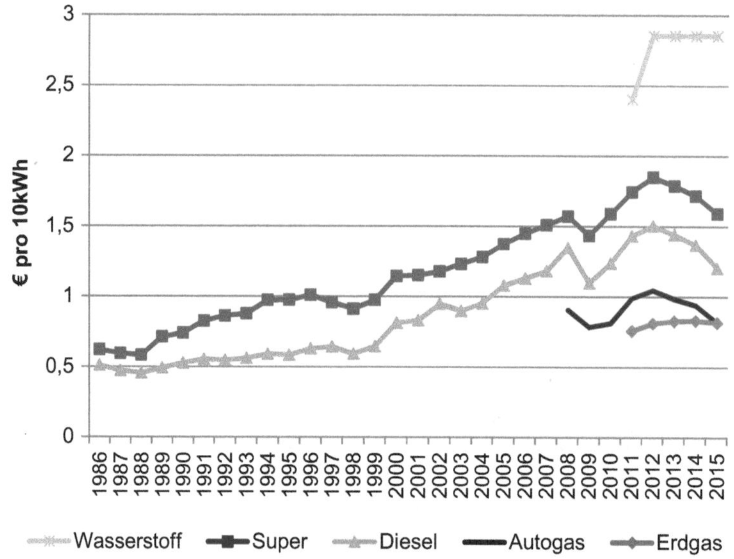

Abb. 7.25 Kraftstoffpreisentwicklung in Deutschland inkl. Steuern und Abgaben basierend auf Daten von (BeCoNet24 2015; Clean Energy Partnership 2015, StBA et al. 2015a, 2015b; Neumann 2015; Dena 2013c)

Als indirektes Instrument, die Energieeffizienz zu steigern, kann die Mineralölsteuer gesehen werden. Die Erhöhung der Mineralölsteuer für Kraftstoffe 1999 um 6 Pfennig je Liter wurde unter anderem eingeführt, um einen Ansatz zu schaffen mit den Ressourcen sparsam umzugehen (Germanwatch 1996).

Seit 2009 gilt in Deutschland die CO_2-orienterte Besteuerung von Kraftfahrzeugen (BMF 2013). Dabei wird zusätzlich zum hubraumspezifischen Grundbetrag eine Gebühr erhoben, welcher abhängig vom CO_2-Austoß variiert. Es gibt allerdings eine CO_2-Freigrenze, die für das Jahr 2014 bei 95 g/km lag. Jedes Gramm, welches pro Kilometer zusätzlich emittiert wird, wird besteuert. Hintergrund dieser Regelung ist, dass auf hocheffiziente Antriebe und somit weniger CO_2-emitierende Fahrzeuge umgestiegen werden soll (Union 2005). Elektrofahrzeuge sind in den ersten zehn Jahren nach Erstzulassung, solange sie vor dem 31.12.2015 angemeldet wurden, von der Kraftfahrzeugsteuer komplett befreit – ab dem 01.01.2016 sind es fünf Jahre (BMF 2015). Um für die Elektromobilität weitere Anreize zu schaffen, hat der Bundesrat am 10.07.15 einen Gesetzesentwurf vorgelegt. Es wurde vorgeschlagen, eine Sonderabschreibung für Elektrofahrzeuge und Ladevorrichtungen im betrieblichen Bereich zu erlauben (Bundesrat 10.07.15). Gemäß des Beschluss des Bundeskabinetts im Mai 2016 soll basierend auf einer Richtlinie der Absatzes elektrischer betriebener Fahrzeuge durch die eine Kaufprämie gefördert werden. Darüber hinaus wurde im Jahre 2012 die steuerliche Gleichstellung von elektrischen Dienstfahrrädern und Dienstwagen beschlossen (VCD 2016).

Ergänzend zur Mineralöl- und CO_2-Steuer, die, wie oben beschrieben, den Konsum besteuert, wurde eine Flottenverbrauchsregelung für Automobilhersteller eingeführt. Das zentrale Steuerungsinstrument zur Begrenzung der verkehrsbezogenen CO_2-Emissionen hat die EU bereits in der Vergangenheit mit der Verordnung (EG) Nr. 443/2009 des Europäischen Parlaments und des Rates beschlossen. Für Pkw strebt die EU beispielsweise eine schrittweise Reduktion des Grenzwertes auf 130 g CO_2/km für die Jahre 2012 bis 2015 an (EC 2016). Bis 2020 soll dieser weiter auf 95 g CO_2/km abgesenkt werden (EU und EUR-Lex 2015). Leichte Nutzfahrzeuge sind seit 2013 ebenfalls von dieser Regelung betroffen. Ab dem Jahr 2021 dürfen „light commercial vehicle" – im Allgemeinen als „Van" bezeichnet – 147 CO_2/km emittieren (ICCT 2014). Für andere Fahrzeugklassen und Verkehrsträger fehlen bisher gesetzliche Vorgaben (ifeu 2012) und das, obwohl im Jahr 2015 die Lkws für ca. 30 % der Emissionen, welche im Straßentransportverkehr anfallen, verantwortlich waren – bis 2030 werden die Lkwsvoraussichtlich für über 40 % der emittierten Emissionen verantwortlich sein. Wobei es auch für Lkws Überlegungen gibt, Grenzwerte vorzuschreiben. Diese Obergrenzen werden allerdings für 2025 geplant (TE 2015).

Wie erwähnt, müssen bis 2020 95 % der Neuwagen den Grenzwert von 95 g CO_2/km einhalten, was einem Verbrauch von 4,1 Litern Benzin bzw. 3,6 Litern Diesel pro 100 km entspricht. Ab 2021 muss dieser Wert von der gesamten Flotte erfüllt werden. Abb. 7.26 stellt die derzeitige Entwicklung des CO_2-Verbrauchs pro Pkw-km den Zielen der EU-Verordnung 443/2009 gegenüber (ifeu 2012).

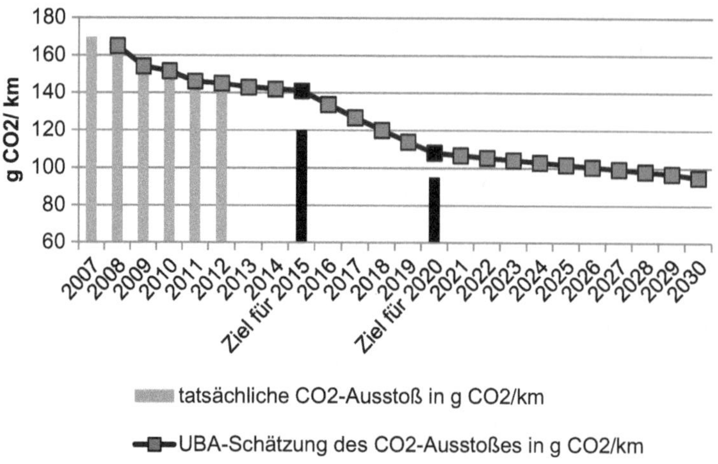

Abb. 7.26 Tatsächliche und geschätzte CO_2-Emissionen bei Pkw Neuzulassungen in Deutschland von 2007 bis 2030 und Zielvorgaben der EU in Anlehnung an (KBA 2015; ifeu 2012)

Dabei wird in der Abbildung die deutliche Diskrepanz zwischen den Zielen und der derzeitigen Entwicklung nach UBA deutlich. Darüber hinaus wird in diesem Modell die Annahme getroffen, dass sowohl die tatsächlichen Emissionswerte als auch die Zielemissionswerte, auf Basis der im Rahmen des Typgenehmigungsverfahrens in einem auf dem Rollenprüfstand absolvierten Fahrzyklus ermittelt wurden. Dieser Fahrzyklus trifft jedoch in letzter Zeit vermehrt auf Kritik und soll daher im Folgenden genauer betrachtet werden. Grundlage für die Erteilung der allgemeinen Betriebserlaubnis für einen Fahrzeug- bzw. Motorentyp bildet die sog. Typprüfung, in der die Werte für die CO_2-Emissionen eines Kraftfahrzeugs ermittelt werden (ika 2012). Hierzu „werden Fahrzyklen unter definierten Randbedingungen auf einem Rollen-Prüfstand nachgefahren" (ika 2012). Konkret wird hierzu der „Neue Europäische Fahrzyklus" (NEFZ) verwendet. Die ermittelten Werte der durchgeführten Typenprüfung bilden die Grundlage für Verbraucherinformationen, CO_2-Regulierungen und der CO_2-basierten Kraftfahrzeugbesteuerung (Mock et al. 2013). Nach Meinung zahlreicher Experten bildet dieser Fahrzyklus jedoch den tatsächlichen, d. h. realistischen Verbrauch im Alltag nicht in der entsprechenden Genauigkeit ab (Mock et al. 2013). In den vergangenen zehn Jahren ist die Kluft zwischen den Verbrauchs- bzw. CO_2-Emissionsangaben der Hersteller (als Resultat des NEFZ) und den realen Verbräuchen stark gewachsen (s. Abb. 7.27). War die Diskrepanz 2001 noch bei 8 %, lag der Unterschied 2012 bereits bei 21 %, Tendenz weiter steigend (Mock et al. 2013).

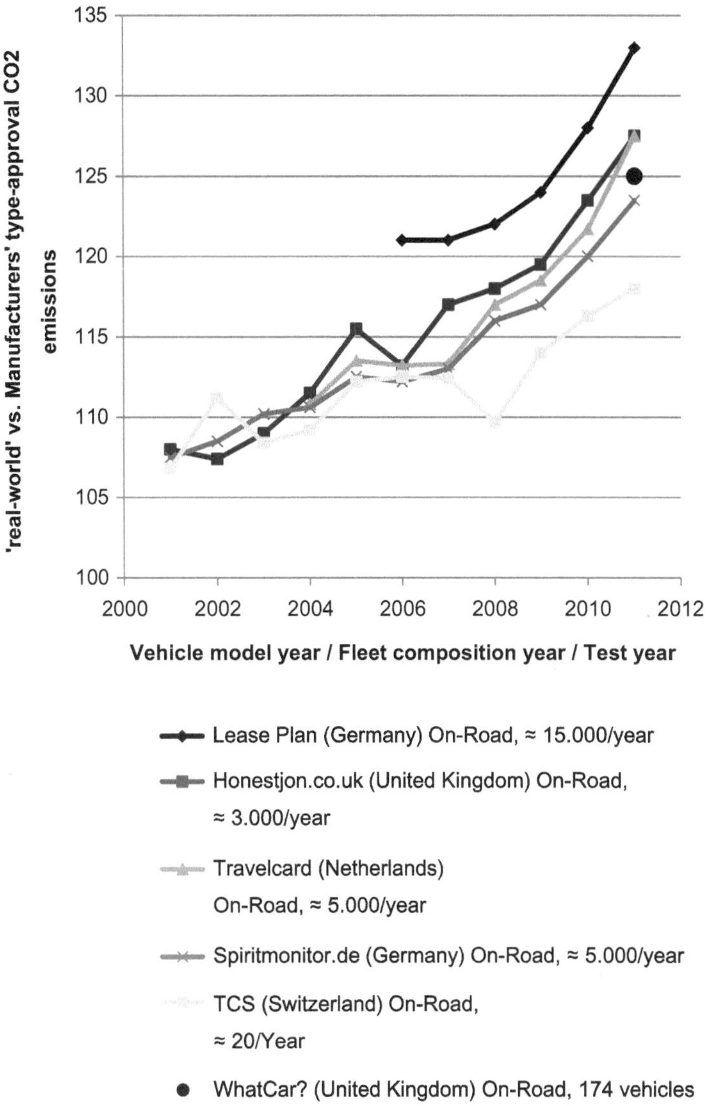

Abb. 7.27 Abweichung reale CO_2-Emissionen verglichen mit Herstellerangaben (Mock et al. 2013)

Als Ursache dieser Entwicklung wurden u. a. die folgenden Punkte genannt (Mock et al. 2013; ika 2012):

- die Zunahme an Technologien (Start-Stop Automatik), welche bei Anwendung des NEFZ einen im Verhältnis höheren Nutzen generieren (rund 25 % des NEFZ bestehen aus Leerlaufphasen), als das unter realen Bedingungen zu erkennen wäre. Weitere Technologien, die ein höheres CO_2-Einsparpotenzial unter NEFZ-Bedingungen

aufweisen, sind Hybridtechnologien, Automatikgetriebe sowie Downsizing-Konzepte speziell bei turboaufgeladenen Motoren. (Mock et al. 2013)
- der Einsatz von Nebenverbrauchern wie Klimaanlage, Licht etc., welche beim NEFZ nicht berücksichtigt werden.

Um diese Differenz zwischen den unter Laborbedingungen gewonnenen NEFZ- und den realen Verbrauchswerten zu verringern, wird z.Zt. an einem harmonisierten Ansatz gearbeitet, welcher die CO_2- und Verbrauchsmessung global einheitlich und vor allem verbraucherfreundlich gestalten soll. Der sogenannte „Worldwide Harmonized Light Vehicles Test Procedure" (WLTP) soll „weltweit einheitliche Bedingungen und Prüfzyklen zur Messung des Normverbrauchs, der CO_2-Emissionen und Schadstoffemissionen festlegen" (ika 2012).

Ziel ist es, die legalen Spielräume und Toleranzen, welche es den Herstellern erlauben, die Ergebniswerte der Prüfzyklen im gewissen Rahmen zu beeinflussen, zu reduzieren (Mock et al. 2013). Vergleicht man beispielsweise den japanischen Fahrzyklus (JC08) mit dem europäischen Fahrzyklus NEFZ, „so liegen die CO_2-Emissionen beim japanischen JC08, abhängig von den Fahrzeugspezifikationen, ca. 15 % über dem europäischen NEFZ, wobei dieser wiederum ca. 12 % über dem kombinierten CAFE-Verfahren der USA liegt" (Mock et al. 2013).

Solange die Kluft zwischen den unter realen Bedingungen und den unter Laborbedingungen gemessenen Verbrauchs- und Emissionswerten weiterhin bestehen bleibt, werden die real erreichten Emissionsreduzierungen geringer ausfallen als erwartet und Emissionsziele werden verfehlt. Darüber hinaus scheinen politische Steuerungsinstrumente auf dieser Grundlage nicht zielführend und wirksam zu sein, wenn weiterhin auf realitätsferne Laborwerte Bezug genommen wird. Um die engagierten Energie- und Klimaziele der Bundesregierung im Verkehrssektor zu erreichen, sind einerseits neue Verkehrskonzepte und Technologien erforderlich. Darüber hinaus muss andererseits die Festlegung sowohl der gesetzlichen Rahmenbedingungen als auch der Datengrundlage für die Zielwerte auf Grundlage der realen Entwicklung und Emissionswerte erfolgen.

Das Bundeskabinett hat am 3. Dezember 2014 im „Aktionsprogramm Klimaschutz 2020" beschlossen, dass die Markteinführung von energieeffizienten Nutzfahrzeugen (Lkw) ab 2016 unterstützt wird. Die Anschaffung von effizienten Hybrid-Bussen wird gefördert, indem ein Investitionszuschuss gewährt wird. Seit 2009 wird der Kauf und die Beschaffung von Hybrid-Bussen vom Bundesumweltministerium Verkehrsbetriebe unterstützt (BMUB 2015b). Die Höhe des Zuschusses errechnet sich auf Grundlage der Investitionsmehrkosten (BMUB 2014c). Die Effizienzsteigerung der Hybrid-Busse gegenüber den herkömmlichen Bussen liegt bei ca. 30 % (BMUB 2015a). Im Jahr 2014 wurden 1,2 % der gesamten Förderauszahlung „Nationale Klimaschutzinitiative" für Hybrid-Busse aufgewendet.

Im Aktionsprogramm Klimaschutz 2020 wurde darüber hinaus festgelegt, dass der Ausbau des Schienengüterverkehrs deutlich stärker verfolgt werden soll, als dies in der Vergangenheit geschehen ist. Dabei sollen Engpässe am Schienenverkehr beseitigt und die Wettbewerbsfähigkeit der Züge erhöht werden. Die Reduktionen der Treibhausgase werden auf 1,5 bis 1,8 Mio. t CO_2-Äq. geschätzt. Die Haushaltsmittel für „Neue Mobilität" sollen zudem zwischen 2016–2018 erhöht werden. So werden sich die Haushaltsmittel – laut Planungen – von 2015 auf 2016 um ca. 15,5 Mio. € erhöhen (BMWi 2015a). Durch den Ausbau soll der Schienenverkehr attraktiver gestaltet werden und eine Verlagerung des Verkehrs von der Straße auf die Schiene erfolgen. So soll auch die Ausweitung der Lkw-Maut auf die Bundesfernstraßen ab 2018 Anregung zur Verlagerung des Straßengüterverkehrs auf den Schienengüterverkehr sein (BMWi 2014b).

Nicht nur die Verlagerung auf den Schienenverkehr soll gefördert werden, auch der Ausbau der Infrastruktur von Wasserstraßen soll Anreize bieten, diese verstärkt in die logistischen Aktivitäten einzubinden (BMUB 2014a). Auch die nachhaltige Modernisierung von Binnenschiffen wird durch die Bundesregierung mit einem Zuschuss unterstützt. Ziele der geförderten Maßnahmen können beispielsweise sein, die Energieeffizienz zu erhöhen, den Schadstoffausstoß zu mindern oder die Lärmemissionen zu reduzieren. Dabei richtet sich die Förderhöhe nach den Ausgaben und der jeweiligen Motorleistung des Hauptantriebs (BMVI 2015).

Die öffentliche Hand wird unmittelbar zur energieeffizienten Beschaffung von Personen- oder Transportkraftfahrzeugen durch die Vergabeverordnung (VgV) verpflichtet. Die qualitative Auswertung von Vergabeverfahren mit energierelevanten Leistungen im Sektor Verkehr zeigt, dass nur einzelne Vergabestellen bei der Beschaffung von energieeffizienter Personen- oder Transportkraftfahrzeugen den vollen möglichen Rechtsrahmen ausnutzen (Bothor et al. 2014).

Zusammenfassend lässt sich feststellen, dass aktuell auf Bundesebene für den Verkehrssektor keine umfassende politische Energieeffizienzstrategie vorliegt, die Anreize konkret benennt und systematisch bewertet.

7.5 Trends und Prognosen

Inhalt dieses Kapitels ist die Gegenüberstellung der von der Bundesregierung definierten Energie- und Emissionsziele für den Verkehrssektor mit aktuellen Energieszenarien.

Um die Ziele des Energiekonzeptes von 2010 für den Sektor Verkehr umzusetzen, hat die Bundesregierung eine Mobilitäts- und Kraftstoffstrategie erarbeitet, welche aber im aktuellen Stand keine weitere Detaillierung der Energie- und Emissionsziele auf die einzelnen Verkehrsträger darstellt. Aus vorangegangenen Potenzialanalysen ging hervor, dass Einsparoptionen und –mengen sehr heterogen über die spezifischen Verkehrsträger verteilt sind. Für die Analyse wird auch hier zwischen einzelnen Verkehrs- und Energieträgern differenziert, um Schlussfolgerungen sowohl technologisch als auch nutzerbezogen adressieren zu können.

In der volkswirtschaftlichen Betrachtung der vorliegenden Studie in Kap. 3 wurde bereits ausführlich das Ziel der Bundesregierung, die CO_2-Emissionen bis zum Jahr 2020 um 40 % und bis zum Jahr 2030 um 55 % bezogen auf das Basisjahr 1990 zu senken, dargestellt. Für den Verkehrssektor errechnet sich bis 2050 ein Richtwert von knapp 40 % der Endenergieeinsparung (Schlesinger et al. 2010). Vor diesem Hintergrund stellt die Abb. 7.28 die erforderlichen Richtwerte zur Zielerreichung für die Entwicklung einzelner Kraftstoffarten bis 2050 dar. Es wird eine Reduktion des Gesamtenergieverbrauchs von 2.570 PJ im Jahr 2011 auf etwa 1.500 PJ im Jahr 2050 als Ziel ausgegeben. Der Zielverbrauch für die verkehrsbezogene Endenergie liegt für 2020 bei 2.410 PJ und bis 2030 bei etwa 2.150 PJ. Darüber hinaus liegt dem Energiekonzept die Annahme einer Umverteilung der Brennstoffe im Sektor Verkehr zugrunde. Während von einer erheblichen Zunahme von Biokraftstoffen und Strom bis 2050 ausgegangen wird, verzeichnen innerhalb dieses Szenarios die herkömmlichen Kraftstoffe Benzin und Diesel drastische Anteilsverluste. Aufgrund des Mangels an geeigneten Substituten bleibt der Verbrauch von Kerosin über den Betrachtungszeitraum nahezu konstant (Schlesinger et al. 2010). Gas wird hingegen als Brückentechnologie wahrgenommen. Der Verbrauch nimmt bis 2030 zu und fällt daraufhin wieder ab (Schlesinger et al. 2010). Durch die Zielsetzung der Bundesregierung, die Elektromobilität bis 2020 auf 1 Mio. Fahrzeuge und darüber hinaus zu erhöhen, steigt der Stromanteil im Energiemix stark.

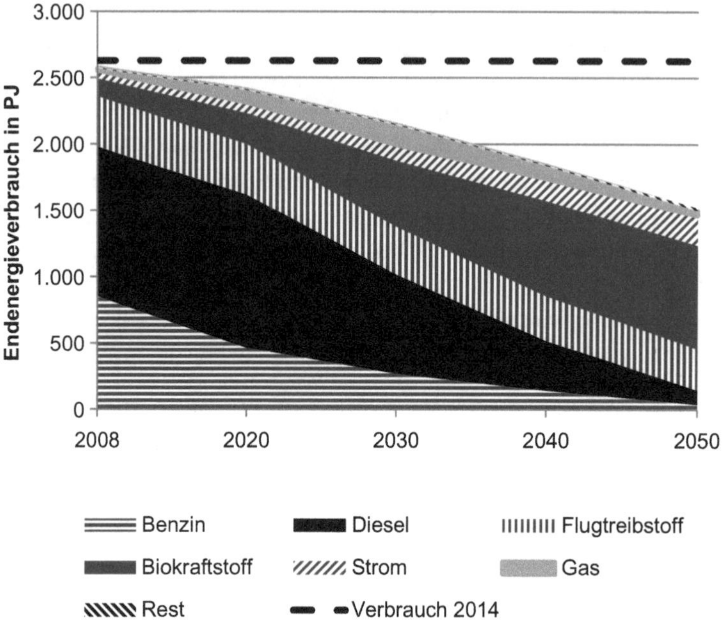

Abb. 7.28 Erforderlicher Endenergieverbrauch im Sektor Verkehr bis 2050 und Entwicklung der Anteile von Kraftstoffen (Schlesinger et al. 2010)

Neben der Senkung des absoluten Energieverbrauchs steht die Abkehr von fossilen Brennstoffen im Mittelpunkt des Interesses. Während den Flüssigkraftstoffen Benzin und Diesel im Jahr 2008 noch über 99 % des Energieeinsatzes zugerechnet wurde, soll ihr Anteil bis 2050 kontinuierlich gesenkt werden. Dies soll vor allem durch den schrittweisen Umstieg auf alternative Antriebssysteme erreicht werden. So müssen mittelfristig Biokraftstoffe sowie gas- und strombasierte Antriebssysteme ausgebaut werden. Langfristig kann nur auf diese Weise das Ziel eines nahezu benzin- und dieselfreien Verkehrssektors erreicht werden. Vor allem im Verkehr unterliegen weitere Einsparungen technischen Grenzen, die ohne entsprechende Substitutionen nicht überwunden werden können. Entscheidend hierfür sind Hybrid-Fahrzeuge, die bereits zum jetzigen Zeitpunkt einen um bis zu 25 % geringeren Verbrauch als benzinbetriebene Fahrzeuge aufweisen. Ebenso kann die Elektromobilität zu erheblichen Energieeinsparungen beitragen. Während ein im Jahr 2040 neu zugelassener Hybrid-Pkw 3,7 l/100 km verbraucht, benötigt ein Elektrofahrzeug mit umgerechnet

1,8 l/100 km weniger als die Hälfte (Schlesinger et al. 2010). Unter der Annahme des zunehmenden prozentualen Anteils erneuerbarer Energien am Strommix der Bundesrepublik, werden elektrische Fahrzeuge auch unter ökologischen Gesichtspunkten interessant.

In der Vergangenheit konnten bereits erhebliche Einspargewinne im Verkehrssektor erzielt werden. Insbesondere technische Verbesserungen und Downsizing konventioneller Verbrennungs- und Antriebstechnologien im Pkw-Bereich haben dazu geführt, dass der spezifische Kraftstoffverbrauch zwischen 1990 und 2010 um knapp 28 % gesunken ist (Dena 2013a). Eine Analyse der Dena zeigt, dass ein Großteil von Studien, welche den Verkehrssektor untersuchen, von einem Rückgang des Energieverbrauchs zwischen 7 % und 25 % bis 2025 ausgehen (Dena 2013a). Das Einsparpotenzial ist dabei abhängig von den getroffenen Annahmen innerhalb der Studien. So wird in der WWF-Studie aus 2009 zunächst zwischen zwei quantitativen Szenarien differenziert: in dem Referenzszenario (Referenzjahr 2008) wird die Fortsetzung der Energie- und Klimaschutzpolitik beschrieben. Während das Innovationsszenario ein Instrumentenpaket entwickelt, welches das Ziel der 95 %igen Reduktion der Treibhausgasemissionen bis 2050 anstrebt. Das Referenzszenario nach WWF 2009 zeigt insgesamt, dass die Klimaschutzziele im Rahmen vorhandener Strukturen und Entwicklungen nicht zu erreichen sind (WWF et al. 2009). In Abb. 7.29 werden die möglichen Einsparpotenziale im ambitionierten Szenario dargestellt.

Dieses ambitionierte Szenario zeigt zwei sehr unterschiedliche Entwicklungen: Während der Endenergieverbrauch im Personenverkehr bezogen auf das Jahr 2005 bis 2030 um etwa 580 PJ auf insgesamt 1.200 PJ deutlich gesenkt werden kann, bleibt der Güterverkehr insbesondere aufgrund des stark ansteigenden Verkehrsaufkommens auf einem gleichbleibenden Niveau. Durch die Aggregation beider Bereiche resultiert für 2030 ein Gesamtendenergieverbrauch von etwa 2.050 PJ. Somit würde innerhalb des ambitionierten Szenarios das Energieziel bis 2030 von etwa 2150 PJ erreicht werden. Für eine Erreichung der Verbrauchsreduzierung sind die Fahrzeugeffizienz im motorisierten Individualverkehr, die Elektrifizierung des motorisierten Individualverkehrs und die Umstellung des Güterverkehrs auf erneuerbare Energien notwendig (WWF et al. 2009). Ein wichtiger Bestandteil ist die forcierte Förderung von Hybridfahrzeugen. So spielen ab 2045 Verbrennungsmotoren ohne Hybridanteil im Bestand

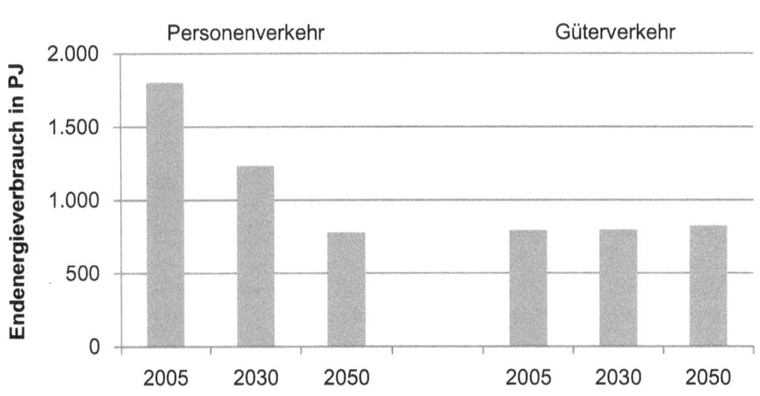

Abb. 7.29 Endenergieverbrauch im ambitionierten Szenario WWF (WWF et al. 2009)

keine Rolle mehr. Die Zusammensetzung des Fahrzeugbestands ergibt sich wie folgt: Hybrid-Pkw machen bis 2050 rund 36 %, Plug-in-Hybride 28 % und reine Elektrofahrzeuge 18 % aus. Darüber hinaus wird im Güterverkehr ein Großteil des Verkehrswachstums auf die Schiene verlagert. Ferner wird von einer Verbrauchsreduzierung für Lkw von 25 % ausgegangen. Insgesamt muss für dieses Szenario der Zielerreichung nach WWF der Endenergiebedarf des Verkehrs bis 2050 zu 59 % durch Biokraftstoffe der zweiten und dritten Generation sowie durch Strom (12 %) gedeckt werden (WWF et al. 2009).

Im Folgenden wird der prognostizierte Entwicklungspfad des Endenergieverbrauchs des Verkehrssektors basierend auf 52 weiteren Energieszenarien aus zehn Studien dargestellt. Für die Auswertung wurden die Ergebnisse statistisch aggregiert und in Form von Boxplots[1] aufbereitet (Auflistung aller Studien/Szenarien im Kap. 9.4 enthalten). Diese Form der Auswertung umfasst keine vertiefte Analyse der Modelle und Energieszenarien (Dieckhoff 2015), stellt aber Unschärfe der Prognosen dar.

In Abb. 7.30 ist der Endenergieverbrauch der Jahre von 2000 bis 2014 in fünf Jahresintervallen und ebenso die Zukunftsprognosen für die Jahre 2020, 2030 und 2050 als Boxplots dargestellt. Die Bandbreite der Prognose wird umso größer, je weiter der Zeitpunkt in der Zukunft liegt. So liegt der Bereich zwischen dem oberen und unteren Quantil der Schätzungen und Trends für das Jahr 2020 bei ca. 80 TWh. Im Jahre 2050 sind es 180 TWh.

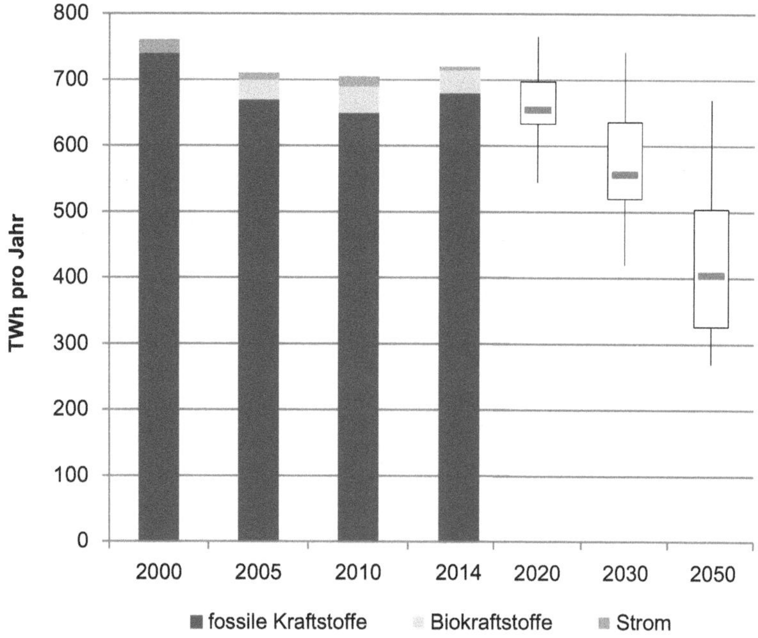

Abb. 7.30 Prognose des Endenergieverbrauches bis 2050 basierend auf Daten von (AGEB 2015). Die Auflistung aller zu (AGEB 2015) ergänzten Studien/Szenarien ist im Kap. Anhang enthalten.

[1]Ein Boxplot ist ein Diagrammtyp, welches den Median, die beiden Quartile und Maximalwerte abbildet.

Das Ziel für 2020 der Bundesregierung liegt bei 2.327 PJ, was in etwa 646 TWh entspricht. Der Median der Prognosen für das beschriebene Jahr liegt bei 655 TWh. Das Erreichen der Ziele der Bundesregierung scheint laut Prognosen nicht zu gelingen. Grundsätzlich ist ein positiver Trend zu beobachten. Im Jahr 2050 liegt der Median der Berechnungen bei 404 TWh. Daraus ergibt sich eine Reduzierung des Endenergieverbrauchs im Verkehrssektor um fast 45 % gegenüber 2014. Wobei zwischen dem optimistischen und pessimistischen Szenario eine Spreizung von 400 TWh vorliegt.

Bisher unberücksichtigt sind in dieser Gegenüberstellung die mit dem Energieverbrauch korrelierenden CO_2-Emissionen. Analog zu den abgeleiteten Endenergiezielwerten lässt sich aus dem Energiekonzept der Bundesregierung auch für die CO_2-Emissionen ein Richtwert errechnen. Demnach muss im Verkehr bis zum Jahr 2020 gegenüber 2005 eine Reduktion um 40 Mio. t CO_2 erreicht werden. Im Jahre 2006 wurde die Entwicklung der CO_2-Emissionen im Verkehrssektor spezifisch für die einzelnen Verkehrsträger zusammengefasst (s. Abb. 7.31) (Rodt et al. 2010).

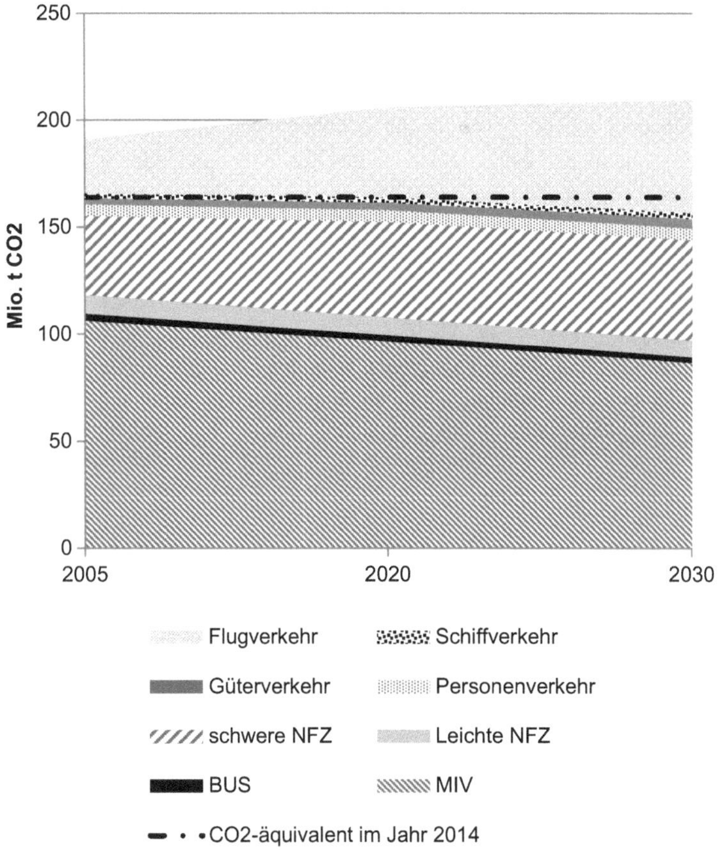

Abb. 7.31 Derzeitige Entwicklung der CO_2-Emissionen im Verkehr bis 2030 in Anlehnung an (Rodt et al. 2010; Ittershagen 2015)

Hier spiegelt sich erneut die Dominanz des Straßenverkehrs wider. Insgesamt werden die Emissionen über sämtliche Verkehrsträger hinweg reduziert, mit Ausnahme des Flugverkehrs. Jedoch reicht der Emissionsverminderungstrend im Pkw-Bereich nicht aus, um die Selbstverpflichtung der Kfz-Industrie als erfolgversprechend anzusehen.

7.6 Fazit

Der Sektor Verkehr ist eng mit der Industrieproduktion von Verkehrsmitteln verknüpft. Die Automobil- (Schade et al. 2014) und Luftfahrtindustrie (BMWi 2014a) der Bundesrepublik Deutschland trägt in großem Umfang zum Wirtschaftswachstum und Wohlstand bei. Allein die Automobilhersteller und Zulieferer sind für fast 1,8 Mio. Arbeitsplätze in Deutschland direkt verantwortlich (Schade et al. 2014). Vom Luftverkehr hängen direkt und indirekt 0,85 Mio Arbeitsplätze ab (BMWi 2014a). Der wirtschaftliche Erfolg dieser beiden deutschen Industriesektoren basiert auf einem signifikanten Exportanteil der produzierten Güter. Die nationale Automobilproduktion geht zu drei vierteln in den Export. (Schade et al. 2014) Ein Transformationsprozess im Mobilitätssektor hin zu einem emissionsarmen Wirtschaftssystem ist mit einer Vielzahl an Wirkzusammenhängen mit diesem Industriezweig verbunden. Laut den Prognoseszenarien des Büros für Technikfolgen-Abschätzung beim Deutschen Bundestag könnte ein durch konventionelle Antriebstechnologien dominierter globaler Transformationsprozess zu einer Beschäftigungszunahme um bis zu 18,2 % bis zum Jahr 2030 führen. Das Prognoseszenario für 2030 mit alternativen Antrieben und einem starken Wachstum dienstleistungsbasierter Mobilitätskonzepte zeigt auf, dass bis zu 24,7 % der inländischen Arbeitsplätze wegfallen könnten. Die in der Studie benannten Risiken für eine negative Entwicklung der Automobilindustrie haben durchgehend einen klaren Bezug zur Energieeffizienz. Als Risiken wurde die Setzung gesetzlich verbindlicher ambitionierter Klimaschutz- und Energieeffizienzziele, die Einführung neuer Mobilitätskonzepte und das Scheitern der deutschen Automobilindustrie als Leitanbieter in der Elektromobilität benannt (Schade et al. 2014).

Literatur

acatech (2015) Deutsche Akademie der Technikwissenschaften (Hg.): Neue autoMobilität. Automatisierter Straßenverkehr der Zukunft. Utz, Herbert, München, 2015 (acatech POSITION). Online verfügbar unter http://www.acatech.de/fileadmin/user_upload/Baumstruktur_nach_Website/Acatech/root/de/Publikationen/Stellungnahmen/NaM_acatech_POSITION_Neue_autoMobilitaet_Web.pdf, zuletzt geprüft am 25.11.2015.

AGEB (2010) Arbeitsgemeinschaft Energiebilanzen e.V. (Hg.): Vorwort zu den Energiebilanzen für die Bundesrepublik Deutschland. Berlin, Köln, 2010. Online verfügbar unter http://ag-energiebilanzen.de/files/vorwort.pdf, zuletzt geprüft am 29.10.2015.

AGEB (2015a) Arbeitsgemeinschaft Energiebilanzen e.V. (Hg.): Ausgewählte Effizienzindikatoren zur Energiebilanz Deutschland. Daten für die Jahre von 1990 bis 2014. Berlin, Köln, 2015. Online verfügbar unter http://www.ag-energiebilanzen.de/, zuletzt geprüft am 08.03.2016.

AGEB (2015b) Arbeitsgemeinschaft Energiebilanzen e.V. (Hg.): Energieflussbild 2014 für die Bundesrepublik Deutschland in Petajoule. Berlin, Köln, 2015. Online verfügbar unter http://www.ag-energiebilanzen.de/, zuletzt geprüft am 21.04.2016.

ATAG (2010) Air Transport Action Group (Hg.): Beginner's Guide to Aviation Efficiency. Geneva, Switzerland, 2010. Online verfügbar unter http://www.atag.org/our-publications/latest.html, zuletzt geprüft am 03.08.2015.

ATAG (2013) Air Transport Action Group (Hg.): Reducing emissions from aviation through carbon-neutral growth from 2020. Working paper developed for the 38th ICAO assembly september/october 2013. A position paper presented by the Global Aviation Industry. Geneva, Switzerland, 2013. Online verfügbar unter https://www.iata.org/policy/environment/Documents/atag-paper-on-cng2020-july2013.pdf, zuletzt geprüft am 12.11.2015.

BCS (2015a) Bundesverband CarSharing e.V. (Hg.): Jahresbericht 2014/2015. Auf dem Weg zu einer neuen Mobilitätskultur - mehr als eine Million CarSharing-Nutzer. Berlin, 2015. Online verfügbar unter http://www.carsharing.de/sites/default/files/uploads/ueber_den_bcs/pdf/bcs_jahresbericht_2014_final.pdf, zuletzt geprüft am 22.09.2015.

BCS (2015b) Bundesverband CarSharing e.V. (Hg.): Kombinierte CarSharing-Angebote – das Beste aus zwei Welten verbinden. Carsharing Factsheet Nr. 1. Berlin, 2015. Online verfügbar unter http://carsharing.de/sites/default/files/uploads/ueber_den_bcs/pdf/bcs_factsheet_1_final.pdf, zuletzt geprüft am 16.11.2015.

BDL (2015) Bundesverband der Deutschen Luftverkehrswirtschaft e.V. (Hg.): Report 2015 - Energieeffizienz und Klimaschutz. Berlin, 2015. Online verfügbar unter http://www.die-vier-liter-flieger.de/media/filer_public/2015/08/05/energieeffizienz_klimaschutz_2015.pdf, zuletzt geprüft am 22.09.2015.

BeCoNet24 (2015) BeCoNet24 (Hg.): Autogas-Preis-Entwicklung in Deutschland von 2008 bis 2015. Ismaning, 2015. Online verfügbar unter http://www.autogasvergleich.de/autogas-tankstellen/deutschland/statistiken.html, zuletzt geprüft am 03.11.2015.

Belter et al. (2015) Belter, T.; Schreiner, M.; Blümel, H. et al.: Carsharing und Elektromobilität. Forschungsergebnisse aus dem BMUB-Förderprojekt WiMobil „Wirkung von E-Carsharing-Systemen auf Mobilität und Umwelt in urbanen Räumen". Ein Praxisleitfaden für Kommunen. Landeshauptstadt München Kreisverwaltungsreferat; Senatsverwaltung für Stadtentwicklung und Umwelt Berlin (Hg.). München, Berlin, 2015. Online verfügbar unter http://www.erneuerbar-mobil.de/de/projekte/foerderung-von-vorhaben-im-bereich-der-elektromobilitaet-ab-2012/ermittlung-der-umwelt-und-klimafaktoren-der-elektromobilitaet/dateien-pressematerial-etc/wimobil-carsharing-und-elektromobilitaet-ein-praxisleitfaden-fuer-kommunen, zuletzt geprüft am 16.11.2015.

BMBF (2000a) Bundesministerium für Bildung und Forschung (Hg.): Mobilität und Verkehr. Nachhaltigkeit, Sicherheit und Wettbewerbsfähigkeit durch intelligenten Verkehr. Berlin, 2000. Online verfügbar unter https://www.bmbf.de/pub/mobil.pdf, zuletzt geprüft am 22.04.2016.

BMBF (2000b) Bundesministerium für Bildung und Forschung (Hg.): „Mobilität und Verkehr". Forschungsprogramm der Bundesregierung. Nachhaltigkeit, Sicherheit und Wettbewerbsfähigkeit durch intelligenten Verkehr. Berlin, 2000. Online verfügbar unter https://www.bmbf.de/pub/mobil.pdf, zuletzt geprüft am 08.12.2015.

BMF (2013) Bundesministerium der Finanzen (Hg.): Steuern von A bis Z. Berlin, 2013. Online verfügbar unter http://www.bundesfinanzministerium.de/Content/DE/Downloads/Broschueren_Bestellservice/2013-09-24-steuern-von-a-z.pdf?__blob=publicationFile&v=8, zuletzt geprüft am 28.10.2015.

BMF (2015) Bundesministerium der Finanzen (Hg.): Steuervergünstigungen für Elektrofahrzeuge. Bonn, 2015. Online verfügbar unter http://www.zoll.de/DE/Fachthemen/Steuern/Verkehrsteuern/Kraftfahrzeugsteuer/Steuerverguenstigung/Elektrofahrzeuge/elektrofahrzeuge_node.html, zuletzt geprüft am 28.10.2015.

BMUB (2014a) Bundesministerium für Umwelt, Naturschutz, Bau und Reaktorsicherheit (Hg.): Aktionsprogramm Klimaschutz 2020. Kabinettsbeschluss vom 3. Dezemeber 2014. Berlin, 2014. Online verfügbar unter http://www.bmub.bund.de/fileadmin/Daten_BMU/Download_PDF/Aktionsprogramm_Klimaschutz/aktionsprogramm_klimaschutz_2020_broschuere_bf.pdf, zuletzt geprüft am 28.10.2015.

BMUB (2014b) Bundesministerium für Umwelt, Naturschutz, Bau und Reaktorsicherheit (Hg.): GreenTech made in Germany 4.0 - Umwelttechnologie-Atlas für Deutschland. Berlin, 2014. Online verfügbar unter http://www.greentech-made-in-germany.de/fileadmin/user_upload/greentech_atlas_4_0_bf.pdf, zuletzt geprüft am 05.08.2015.

BMUB (2014c) Bundesministerium für Umwelt, Naturschutz, Bau und Reaktorsicherheit (Hg.): Richtlinien zur Förderung der Anschaffung von diesel-elektrischen Hybridbussen im öffentlichen Nahverkehr. Berlin, 2014. Online verfügbar unter http://www.bmub.bund.de/fileadmin/Daten_BMU/Download_PDF/Verkehr/hybridbusse_foerderung_richtlinien_bf.pdf, zuletzt geprüft am 28.10.2015.

BMUB (2015a) Bundesministerium für Umwelt, Naturschutz, Bau und Reaktorsicherheit (Hg.): Die Nationale Klimaschutzinitiative: Daten. Fakten. Erfolge. 2015. Berlin, 2015. Online verfügbar unter http://www.bmub.bund.de/fileadmin/Daten_BMU/Pools/Broschueren/nki_broschuere_bf.pdf, zuletzt geprüft am 15.04.2016.

BMUB (2015b) Bundesministerium für Umwelt, Naturschutz, Bau und Reaktorsicherheit (Hg.): Förderprogramm für Hybridbusse. Berlin, 2015. Online verfügbar unter https://www.klimaschutz.de/de/Foerderprogramm-fuer-Hybridbusse, zuletzt geprüft am 15.04.2016.

BMUB (2015c) Bundesministerium für Umwelt, Naturschutz, Bau und Reaktorsicherheit (Hg.): Klimaschutz in Zahlen. Ausgabe 2015. Fakten, Trends und Impulse deutscher Klimapolitik. Berlin, 2015. Online verfügbar unter http://www.bmub.bund.de/fileadmin/Daten_BMU/Pools/Broschueren/klimaschutz_in_zahlen_bf.pdf, zuletzt geprüft am 05.04.2016.

BMUB (2015d) Bundesministerium für Umwelt, Naturschutz, Bau und Reaktorsicherheit (Hg.): Klimaschutzplan 2050. Impulspapier des BMUB für den Auftakt des Beteiligungs- und Dialogprozesses. Berlin, 2015. Online verfügbar unter http://www.bmub.bund.de/fileadmin/Daten_BMU/Download_PDF/Klimaschutz/klimaschutzplan_2050_impulspapier_bf.pdf, zuletzt geprüft am 18.11.2015.

BMVBS (2011) Bundesministerium für Verkehr, Bau und Stadtentwicklung (Hg.): Elektromobilität – Deutschland als Leitmarkt und Leitanbieter. Berlin, 2011. Online verfügbar unter http://www.bmvi.de/SharedDocs/DE/Publikationen/G/elektromobilitaet-deutschland-als-leitmarkt-und-leitanbieter.pdf?__blob=publicationFile, zuletzt geprüft am 05.08.2015.

BMVBS (2012a) Bundesministerium für Verkehr, Bau und Stadtentwicklung (Hg.): ICAO State Action Plan on Emissions Reduction -Germany-. Bonn, 2012. Online verfügbar unter https://www.ecac-ceac.org/documents/10189/50084/Germany-Action+Plan_public.pdf/841bca60-93a4-434b-b3b5-8d262c58881b, zuletzt geprüft am 12.11.2015.

BMVBS (2012b) Bundesministerium für Verkehr, Bau und Stadtentwicklung (Hg.): Nationaler Radverkehrsplan 2020. Den Radverkehr gemeinsam weiterentwickeln. Berlin, 2012. Online verfügbar unter https://www.bmvi.de/SharedDocs/DE/Artikel/G/fahrradverkehr-nationaler-radverkehrsplan.html, zuletzt geprüft am 09.11.2015.

BMVBS (2013) Bundesministerium für Verkehr, Bau und Stadtentwicklung (Hg.): Die Mobilitäts- und Kraftstoffstrategie der Bundesregierung (MKS). Energie auf neuen Wegen. Berlin, 2013. Online verfügbar unter http://www.bmvi.de/SharedDocs/DE/Anlage/UI-MKS/mks-strategie-final.pdf?__blob=publicationFile, zuletzt geprüft am 12.11.2015.

BMWi (2010) Bundesministerium für Wirtschaft und Technologie (Hg.): Energieeffizienz - Made in Germany. Energieeffizienz im Bereich Industrie, Gebäudeanwendungen und Verkehr. Berlin, 2010. Online verfügbar unter https://www.bmwi.de/BMWi/Redaktion/PDF/E/broschuere-energieeffizienz-made-in-germany,property=pdf,bereich=bmwi,sprache=de,rwb=true.pdf, zuletzt geprüft am 28.07.2015.

BMWi (2011) Bundesministerium für Wirtschaft und Technologie (Hg.): Maritime Technologien der nächsten Generation. Das Forschungsprogramm für Schiffbau, Schifffahrt und Meerestechnik 2011 – 2015. Berlin, 2011. Online verfügbar unter http://www.bmwi.de/BMWi/Redaktion/PDF/M-O/maritime-technologien-der-naechsten-generation,property=pdf,bereich=bmwi2012,-sprache=de,rwb=true.pdf, zuletzt geprüft am 03.08.2015.

BMWi (2013) Bundesministerium für Wirtschaft und Technologie (Hg.): Zahlen und Fakten. Energiedaten - Nationale und internationale Entwicklung. Berlin, 2013. Online verfügbar unter http://www.bmwi.de/DE/Themen/Energie/energiedaten.html, zuletzt geprüft am 03.08.2015.

BMWi (2014a) Bundesministerium für Wirtschaft und Energie (Hg.): Die Luftfahrtstrategie der Bundesregierung. Online verfügbar unter https://www.bmwi.de/BMWi/Redaktion/PDF/J-L/luftfahrtstrategie-der-bundesregierung,property=pdf,bereich=bmwi2012,sprache=de,rwb=true.pdf, zuletzt geprüft am 18.02.2016.

BMWi (2014b) Bundesministerium für Wirtschaft und Energie (Hg.): Mehr aus Energie machen. Nationaler Aktionsplan für Energieeffizienz. Berlin, 2014. Online verfügbar unter http://www.bmwi.de/BMWi/Redaktion/PDF/M-O/nationaler-aktionsplan-energieeffizienz-nape,property=pdf,bereich=bmwi2012,sprache=de,rwb=true.pdf, zuletzt geprüft am 28.10.2015.

BMVI (2014) Bundesministerium für Verkehr und digitale Infrastruktur (Hg.): Verkehr in Zahlen 2014/2015. Hamburg, 2014. Online verfügbar unter http://www.bmvi.de/SharedDocs/DE/Artikel/K/verkehr-in-zahlen.html, zuletzt geprüft am 05.08.2015.

BMWi (2015a) Bundesministerium für Wirtschaft und Energie (Hg.): Ausgabenübersicht - Haushalt 2016. Berlin, 2015. Online verfügbar unter (http://www.bmwi.de/BMWi/Redaktion/PDF/P-R/regierungsentwuf-2016-bundeshaushalt,property=pdf,bereich=bmwi2012,sprache=de,rwb=true.pdf), zuletzt geprüft am 15.04.2016.

BMWi (2015b) Bundesministerium für Wirtschaft und Energie (Hg.): Ein gutes Stück Arbeit - Die Energie der Zukunft. Vierter Monitoring-Bericht zur Energiewende. Berlin, 2015. Online verfügbar unter http://www.bmwi.de/BMWi/Redaktion/PDF/V/vierter-monitoring-bericht-energie-der-zukunft,property=pdf,bereich=bmwi2012,sprache=de,rwb=true.pdf, zuletzt geprüft am 21.01.2016.

BMVI (2015) Bundesministerium für Verkehr und digitale Infrastruktur (Hg.): Richtlinie über Zuwendungen für Binnenschifffahrtsunternehmen zur nachhaltigen Modernisierung von Binnenschiffen. Bonn, 2015. Online verfügbar unter https://www.elwis.de/Foerderprogramme/Nachhaltige-Modernisierung-von-Binnenschiffen/Richtlinie.pdf, zuletzt geprüft am 28.10.2015.

BMWi (2016a) Bundesministerium für Wirtschaft und Technologie (Hg.): Energiedaten: Gesamtausgabe. Berlin, 2016. Online verfügbar unter http://www.bmwi.de/BMWi/Redaktion/PDF/E/energiestatistiken-grafiken,property=pdf,bereich=bmwi2012,sprache=de,rwb=true.pdf, zuletzt geprüft am 27.01.2016.

BMWi (2016b) Bundesministerium für Wirtschaft und Energie (Hg.): Erneuerbare Energien in Deutschland. Daten zur Entwicklung im Jahr 2015. Berlin, 2016. Online verfügbar unter http://www.erneuerbare-energien.de/EE/Redaktion/DE/Downloads/erneuerbare-energien-in-zahlen-2015.pdf?__blob=publicationFile&v=2, zuletzt geprüft am 15.04.2016.

BMWi (2016c) Bundesministerium für Wirtschaft und Technologie (Hg.): Zahlen und Fakten Energiedaten. Aktualisierung 12.01.2016. Nationale und Internationale Entwicklung vom. Berlin, 2016. Online verfügbar unter http://www.bmwi.de/DE/Themen/Energie/Energiedaten-und-analysen/Energiedaten/gesamtausgabe,did=476134.html, zuletzt geprüft am 24.02.2016.

BMWi und BMUB (2010) Bundesministerium für Wirtschaft und Technologie; Bundesministerium für Umwelt, Naturschutz, Bau und Reaktorsicherheit (Hg.): Energiekonzept für eine umweltschonende, zuverlässige und bezahlbare Energieversorgung. Berlin, 2010. Online verfügbar unter http://www.bundesregierung.de/ContentArchiv/DE/Archiv17/_Anlagen/2012/02/energiekonzept-final.pdf?__blob=publicationFile&v=5, zuletzt geprüft am 03.08.2015.

Bormann et al. (2009) Bormann, R.; Gehrmann, M.; Holzapfel, H. et al.: Eckpfeiler einer zukünftigen nachhaltigen Verkehrspolitik. Diskussionspapier des Arbeitskreises Innovative Verkehrspolitik der Friedrich-Ebert-Stiftung. Friedrich Ebert Stiftung e.V.: Friedrich Ebert Stiftung e.V. (Hg.). Bonn, 2009. Online verfügbar unter http://library.fes.de/pdf-files/wiso/06665.pdf, zuletzt geprüft am 04.08.2015.

Bothor et al. (2014) Bothor, S.; Bubeck, S.; Eberl, T. et al.: Evaluation ausgewählter Maßnahmen zur Energiewende. Projekt Nr. 30/13. Endbericht. Institut für Energiewirtschaft und Rationelle Energieanwendung, Universität Stuttgart; Institut für Zukunftsstudien und Technologiebewertung Berlin: Studie im Auftrag des Bundesministeriums für Wirtschaft und Energie (Hg.). Berlin, 2014. Online verfügbar unter http://www.bmwi.de/BMWi/Redaktion/PDF/Publikationen/evaluation-ausgewaehlter-massnahmen-zur-energiewende-langfassung,property=pdf,bereich=bmwi2012,sprache=de,rwb=true.pdf, zuletzt geprüft am 15.02.2016.

Bukold (2015) Bukold, S.: Ölpreissturz und Verbraucherpreise. Ölpreissturz und Verbraucherpreise Auswirkungen der fallenden Öl- und Gaspreise auf die Preise ausgewählter Produkte und Dienstleistungen des täglichen Bedarfs. In: EnergyComment, Jahrgang 2015. Online verfügbar unter http://www.energycomment.de/wp-content/uploads/2015/06/%C3%B6lpreis-studie-bukold-vzbv.pdf, zuletzt geprüft am 29.10.2015.

Bundesrat (10.07.15) Bundesrat: Entwurf eines Gesetzes zur steuerlichen Förderung der Elektromobilität. Bundesrat. Online verfügbar unter http://www.bundesrat.de/SharedDocs/drucksachen/2015/0101-0200/114-15%28B%29.pdf?__blob=publicationFile&v=1, zuletzt geprüft am 28.10.2015.

Canzler und Knie (2015) Canzler, W.; Knie, A.: Die neue Verkehrswelt. Eine Grundlagenstudie im Auftrag des BEE e.V. Mobilität im Zeichen des Überflusses: schlau organisiert, effizient, bequem und nachhaltig unterwegs. Bundesverband Erneuerbare Energie e.V.: Bundesverband Erneuerbare Energie e.V. (Hg.). Bochum, 2015. Online verfügbar unter http://www.bee-ev.de/fileadmin/Publikationen/Studien/BEE_DieneueVerkehrswelt.pdf, zuletzt geprüft am 25.11.2015.

civity (2014) civity Management Consultants (Hg.): Urbane Mobilität im Umbruch? Verkehrliche und ökonomische Bedeutung des Free-Floating-Carsharing. Berlin, 2014. Online verfügbar unter http://matters.civity.de/, zuletzt geprüft am 11.11.2015.

Clean Energy Partnership (2015) Wasserstoffpreise an Tankstellen., 28.10.2015: telefonisch an Energieeffizienz in der Produktion (EEP).

Creutzig und Edenhofer (2010) Creutzig, F.; Edenhofer, O.: Mobilität im Wandel. Wie der Klimaschutz den Transportsektor vor neue Herausforderungen stellt. In: Internationales Verkehrswesen, Nr. 62. Online verfügbar unter https://www.pik-potsdam.de/members/edenh/publications-1/creutzig_edenhofer_10, zuletzt geprüft am 23.02.2016.

Dena (2011) Deutsche Energie-Agentur GmbH (Hg.): Entwicklung einer Mobilitäts- und Kraftstoffstrategie für Deutschland – Voruntersuchung. Berlin, 2011. Online verfügbar unter http://www.dena.de/fileadmin/user_upload/Publikationen/Verkehr/Dokumente/MobilitA__ts-_und_Kraftstoffstrategie.pdf, zuletzt geprüft am 04.08.2015.

Dena (2012) Deutsche Energie-Agentur GmbH (Hg.): Verkehr. Energie. Klima... Alles Wichtige auf einen Blick. Berlin, 2012. Online verfügbar unter http://www.dena.de/fileadmin/user_upload/Projekte/Verkehr/Dokumente/Daten-Fakten-Broschuere.pdf, zuletzt geprüft am 25.08.2015.

Dena (2013a) Deutsche Energie-Agentur GmbH (Hg.): Hintergrundpapier: Energieverbrauch und Energieträger im Straßenverkehr bis 2025. Berlin, 2013. Online verfügbar unter http://www.dena.de/fileadmin/user_upload/Publikationen/Verkehr/Dokumente/dena-Hintergrundpapier_Energieverbrauch_und_Energietraeger_im_Strassenverkehr_bis_2025.pdf, zuletzt geprüft am 04.08.2015.

Dena (2013b) Deutsche Energie-Agentur GmbH (Hg.): Individualverkehr im Überblick… Berlin, 2013, zuletzt geprüft am 04.08.25015.

Dena (2013c) Deutsche Energie-Agentur GmbH (Hg.): Transparente Preisinformation für einen Kraftstoffmarkt im Wandel. Positionspapier. Lösungsansätze für eine bessere Vergleichbarkeit der Preise alternativer Kraftstoffe. Berlin, 2013. Online verfügbar unter http://www.dena.de/fileadmin/user_upload/Publikationen/Verkehr/Dokumente/20131007_Positionspapier_web.pdf, zuletzt geprüft am 30.10.2015.

Deutscher Bundestag (2015) Deutscher Bundestag (Hg.): Ausweitung von Carsharing in Deutschland. Antwort der Bundesregierung Antwort der Bundesregierung auf die Kleine Anfrage der Abgeordneten Matthias Gastel, Stephan Kühn (Dresden), Markus Tressel, weiterer Abgeordneter und der Fraktion BÜNDNIS 90/DIE GRÜNEN. Berlin, 2015. Online verfügbar unter http://dip21.bundestag.de/dip21/btd/18/043/1804356.pdf, zuletzt geprüft am 16.11.2015.

Diaz-Bone et al. (2001) Diaz-Bone, H.; Hartmann, U.; Höpfner, U. et al.: Flexible Instrumente der Klimapolitik im Verkehrsbereich. Ergebnisbericht der Vorstudie. Im Auftrag des Ministeriums für Umwelt und Verkehr des Landes Baden-Württemberg. Institut für Energie- und Umweltforschung Heidelberg GmbH; DaimlerChrysler AG; Zentrum für Europäische Wirtschaftsforschung; Forschungsbereich Umwelt- und Ressourcenökonomik: Projektgemeinschaft Bergmann, Hartmann; IFEU; Zentrum für Europäische Wirtschaftsforschung (Hg.). Heidelberg, mannheim, Stuttgart, 2001. Online verfügbar unter ftp://ftp.zew.de/pub/zew-docs/gutachten/ergebnisbericht-1.pdf, zuletzt geprüft am 11.11.2015.

Die Bundesregierung (2009) Die Bundesregierung (Hg.): Nationaler Entwicklungsplan Elektromobilität der Bundesregierung. Berlin, 2009. Online verfügbar unter http://www.bmbf.de/pubRD/nationaler_entwicklungsplan_elektromobilitaet.pdf, zuletzt geprüft am 03.08.2015.

Dieckhoff (2015) Dieckhoff, C.: Modellierte Zukunft. Zur Theorie und Praxis von Energieszenarien im Kontext wissenschaftlicher Politikberatung. 1., Aufl. transcript, Bielefeld, 2015. ISBN: 3837630978 (Science Studies).

EC (2016) European Commission (Hg.): Reducing CO2 emissions from passenger cars. Brüssel, Belgien, 2016. Online verfügbar unter http://ec.europa.eu/clima/policies/transport/vehicles/cars/index_en.htm, zuletzt geprüft am 15.04.2016.

EU (2009) Europäische Union (Hg.): Richtlinie 2009/28/EG des Europäischen Parlaments und des Rates vom 23. April 2009 zur Förderung der Nutzung von Energie aus erneuerbaren Quellen und zur Änderung und anschließenden Aufhebung der Richtlinien 2001/77/EG und 2003/30/EG. Amtsblatt. 2009. Online verfügbar unter http://eur-lex.europa.eu/legal-content/DE/TXT/PDF/?uri=CELEX:32009L0028&from=DE, zuletzt geprüft am 06.08.2015.

EU und EUR-Lex (2015) Europäische Union; EUR-Lex (Hg.): Verringerung der CO2-Emissionen von neuen Personenkraftwagen. Brüssel, Belgien, 2015. Online verfügbar unter http://eur-lex.europa.eu/legal-content/DE/TXT/HTML/?uri=URISERV:mi0046&from=DE, zuletzt geprüft am 15.04.2016.

Faber et al. (2012) Faber, J.; Nelissen, D.; Hon, G. et al.: Regulated Slow Steaming in Maritime Transport. An Assessment of Options, Costs and Benefits. CE Delft: CE Delft (Hg.). Delft, Netherlands, 2012. Online verfügbar unter http://www.cedelft.eu/?go=home.downloadPub&id=1224&file=CE_Delft_7442_Regulated_Slow_Steaming_Maritime_Transport_DEF.pdf, zuletzt geprüft am 04.08.2015.

Fahl et al. (2010) Fahl, U.; Blesl, M.; Voß, A. et al.: Die Entwicklung der Energiemärkte bis 2030. Energieprognose 2009. Institut für Energiewirtschaft und Rationelle Energieanwendung, Universität Stuttgart; Rheinisch-Westfälisches Institut für Wirtschaftsforschung; Zentrum für Europäische Wirtschaftsforschung: Institut für Energiewirtschaft und Rationelle Energieanwendung, Universität Stuttgart; Rheinisch-Westfälisches Institut für Wirtschaftsforschung; Zentrum für Europäische

Wirtschaftsforschung (Hg.). Stuttgart, Mannheim, Essen, 2010. Online verfügbar unter http://www.ier.uni-stuttgart.de/publikationen/pb_pdf/energieprognose2009/Energieprognose_2009_Hauptbericht.pdf, zuletzt geprüft am 04.08.2015.

Flecks und HVB (2009) Flecks, J.; HypoVereinsbank AG (HVB): Trendstudie Green Shipping. HypoVereinsbank AG: HypoVereinsbank AG (Hg.). Hamburg, 2009. Online verfügbar unter http://sustainability.hypovereinsbank.de/export/shared/de/assets/functional/nachhaltigkeit/downloads/publikationen/studien/Studie_Green_Shipping_dt.pdf, zuletzt geprüft am 04.08.2015.

Freese et al. (2014) Freese, C.; Schönberg, T.; Horstkötter, D. et al.: Shared mobility. How new businesses are rewriting the rules of the private transportation game. Roland Berger Strategy Consultants GmbH: München, 2014. Online verfügbar unter http://www.rolandberger.de/media/pdf/Roland_Berger_TAB_Shared_Mobility_20140716.pdf, zuletzt geprüft am 16.11.2015.

Gerhardt et al. (2015) Gerhardt, N.; Sandau, F.; Scholz, A. et al.: Interaktion - EE-Strom, Wärme und Verkehr. Endbericht. Analyse der Interaktion zwischen den Sektoren Strom, Wärme/Kälte und Verkehr in Deutschland in Hinblick auf steigende Anteile fluktuierender Erneuerbarer Energien im Strombereich unter Berücksichtigung der europäischen Entwicklung. Fraunhofer-Institut für Windenergie und Energiesystemtechnik: Fraunhofer-Institut für Windenergie und Energiesystemtechnik (Hg.). Kassel, 2015. Online verfügbar unter https://www.energie.fraunhofer.de/de/bildmaterial/pi-pdf/151008_fraunhofer-iwes_kompletter-endbericht-der-studie.pdf, zuletzt geprüft am 04.11.2015.

Germanwatch (1996) Germanwatch e.V. (Hg.): Erhöhung der Mineralölsteuer als Mittel zu mehr Zukunftsfähigkeit im Verkehr. Pressemitteilung. Bonn, 1996. Online verfügbar unter http://germanwatch.org/2524, zuletzt geprüft am 15.04.2016.

Gerlach et al. (2015) Gerlach, J.; Hübner, S.; Becker, T. et al.: Entwicklung von Indikatoren im Bereich Mobilität für die Nationale Nachhaltigkeitsstrategie. Dessau-Roßlau, 2015. Online verfügbar unter https://www.umweltbundesamt.de/sites/default/files/medien/378/publikationen/texte_12_2015_entwicklung_von_indikatoren_im_bereich_mobilitaet.pdf, zuletzt geprüft am 28.10.2015.

Graichen et al. (2011) Graichen, V.; Gores, S.; Zimmer, W. et al.: Energieeffizienz in Zahlen. Endbericht. Umweltbundesamt: Umweltbundesamt (Hg.). Dessau-Roßlau, 2011. Online verfügbar unter http://www.umweltbundesamt.de/sites/default/files/medien/461/publikationen/4136.pdf, zuletzt geprüft am 04.08.2015.

Haefeli et al. (2006) Haefeli, U.; Matti, D.; Schreyer, C. et al.: Evaluation Car-Sharing. Schlussbericht. Bundesamt für Energie: Bundesamt für Energie (Hg.). Bern, Schweiz, 2006. Online verfügbar unter http://www.carsharing.de/images/stories/pdf_dateien/evaluation_carsharing_2006_schweiz.pdf, zuletzt geprüft am 04.08.2015.

Helms et al. (2011) Helms, H.; Jöhrens, J.; Hanusch, J. et al.: UMBReLA. Ergebnisbericht. Umweltbilanzen Elektromobilität. Institut für Energie- und Umweltforschung Heidelberg GmbH: Institut für Energie- und Umweltforschung Heidelberg GmbH (Hg.). Heidelberg, 2011. Online verfügbar unter http://www.erneuerbar-mobil.de/de/projekte/foerderprojekte-aus-dem-konjunkturpaket-ii-2009-2011/begleitforschung/dokumente-downloads/ErgebnisberichtUMBReLAIFEUfinal.pdf, zuletzt geprüft am 04.08.2015.

Hollenbach und Friesch (2007) Hollenbach, U.; Friesch, J.: Efficient hull forms - What can be gained? 1st International Conference on Ship Efficiency. Hamburgische Schiffbau-Versuchsanstalt GmbH: Hamburg, 2007. Online verfügbar unter http://www.ship-efficiency.org/onTEAM/pdf/HOLLENBACH_FRIESCH.pdf, zuletzt geprüft am 04.08.2015.

IATA (2015) International Air Transport Association (Hg.): Fact Sheet Climate Change. Montreal, Kanada, 2015. Online verfügbar unter https://www.iata.org/policy/environment/Documents/iata-factsheet-climatechange.pdf, zuletzt geprüft am 12.11.2015.

ICAO (2011) International Civil Aviation Organization (ICAO): Assembly resolutions in force. (as of 8 October 2010). International Civil Aviation Organization, Montreal, 2011. ISBN: 978-92-9231-773-7 (Doc (International Civil Aviation Organization), 9958). Online verfügbar unter http://www.icao.int/publications/documents/9958_en.pdf, zuletzt geprüft am 12.11.2015.

ICCT (2014) International Council on Clean Transportation (ICCT): EU CO2 emission standards for passenger cars and light-commercial vehicles. International Council on Clean Transportation: International Council on Clean Transportation (Hg.). Washington DC, USA, Berlin, 2014. Online verfügbar unter http://www.theicct.org/sites/default/files/publications/ICCTupdate_EU-95gram_jan2014.pdf, zuletzt geprüft am 15.04.2016.

Ickert et al. (2007) Ickert, L.; Rommerskirchen, S.; Weyand, E. et al.: Abschätzung der langfristigen Entwicklung des Güterverkehrs in Deutschland bis 2050. Schlussbericht. Bundesministerium für Verkehr, Bau und Stadtentwicklung; Progtrans AG: Bundesministerium für Verkehr, Bau und Stadtentwicklung; Progtrans AG (Hg.). Basel, Schweiz, 2007. Online verfügbar unter http://www.bmvi.de/SharedDocs/DE/Anlage/VerkehrUndMobilitaet/Schiene/gueterverkehrs-prognose-2050.pdf?__blob=publicationFile, zuletzt geprüft am 04.08.2015.

IEA (2014a) International Energy Agency (IEA): Energy Efficiency Indicators: Essentials for Policy Making. International Energy Agency (Hg.). France, Paris, 2014. Online verfügbar unter https://www.iea.org/publications/freepublications/publication/IEA_EnergyEfficiencyIndicators_EssentialsforPolicyMaking.pdf, zuletzt geprüft am 15.02.2016.

IEA (2014b) International Energy Agency (Hg.): Energy Efficiency Indicators: Essentials for Policy Making. Paris, France, 2014. Online verfügbar unter https://www.iea.org/publications/freepublications/publication/IEA_EnergyEfficiencyIndicators_EssentialsforPolicyMaking.pdf, zuletzt geprüft am 22.10.2015.

ifeu (2012) Institut für Energie- und Umweltforschung Heidelberg GmbH (Hg.): Aktualisierung „Daten- und Rechenmodell - Energieverbrauch und Schadstoffemissionen des motorisierten Verkehrs in Deutschland 1960-2030" (TREMOD, Version 5.3) für die Emissionsberichtserstattung 2013 (Berichtsperiode 1990–2011). Endbericht. Heidelberg, 2012. Online verfügbar unter http://www.ifeu.org/verkehrundumwelt/pdf/IFEU(2012)_Bericht%20TREMOD%20FKZ%20360%2016%20037_121113.pdf, zuletzt geprüft am 04.08.2015.

ika (2012) Institut für Kraftfahrzeuge, Rheinisch-Westfälische Technische Hochschule Aachen (Hg.): CO2-Reduzierungspotenzial bei Pkw bis 2020. Abschlussbericht. Aachen, 2012. Online verfügbar unter http://www.bmwi.de/BMWi/Redaktion/PDF/Publikationen/Studien/co2-reduzierungspotenziale-bei-pkw-bis-2020-abschlussbericht,property=pdf,bereich=bmwi2012,sprache=de,rwb=true.pdf, zuletzt geprüft am 04.08.2015.

infas und DIW (2004) Institut für angewandte Sozialwissenschaft GmbH; Deutsches Institut für Wirtschaftsforschung (Hg.): Mobilität in Deutschland. Ergbenisbericht. Bonn, Berlin, 2004. Online verfügbar unter http://www.mobilitaet-in-deutschland.de/03_kontiv2002/pdf/ergebnisbericht_mid_ende_144_punkte.pdf, zuletzt geprüft am 04.08.2015.

infas und DLR (2010) Institut für angewandte Sozialwissenschaft GmbH; Deutsches Zentrum für Luft- und Raumfahrt e.V. (Hg.): Mobilität in Deutschland. Ergebnisbericht. Struktur - Aufkommen - Emissionen - Trends. Bonn, Berlin, 2010. Online verfügbar unter http://www.mobilitaet-in-deutschland.de/pdf/MiD2008_Abschlussbericht_I.pdf, zuletzt geprüft am 04.08.2015.

Ittershagen (2015) Ittershagen, M.: UBA-Emissionsdaten 2014 zeigen Trendwende beim Klimaschutz. Presseinfo Nr.14. Emissionen sinken auf niedrigsten Wert seit 2010. Umweltbundesamt (Hg.). Dessau-Roßlau, 2015. Online verfügbar unter https://www.umweltbundesamt.de/sites/default/files/medien/381/dokumente/pi_2015_31_03_uba-emissionsdaten_2014_zeigen_trendwende_beim_klimaschutz.pdf, zuletzt geprüft am 26.01.2016.

KBA (2015) Kraftbundesamt (Hg.): Der Fahrzeugbestand am 1. Januar 2015. Pressemitteilung Nr. 5/2015. 2015. Online verfügbar unter http://www.kba.de/DE/Presse/Pressemitteilungen/2015/Fahrzeugbestand/pm5_fz_bestand_pm_komplett.html.

KBA (2016) KBA: Bestand - Zahlen zum 1. Januar 2016 im Überblick. Kraftbundesamt: Kraftbundesamt (Hg.). Flensburg, 2016. Online verfügbar unter http://www.kba.de/DE/Statistik/Fahrzeuge/Bestand/bestand_node.html, zuletzt geprüft am 30.05.2016.

Kharina und Rutherford (2015) Kharina, A.; Rutherford, D.: Fuel efficiency trends for new commercial jet aircraft: 1960 to 2014. International Council on Clean Transportation: International Council on Clean Transportation (Hg.). Washington, 2015. Online verfügbar unter http://www.theicct.org/sites/default/files/publications/ICCT_Aircraft-FE-Trends_20150902.pdf, zuletzt geprüft am 12.11.2015.

Kollmuss et al. (2009) Kollmuss, A. Lane, J.; Crimmins, A. M.: Carbon offsetting and air travel - Part 2: Non-CO2 Emissions Calculations. SEI Discussion Paper. Stockholm Environment Institute: Stockholm Environment Institute (Hg.). Somerville, USA, 2009. Online verfügbar unter http://www.co2offsetresearch.org/PDF/SEI_Air_Travel_Emissions_Paper2_June_09.pdf, zuletzt geprüft am 04.08.2015.

Korte (2015) Korte, F.: Suffiziente Mobilität im urbanen Raum - Ansätze und Maßnahmen. IZT-Text 2–2015. Institut für Zukunftsstudien und Technologiebewertung gemeinnützige GmbH (Hg.). Berlin, 2015. Online verfügbar unter https://www.izt.de/fileadmin/publikationen/IZT_Text_2-2015_Suffizienz.pdf, zuletzt geprüft am 27.04.2016.

Koska et al. (2014) Koska, T.; Friedrich, M.; Rabenstein, B. et al.: Innovative Öffentliche Fahrradverleihsysteme. Innovative Öffentliche Fahrradverleihsysteme Ergebnisse der Evaluation und Empfehlungen aus den Modellprojekten. Bundesministerium für Verkehr und digitale Infrastruktur; Deutsches Institut für Urbanistik gGmbH; Wuppertal Institut für Klima, Umwelt und Energie GmbH; Institut für Straßen- und Verkehrswesen, Universität Stuttgart: Bundesministerium für Wirtschaft und Technologie (Hg.). Berlin, Bonn, Wuppertal, Stuttgart, 2014. Online verfügbar unter http://www.difu.de/publikationen/2014/innovative-oeffentliche-fahrradverleihsysteme.html, zuletzt geprüft am 09.11.2015.

Kuder et al. (2013) Kuder, R.; Blesl, M.; Fahl, U. et al.: Energieeffizienz - Diskussion der aktuellen Begriffsverwendung und Herleitung eines erweiterten Verständnisses. Arbeitsbericht Nr. 12. Institut für Energiewirtschaft und Rationelle Energieanwendung, Abteilung Energiewirtschaft und Systemtechnische Analysen, Universität Stuttgart (Hg.). 2013. Online verfügbar unter http://www.ier.uni-stuttgart.de/publikationen/arbeitsberichte/downloads/Arbeitsbericht_12.pdf, zuletzt geprüft am 19.02.2016.

Laghaei et al. (2015) Laghaei, J.; Faghri, A.; Li, M.: Impacts of home shopping on vehicle operations and greenhouse gas emissions. Multi-year regional study. In: International Journal of Sustainable Development & World Ecology, S. 1–11. DOI: 10.1080/13504509.2015.1124471.

Mayer (2015) Mayer, H.: Energiegesamtrechnungen - Konzepte und Analysen. In: WISTA – Wirtschaft und Statistik, Jahrgang 2015, Nr. 5, S. 59–72. Online verfügbar unter https://www.destatis.de/DE/Publikationen/WirtschaftStatistik/2015/05/Wista_5_2015.pdf?__blob=publicationFile, zuletzt geprüft am 29.10.2015.

Merkblatt SIA 2039 MerkblattSIA 2039: Mobilität – Energiebedarf in Abhängigkeit vom Gebäudestandort. SIA:

Mietsch (2007) Mietsch, F.: City-Maut. Internationale Erfahrungen, Perspektiven für Deutschland. Friedrich Ebert Stiftung e.V.: Friedrich Ebert Stiftung e.V. (Hg.). Berlin, 2007. Online verfügbar unter http://library.fes.de/pdf-files/stabsabteilung/05057.pdf, zuletzt geprüft am 04.08.2015.

Mock et al. (2013) Mock, P.; German, J.; Bandivadekar, A. et al.: From Laboratory to Road. A Comparison of official and real-world fuel consumption and CO2 values for cars in the Europe and the United States. International Council on Clean Transportation: International Council on Clean Transportation; Niederländische Organisation für Angewandte Naturwissenschaftliche Forschung; Institut für Energie- und Umweltforschung Heidelberg GmbH; SideKick (Hg.). Washington DC, USA, 2013. Online verfügbar unter http://www.theicct.org/sites/default/files/publications/ICCT_LabToRoad_20130527.pdf, zuletzt geprüft am 06.08.2015.

Mönig (2008) Mönig, R.: Sparsame, leise und emissionsarme Flugzeuge – Wunschtraum oder bald Realität? 15. Kolloquium Luftverkehr an der TU Darmstadt - Nachhaltiges Wachstum im Luftverkehr - leise, sauber, energieeffizient; S.60-74. Technische Universität Darmstadt; Deutsches Zentrum für Luft- und Raumfahrt e.V.: Technische Universität Darmstadt; Deutsches Zentrum für Luft- und Raumfahrt e.V. (Hg.). Darmstadt, 2008. Online verfügbar unter http://www.aviation.tu-darmstadt.de/media/arbeitskreis_luftverkehr/downloads_6/kolloquien/15kolloquium/03_mnig_final.pdf.

Mottschall und Gröger (2012) Mottschall, M.; Gröger, J.: PROSA Fahrräder. Kurzstudie im Rahmen des Projekts „Top 100 – Umweltzeichen für klimarelevante Produkte". Entwicklung der Vergabekriterien für ein klimaschutzbezogenes Umweltzeichen. Öko-Institut e.V. - Institut für angewandte Ökologie: Berlin, 2012. Online verfügbar unter http://www.oeko.de/oekodoc/1720/2012-341-de.pdf, zuletzt geprüft am 09.11.2015.

Mühlenhoff (2010) Mühlenhoff, J.: Renews Spezial - Erneuerbare Elektromobilität. Agentur für Erneuerbare Energien e.V.: Agentur für Erneuerbare Energien e.V. (Hg.). Berlin, 2010 (30). Online verfügbar unter http://www.unendlich-viel-energie.de/media/file/127.30_Renews_Spezial_Erneuerbare_Elektromobilitaet_april10_online.pdf, zuletzt geprüft am 03.08.2015.

Neumann (2015) Neumann, R. (Hg.): Preisentwicklung der letzten 5 Jahre. Bielefeld, 2015. Online verfügbar unter http://www.gas-tankstellen.de/stat/preisgraph.php?mode=2, zuletzt geprüft am 03.11.2015.

Öko-Institut (2012a) Öko-Institut e.V. - Institut für angewandte Ökologie (Hg.): Renewability II. zentrale Ergebnisse. Szenario für einen anspruchsvollen Klimaschutzbeitrag des Verkehrs. Berlin, 2012. Online verfügbar unter http://www.oeko.de/oekodoc/1595/2012-451-de.pdf, zuletzt geprüft am 04.08.2015.

Öko-Institut (2012b) Öko-Institut e.V. - Institut für angewandte Ökologie (Hg.): Zukunft Elektromobilität? - Potenziale und Umweltauswirkungen. Pressemitteilung Öko-Institut e.V. Berlin, 2012. Online verfügbar unter http://www.oeko.de/oekodoc/1348/2012-001-de.pdf, zuletzt geprüft am 04.08.2015.

Peters et al. (2011a) Peters, D.; Rumpke, C. A.; Kalinowska, D.: Erdgas und Biomethan im künftigen Kraftstoffmix. Handlungsbedarf und Lösungen für eine beschleunigte Etablierung im Verkehr. Deutsche Energie-Agentur GmbH: Deutsche Energie-Agentur GmbH (Hg.). Berlin, 2011. Online verfügbar unter http://www.dena.de/fileadmin/user_upload/Publikationen/Verkehr/Dokumente/Erdgas_und_Biomethan_im_kA1_4nftigen_Kraftstoffmix.pdf, zuletzt geprüft am 28.10.2015.

Peters et al. (2011b) Peters, G. P.; Minx, J. C.; Weber, C. L. et al.: Growth in emission transfers via international trade from 1990 to 2008. 2011 (21). Online verfügbar unter http://www.pnas.org/content/108/21/8903.full.pdf, zuletzt geprüft am 28.10.2015.

Raiber (2015) Raiber, S.: Kurzstudie Innenstadtlogistik Stuttgart. Räumliche Wechselwirkungen von Innenstadtlogistikkonzepten am Beispiel des Einsatzes von Lastenrädern in der Paketzustellung. Industrie- und Handelskammer für Region Stuttgart (Hg.). 2015. Online verfügbar unter http://www.fahrradland-bw.de/fileadmin/user_upload_fahrradlandbw/Downloads/IHK_Kurzstudie_Innenstadtlogistik_Stuttgart.pdf, zuletzt geprüft am 18.11.2015.

Reiter und Wrighton (2014) Reiter, K.; Wrighton, S.: Potential to shift goods transport from cars to bicycles in European cities. D7.1 A set of updated IEE Common performance indicators including their baseline and assumptions for extrapolation. 2014. Online verfügbar unter http://www.cyclelogistics.eu/docs/111/CycleLogistics_Baseline_Study_external.pdf, zuletzt geprüft am 09.11.2015.

Reithmeier et al. (2011) Reithmeier, E.; Scheuer, R.; Vynnyk, T.: Kleine Rillen, große Wirkung. Unimagazin, Leibniz Universität Hannover. Geometrische Charakterisierung von Riblets auf Flugzeugoberflächen im nanoskaligen Bereich. Gottfried Wilhelm Leibniz Universität Hannover: Hannover, 2011. Online verfügbar unter https://www.uni-hannover.de/fileadmin/luh/content/alumni/unimagazin/2011_nano/64-66__reithmeier.pdf, zuletzt geprüft am 04.08.2015.

Rodt et al. (2010) Rodt, S.; Georgi, B.; Huckestein, B. et al.: CO2-Emissionsminderung im Verkehr in Deutschland. Ein Sachstandsbericht des Umweltbundesamtes. Mögliche Maßnahmen und ihre Minderungspotenziale. Umweltbundesamt: Umweltbundesamt (Hg.). Dessau-Roßlau, 2010. Online verfügbar unter https://www.umweltbundesamt.de/sites/default/files/medien/461/publikationen/3773.pdf, zuletzt geprüft am 04.08.2015.

Sausen et al. (2005) Sausen, R.; Isaksen, I.; Grewe, V. et al.: Aviation radiative forcing in 2000: An update on IPCC (1999). Meteorologische Zeitschrift Vol.14. Deutsches Zentrum für Luft- und Raumfahrt e.V.; University of Oslo; Unité Mixte de Recherche CEA-CNRS; Manchester Metropolitan University, et al.: Berlin, Stuttgart, 2005 (4). Online verfügbar unter http://elib.dlr.de/19906/1/s13.pdf, zuletzt geprüft am 04.08.2015.

Schade et al. (2011) Schade, W.; Peters, A.; Doll, C. et al.: VIVER. Working Paper Sustainability and Innovation. No. S 3/2011. Vision für nachhaltigen Verkehr in Deutschland. Fraunhofer-Institut für System- und Innovationsforschung: Fraunhofer-Institut für System- und Innovationsforschung (Hg.). Karlsruhe, 2011. Online verfügbar unter http://www.isi.fraunhofer.de/isi-wAssets/docs/e-x/working-papers-sustainability-and-innovation/WP3-2011_VIVER.pdf, zuletzt geprüft am 04.08.2015.

Schade et al. (2014) Schade, W.; Zanker, C.; Kühn, A. et al.: Sieben Herausforderungen für die deutsche Automobilindustrie. Strategische Antworten im Spannungsfeld von Globalisierung, Produkt- und Dienstleistungsinnovationen bis 2030. 1. Aufl. edition sigma, Berlin, 2014. ISBN: 3836081407 (Studien des Büros für Technikfolgen-Abschätzung beim Deutschen Bundestag, 40).

Schlesinger et al. (2010) Schlesinger, M.; Hofer, P.; Kemmler, A. et al.: Energieszenarien für ein Energiekonzept der Bundesregierung. Studie. Energiewirtschafltiches Institut an der Universität zu Köln; Gesellschaft für Wirtschaftliche Strukturforschung mbH; Prognos AG: Energiewirtschafltiches Institut an der Universität zu Köln; Gesellschaft für Wirtschaftliche Strukturforschung mbH; Prognos AG (Hg.). Basel, Schweiz, Köln, Osnabrück, 2010. Online verfügbar unter http://www.ewi.uni-koeln.de/fileadmin/user_upload/Publikationen/Studien/Politik_und_Gesellschaft/2010/EWI_2010-08-30_Energieszenarien-Studie.pdf, zuletzt geprüft am 06.08.2015.

Schoer et al. (2007) Schoer, K.; Buyny, S.; Flachmann, C. et al.: Environmental-Economic Accounting (EEA). Environmental pressures from German imports and exports Results of EEA on embodied energy, carbon dioxide and transport of goods. Statistisches Bundesamt, Wiesbaden. Online verfügbar unter https://www.destatis.de/EN/Publications/Specialized/EnvironmentalEconomicAccounting/Globalenvironment.pdf?__blob=publicationFile, zuletzt geprüft am 15.08.2016.

Schott et al. (2014) Schott, B.; Püttner, A.; Nieder, T. et al.: Entwicklung der Elektromobilität in Deutschland im internationalen Vergleich und Analysen zum Stromverbrauch. Zentrum für Sonnenenergie- und Wasserstoff-Forschung Baden-Württemberg; Arbeitsgruppe Erneuerbare Energien-Statistik; DFKI GmbH, Robotics Innovation Center: Stuttgart, Bremen, 2014. Online verfügbar unter http://www.zsw-bw.de/uploads/media/Paper_Monitoring_EMobilitaet_Final_akt.pdf, zuletzt geprüft am 18.02.2016.

Shell (2012) Shell Deutschland oil GmbH (Hg.): Nach Super E10 - Welche Rolle für Biokraftstoffe? Fakten, Trends und Perspektiven. Darmstadt, Heidelberg, Hamburg, 2012. Online verfügbar unter http://www.iinas.org/tl_files/iinas/downloads/bio/IINAS_IFEU_2012_Shell_Biokraftstoffstudie.pdf, zuletzt geprüft am 04.08.2015.

Siedentop et al. (2005) Siedentop, S.; Stein, A.; Wolf, U. et al.: Mobilität im suburbanen Raum. Neue verkehrliche und raumordnerische Implikationen des räumlichen Strukturwandels. Abschlussbericht; Teil D; Zusammenfassung der Ergebnisse und Handlungsempfehlungen. Leibnitz-Institut für ökologische Raumentwicklung e.V.; Leibnitz-Institut für Regionalentwicklung und Strukturplanung; Institut für Geographie, Universität Leipzig; Freie Universität Berlin, Institut für Geographische Wissenschaft: Bundesministerium für Verkeher, Bau- und Wohnungswesen (Hg.). Dresden, 2005. Online verfügbar unter http://www.irs-net.de/forschung/forschungsabteilung-1/mobilitaet/SuburbanerRaumTeilD.pdf, zuletzt geprüft am 18.02.2016.

Siemens (2010a) Siemens AG (Hg.): Hintergrundinformation - Siemens-Schottel-Propulsor. Industry Solutions Division. Pressemitteilung. Siemens-Schottel-Propulsion (SSP): Diesel-elektrischer Pod-Antrieb sorgt für verbesserte Manövrierfähigkeit und lässt sich einfach in das Schiff integrieren. Hamburg, 2010. Online verfügbar unter http://www.siemens.com/press/pool/de/events/industry/is/2010-09-smm/IIS201009679d.pdf, zuletzt geprüft am 04.08.2015.

Siemens (2010b) Siemens AG (Hg.): Hintergrundinformationen - Waste-Heat-Recovery (WHR)-System. Solutions Division. Pressemitteilung. Waste-Heat-Recovery (WHR)-System: Nutzung von Schiffsabgasen zur Energiegewinnung. Hamburg, 2010. Online verfügbar unter http://www.siemens.com/press/pool/de/events/industry/is/2010-09-smm/IIS201008684d.pdf, zuletzt geprüft am 04.08.2015.

Spielmann et al. (2011) Spielmann, M.; Faltenbach, M.; Eichhorn, D. et al.: Energiebedarfs- und Emissionsvergleich von LKW, Bahn und Schiff im Güterfernverkehr. Abschlussbericht. Aktualisierung 2011. PE International AG: PE International AG (Hg.). Leinfelden-Echterdingen, Deutschland, 2011. Online verfügbar unter https://www.vda.de/de/services/Publikationen/energiebedarfs--und-emissionsvergleich-von-lkw-und-bahn-im-g-ter.html, zuletzt geprüft am 22.04.2016.

StBA (2014) Statistisches Bundesamt, Wiesbaden (Hg.): Statistisches Jahrbuch 2014. Deutschland und Internationales. Wiesbaden, 2014. Online verfügbar unter https://www.destatis.de/DE/Publikationen/StatistischesJahrbuch/StatistischesJahrbuch2014.pdf?__blob=publicationFile, zuletzt geprüft am 22.04.2016.

StBA et al. (2015a) Statistisches Bundesamt, Wiesbaden; Mineralölwirtschaftsverband e.V.; Energie Informationsdienst (Hg.): Durchschnittlicher Preis für Dieselkraftstoff in Deutschland in den Jahren 1950 bis 2015* (Cent pro Liter). Hamburg, 2015. Online verfügbar unter http://de.statista.com/statistik/daten/studie/779/umfrage/durchschnittspreis-fuer-dieselkraftstoff-seit-dem--jahr-1950/, zuletzt geprüft am 03.11.2015.

StBA et al. (2015b) Statistisches Bundesamt, Wiesbaden; Mineralölwirtschaftsverband e.V.; Energie Informationsdienst (Hg.): Durchschnittlicher Preis für Superbenzin in Deutschland in den Jahren 1972 bis 2015* (Cent pro Liter). Hamburg, 2015. Online verfügbar unter http://de.statista.com/statistik/daten/studie/776/umfrage/durchschnittspreis-fuer-superbenzin-seit-dem--jahr-1972/, zuletzt geprüft am 03.11.2015.

StBA (2015) Statistisches Bundesamt, Wiesbaden (Hg.): Umweltökonomische Gesamtrechnungen. Direkte und indirekte CO_2-Emilssionen in Deutschland 2000–2011. Wiesbaden, 2015. Online verfügbar unter https://www.destatis.de/DE/Publikationen/Thematisch/Umweltoekonomische-Gesamtrechnungen/CO2EmissionenPDF_5851305.pdf?__blob=publicationFile, zuletzt geprüft am 29.10.2015.

Stock und Bernecker (2014) Stock, W.; Bernecker, T.: Verkehrsökonomie. Eine volkswirtschaftlich-empirische Einführung in die Verkehrswissenschaft. 2., vollst. überarb. Aufl. 2014. Gabler, Wiesbaden, 2014. ISBN: 3658023074 (SpringerLink : Bücher).

TE (2015) Transport & Enviroment (Hg.): Europe's lost decade of truck fuel economy. Summary. Brüssel, Belgien, 2015. Online verfügbar unter http://www.transportenvironment.org/sites/te/files/publications/2015_12_trucks_lost_decade_briefing_FINAL_0.pdf, zuletzt geprüft am 15.04.2016.

The Economist (2016) The Economist: Too little freight, too much space. Overcapacity hits another part of the transport industry. In: The Economist 2016, 19.03.2016. Online verfügbar unter http://www.economist.com/news/business/21695013-overcapacity-hits-another-part-transport-industry-too-little-freight-too-much-space, zuletzt geprüft am 15.04.2016.

Thomas (2012) Thomas, J.: Umweltökonomische Analyse des Güterverkehrs 1995 bis 2010. Wirtschaft und Statistik. Statistisches Bundesamt (Hg.). Wiesbaden, 2012. Online verfügbar unter https://www.destatis.de/DE/Publikationen/WirtschaftStatistik/UGR/UmweltoekonomischeAnalyse_62012.pdf?__blob=publicationFile, zuletzt geprüft am 04.08.2015.

UBA (2014a) Umweltbundesamt (Hg.): Entwicklung des spezifischen Energieverbrauchs im Güterverkehr. Daten und Rechenmodell TREMOD, Version 5.53. 2014. Online verfügbar unter https://www.umweltbundesamt.de/sites/default/files/medien/384/bilder/dateien/3_abb_spezif-energieverbrauch-gv_2015-09-30.pdf, zuletzt geprüft am 14.04.2016.

UBA (2014b) Umweltbundesamt (Hg.): Entwicklung des spezifischen Energieverbrauchs im Personenverkehr. Daten und Rechenmodell TREMOD, Version 5.53. 2014. Online verfügbar unter https://www.umweltbundesamt.de/sites/default/files/medien/384/bilder/dateien/4_abb_spezif_energieverbrauch-pv_2015-09-30.pdf, zuletzt geprüft am 14.04.2016.

UBA (2014c) Umweltbundesamt (Hg.): CO2-Rechner. Dessau-Roßlau, 2014. Online verfügbar unter http://uba.klimaktiv-co2-rechner.de/de_DE/page/, zuletzt geprüft am 04.08.2015.

UBA (2015) Umweltbundesamt (Hg.): Nationale Trendtabellen für die deutsche Berichterstattung atmosphärischer Emissionen 1990–2013. Dessau-Roßlau, 2015. Online verfügbar unter http://www.umweltbundesamt.de/themen/klima-energie/treibhausgas-emissionen.

UBA (2016) Umweltbundesamt (Hg.): Nationaler Inventarbericht zum Deutschen Treibhausgasinventar 1990–2014. EU-Submission 15.01.2016. Berichterstattung unter der Klimarahmenkonvention der Vereinten Nationen und dem Kyoto-Protokoll 2016. 2016. Online verfügbar unter http://cdr.eionet.europa.eu/de/eu/mmr/art07_inventory/ghg_inventory/envvpj0sg/2016_01_15_NIR_2016_EU-Submission_clean.docx/manage_document, zuletzt geprüft am 27.04.2016.

UNFCC (1998) United Nations Framework Convention on Climate Change: KYOTO PROTOCOL TO THE UNITED NATIONS FRAMEWORK CONVENTION ON CLIMATE CHANGE. United Nations Framework Convention on Climate Change. Online verfügbar unter http://unfccc.int/resource/docs/convkp/kpeng.pdf, zuletzt geprüft am 27.04.2016.

UNFCC (2015) United Nations Framework Convention on Climate Change: THE PARIS AGREEMENT., vom Draft decision -/CP.21; Proposal by the President. United Nations Framework Convention on Climate Change. Online verfügbar unter https://unfccc.int/resource/docs/2015/cop21/eng/l09r01.pdf, zuletzt geprüft am 26.04.2016.

Union (2005) Union Betriebs-GmbH (Hg.): Gemeinsam für Deutschland- Mit Mut und Menschlichkeit. Rheinbach, 2005. Online verfügbar unter https://www.cdu.de/system/tdf/media/dokumente/05_11_11_Koalitionsvertrag_Langfassung_navigierbar_0.pdf?file=1, zuletzt geprüft am 28.10.2015.

VCD (2016) Verkehrsclub Deutschland (Hg.): Steuerliche Vorteile für Dienstfahrräder. Berlin, 2016. Online verfügbar unter https://www.vcd.org/themen/radverkehr/dienstfahrraeder/, zuletzt geprüft am 15.04.2016.

Wilke et al. (2007) Wilke, G.; Böhler, S.; Bongardt, D. et al.: Forschungsvorhaben: Zukunft des Car-Sharing in Deutschland. Schlussbericht. 2007. Online verfügbar unter http://edok01.tib.uni-hannover.de/edoks/e01fb08/578622602.pdf, zuletzt geprüft am 17.11.2015.

WWF et al. (2009) World Wide Fund For Nature; Prognos AG; Öko-Institut e.V. - Institut für angewandte Ökologie (Hg.): Modell Deutschland. Klimaschutz bis 2050: Vom Ziel her denken. Basel, Schweiz, Berlin, 2009. Online verfügbar unter http://www.wwf.de/fileadmin/fm-wwf/Publikationen-PDF/WWF_Modell_Deutschland_Endbericht.pdf, zuletzt geprüft am 06.08.2015.

ZIV (2015) Der Zweirad-Industrie-Verband e.V. (Hg.): Zahlen – Daten – Fakten zum Fahrradmarkt in Deutschland. Berlin, 2015. Online verfügbar unter http://ziv-zweirad.de/fileadmin/redakteure/Downloads/Marktdaten/PK_2015-ZIV_Praesentation_18.03.2015_o.T.pdf, zuletzt geprüft am 09.11.2015.

Zusammenfassung

8

Fabian Zimmermann, Markus Reichart, Martin Reisinger,
Diana Wang, Ekrem Köse und Alexander Sauer

Die wichtige Rolle der Energieeffizienz für die Abschwächung des Klimawandels und den Erfolg der Energiewende tritt immer mehr ins allgemeine Bewusstsein. Es ist Konsens, dass die G20 Staaten und die Welt insgesamt daher das Engagement in Bezug auf die Energieeffizienz drastisch intensivieren muss. In Europa und Deutschland herrscht weitgehend Einigkeit darüber, dass Energieeffizienz als erstes betrachtet werden muss (efficiency first). Um Energieeffizienz voranzutreiben, bedarf es aber mehr als nur politischer Bekenntnisse. Es liegt an Staat, Wirtschaft und Gesellschaft, die Rahmenbedingungen zu schaffen und die Investitionen in Energieeffizienzmaßnahmen zu verachtfachen, um eine Chance auf das Erreichen des sogenannten 2°-Ziels zu erhalten. Es gilt, wirtschaftliche Effizienzprojekte umzusetzen und dadurch die Energieintensität zu reduzieren.

Weltweit sinkt die Energieintensität positiv und es wird eine Fortsetzung des Trends erwartet. Einen großen Einfluss hat China aufgrund seiner signifikanten Fortschritte bei der Energieeffizienz während der letzten zehn Jahre. Sowohl in Europa als auch in Deutschland sind ambitionierte Energieeffizienz-Ziele gesteckt worden. Die deutsche Politik treibt die Energieeffizienz im Rahmen des NAPE mithilfe eines Maßnahmenbündels – bestehend aus Ordnungsrecht, finanziellen Anreizen und Information – voran. Dennoch werden laut den aktuellen Abschätzungen die Ziele verfehlt. Die Indikatoren Energieverbrauch sowie Energieintensität werden von diversen Faktoren beeinflusst.

F. Zimmermann (✉) • M. Reichart • M. Reisinger • D. Wang • E. Köse • A. Sauer
Universität Stuttgart, Institut für Energieeffizienz in der Produktion, Nobelstr. 12, 70569 Stuttgart, Deutschland
E-Mail: Fabian.zimmermann@eep.uni-stuttgart.de; Markus.reichart@eep.uni-stuttgart.de; Martin.reisinger@eep.uni-stuttgart.de; Diana.wang@eep.uni-stuttgart.de; Ekrem.koese@eep.uni-stuttgart.de; alexander.sauer@eep.uni-stuttgart.de

A. Sauer, T. Bauernhansl (Hrsg.), *Energieeffizienz in Deutschland – eine Metastudie*,
DOI 10.1007/978-3-662-48883-6_8

In der vorliegenden Metastudie wurden die Prognosen unterschiedlicher Studien, die Annahmen und Szenarien sowie monetären Aussagen zu Einsparpotenzialen analysiert. Neben den verschiedenen Annahmen und Zielsetzungen erschweren die verschiedenen Referenzperioden aufgrund der unterschiedlichen Veröffentlichungszeitpunkte einen Vergleich. Betrachtet man die monetären Einsparungen und die Investitionen, ist erkennbar, dass neben der unterstellten Preisentwicklung auch der Betrachtungszeitraum eine Rolle spielt. Je länger dieser gewählt wird, desto stärker manifestieren sich die Einspareffekte von Effizienzmaßnahmen in den Energiekosten. Wie lange dieser Zeitraum idealerweise gewählt werden sollte, hängt von den individuellen Produktlebenszyklen ab.

Darüber hinaus lassen sich aufgrund der heterogenen Rahmenbedingungen die Ergebnisse nicht auf alle Sektoren und Industriezweige gleichermaßen übertragen. Branchenunterschiede erlauben nur bedingt pauschale Aussagen zu Einsparpotenzialen. Für eine spezifische Quantifizierung müsste nach Branchen und nach Unternehmensgrößen auf dem Niveau von Produktgruppen differenziert werden.

Einigkeit in den Studien herrscht, dass grundsätzlich die Amortisationszeit als Bewertungsmethode bevorzugt genutzt wird. Somit ist die Amortisationszeit von Energieeffizienzmaßnahmen ein Schlüssel für die Umsetzung. Sie wiederum wird stark von Preisentwicklungen beeinflusst. Es wurde daher die Auswirkung der Ölpreisentwicklung auf die Veränderung der Amortisationszeiten untersucht. Diese sind teilweise erheblich. Folglich sind die dargestellten Einsparpotenziale der unterschiedlichen Studien mit Vorsicht zu betrachten. Es kann bei gleichbleibend niedrigem Ölpreis nicht davon ausgegangen werden, dass die dargestellten Energieeffizienzpotenziale vollständig realisiert werden.

Der Industriesektor hat einen maßgebenden Einfluss auf die Energiebilanz und die Entwicklung der Energieeffizienz in Deutschland. Insbesondere in der energieintensiven Industrie wurden in der Vergangenheit bereits deutliche Steigerungen in der Energieeffizienz erzielt. Die Analyse verschiedener Studien hat gezeigt, dass sowohl bei Prozess- als auch bei den Querschnittstechnologien noch erhebliche Potenziale zur Energieeinsparung vorhanden sind. Es muss aber, wie oben erläutert, sowohl für unternehmensintern definierte Energieziele, als auch bei politisch getriebenen Einsparzielen berücksichtigt werden, welchen absoluten und relativen Beitrag einzelne Branchen und Technologien leisten können. Außerdem existieren individuelle Rahmenbedingungen für Einsparpotenziale in Abhängigkeit von der Unternehmensgröße.

Insgesamt müssen die derzeitigen branchenübergreifenden Bestrebungen deutlich verstärkt werden, denn viele ungenutzte Potenziale sind hoch rentabel. Ihre Realisierung scheitert aber zum einen an den geforderten Amortisationszeiten, zum anderen an der oftmals fehlenden Kenntnis der eigenen Möglichkeiten. Die Sensibilisierung und Einführung geeigneter Instrumente zur Steigerung der Energieeffizienz, beispielsweise Energiemanagementsysteme oder Energieaudits, stellen insbesondere für KMUs einen wichtigen Erfolgsfaktor dar.

Weitere Potenziale lassen sich durch die Kopplung der Sektoren „Wärme“ und „Strom“ erschließen. Die Sektorkopplung bietet zusätzlich ein erhebliches Energieeffizienzpotenzial zu den branchen- bzw. technologiespezifischen Energieeffizienzpotenzialen.

Im Rahmen einer erfolgreichen Energiepolitik für die Industrie müssen Prozessinnovationen gefördert werden. Bisherige Technologien wurden in der Vergangenheit bereits umfassend optimiert und unterliegen technologieinhärenten Optimierungsgrenzen. Nur durch die forcierte Erforschung und Entwicklung neuer effizienter Technologien und Systemlösungen ist ein Erreichen der Energieziele bis 2030 und darüber hinaus möglich.

Die Analyse der Sektoren Haushalte sowie GHD zeigt neben einem erheblichen Modernisierungspotenzial im Raumwärmebereich einen Trend zur Hybridisierung durch Nutzung mehrerer Wärmeerzeuger. Zudem gewinnen alternative Technologien (Wärmepumpe, Solarthermie, Holzfeuerung, etc.) und baulicher Wärmeschutz an Bedeutung.

Unter den im Jahr 2015 vorherrschenden Rahmenbedingungen ist auch im Bereich GHD das Erreichen des Effizienzziels für Deutschland unrealistisch. Gleiches gilt für die EU. Um die Effizienzziele zu erreichen, müssen die Sanierungsraten steigen. Von der politischen bis zur individuellen Ebene muss hier noch nachgebessert werden. Eine signifikante Reduktion des Energieverbrauchs wird nicht durch Neubauten, sondern vielmehr über die Sanierung des Bestands erreicht, wo noch ein hohes Potenzial gesehen wird. Um bis zum Jahr 2020 alle 17,8 Mio. Anlagen in Deutschland auf eine hinreichende energetische Effizienz zu modernisieren, müsste die Sanierungsrate der Wärmeerzeuger pro Jahr in etwa verdoppelt werden. Es existiert eine Vielzahl an wirtschaftlich anwendbaren Technologien zur Umsetzung von Einsparmöglichkeiten. Derzeitige technologische und wirtschaftliche Möglichkeiten übertreffen die gesetzlichen Gebäudestandards bei weitem. Energieeinsparungen bei Altbauten bieten den bei weitem effektivsten Ansatzpunkt im Gebäudebereich. Gleichermaßen sollte aber über die Ausweitung und verstärkte Kommunikation von Fördermöglichkeiten und Anreizsystemen, z. B. die Möglichkeit steuerlicher Abschreibungen, nachgedacht werden.

Seit dem Jahr 2014 ist der Verkehrssektor im Vergleich zu den Sektoren Industrie, Haushalte und GHD wieder der größte Endenergieverbraucher. Innerhalb des Sektors ist der Straßenverkehr seit den 1960er-Jahren der größte Endenergieverbraucher.

Für den Verkehrssektor wurden die Effizienzpotenziale hauptsächlich qualitativ untersucht. Die Analyseergebnisse der Energiestatistik zeigen, dass damit bisher immer eine steigende Nachfrage nach Mobilität einhergegangen ist. Dies ist mit ein Grund, warum der Endenergieverbrauch im Sektor bisher nicht signifikant gesenkt werden konnte.

Basierend auf dem Median der Auswertung von 52 Szenarien aus zehn Studien ist ein positiver Prognosetrend für die Jahre 2020, 2030 und 2050 zu beobachten. Ausgehend von dem Endenergieverbrauch im Jahr 2015 gehen die Energieszenarien im Mittel bis zum Jahr 2050 von einer Reduzierung des Endenergieverbrauchs um fast 45 % aus. Jedoch ist die Bandbreite der Prognosen sehr groß. Für die Jahre 2020 und 2030 gibt es auch Szenarien, welche von einem weiteren Anstieg des Endenergieverbrauchs ausgehen. Die Bandbreite der Prognosen steigt mit der Prognosedauer und erreicht für das Jahr 2050 einen Wert von 400 TWh.

Damit ist offensichtlich, dass verstärkt politische Maßnahmen und ein eingehender Paradigmenwechsel beim Mobilitätskonsum erforderlich sind, um die Ziele der internationalen Klimapolitik sowie der darauf aufbauenden europäischen und nationalen Energiepolitik zu erreichen. Dabei sollte im Verkehrssektor neben der Steigerung der Energieeffizienz auch die Rolle der Suffizienz stärker beachtet werden.

Die analysierten Daten, Erfahrungsberichte und Studien sind wichtige Stützen für die Beurteilung des gegenwärtigen Fortschritts, der offenen Fragen und prinzipiellen Herausforderungen über die Energieeffizienz hinaus. Die Analysen dieser Metastudie sind jedoch schwierig zu interpretieren, weil sich die Herangehensweisen, Blickwinkel und Datengrundlagen der untersuchten Studien signifikant unterscheiden. Außerdem ändern sich externe Rahmenbedingungen, wie beispielsweise Politikansätze und Energiepreise sowie damit die Amortisationszeiten und Investitionsaffinität laufend. Um aktuelle Daten zu erhalten, müssten Studien und Prognosen in regelmäßigen Abständen aktualisiert und an die neuen Prämissen angepasst werden.

Nachdem die aktuellen europäischen Energieeinsparungsziele (Stand Mai 2016) nicht ausreichen, um die selbst gesteckten Ziele von Paris zu erreichen, braucht es einen deutlichen Ruck. Ein deutscher Alleingang, der Einzelmaßnahmen realisiert, ist nicht genug.

Es wird vor allem wichtig sein, das Gesamtsystem zu betrachten. Man muss vermeiden, dass die Wirkungsmechanismen des Energiemarktes dazu führen, dass bei zunehmender Einspeisung grünen Stroms und fallenden Preisen mehr CO_2 ausgestoßen wird. Auch sollte eine steigende Nutzung von E-Mobilität nicht auf Basis von fossil erzeugtem Strom erfolgen. Ganz im Gegenteil bedarf es vermehrt systemischer Ansätze und Analysen, um noch unentdeckte Potenziale und Synergien ökonomisch nutzbar zu machen. Programme zu Querschnittstechnologien, wie jüngst von der Bundesregierung gestartet, sind hier ebenso wichtig wie Kampagnen zur Kommunikation von Vorteilen und Erfordernissen.

Wir müssen eine geschickte Kombination von Maßnahmen finden, wie der Einspeisung von immer mehr erneuerbaren Energien, der Verfügbarkeit der erforderlichen Leitung am richtigen Ort, der effizienten Speicherung überschüssiger Energien und einer Reduzierung des CO_2-Ausstoßes sowie der Subventionen. Gleichzeitig gilt es aber auch, den Energiepreis erträglich zu halten und durch mehr Energieeffizienz und technologische Innovationen eine signifikante Reduktion und Flexibilisierung der Energienachfrage zu erreichen.

Den komplexeren und im Gegensatz zu Strom dezentralen Faktor Wärme/Kälte verstärkt anzugehen, ist eine zentrale Herausforderung für die unmittelbare Zukunft: Während bei privaten Haushalten bereits einiges passiert, gibt es im Bereich GHD und Industrie gewaltige Optimierungspotenziale bei der (Ab-)Wärmenutzung. Die Kopplung des Strom- und Wärme-/Kältebereichs muss so gestaltet sein, dass sie Umwandlungsverluste vermeidet. Dann hat sie das Potenzial, das künftige Energiesystem durch hohe Flexibilität zu optimieren.

9 Anhang

Fabian Zimmermann

9.1 Einheiten-Umrechnungstabelle

Tab. 9.1 Umrechnungsfaktoren für Energieformen

Einheit	kWh	kJ	kcal	Kg SKE	KG ROE
1 kWh	1	3.600	860	0,123	0,086
1 kJ	0,000278	1	0,2388	-	-
1 kcal	0,001163	4,1868	1	-	-
1 kg SKE	8,141	29.308	7.000	1	0,7
1 kg RÖE	11,63	41.868	10.000	1,428	1
1 m^3 Gas (Hu)	9,7726	35.182	8.403	1,200	0,840
1 m^3 Gas (Ho)	10,8300	38.988	9.312	1,330	0,931

A. Zimmermann (✉)
Universität Stuttgart, Institut für Energieeffizienz in der Produktion, Nobelstr. 12, 70569 Stuttgart, Deutschland
E-Mail: Fabian.zimmermann@eep.uni-stuttgart.de

A. Sauer, T. Bauernhansl (Hrsg.), *Energieeffizienz in Deutschland – eine Metastudie,*
DOI 10.1007/978-3-662-48883-6_9

9.2 Wirtschaftlichkeitsbetrachtung

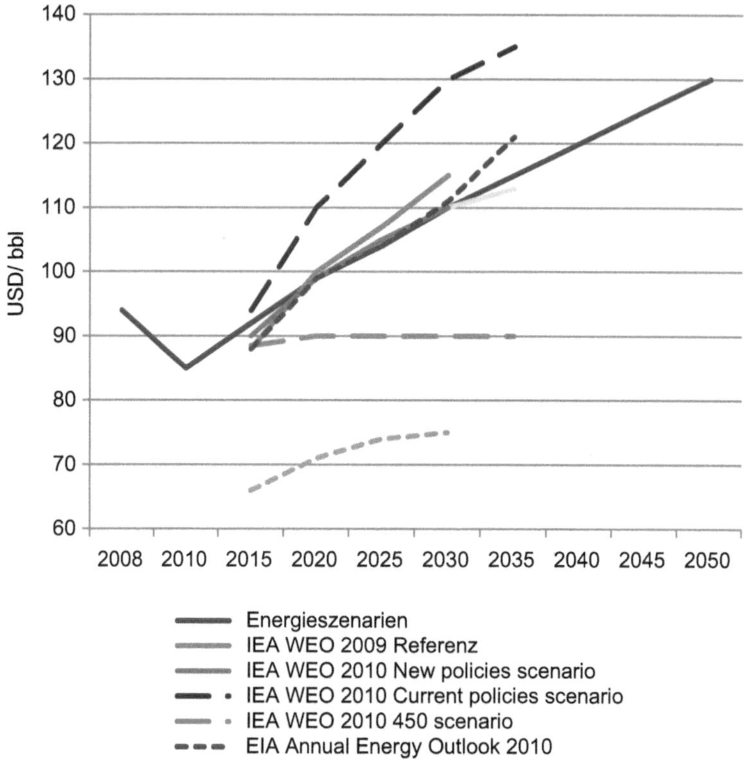

Abb. 9.1 Energiepreisszenarien bis 2050. (Pehnt et al. 2011)

Tab. 9.2 Betrachtete Szenarien und die Ölpreisannahmen (US$/bbr)

Quelle	Szenario	Ölpreis 2014	Ölpreis 2020	Ölpreis 2030
IEA WEO	CPS	97	83	130
IEA WEO	NPS	97	80	113
IEA WEO	450	97	77	97
IEA WEO	LOPS	97	55	70
Schlesinger		97	117	124
	S1 (+20 %)	97	126	132
	S2 (– 20 %)	97	109	113
Pehnt		97	96	110
	+50 %	97	146	165

Tab. 9.3 Interne Verzinsung in % pro Jahr mit Amortisationszeit: 3 Jahre

Interne Verzinsung in % pro Jahr mit Amortisationszeit: 3 Jahre																
	Anlagennutzungsdauer (Jahre)															Amortisationszeit, Jahre
	1	2	3	4	5	6	7	8	9	10	11	12	13	14	15	
Szenarien	2016	2017	2018	2019	2020	2021	2022	2023	2024	2025	2026	2027	2028	2029	2030	
Basis	−66,7 %	−18,4 %	0,0 %	7,5 %	10,8 %	12,3 %	12,9 %	13,0 %	13,0 %	12,8 %	12,5 %	12,3 %	11,9 %	11,6 %	11,3 %	3
IEA (CPS, real)	−66,7 %	−18,9 %	−0,9 %	6,4 %	9,6 %	11,3 %	12,2 %	12,6 %	12,8 %	12,8 %	12,7 %	12,6 %	12,4 %	12,3 %	12,1 %	3,08
IEA (NPS, real)	−66,7 %	−19,0 %	−1,0 %	6,2 %	9,4 %	11,0 %	11,8 %	12,2 %	12,4 %	12,4 %	12,3 %	12,1 %	11,9 %	11,7 %	11,5 %	3,1
IEA (450, real)	−66,7 %	−19,1 %	−1,3 %	5,9 %	9,1 %	10,7 %	11,4 %	11,8 %	11,9 %	11,9 %	11,8 %	11,6 %	11,4 %	11,2 %	11,0 %	3,12
IEA (LOPS, real)	−66,7 %	−20,1 %	−2,9 %	3,9 %	6,7 %	8,3 %	9,2 %	9,6 %	9,9 %	9,9 %	9,9 %	9,9 %	9,8 %	9,7 %	9,6 %	3,34
Schlesinger (real)	−66,7 %	−17,7 %	1,1 %	8,7 %	12,2 %	13,6 %	14,2 %	14,3 %	14,2 %	13,9 %	13,6 %	13,3 %	12,9 %	12,6 %	12,3 %	2,91
Schlesinger S1 (real)	−66,7 %	−17,4 %	1,5 %	9,2 %	12,7 %	14,2 %	14,7 %	14,8 %	14,6 %	14,3 %	14,0 %	13,6 %	13,2 %	12,9 %	12,5 %	2,88
Schlesinger S2 (real)	−66,7 %	−18,0 %	0,7 %	8,3 %	11,6 %	13,1 %	13,7 %	13,8 %	13,7 %	13,5 %	13,2 %	12,9 %	12,6 %	12,2 %	11,9 %	2,94
Pehnt (real)	−66,7 %	−18,4 %	−0,1 %	7,4 %	10,7 %	12,2 %	12,9 %	13,1 %	13,1 %	13,0 %	12,8 %	12,5 %	12,2 %	12,0 %	11,7 %	3,01
Pehnt (+50 %, real)	−66,7 %	−16,9 %	2,4 %	10,3 %	13,8 %	15,2 %	15,7 %	15,8 %	15,6 %	15,3 %	14,9 %	14,5 %	14,1 %	13,7 %	13,3 %	2,81

Tab. 9.4 Interne Verzinsung in % pro Jahr mit angenommener Amortisationszeit: 10 Jahre

Interne Verzinsung in % pro Jahr mit Amortisationszeit: 10 Jahre																
	Anlagennutzungsdauer (Jahre)															Amorti-sations-zeit, Jahre
	1	2	3	4	5	6	7	8	9	10	11	12	13	14	15	
Szenarien	2016	2017	2018	2019	2020	2021	2022	2023	2024	2025	2026	2027	2028	2029	2030	
Basis	−90,0 %	−55,3 %	−33,1 %	−20,5 %	−12,9 %	−8,2 %	−5,0 %	−2,8 %	−1,2 %	0,0 %	0,9 %	1,5 %	2,0 %	2,4 %	2,7 %	10,00
IEA (CPS, real)	−90,0 %	−55,6 %	−33,6 %	−21,2 %	−13,8 %	−9,0 %	−5,6 %	−3,1 %	−1,4 %	0,0 %	1,0 %	1,9 %	2,5 %	3,0 %	3,4 %	10,00
IEA (NPS, real)	−90,0 %	−55,6 %	−33,8 %	−21,4 %	−14,1 %	−9,2 %	−5,9 %	−3,5 %	−1,7 %	−0,4 %	0,6 %	1,4 %	2,0 %	2,5 %	2,9 %	10,36
IEA (450, real)	−90,0 %	−55,7 %	−33,9 %	−21,6 %	−14,3 %	−9,5 %	−6,2 %	−3,8 %	−2,1 %	−0,8 %	0,2 %	1,0 %	1,6 %	2,1 %	2,5 %	10,79
IEA (LOPS, real)	−90,0 %	−56,2 %	−35,0 %	−23,1 %	−16,1 %	−11,4 %	−8,1 %	−5,7 %	−3,9 %	−2,5 %	−1,5 %	−0,6 %	0,1 %	0,6 %	1,1 %	12,87
Schlesinger (real)	−90,0 %	−54,9 %	−32,4 %	−19,5 %	−11,9 %	−7,0 %	−3,9 %	−1,7 %	−0,1 %	1,0 %	1,9 %	2,5 %	3,0 %	3,3 %	3,6 %	9,08
Schlesinger S1 (real)	−90,0 %	−54,8 %	−32,1 %	−19,2 %	−11,4 %	−6,6 %	−3,4 %	−1,3 %	0,3 %	1,4 %	2,2 %	2,8 %	3,2 %	3,6 %	3,8 %	8,81
Schlesinger S2 (real)	−90,0 %	−55,1 %	−32,6 %	−19,9 %	−12,3 %	−7,5 %	−4,3 %	−2,1 %	−0,5 %	0,6 %	1,5 %	2,1 %	2,6 %	3,0 %	3,3 %	9,41
Pehnt (real)	−90,0 %	−55,3 %	−33,1 %	−20,5 %	−13,0 %	−8,2 %	−4,9 %	−2,7 %	−1,0 %	0,2 %	1,1 %	1,8 %	2,3 %	2,7 %	3,1 %	9,85
Pehnt (+50 %, real)	−90,0 %	−54,5 %	−31,5 %	−18,4 %	−10,6 %	−5,7 %	−2,6 %	−0,4 %	1,1 %	2,2 %	3,0 %	3,6 %	4,0 %	4,3 %	4,6 %	8,23

9.3 Förderung

Die Politik bietet finanzielle Unterstützung für die Umsetzung von Maßnahmen zur Steigerung der Energieeffizienz. Die Tab. 9.5 liefert einen kurzen Überblick über Förderart, Ziel der Förderung, Förderhöhe und Gültigkeitsdauer der aktuellen Förderungsprogramme regional, bundesweit und EU-weit ohne Anspruch auf Vollständigkeit.

Tab. 9.5 Übersicht Förderprogramme Industrie

Bezeichnung Förderung	Träger/ Ansprechpartner	Förderart	Förderberechtigte	Fördervolumen
EU-weit				
Europäischer Energieeffizienz-fonds (EEEF)[1]	EEEF.; Deutsche Bank AG; EIB; Europäische Kommission	Darlehen; Nachrangdarlehen; Beteiligung; Garantie	Unternehmen; Kommune; Öffentl. Einrichtung (Bund)	zwischen 5 Mio. EUR und 25 Mio. EUR
ELENA (European Local Energy Assistance – Europäisches Finanzierungsinstrument für nachhaltige Energieprojekte von Städten und Regionen)	Europäische Kommission Energieeffizienz EU	Darlehen	Städten und Regionen	Finanzierungen im Rahmen von ELENA decken bis zu 90 % der Kosten der technischen Hilfe, die notwendig ist, um Investitionsprogramme vorzubereiten, durchzuführen und zu finanzieren
national				
KfW-Energieeffizienzprogramm-Produktionsanlagen/-prozesse	KfW Bankengruppe	Darlehen	In- und ausländische Unternehmen der gewerblichen Wirtschaft	bis zu 100 % der Investitionen, max. 25 Mio. EUR pro Vorhaben.
Förderung von energieeffizienten und klimaschonenden Produktions-prozessen	BMWi i. V. m. Projektträger Karlsruhe (PTKA)(BMWi 2014a; BMUB 2008)	Zuschuss	Unternehmen des produzierenden Gewerbes mit Sitz oder Niederlassung in Deutschland	bis zu 20 % der unmittelbar auf den Umweltschutz bezogenen Investitionskosten, maximale Zuwendung ist je Vorhaben auf einen Betrag von 1 500 000 € begrenzt.
KMU-innovativ: Ressourcen- und Energieeffizienz	BMBF, PtJ	Zuschuss	Unternehmen; Forschungseinrichtung; Hochschule (Bund)	-bis zu 100 % für Forschungs-einrichtungen -bis zu 50 % für gewerbliche Unternehmen

(*Fortsetzung*)

Tab. 9.5 (Fortsetzung)

Bezeichnung Förderung	Träger/ Ansprechpartner	Förderart	Förderberechtigte	Fördervolumen
Investitionszuschüsse zum Einsatz hocheffizienter Querschnittstechnologien im Mittelstand	BAFA	Zuschuss	Unternehmen (Bund)	• bis zu 30 % von Einzelmaßnahmen für kleine/ mittlere Unternehmen und 20 % für sonst. Unternehmen • für system. Maßnahmen bis zu 30 %, max. jedoch 100.000 EUR
Energieeffizienznetzwerke für Betriebe und Kommunen (LEEN 100 plus)	BMUB	Zuschuss	Betriebe, vor allem der gewerblichen Wirtschaft.	• Energieaudit mit 4.000 € pro Unternehmen (ersten 10) wird unterstützt. • können Tools und Arbeitshilfen kostenfrei nutzen, das heißt die Lizenzgebühren in Höhe von 1.000 € pro Unternehmen
EnMS-Förderprogramm	BAFA	Zuschuss	alle Unternehmen (rechtlich selbstständige Einheiten) mit Sitz oder mit Niederlassung in der Bundesrepublik Deutschland.	für die Erstzertifizierung eines Energiemanagementsystems nach DIN EN ISO 50001 maximal 80 % der zuwendungsfähigen Ausgaben und maximal 6.000 Euro für die Erstzertifizierung eines alternativen Systems gemäß Anlage 2 der SpaEfV; maximal 80 % der zuwendungsfähigen Ausgaben und maximal 1.500 Euro für den Erwerb von Messtechnik für Energiemanagementsysteme; maximal 20 % der zuwendungsfähigen Ausgaben und maximal 8.000 Euro für den Erwerb von Software für Energiemanagementsysteme
Impulsgespräche Energieeffizienz in KMU	BMWi	Informationen	kleine und mittlere Unternehmen und Handwerksbetriebe	persönliche Gespräche für das KMU kostenfrei

Bezeichnung Förderung	Träger/ Ansprechpartner	Förderart	Förderberechtigte	Fördervolumen
Mini-KWK-Anlagen	BAFA	Zuschuss	Privatpersonen, freiberuflich Tätige, kleine und mittlere private gewerbliche Unternehmen sowie Energiedienstleistungsunternehmen	Höhe der Förderung richtet sich nach der elektrischen Leistung der Anlage
Umwelt- und Energieeffizienzmaßnahmen in KMU	KfW Bankengruppe	Darlehen	kleine und mittlere Unternehmen	Bis zu 100 %, max. 10 Mio. pro Vorhaben.
Energieberatung im Mittelstand[2]	BAFA	Zuschuss	Unternehmen	Unternehmen mit Energiekosten > 10.000 €, beträgt die Zuwendung 80 %, jedoch maximal 8.000 €. Unternehmen mit Energiekosten von max.10.000 €, beträgt die Zuwendung 80 %, jedoch maximal 800 €.
regional				
Bayerisches Energieforschungsprogramm	PtJ	Zuschuss	Unternehmen; Kommune; Öffentl. Einrichtung; Verband/ Vereinigung (Bayern)	bis zu 50 % der Kosten
Bayerisches Mittelstandskreditprogramm – MKP	LfA Förderbank Bayern	Darlehen	Unternehmen (Bayern)	• bis zu 100 % • max. 2 Mio. EUR
Förderung von Energiekonzepten und kommunalen Energienutzungsplänen	ITZB Nürnberg	Zuschuss	Unternehmen; Kommune; Öffentliche Einrichtung; Verband/ Vereinigung (Bayern)	• bis zu 50 %, max. 50.000 EUR, • bis zu 70 % bei kommunalen Einrichtungen

(Fortsetzung)

Tab.9.5 (Fortsetzung)

Bezeichnung Förderung	Träger/ Ansprechpartner	Förderart	Förderberechtigte	Fördervolumen
VwV EFRE Zuwendungs-verfahren Innovation und Energiewende - VEZIE 2014-2020[3]	UM Baden-Württemberg	Zuschuss	Jurist. Personen des öffentl. und des privaten Rechts (nur Baden-Württemberg)	50 % der Kofinanzierung aus EFRE-Mitteln
HIER! Hessen – Innovationen für Energie- und Ressourceneffizienz; Land Hessen, Universität Kassel, NATURpur	Universität Kassel und die Firma NATURpur	Forschung, Informationen	Unternehmen	• Erforschung wie Unternehmen in ihrem Produktionsablauf Energie einsparen können • Laufzeit 3 Jahre • 2,2 Millionen Euro Budget
Demonstrationsprojekte Smart Grids und Speicher	Projektträger Karlsruhe	Zuschuss	Unternehmen, die sich bei der Entwicklung und dem Einsatz von Smart Grids-Komponenten und dem Aufbau von Smart Grids in der Fläche aktiv betätigen. (Baden-Württemberg)	Die Höhe der Förderung beträgt für Zuwendungsempfänger, • die nicht dem Beihilferecht der EU unterliegen, bis zu 40 % der zuwendungs-fähigen Ausgaben • die dem Beihilferecht der EU unterliegen, zwischen 25 % und 40 % der beihilfefähigen Ausgaben für experimentelle Entwicklung und bis zu 40 % der beihilfefähigen Ausgaben bei Durchführbarkeitsstudien. Die Förderhöhe ist auf max. 400.000 EUR pro Vorhaben bei einer Projektlaufzeit von drei Jahren begrenzt, die Summe der zuwendungsfähigen Ausgaben muss mindestens 20.000 EUR betragen.

Bezeichnung Förderung	Träger/ Ansprechpartner	Förderart	Förderberechtigte	Fördervolumen
Energieeffizienz Kommunal Mitgestalten EKM GmbH[4]	Energieeffizienz Kommunal Mitgestalten EKM GmbH	Informationen, Zuschüsse	Unternehmen im Fördergebiet	Beratung und Bezuschussung von Maßnahmen zur Nutzung erneuerbarer Energien sowie zur Verbesserung der Energieeffizienz und damit verbundenen Energieeinsparungen
Ressourceneffizienz-finanzierung[5]	Landesbank Baden-Württemberg i. V. m. KfW Bankengruppe	Darlehen	kleine und mittlere Unternehmen (BW)	Landesbank Baden-Württemberg i. V. m. KfW Bankengruppe
Nationale Förderprogramme speziell für Gebäude				
Energieeffizient Bauen	KfW-Bank	Darlehen	Alle Träger von Investitionsmaßnahmen an neu errichteten, selbst genutzten oder vermieteten Wohngebäuden sowie Eigentumswohnungen	bis zu 100 % der Bauwerkskosten, maximaler Kreditbetrag beträgt 50.000 EUR pro Wohneinheit
KfW-Energieeffizienzprogramm – Energieeffizient Bauen und Sanieren (Nichtwohngebäude)	KfW-Bank	Darlehen	in- und ausländische Unternehmen der gewerblichen Wirtschaft	bis zu 100 % der förderfähigen Kosten finanziert, in der Regel bis zu 25 Mio. Euro pro Vorhaben
Energieeffiziente Stadt – EnEff: Stadt – EnEff: Wärme	BMWi Förderer ->Projektträger Jülich (PtJ)	Zuschuss	Unternehmen der gewerblichen Wirtschaft, Hochschulen und außeruniversitäre Forschungseinrichtungen mit Sitz und Schwerpunktaktivitäten in Deutschland.	bis zu 50 % des Vorhabens
Altersgerecht Umbauen	KfW-Bank	Darlehen	private Eigentümer, die Wohnraum barrierereduziert umbauen oder umgebauten Wohnraum kaufen	bis 5.000 Euro Zuschuss für jede Wohneinheit

(*Fortsetzung*)

Tab. 9.5 (Fortsetzung)

Bezeichnung Förderung	Träger/ Ansprechpartner	Förderart	Förderberechtigte	Fördervolumen
IKU Energetische Stadtsanierung – Quartiersversorgung	KfW-Bank	Darlehen	Unternehmen mit mehrheitlich kommunalem Gesellschafterhintergrund und Unternehmen mit einem Gruppenumsatz von höchstens 500 Mio. Euro im Rahmen von Öffentlich-Privaten Partnerschaften	• ab 1,00 % effektiver Jahreszins • bis zu 50 Mio. Euro Kredit
KfW-Programm Erneuerbare Energien – „Premium“ – Große Biomasseheizungen	KfW-Bank	Darlehen, Zuschuss	• Unternehmen • Privatpersonen und Freiberufler • Landwirte • Kommunen, kommunale Gebietskörperschaften und Gemeindeverbände • Gemeinnützige Antragsteller und Genossenschaften	• bis zu 10 Mio. Euro pro Vorhaben • ab 1,00 % effektiver Jahreszins
KfW-Programm Erneuerbare Energien – „Premium“ – Große effiziente Wärmepumpen	KfW-Bank	Darlehen, Zuschuss	• Unternehmen • Privatpersonen und Freiberufler • Landwirte • Kommunen, kommunale Gebietskörperschaften und Gemeindeverbände • Gemeinnützige Antragsteller und Genossenschaften	• bis zu 10 Mio. Euro pro Vorhaben • ab 1,00 % effektiver Jahreszins

Bezeichnung Förderung	Träger/ Ansprechpartner	Förderart	Förderberechtigte	Fördervolumen
KfW-Programm Erneuerbare Energien – „Premium“ – Große thermische Solaranlagen	KfW-Bank	Darlehen, Zuschuss	• Unternehmen • Privatpersonen und Freiberufler • Landwirte • Kommunen, kommunale Gebietskörperschaften und Gemeindeverbände • Gemeinnützige Antragsteller und Genossenschaften	• bis zu 10 Mio. Euro pro Vorhaben • ab 1,00 % effektiver Jahreszins
KfW-Programm Erneuerbare Energien – „Premium“ – Tiefengeothermie	KfW-Bank	Darlehen, Zuschuss	• Unternehmen • Privatpersonen und Freiberufler • Landwirte • Kommunen, kommunale Gebietskörperschaften und Gemeindeverbände • Gemeinnützige Antragsteller und Genossenschaften	• bis zu 10 Mio. Euro pro Vorhaben • ab 1,00 % effektiver Jahreszins
KfW-Programm Erneuerbare Energien – „Premium“ – Wärmenetze	KfW-Bank	Darlehen, Zuschuss	• Unternehmen • Privatpersonen und Freiberufler • Landwirte • Kommunen, kommunale Gebietskörperschaften und Gemeindeverbände • Gemeinnützige Antragsteller und Genossenschaften	• bis zu 10 Mio. Euro pro Vorhaben • ab 1,00 % effektiver Jahreszins

(*Fortsetzung*)

Tab. 9.5 (Fortsetzung)

Bezeichnung Förderung	Träger/ Ansprechpartner	Förderart	Förderberechtigte	Fördervolumen
Nationale Förderprogramme speziell für Verkehr				
Anschaffung von diesel-elektrischen Hybridbussen	BMUB		ÖPNV und KMU	Die Höhe der Förderung beträgt 35 % der beihilfefähigen Investitionsmehrkosten. Bei einem mittleren Unternehmen erhöht sich die zulässige max. Beihilfeintensität auf 45 %, bei kleinen Unternehmen auf 55 %.

[1]Auch für Verkehr
[2]Auch für Gebäude
[3]Europäischer Fonds für regionale Entwicklung (EFRE): Regionale Kompetenzstellen des Netzwerks Energieeffizienz
[4]Auch für Verkehr
[5]Auch für Verkehr und Gebäude

9.4 Verkehr

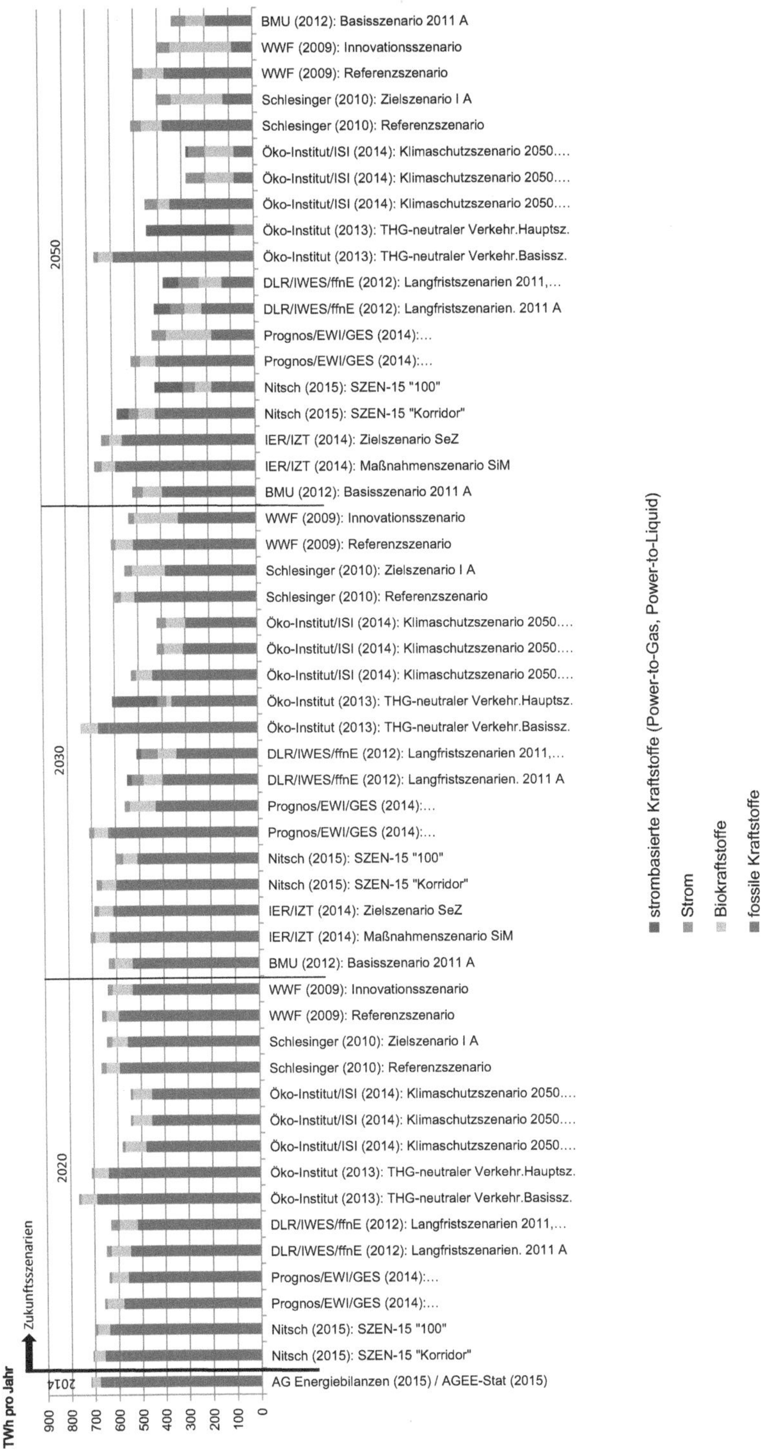

Abb. 9.2 Detaillierten Prognose des Endenergieverbrauches bis 2050 (AGEB 2015/eigene Darstellung)

Stichwortverzeichnis

A
Absorptionskälteanlagen 187
Anergie 3
Arbeitsgas 187
Atmosphärenbrenner 183
Austreiber 187

B
Beleuchtung
  Bürobeleuchtung 204
  Industriebeleuchtung 204
  Private Beleuchtung 204
  Straßenbeleuchtung 204
Blaubrenner 184
Blockheizkraftwerk 190
Brauner Ware 205
Brenner 183
Brennstoffeffizienz 180
Brennstoffproduktivität 87
Bruttowertschöpfung 179

D
Dämmstoffdicke 196
Dämmung 194
Durchschnittsbürger 175
Durchschnittshaushalt 175

E
Effizienzanalyse 181
Effizienz-Paradoxon 7
Effizienzpotenziale 249
Eigenenergieerzeugung 7
Einfachverglasung 200
Endenergie 2
Endenergieverbrauch 10
Energieeffizienz 4, 179
Energieeinsparverordnung 177
Energieintensität 4–5
Energieintensive Industrie 94
Energienachfrageseite 5
Energieproduktivität 4, 10
Energieumwandlung 5
Energieverbrauch
  gebäudespezifisch 174
Energiewende 10
Exergie 3

F
Fernwärme 190
Feststofffeuerung 189

G
Gasbrenner 183
Gebläsebrenner 184

A. Sauer, T. Bauernhansl (Hrsg.), *Energieeffizienz in Deutschland – eine Metastudie,*
DOI 10.1007/978-3-662-48883-6

Gerätekennzeichnung 205
g-Wert 199

H
Haushaltsgeräte 205
Heizung 182
  Einzelraumheizung 182
  Etagenheizung 182
  Heizsystem 182
  Holzpelletanlage 189
  Scheitholzheizung 189
  Stromdirektheizung 190
  Stückholzheizungen 189
  Wärmepumpe 185
  Zentralheizungen 182
Heizungspumpe 192
Heizungsumwälzpumpe 192
Hybridanlage 189

I
Injektorprinzip 183
Isolierverglasung 200

J
Jahresarbeitszahl 185
Jahresprimärenergiebedarf 177

K
Kältemittel 188
Kastenfenster 200
Kessel 183
  Brennwertkessel 184
  Niedertemperaturkessel 184
  Standard-Kessel 184
Klimaneutrale Gebäude 178
Kompaktleuchtstofflampe 204
Kompressionswärmepumpe 187
Kraft-Wärme-Kopplung 190

L
Lösung 187
Lösungsmittelpumpe 187

M
Mindestwärmeschutz 193

N
Nahwärme 190
Nicht-Wohngebäude 180
Niederdruckbrenner 183
Nutzenergie 3
Nutzungsgrad 3

O
ODEX 87

P
Primärenergie 2
Primärenergiebedarf 177
Primärenergieverbrauch 10
Primärluft 183
Pumpenkonzept 192

R
Rebound-Effekt 204
RLT-Geräte 198

S
Sanierungsrate 10, 197
Sanierungszyklus 202
Schwerkraftheizung 192
Schwerkraftkonzept 192
Sekundärenergie 2
Sekundärluft 183
Smart Meter 209
Sonnenschutz 194
Sorptionsmittel 187
Stromeffizienz 179
Stromproduktivität 87

T
Temperaturhub 187

U
UW-Wert 199

V
Vakuumdämmung 196
Verbraucherkennzeichnung 206
Verbundfenster 200
Verkehrsbezogene CO_2–Emissionen 235

W
Wärmedämmverglasung 200
Wärmepumpe 184, 186
Wärmerückgewinnung 198
Wärmeschutz 193, 197
Wärmeschutzverordnung 177
Wärmeverteilung 192
Weiße Ware 205
Wirkungsgrad 3
Wohngebäude 180

Kolibri 360 GmbH
Ferdinand-Jühlke-Straße 7
99095 Erfurt, Deutschland
produktsicherheit@kolibri360.de